工业污染防治实用技术丛书

物理性污染控制技术

WULIXING WURAN KONGZHI JISHU

黄 勇　王凯全　编

U0213848

中国石化出版社

内 容 提 要

　　本书全面系统地介绍了物理性污染控制技术和方法，细致地阐述了工业企业物理性污染源和污染产生的过程、污染防治的基本原理与具体应用，强调将污染防治技术与工业企业，尤其是石化企业污染情况结合，解决生产过程中实际的污染问题。

　　本书作为研究和治理物理性污染的读物，可供从事环境保护的管理人员、技术人员使用，也可供普通高等院校相关专业师生参考。

图书在版编目(CIP)数据

物理性污染控制技术 / 黄勇,王凯全编. —北京：
中国石化出版社,2013.4
（工业污染防治实用技术丛书）
ISBN 978 - 7 - 5114 - 2055 - 8

Ⅰ.①物… Ⅱ.①黄… ②王… Ⅲ.①石油工业－环
境污染－污染防治 Ⅳ.①X74

中国版本图书馆 CIP 数据核字(2013)第 072579 号

　　未经本社书面授权，本书任何部分不得被复制、抄袭，或者以任何形式或任何方式传播。版权所有，侵权必究。

中国石化出版社出版发行

地址:北京市东城区安定门外大街 58 号
邮编:100011　电话:(010)84271850
读者服务部电话:(010)84289974
http://www.sinopec-press.com
E-mail:press@ sinopec.com
北京科信印刷有限公司印刷
全国各地新华书店经销

*

787 × 1092 毫米 16 开本 20.5 印张 504 千字
2013 年 5 月第 1 版　2013 年 5 月第 1 次印刷
定价:68.00 元

《工业污染防治实用技术丛书》

编 委 会

主 任　王凯全

副主任　李定龙

委 员　马建锋　李英柳　张文艺　冯俊生

　　　　常杰云　黄　勇　万玉山　陈海群

　　　　严文瑶　戴竹青　赵　远　梁玉婷

《工业污染防治应用技术丛书》

编 委 会

主 任　王琪金

副主任　冷家华

委　员　毕玉生　余关潮　陈文芳　张桂生

　　　　李永辉　袁　爱　王正山　孙志超

　　　　马文瑞　刘　战　曾忠敬　郑正林

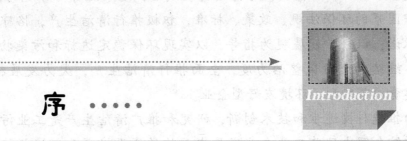

序 ……

Introduction

　　保护环境关系到我国现代化建设的全局和长远发展，是造福当代、惠及子孙的事业。党中央、国务院历来重视环境保护工作，把保护环境作为一项基本国策，把可持续发展作为一项重大战略。党的十六大以后，我们提出树立科学发展观、构建社会主义和谐社会的重要思想，提出建设资源节约型、环境友好型社会的奋斗目标。这是我们党对社会主义现代化建设规律认识的新飞跃，也是加强环境保护工作的根本指导方针。

　　近年来，我们在推进经济发展的同时，采取了一系列措施加强环境保护，取得了积极进展。在资源消耗和污染物产生量大幅度增加的情况下，环境污染和生态破坏加剧的趋势减缓，部分流域区域污染治理取得初步成效，部分城市和地区环境质量有所改善，工业产品的污染排放强度有所下降。对于环境保护工作的成绩应给予充分肯定。

　　同时，必须清醒地看到，我国环境形势依然十分严峻。长期积累的环境问题尚未解决，新的环境问题又在不断产生，一些地区环境污染和生态恶化已经到了相当严重的程度。主要污染物排放量超过环境承载能力，水、大气、土壤等污染日益严重，固体废物、汽车尾气、持久性有机物等污染持续增加。流经城市的河段普遍遭到污染，1/5 的城市空气污染严重，1/3 的国土面积受到酸雨影响。全国水土流失面积356 万平方公里，沙化土地面积174 万平方公里，90% 以上的天然草原退化，生物多样性减少。特别是2013 年初以来北京等多地连续多天发生雾霾天气，一度覆盖全国约七分之一的陆地面积，空气污染十分严重。发达国家上百年工业化过程中分阶段出现的环境问题，在我国已经集中出现。生态破坏和环境污染，造成了巨大的经济损失，给人民生活和健康带来严重威胁，必须引起我们的高度警醒。

　　深刻的历史教训和严峻的现实告诫我们，绝不能以牺牲后代的利益来求得经济一时的快速发展。作为我国环境污染重要来源的工业企业，理应十分重视环境保护工作，积极实施可持续发展战略，追求经济与环境的协调发展；严格遵守国家的环保法规、政策、标准，积极推行清洁生产，恪守保护环境的社会承诺；以科学发展观为指导，以实现环保稳定达标和污染物持续减排为目标，继续加大污染整治力度，全面推行清洁生产，大力发展循环经济，努力创建资源节约型、环境友好型企业。

大力推进科技进步和技术创新，研究和推广清洁生产是工业污染防治的关键。要综合解决目前工业企业发展中面临的资源浪费和环境污染等比较突出的问题，唯一出路就是建立资源节约型工业生产体系，走新型工业化道路。企业要在全面落实国家环境保护方针政策、强化环境保护管理的同时，针对废气、废水、废渣、噪声等主要工业污染源，开展污染控制的技术攻关，评估工业污染防治措施实施的效果，推广清洁生产、环境生物等替代技术。将企业的经济效益、社会效益和环境效益有机地结合，树立中国企业诚信守则、关注社会的良好形象。

多年来，常州大学依托石油化工行业特点开展环境保护人才培养和科学研究，积累了一定的经验，取得了一定的成果。现在，在中国石化出版社的支持下，常州大学组织学者编撰《工业污染防治实用技术丛书》，分别介绍废气、废水、废渣、噪声等主要工业污染源治理，环境影响评估、清洁生产、环境生物等技术的新成果，旨在推介环保实用技术，促进工业环保事业，彰显环保科技工作者的社会责任，实在是一件值得称道和鼓励的幸事。

愿各位同仁共同交流，加强环境保护理论和技术总结、交流与合作；愿我们携手努力，为提高全人类的生活水平和保护子孙后代的利益贡献力量，为祖国的碧水蓝天不断作出新的贡献。

中国环境科学研究院研究员
国家环境保护总局科技顾问委员会副主任
中国工程院院士 刘鸿亮

2013 年 3 月 30 日

前 言 ·····

Preface

环境是人类进行生产和生活活动的场所，是人类生存和发展的物质基础。物理环境与大气环境、水环境、土壤环境同样是人类生存环境的重要组成部分。物理环境对支持人类生命、生存及其活动十分重要，人类的健康需要适宜的物理环境。

物理性污染是由于物理因素(声、光、电、热、振动、放射性等)的原因产生的物理方面的作用，它是属于物理范畴的一类新型污染。近年来随着我国工业的发展，尤其是石化工业的发展，物理环境受到了一定程度的破坏，物理性污染正危害着人类的身体健康和生存环境，必须对其进行控制和治理。

然而，长期以来人们对物理性污染却缺乏了解，物理性污染不同于大气、水、土壤环境污染，后三者是有害物质和生物输入环境，或者是环境中的某些物质超过正常含量所致。而引起物理性污染的声、光、热、放射性、电磁辐射等在环境中是长久存在的，它们本身对人无害，只是在环境中的强度过高或过低时，会危害人的健康和生态环境，造成污染或异常。物理性污染亦不同于化学性、生物性污染。物理性污染一般是局部性的，在环境中不残留，一旦污染源消除，物理性污染即消失。随着国民经济的发展和生活水平的提高，对物理性污染发生规律的认识以及防治技术的研究越来越引起人们的重视。物理性污染控制技术也成为了环境科学的一个新的研究领域。

本书是作者在多年教学和科研的基础上，考虑到近年来石油化工安全工程技术迅速发展的状况，以及广大技术人员和管理人员进行知识更新的需要而编写的。本书较系统地介绍了物理性污染的基本概念、原理、控制技术和方法，力求全面、细致地阐述噪声、振动、放射性、电磁辐射、热、光等物理因素对人类的影响及其评价，并结合石油石化企业物理性污染的污染源、污染现状介绍了消除这些影响的技术途径和控制措施。在编写过程中，作者力求将环境工程的基本理论和分析方法与企业生产中的具体安全问题相结合，既注意提高环境工程理论水平，又注重解决物理性污染的实际问题。在对理论和分析方法的阐述中强调了实用性和可操作性。因此，本书具有较高的理论价值和较强的工程实用性。

全书共七章，其中第一、二、六章由王凯全编写，第三、四、五、七章由黄勇编写，王凯全教授负责统稿。本书在编写过程中，参考、引用了大量专家、学者和同行的论文、专著，在此向文献作者们表示诚挚的谢意。

由于编者学识有限，书稿中疏忽与谬误之处，恳请读者予以批评指正。

目 录 ·····

Contents

I

第一章 绪 论

第一节 物理性污染及其分类

环境是人类进行生产和生活活动的场所，是人类生存和发展的物质基础。在人类生存的环境中，各种物质都在不停地运动着，运动的形式有机械运动、分子热运动、电磁运动等。物质的运动都表现为能量的交换和转化。这种物质能量的交换和转化，构成了物理环境。

物理环境与大气环境、水环境、土壤环境同样是人类生存环境的重要组成部分。物理环境对支持人类生命、生存及其活动十分重要。人是自然的系统，而且是开放的系统。因此，人和其他的系统、周围的物理环境的相互作用表现在机体的新陈代谢上，即机体与环境不断进行着物质、能量和信息的交换和转移，使机体与周围物理环境之间保持着动态平衡。

一、物理性污染及特点

环境污染从污染源的属性看可以分为三大类型：物理性污染、化学性污染、生物性污染。

物理性污染是由于物理因素(声、光、电、热、振动、放射性等)的原因产生的物理方面的作用，它是属于物理范畴的一类新型污染。

物理性污染不同于化学性污染和生物性污染，比如它不同于水污染、大气污染、土壤污染，往往是人的眼睛看不见的，因为它没有形状；也是人的手摸不到的，因为它没有实体。因此，人们又把物理性污染称为无形污染。物理性污染涉及面广，从工厂到矿山，从城市到农村，从陆地到海洋，从生产场所到生活环境，无处不在。

物理性污染同化学性污染和生物性污染有相同点，就是这些污染都危害人们的身体健康，这种危害有长期的遗留性，主要表现在这些污染引起的慢性疾病、器质性病变和神经系统的损害。

物理性污染同化学性污染和生物性污染的不同点：化学性污染和生物性污染是环境中有了有害的物质和生物，或者是环境中的某些物质超过正常含量；而引起物理性污染的声、光、热、电磁场等在环境中是永远存在的，它们本身对人无害，只是在环境中的量过高或过低时，才造成污染或异常。例如，声音对人是必需的，但是声音过强，又会妨碍或危害人的正常活动；反之，环境中长久没有任何声音，人就会感到恐怖，甚至会疯狂。

物理性污染同化学性污染和生物性污染相比，不同之处还表现在以下两个方面：一是物理性污染是局部性的，不会迁移、扩散，区域性或全球性污染现象比较少见；二是物理性污染在环境中不会有残余物质存在，在污染源停止运转后，污染也就立即消失。

1

二、物理性污染的分类

(一) 噪声污染

噪声污染是严重的环境污染之一，随着现代工业化程度的不断提高，环境噪声污染也日益加剧，严重影响广大人民群众的身心健康。

从物理学观点看，噪声是由许多不同频率和强度的声波，杂乱无章组合而成的。《环境噪声污染防治法》中对环境噪声作如下定义：环境噪声是指在工业生产、建筑施工、交通运输和社会生活中所产生的干扰周围生活环境的声音。噪声污染是指所产生的环境噪声超过国家规定的环境噪声排放标准，并干扰他人正常生活、工作和学习的现象。

噪声的分类方法主要有以下几种：

(1) 按频率分，噪声可分为低频噪声(小于500Hz)、中频噪声(500～1000Hz)和高频噪声(大于1000Hz)。

(2) 按噪声随时间的变化可分为稳态噪声、非稳态噪声和瞬时噪声。

(3) 按城市环境噪声源划分，环境噪声可分为交通噪声、工业噪声、建筑施工噪声和社会生活噪声。

(4) 按噪声产生的机理，可分为机械噪声、空气动力性噪声和电磁噪声。

(二) 振动污染

机械振动是指物体或物体的一部分沿直线或曲线并经过平衡位置所做的往复的周期性的运动。按振动系统中是否存在阻尼作用，振动分为无阻尼振动和阻尼振动；按照振动系统所加作用力的形式，振动又可分为自由振动和强迫振动。

振动和噪声一样，是当前一大公害。过强的振动使机器和工具等设备的部件损耗增大，而且振动本身可以形成噪声源，以噪声的形式影响和污染环境。

(三) 放射性污染

放射性污染是指因人类的生产、生活活动排放的放射性物质所产生的电离辐射超过放射环境标准时，产生放射性污染而危害人体健康的一种现象。放射性污染物主要指各种放射性核素，其放射性与化学状态无关。每一种放射性核素都能发射出一定能量的射线，这种射线是人觉察不到、看不见和摸不着的，必须采用特殊仪器才能测定出来。这种射线如宇宙射线、α射线、β射线、γ射线、中子辐射、X射线、氡等可引起物质的电离辐射，因此放射性污染也称为电离辐射污染。

放射性物质包括天然放射物质和人工放射物质，天然放射物质包括宇宙辐射、地球表面的放射性物质、空气中存在的放射性物质、地面水系中含有的放射性物质和人体内的放射性物质。而人工放射物质主要包括核武器试验时产生的放射性物质，生产和使用放射性物质的企业排出的核废料以及医用、工业用的X射线源及放射性物质镭、钴等。

随着核科学技术的不断发展和深入，核能得到大量开发和利用，核能的利用给人类带来了巨大的物质利益和社会效益，但同时也给人类环境增添了人工放射性物质，对环境造成了新的污染。因此人工放射物质是造成放射性污染的主要来源。

(四) 电磁辐射污染

无线电通信、微波加热、高频淬火、超高压输电网站等的广泛应用，给人类物质文化生活带来了极大的便利，但也由于产生大量的电磁波，当电磁辐射过量时，就会对人们的生活、工作环境以及人体健康产生不利影响，称之为电磁辐射污染。电磁辐射已成为当今危害人类健康的致病源之一。电磁辐射污染与放射性污染相比，其特点是辐射的量子能量在 $1.2 \times 10^{-6} \sim 4 \times 10^{-4} eV$，这种量子能量远不足以使物体电离，所以不属于电离辐射范围。

影响人类生活环境的电磁污染源可分为天然和人为的两大类。天然的电磁污染是由某些自然现象引起的，如雷电，除了可能对电器设备、飞机、建筑物等直接造成危害外，还会在广大地区从几千赫到几百兆赫以上的范围内产生严重的电磁干扰。其他如火山喷发、地震、太阳黑子活动引起的磁暴等都会产生电磁干扰，这些电磁干扰对通信的破坏特别严重。

人为的电磁波污染主要有脉冲放电、功频交变电磁场、射频电磁辐射，如无线电广播、电视、微波通信等各种射频设备的辐射。研究表明，电磁波的频率超过 100kHz 时，就会对人体构成潜在威胁。

（五）热污染

随着社会生产力的迅速发展，人们的生活水平不断提高，能源的消耗日益增加，人们在利用能源过程中，不仅会产生大量有毒有害气体，而且还会产生二氧化碳、水蒸气、热水等对人体虽无直接危害但对环境却产生不良增温效应的物质，这类物质引起的环境污染即为热污染。

热污染发生在城市、工厂、火电站、原子能电站等人口稠密和能源消耗大的地区。根据污染对象的不同，可将热污染分为水体热污染和大气热污染。

人类活动消耗的能源最终会转化为热的形式进入大气，并且能源消耗的过程中释放大量的副产物（如二氧化碳、水蒸气和颗粒物质等）会进一步促进大气的升温。当大气升温影响到人类的生存环境时，即为大气热污染。

当人类排向自然水域的温热水使所排放水域的温升超过一定限度时，就会破坏所排放水域的自然生态平衡，导致水质变化，威胁到水生生物的生存，并进一步影响到人类对该水域的正常利用，即为水体的热污染。

人们尚未用一个量值来规定其环境热污染程度，这表明热污染尚未引起人们的足够重视。

（六）光污染

光污染是现代社会中伴随着新技术的发展而出现的环境问题。当光辐射过量时，就会对人们的生活、工作环境以及人体健康产生不利影响，称之为光污染。

狭义的光污染指干扰光的有害影响，其定义是"已形成的良好的照明环境，由于逸散光而产生被损害的状况，又由于这种损害的状况产生的有害影响"。逸散光指从照明器具发出的，使本不应是照射目的的物体被照射到的光。干扰光是指在逸散光中，由于光量和光方向，使人的活动、生物等受到有害影响，即产生有害影响的逸散光。广义光污染指由人工光源导致的违背人的生理与心理需求或有损于生理与心理健康的现象，包括眩光污染、射线污染、光泛滥、视单调、视屏蔽、频闪等。

按照波长不同，光污染可分为可见光污染、红外光污染及紫外光污染。

第二节 物理性污染的危害

一、噪声危害

噪声对人体的影响和危害是多方面的。概括起来，强烈的噪声可引起耳聋、诱发各种疾病、影响人们的休息和工作、干扰语言交流和通信、掩蔽安全信号、造成生产事故、降低生产效率、影响设备的正常工作甚至破坏设备构件等。其主要危害有以下六个方面。

(一) 噪声对听力的损伤

噪声对人体最直接的危害是听力损伤。对听觉的影响，是以人耳暴露在噪声环境前、后的听觉灵敏度来衡量的，这种变化称为听力损失，指人耳在各频率的听阈升移，简称阈移，以 dB 为单位。例如，当你从较安静的环境进入较强烈的噪声环境中，立即感到刺耳难受，甚至出现头痛和不舒服的感觉。停一段时间，离开这里后，仍感觉耳鸣，2min 内做听力测试，发现听力在某一频率下降为 20dB 阈移，即听阈提高了 20dB。由于噪声作用的时间不长，只要你到安静的地方休息一段时间，再进行测试，该频率的听阈减小到零，这一噪声对听力只有 20dB 暂时性阈移的影响。这种现象叫做暂时听阈偏移，亦称听觉疲劳。听觉疲劳时，听觉器官并未受到器质性损害。

如果长期工作在 90dB(A) 以上的强噪声环境中，人耳不断地受到强噪声刺激，暂时性听阈迁移恢复越来越慢，久而久之，听觉器官发生器质性病变，便失去恢复正常的听阈能力，就成为永久性听阈迁移，或称听力损失。噪声引起的听力损失，是由于过量的噪声暴露，导致听觉细胞的死亡，死亡的细胞不能再生，因此噪声性耳聋是不能治愈的。

国际标准化组织规定，用 500Hz、1000Hz 和 2000Hz 三个频率上的听力损失平均值来表示听力损失。听力损失在 15dB 以下属正常，15～25dB 属接近正常，25～40dB 为轻度耳聋；40～65dB 为中度耳聋；65dB 以上为重度耳聋。一般讲噪声性耳聋是指平均听力损失超过 25dB。

大量统计资料表明，噪声级在 80dB 以下，方能保证人们长期工作不致耳聋。噪声级在 85dB，会有 10% 的人可能产生噪声性耳聋。在 90dB 以下只能保证 80% 的人工作 40 年后不会耳聋。

当噪声超过 140dB(A)，听觉器官发生急性外伤，致使耳鼓膜破裂出血，螺旋体从基底膜急性剥离，这种一次刺激致聋的，称为暴震性耳聋。

(二) 噪声对生理健康的影响

在噪声的影响下，会不会诱发某些疾病，是与人的体质和噪声的频率、强弱等有关。

噪声作用于人的中枢神经系统，使大脑皮层的兴奋和抑制平衡失调，导致条件反射异常。这些生理变化，在噪声的长期作用下，得不到恢复，就会出现头痛、脑胀、头晕、疲劳、记忆力衰退等神经衰弱的症状。

暴露在噪声环境中的人，易患胃功能紊乱症，表现为消化不良、食欲不振、恶心呕吐，长期如此，将导致胃病及胃溃疡发病率的增高。

噪声还可使交感神经紧张，从而使人产生心动过速、心律不齐、血管痉挛、血压波动等症状。因此，近年来一些医学家认为，噪声可以导致冠心病、动脉硬化和高血压。据调查，长期在高噪声环境下工作的人与低噪声环境工作的人相比，这三种病的发病率要高出 2～3 倍。此外，噪声对视觉器官产生不良影响，噪声越大，视力清晰度的稳定性越差；噪声影响胎儿的正常发育；噪声对胎儿的听觉器官会造成先天性损伤等。

噪声对人体的危害程度也与它的频率有关，虽然低频噪声听起来没有高频噪声那么刺耳，但是人却感到胸腔特别憋闷、心悸恶心，呼吸和胃肠蠕动等都受到影响。

（三）噪声对心理的影响

噪声引起的心理影响主要是烦恼，使人激动、易怒，甚至失去理智。噪声也容易使人疲劳，因此往往会影响精力集中和工作效率，尤其是对一些做非重复性动作的劳动者，影响更为明显。

（四）噪声对正常生活的干扰

睡眠是人们生存必不可少的条件。人们在安静的环境下睡眠，人的大脑得到休息，代谢得到调节，从而消除疲劳和恢复体力。而噪声会影响人们的睡眠质量，强烈的噪声甚至使人心烦意乱，无法入睡。

噪声级在 35dB(A) 以下，是理想的睡眠环境。当噪声级超过 50dB(A) 时，约有 15% 的人的正常睡眠受到影响；城市街道的交通噪声为 70～90dB(A)，可使 50% 以上的人受影响；一些突发性噪声在 60dB(A) 时，可使 70% 的人惊醒。噪声除了对人们的休息和睡眠有影响外，还干扰人们的谈话、开会、打电话、学习和工作。通常，人们谈话的声音是 60dB(A) 左右，当噪声在 65dB(A) 以上时，就干扰人们的正常谈话；如果噪声高达 90dB(A)，就是大喊大叫对方也很难听清楚，需贴近耳朵或借助手势来表达语意。

（五）噪声降低劳动生产率并影响安全生产

在噪声环境中，人们由于心情烦躁，身体不适，而使注意力不易集中，反应迟钝，这样工作起来很容易出差错，不仅会影响工作速度，而且还会降低工作效率，甚至会引起工伤事故，特别是对那些要求注意力高度集中的复杂作业和脑力劳动，噪声的影响更大。有人对打字、速记、校对等工种进行调查，发现随着工作环境中噪声的增加，差错率会不断上升。有人对电话交换台进行过调查，发现噪声级从 50dB 降到 30dB，差错率减少 42%。

在强噪声下，还容易由于掩盖交谈和危险信号或行车信号，而发生重大事故。例如广西某厂有两名工人在厂区内的铁路上行走，火车从后面驶来时，附近锅炉蒸汽正在放空，排气噪声使这两名工人未听到火车的汽笛声，结果被火车撞倒，造成一死一伤的事故。

（六）特强噪声对仪器设备和建筑结构的危害

噪声对仪器设备的影响与噪声强度、频率以及仪器设备本身的结构与安装方式等因素有关。实验研究表明，特强噪声会损伤仪器设备，甚至使仪器设备失效。当噪声级超过 150dB(A) 时，会严重损坏电阻、电容、晶体管等元件。当特强噪声作用于火箭、宇航器等机械结构时，由于受声频交变负载的反复作用，会使材料产生疲劳而断裂（声疲劳现象）。

一般的噪声对建筑物几乎没有什么影响。但是当噪声级超过 140dB(A) 时，对轻型建筑开始有破坏作用。例如，当超声速飞机在低空掠过时，飞机头部和尾部会产生压力和密度突变，经地面反射后形成 N 形冲击波，传到地面时听起来像爆炸声，这种特殊的噪声叫做轰击声。在轰击声的作用下，建筑物会受到不同程度的破坏，如出现门窗损伤、玻璃破碎、墙壁开裂、抹灰震落、烟囱倒塌等。由于轰击声衰减较慢，因此传播较远，影响范围较广。此外，在建筑物附近使用空气锤、打桩或爆破，也会导致建筑物的损伤。

二、振动危害

振动是一种周期性往复运动，任何一种机械都会产生振动，而机械振动产生的主要原因是旋转或往复运动部件的不平衡、磁力不平衡和部件的相互碰撞。

振动不仅能激发噪声，而且还会直接作用于人体、设备和建筑物等，产生很多不良后果。

（一）振动对人体的危害

从物理学和生理学角度看，人体是一个复杂系统。如果把人看作一个机械系统，它包含着若干线性和非线性的"部件"，并且性能很不稳定。人与人在身高、体重、骨骼、筋肉等方面有很大的差别，特别是涉及心理作用时，情况就更为复杂。振动对人体的影响可分为全身振动和局部振动。全身振动是指人直接位于振动物体上时所受到的振动。全身振动对人的影响是多方面的，会对人体的神经系统、心血管系统、骨骼、听觉等方面带来严重的伤害。局部振动是指人接触振动物体时引起的人体部分振动，它只是作用于人体的某一部位。

人体感觉的振动频率分为3段：低频段为30Hz以下；中频段为30～100Hz；高频段为100Hz以上。人对频率为2～12Hz的振动感觉最敏感，频率高于12Hz或低于2Hz敏感性就逐渐减弱。最有害的振动频率是与人体某些器官的固有频率（共振）吻合的频率，如人体在6Hz左右，内脏器官在8Hz左右，头部在25Hz左右，神经中枢则在250Hz左右。

实验表明，振动对人体的影响与振动的频率、振幅、加速度以及人的体位等因素有关，常因振幅或加速度的不同而表现出不同的反应。当振动频率较高时，振幅起主要作用，例如作用于全身的振动频率为40～102Hz，振幅达到0.05～1.3mm时，就会对全身带来危害。高频振动主要对人体各组织的神经末梢发生作用，引起末梢血管痉挛的最低频率是35Hz。当振动频率较低时，则加速度起主要作用。如果人体处于匀速运动状态下，不论其速度为多少，人是无感觉的，匀速运动的速度对人体也不产生任何影响。例如地球在其轨道上基本处于匀速运动中，赤道上地球的自转速度为463m/s，地球的平均公转速度为29800m/s，人类生存在地球上并没有感觉到地球的运动。当人处于变速运动状态时，身体则会受到速度变化的影响，即加速度的产生对人体有影响。若运动速度连续变化时，人在短时间内可以忍受较大的加速度。例如人体直立向上运动时能忍受的加速度为156.8m/s^2，而向下运动时为98m/s^2，横向运动时为392m/s^2，如果加速度超过这一数值，便会引起前庭装置反应，以致造成内脏、血液位移，甚至造成皮肉青肿、骨折、器官破裂、脑震荡等损伤。人经常处于变速运动状态，尤其是现代交通工具的速度不断提高，使人经常受到加速度的作用。

另外振动对人体的影响与作用时间有密切的关系，在振动作用下，时间越长，对人体的危害就越大。人体长时间从事与振动有关的工作会患振动职业病，主要是局部振动而引起的以肢端血管痉挛、周围神经末梢感觉障碍和上肢骨与关节改变为主要表现的振动职业病，例如手麻、手僵、白指、白手、手发凉、疼痛、关节痛和四肢无力，有时还伴有头晕、头痛、呕吐、易疲劳、记忆力减退等神经衰弱综合征。此外，振动还能造成听力损伤，噪声性损伤以高频3000～4000Hz为主，振动性损伤是以低频125～250Hz为主。表

1－1给出全身振动主观反应。

表1－1 全身振动的主观反应

主观感觉	频率/Hz	振幅/mm	主观感觉	频率/Hz	振幅/mm
腹痛	6～12	0.094～0.163	尿急感	10～20	0.024～0.028
	40	0.063～0.126	粪迫感	9～20	0.024～0.12
	70	0.032		3～10	0.4～2.18
胸痛	5～7	0.6～1.5	头部症状	40	0.126
	6～12	0.094～0.163		70	0.032
背痛	40	0.63	呼吸困难	1～3	1～9.3
	70	0.32		4～9	2.4～19.6

（二）振动对机械设备的危害和对环境的污染

在工业生产中，机械设备运转发生的振动大多是有害的。振动使机械设备本身疲劳和磨损，从而缩短机械设备的使用寿命，甚至使机械设备中的构件发生刚度和强度破坏。对于机械加工机床，如振动过大，可使加工精度降低；飞机机翼的颤振、机轮的摆动和发动机的异常振动，都有可能造成飞行事故。各种机器设备、运输工具会引起附近地面的振动，并以波动形式传播到周围的建筑物，造成不同程度的环境污染，从而使振动引起的环境公害日益受到人们的关注。具体说来，振动对机械设备的危害和对环境的污染主要表现在以下几个方面。

（1）由振动引起的对机器设备、仪表和对建筑物的破坏，主要表现为干扰机器设备、仪表的正常工作，对其工作精度造成影响，并由于对设备、仪表的刚度和强度的损伤造成其使用寿命的降低；振动能够削弱建筑物的结构强度，在较强振源的长期作用下，建筑物会出现墙壁裂缝、基础下沉，甚至发生当振级超过140dB使建筑物倒塌的现象。

（2）冲锻设备、加工机械、纺织设备如打桩机、锻锤等都可以引起强烈的支撑面振动，有时地面垂直向振级最高可达150dB左右。另外为居民日常服务的如锅炉引风机、水泵等都可以引起75～130dB之间的地面振动振级。调查表明，当振级超过70dB时，人便可感觉到振动；超过75dB时，便产生烦躁感；85dB以上，就会严重干扰人们正常的生活和工作，甚至损害人体健康。

（3）机械设备运行时产生的振动传递到建筑物的基础、楼板或其相邻结构，可以引起它们的振动，这种振动可以以弹性波的形式沿着建筑结构进行传递，使相邻的建筑物空气发生振动，并产生辐射声波，引起所谓的结构噪声。由于固体声衰缓慢，可以传递到很远的地方，所以常常造成大面积的结构噪声污染。

（4）强烈的地面振动源不但可以产生地面振动，还能产生很大的撞击噪声，有时可达100dB，这种空气噪声可以以声波的形式进行传递，从而引起噪声环境污染，进而影响人们的正常生活。

三、放射性危害

放射性对机体的损伤作用，在很大程度上是由于放射性射线在机体组织中所引起的电离作用，电离作用使组织内的重要组成成分（如蛋白质分子等）遭到破坏，并能杀死生物体的细胞，妨碍正常的细胞分裂和再生，并且引起细胞内遗传信息的突变。在 α 射线、β 射线和 γ 射线三种常见的射线中，由于 α 射线的电离能力强，所以对人体的伤害最大，β 射线和 γ 射线对人体的伤害次之。

辐射对人体的危害主要表现为受到射线过量照射而引起的急性放射病，以及因辐射导致的远期影响。

1. 急性放射病

急性放射病是由大剂量的急性照射所引起，多为意外核事故、核战争造成的。按射线的作用范围，短期大剂量外照射引起的辐射损伤可分成全身性辐射损伤和局部性辐射损伤。

全身性辐射损伤是指机体全身受到均匀或不均匀大剂量急性照射引起的一种全身性疾病，一般在照射后的数小时或数周内出现。根据剂量大小、主要症状、病程特点和严重程度可分为骨髓型放射病、肠型放射病和脑型放射病三类。

局部性辐射损伤是指肌体某一器官或组织受到外照射时出现的某种损伤，在放射治疗中可能出现这类损伤。例如单次接受 3Gy β 射线或低能 γ 射线的照射，皮肤将产生红斑，剂量更大时将出现水泡、皮肤溃疡等病变。

2. 远期影响

辐射危害的远期影响主要是慢性放射病和长期小剂量照射对人体健康的影响，多属于随机效应。

慢性放射病是由于多次照射、长期累积的结果。受辐射的人在数年或数十年后，可能出现白血病、恶性肿瘤、白内障、生长发育迟缓、生育力降低等远期躯体效应，还可能出现胎儿性别比例变化、先天畸形、流产、死产等遗传效应。慢性放射病的辐射危害取决于受辐射的时间和辐射量，属于随机效应。

长期小剂量照射对人体健康的影响特点是潜伏期较长，发生概率很低，既有随机效应，也有确定性效应。

核辐射对人体的危害取决于受辐射的时间以及辐射量。表 1-2 表示遭受的辐射量的后果及不同场合所受的辐射量。

表 1-2　不同辐射量照射后的后果及不同场合所受的辐射量

辐射量/Sv	不同辐射量照射后的后果及不同场合所受的辐射量
4.5 ~ 8.0	30d 内将进入垂死状态
2.0 ~ 4.5	掉头发，血液发生严重病变，一些人在 2 ~ 6 周内死亡
0.6 ~ 1.0	出现各种辐射疾病
0.1	患癌症的可能性为 1/130
5×10^{-2}	每年的工作所遭受的核辐射量
7×10^{-3}	大脑扫描的核辐射量
6×10^{-4}	人体内的辐射量
1×10^{-4}	乘飞机时遭受的辐射量
8×10^{-5}	建筑材料每年所产生的辐射量
1×10^{-5}	腿部或手臂进行 X 射线检查时的辐射量

四、电磁辐射危害

电磁辐射是指能量以电磁波形式由源发射到空间的现象。电气设备辐射出的从低频到高频的电磁波会对环境、人体、设备的造成危害。

(一)电磁辐射对人体的危害与不良影响

电磁辐射对人体的危害与波长有关。电磁辐射危害的一般规律是随着波长的缩短,对人体的作用加大,其中微波作用最突出。研究发现,电磁场的生物学活性随频率加大而递增,就频率对生物学活性而言,即微波 > 超短波 > 短波 > 中波 > 长波,频率与危害程度亦成正比关系。不同频段的电磁辐射,在大强度与长时间作用下,对人体的不良影响主要包括以下几方面。

1. 中、短波频段

在中、短波频段电磁场作用下,在一定强度和时间下,作业人员及高场强作用范围内的其他人员会产生不适反应。中、短波辐射对机体的主要作用,是引起神经衰弱症候群和反映在心血管系统的植物神经功能失调,主要症状为头痛头晕、周身不适、疲倦无力、失眠多梦、记忆力减退、口干舌燥;部分人员则发生嗜睡、发热、多汗、麻木、胸闷、心悸等症状;女性人员有月经周期紊乱现象发生。体检发现,少部分人员血压下降或升高、皮肤感觉迟钝、心动过缓或过速、心电图窦性心律不齐等,且发现少数人员有脱发现象。

研究发现,中、短波电磁场对机体的作用是可逆的。脱离作用后,经过一段时期的休息或治疗后,症状可以消失,一般不会造成永久性损伤。性别、年龄不同,中、短波电磁场对人体影响的程度也不一样,一般女性人员和儿童比较敏感。

2. 微波频段

一般认为,微波辐射对内分泌和免疫系统的作用有两方面,小剂量、短时间作用是兴奋效应,大剂量、长时间作用是抑制效应。另外,微波辐射可使毛细血管内皮细胞的胞体内小泡增多,使其胞饮作用加强,导致血脑屏障渗透性增高。一般来说,这种增高对机体是不利的。

微波对人体健康的影响主要表现在以下几个方面。

(1)电磁辐射的致癌和治癌作用。大部分实验动物经微波作用后,可以使癌的发生率上升。调查表明,在 $2mGs(1Gs = 10^{-4}T)$ 以上电磁场中,人群患白血病的概率为正常的2.93倍,肌肉肿瘤的概率为正常的3.26倍。一些微波生物学家的实验表明,电磁辐射会促使人体内的遗传基因微粒细胞染色体发生突变和有丝分裂异常,而使某些组织出现病理性增生过程,使正常细胞变为癌细胞。美国洛杉矶地区的研究人员曾经研究了14岁以下儿童血癌的发生原因,研究人员在儿童的房间内以24h的监督器来监督电磁波强度,赫然发现当儿童房间中电磁波强度的平均值大于2.68mGs时,这些儿童得血癌的概率较一般儿童高出约48%。

另一方面,微波对人体组织的致热效应,不仅可以用来进行理疗,还可以用来治疗癌症,使癌组织中心温度上升,从而破坏了癌细胞的增生。

(2)对视觉系统的影响。眼组织含有大量的水分,易吸收电磁辐射,而且眼的血流量少,故在电磁辐射作用下,眼球的温度易升高。温度升高是产生白内障的主要条件。温度上升导致眼晶状体蛋白质凝固,较低强度的微波长期作用,可以加速晶状体的衰老和混浊，并有可能使有色视野缩小和暗适应时间延长，造成某些视觉障碍。长期低强度电磁辐射的作用，可促进视觉疲劳，眼感到不舒适和感到干燥等现象。强度在 $100mW/cm^2$ 的微波照射眼睛几分钟，就可使晶状体出现水肿，严重的则成为白内障。强度更高的微波，则会使视力完全消失。

（3）对生殖系统和遗传的影响。长期接触超短波发生器的人，男人可出现性机能下降、阳痿，女人出现月经周期紊乱。由于睾丸的血液循环不良，对电磁辐射非常敏感，精子生成受到抑制而影响生育；电磁辐射也会使卵细胞出现变性，破坏了排卵过程，而使女性失去生育能力。

高强度的电磁辐射可以产生遗传效应，使睾丸染色体出现畸变和有丝分裂异常。妊娠妇女在早期或在妊娠前，接受了短波透热疗法，结果使其子代出现先天性出生缺陷（畸形婴儿）。

（4）对血液系统的影响。在电磁辐射的作用下，周围血象可出现白细胞不稳定，主要是下降倾向，红细胞的生成受到抑制，出现网状红细胞减少。操纵雷达的人多数出现白细胞降低。此外，当无线电波和放射线同时作用于人体时，对血液系统的作用较单一因素作用可产生更明显的伤害。

（5）对机体免疫功能的危害。电磁辐射的作用使身体抵抗力下降。动物实验和对人群受辐射作用的研究与调查表明，人体的白细胞吞噬细菌的百分率和吞噬的细菌数均下降。此外，受电磁辐射长期作用的人，其抗体形成受到明显抑制。

（6）引起心血管疾病。受电磁辐射作用的人常发生血流动力学失调，血管通透性和张力降低。由于植物神经调节功能受到影响，人们多数出现心动过缓症状，少数呈现心动过速。受害者出现血压波动，开始升高，后又回复至正常，最后出现血压偏低；迷走神经发生过敏反应，房室传导不良。此外，长期受电磁辐射作用的人，更早、更易促使心血管系统疾病的发生和发展。

（7）对中枢神经系统的危害。神经系统对电磁辐射的作用很敏感，受其低强度反复作用后，中枢神经机能发生改变，出现神经衰弱症候群，主要表现有头痛、头晕、无力、记忆力减退、睡眠障碍（失眠、多梦或嗜睡）、白天打瞌睡、易激动、多汗、心悸、胸闷、脱发等，尤其是入睡困难、无力、多汗和记忆力减退更为突出。这些均说明大脑是抑制过程占优势，所以受害者除有上述症候群外，还表现有短时间记忆力减退、视觉运动反应时值明显延长、手脑协调动作差等。

（8）对胎儿的影响。世界卫生组织认为，计算机、电视机、移动电话等产生的电磁辐射对胎儿有不良影响。孕妇在怀孕期的前三个月尤其要避免接触电磁辐射。因为当胎儿在母体内时，对有害因素的毒性作用比成人敏感，受到电磁辐射后，将产生不良的影响。如果是在胚胎形成期受到电磁辐射，有可能导致流产；如果是在胎儿的发育期受到辐射，也可能损伤中枢神经系统，导致婴儿智力低下。

（二）电磁辐射对装置、物质和设备的影响和危害

1. 射频辐射对通信、电视机的干扰

射频设备和广播发射机振荡回路的电磁泄漏，以及电源线、馈线和天线等向外辐射的电磁能，不仅对周围操作人员的健康造成影响，而且可以干扰位于这个区域范围内的各种电子设备的正常工作，如无线电通信、无线电计量、雷达导航、电视、电子计算机及电气医疗设备等电子系统。在空间电波的干扰下，可使信号失误、图形失真、控制失灵，以至于无法正常工作。电视机受到射频辐射的干扰，将会使图像上出现活动波纹或斜线，使图像不清楚，影响收看的效果。

还应指出，电磁波不仅可以干扰和它同频或邻频的设备，而且还可以干扰比它频率高得多的设备，也可以干扰比它频率低得多的设备。其对无线电设备所造成的干扰危害是相当严重的，必须对此严加限制。

2. 电磁辐射对易爆物质和装置的危害

火药、炸药及雷管等都具有较低的燃烧能点，遇到摩擦、碰撞、冲击等情况，很容易发生爆炸，在辐射能作用下，同样可以发生意外的爆炸。许多常规兵器采用电气引爆装置，如遇高电平的电磁感应和辐射，可能造成控制机构的误动，从而使控制失灵，发生意外的爆炸。如高频辐射强场能够使导弹制导系统控制失灵，电爆管的效应提前或滞后。

3. 电磁辐射对挥发性物质的危害

挥发性液体和气体，例如酒精、煤油、液化石油气等易燃物质，在高电平电磁感应和辐射作用下，可发生燃烧现象，特别是在静电危害方面尤为突出。

（三）电磁干扰

电磁辐射作为一种能量流污染，人类无法直接感受到，但它却无时不在。电磁辐射污染不仅对人体健康有不良影响，而且对其他电器设备也会产生干扰。电磁干扰、电磁辐射可直接影响到各个领域中电子设备、仪器仪表的正常运行，造成对工作设备的电磁干扰。一旦产生电磁干扰，有可能引发灾难性的后果。如美国就曾发生一起因电磁干扰使心脏起搏器失灵而使病人致死的事件。

对电器设备的干扰最突出的情况有三种：一是无线通信发展迅速，如发射台、站的建设缺乏合理规划和布局，使航空通信受到干扰；二是一些企业使用的高频工业设备对广播、电视信号造成的干扰；三是一些原来位于城市郊区的广播电台发射站，后来随着城市的发展被市区所包围，电台发射出的电磁辐射干扰了当地百姓收看电视。

电磁辐射还可以引起火灾或爆炸事故。较强的电磁辐射，因电磁感应而产生火花放电，可以引燃油类或气体，酿成火灾或爆炸事故。

五、热污染危害

热污染分为水体热污染和大气热污染，其危害分述如下。

（一）水体热污染的危害

火力发电厂、钢铁厂的循环冷却系统排出的热水以及石化、铸造等工业排出的主要废水中均含有大量废热，排入地表面水体后，形成水体热污染。水体热污染的危害主要有：

（1）降低了水中的溶解氧。水体热污染导致水温急剧升高，以致水中溶解氧减少，使水体处于缺氧状态，同时又因水生生物代谢率增高而需要更多的氧，造成一些水生生物发育受阻或死亡，从而影响环境和生态平衡。

（2）导致水生生物种群的变化。任何生物种群都要有适宜的生存温度，水温升高将使适应于正常水温下生活的海洋动物发生死亡或迁徙，还可以诱使某些鱼类在错误的时间进行产卵或季节性迁移，也有可能引起生物的加速生长和过早成熟。

水体内的藻类种群也会随着温度的升高而发生改变。在 20℃时，硅藻占优势，在

11

30℃时绿藻占优势，在 35～40℃时蓝藻占优势。蓝藻种群能引起生活用水有不好的味道，而且也不适于鱼类食用。

（3）加快生化反应速度。随着温度的上升，水体生物的生物化学反应速度也会加快。在 0～40℃的范围内，温度每升高 10℃，生物的代谢速度加快 1 倍。在这种情况下，水中的化学污染物质，如氧化物、重金属离子等对水生生物的毒性效应会增加。资料报道，当水温由 8℃升高至 18℃，氧化钾对鱼类的毒性增加 1 倍；当水温由 13.5℃升高到 21.5℃，锌离子对虹鳟鱼的毒性增加 1 倍。

（4）破坏水产品资源。海洋热污染问题在全球范围内正日益加重。1969 年美国比斯开湾的调查发现，温度升高 3℃的水域水生生物的种类和数量都变得极为稀少，温度升高 4℃的水域海洋生物绝迹。

水体温度的变化对水体环境中的多种水生生物的种类和数量都有明显的影响，不同鱼类及水生生物都有自己的最适宜生存的温度范围。水体热污染对有游动能力的鱼类和不能游动的附着在岩礁上的生物（如鲍鱼、海胆等）的影响是不一样的。热污染对后者的影响要大得多。对底栖生物生态结构产生影响的水温上限约为 32℃。

（5）影响人类生产和生活。水的任何物理性质，几乎无一不受温度变化的影响。水的黏度随着温度的上升而降低，水温升高会影响沉淀物在水库和流速缓慢的江河、港湾中的沉积。水温升高还会促进某些水生植物大量繁殖，使水流和航道受到阻碍，例如，美国南部的许多地区水域中，曾一度由于水体热污染而大量生长水草风信子，阻碍了水流和航道。

（6）危害人类健康。河水水温上升给一些致病微生物造成一个人工温床，使它们得以滋生、泛滥，引起疾病流行，危害人类健康。1965 年，澳大利亚曾流行过一种脑膜炎，后经科学家证实，其祸根是一种变形原虫，由于发电厂排出的热水使河水温度增高，这种变形虫在温水中大量滋生，造成水源污染而引起了那次脑膜炎的流行。

（二）大气热污染的危害

（1）气候异常，对人类经济、生存环境带来不利影响。大气热污染会导致全球气候变暖，导致海水热膨胀和极地冰川融化，使海平面升高，一些沿海地区及城市被海水淹没。全球变暖的结果可以影响大气环流，继而改变全球的雨量分布以及各大洲表面土壤的含水量。

（2）加剧热岛效应和能源消耗。热污染会导致城市气温升高，例如空调类电器不断向城市大气中排放热量，导致热岛效应加剧。

（3）大气热污染形成的高温环境对人体健康有不利影响。当环境温度超过 29℃以上时，对人体的生理机能产生影响，降低人的工作效率。

① 人体的热平衡。机体产热与散热保持相对平衡的状态称为人体的热平衡。人体保持恒定的体温，对于维持正常的代谢和生理功能都是十分重要的。产热与散热之间的关系可以决定人体是否能维持热量平衡或体内的热积聚是否增加。

在通常情况下，散热的形式是辐射、传导和对流。在高温环境中作业时，劳动者的辐射散热和对流散热发生困难，散热只能依靠蒸发来完成。如在高温、高湿条件下工作时，不仅辐射散热、传导和对流散热无法发挥作用，蒸发散热也将受到阻碍。

② 气温和体温。在高温环境下作业时，体温往往有不同的增加，皮肤温度也可迅速

升高。但当皮肤温度高达 41～44℃ 时，人就会有灼痛感。如果温度继续升高，就会伤害皮肤基础组织。

③ 水盐代谢。在常温下，正常人每天进出的水量为 2～2.5L。在炎热的季节，正常人每天出汗量为 1L，而在高温下从事体力劳动时，排汗量会大大增加，每天平均出汗量达 3～8L。由于汗的主要成分为水，同时含有一定量的无机盐和维生素，所以大量出汗对人体的水盐代谢产生显著的影响，同时对微量元素和维生素代谢也产生一定的影响。当水分丧失达到体重的 5%～8%，而未能及时得到补充时，就可能出现无力、口渴、尿少、脉搏增快、体温升高、水盐平衡失调等症状，使工作效率降低。

④ 消化系统。在高温条件下劳动时，体内血液重新分配，皮肤血管扩张，腹腔内脏血管收缩，这样就会引起消化道贫血，可能出现消化液（唾液、胃液、胰液、胆液、肠液等）分泌减少，使胃肠消化过程所必需的游离盐酸、蛋白酶、酯酶、淀粉酶、胆汁酸的分泌量减少，胃肠消化机能相应减退，与此同时大量排汗以及氯化物的损失使血液中形成胃酸所必需的氯离子储备减少，也会导致胃液酸度降低，这样就会出现食欲减退、消化不良以及其他胃肠疾病。由于高温环境中排空加速，胃中的食物在其化学消化过程尚未充分进行的情况下就被过早地送进十二指肠，从而不能得到充分的消化。

⑤ 循环系统。在高温条件下，由于大量出汗，血液浓缩，同时高温使血管扩张，末梢血液循环增加，加上劳动的需要，肌肉的血流量也增加，这些因素都可使心跳过速，加重心脏负担，血压也有所变化。

⑥ 神经系统。人体中最重要的生命物质——蛋白质（其中包括控制人体生化反应的各种酶），会在高温中反应异常甚至失去活性。

高温环境的热作用可降低人们中枢神经系统的兴奋性，使机体体温调节功能减弱，热平衡易遭受破坏，而促发中暑。

高温刺激和作业所致的疲劳均可使大脑皮层机能降低和适应能力减退。随着高温作业所致的体温逐渐升高，可见到神经反射潜伏期逐渐延长，运动神经兴奋性明显降低，中枢神经系统抑制占优势。此时，劳动者出现注意力不集中，动作的准确性与协调性差，反应迟钝，作业能力明显下降，易发生工伤事故。

高温作业对神经心理和脑力劳动能力均有明显影响。在高温环境中，需要识别、判断和分析的脑力劳动的作业能力或效率下降尤为明显，而且识别、分析、判断指标的改变发生在各项生理指标改变之前。人体受热时，首先会感到不舒适，其后才会发生体温逐渐升高，并产生困倦感、厌烦情绪、不想动、乏力与嗜睡等症状，进而使作业能力下降、错误率增加。当体温升至 38℃ 以上时，对神经心理活动的影响更加明显。如及时采取降温措施，使体温降至 37℃、主观感觉舒适，错误率也会随之减少；反之，后果严重。

六、光污染危害

(一) 可见光污染

可见光的波长是波长在 390～760nm 的电磁辐射体，也就是常说的七色光组合，是自然光的主要部分。

激光的光谱中大部分属于可见光的范围，而激光具有指向性好、能量集中、颜色纯正的特点，在医学、环境监测、物理、化学、天文学及工业生产中大量应用。但是由于激光的特点所决定，它具有高亮度和强度，同时它通过人体的眼睛晶状体聚集后，到达眼底时增大数百甚至数万倍。这样就会对眼睛产生巨大的伤害，严重时就会破坏机体组织和神经系统。所以在激光应用的过程中，要特别注意激光污染。

杂散光是光污染中的一部分，它主要来自于建筑的玻璃幕墙、光面的建筑装饰（高级光面瓷砖、光面涂料），由于这些物质的反射系数较高一般在 60% ~ 90%，比一般较暗建筑表面和粗糙表面的建筑反射系数大 10 倍。当阳光照射在上面时，就会被反射过来，对人眼产生刺激。另一部分杂散光污染来源于夜间照明的灯光通过直射或者反射进入住户内。其光强可能超过人夜晚休息时能承受的范围，从而影响人的睡眠质量，导致神经失调引起头晕目眩、困倦乏力、精神不集中。

夜间，广告灯、霓虹灯闪烁夺目，强光束甚至直冲云霄，夜间照明过度，使得夜晚如同白天一样，即所谓人工白昼。在这样的"不夜城"里，人们夜晚难以入睡，白天工作效率低下。白昼还会伤害鸟类和昆虫，强光可能破坏昆虫在夜间的正常繁殖过程。

光污染对天文观测的影响受到人们的普遍重视，在国际天文学联合会就将光污染列为影响天文学工作的现代四大污染之一。各种光污染直接作用于观测系统使天文系统观测的数据变得模糊甚至作出错误的判断。

(二) 红外线污染

红外线辐射是指波长从 760 ~ 106nm 范围的电波辐射，也就是热辐射。自然界中主要的红外线来源是太阳，人工的红外线来源是加热金属、熔融玻璃、红外激光器等。物体温度越高，其辐射波长越短，发射的热量就越高。

随着红外线在军事、科研、工业等方面的广泛应用，同时也产生了红外线污染。红外线可以通过高温灼伤人的皮肤，波长在 750 ~ 1300nm 时主要损伤眼底视网膜，超过 900nm 时就会灼伤角膜。近红外线辐射能量在眼睛晶体内被大量吸收，随着波长的增加，角膜和房水基本上吸收全部入射的辐射，这些吸收的能量可传导到眼睛内部结构，从而升高晶体本身的温度，也升高角膜的温度。而晶体的细胞更新速度非常慢，一天内照射受到伤害，可能在几年后也难以恢复（吹玻璃工或者钢铁冶炼工白内障得病率较高就是其中的一例）。

(三) 紫外线污染

紫外线辐射是波长范围在 10 ~ 390nm 的电磁波，其频率范围在 $(0.7 ~ 3) \times 10^{15}$ Hz，相应的光子量为 3.1 ~ 12.4eV（电子伏特）。自然界中的紫外线来自于太阳辐射，不同波长的紫外线可被空气、水或生物分子吸收。人工紫外线是由电弧和气体放电所产生。紫外线具有有益效应：一般都承认，长期缺乏紫外线辐射可对人体产生有害作用，其中最明显的现象是维生素 D 缺乏症。对此应采取措施以增加紫外辐射的接触，通过改善房屋建筑结构、开窗方向、应用可透过紫外辐射的玻璃、采用日光浴、发展人工紫外辐射设备等手段，均可矫正预防由于缺乏紫外辐射引起的疾病症状。同时紫外线也存在有害效应：当波长在 220 ~ 320nm 时对人体有损伤作用，有害效应可分为急性和慢性两种，主要是影响眼睛和皮肤。紫外线辐射对眼睛的急性效应会导致结膜炎的发生，引起不舒服，但通常可恢复，采用适当的眼镜就可预防。紫外辐射对皮肤的急性效应可引起水泡和皮肤表面的损伤，继发感染和全身效应，类似一度或者二度烧伤。眼睛的慢性效应可导致结膜鳞状细胞癌及白内障的发生。紫外辐射引起的慢性皮肤病变，也可能产生恶性皮肤肿瘤。紫外线的另一类污染是通过间接的作用危害人类，如紫外线作用于大气的污染物 HCl 和 NO_x 等时，就会促进化学反应产生光化学烟雾。

除了以上光污染对人体和环境的危害，它们对动植物的生存和生长也有影响。

（1）对植物的影响：种植在街道两侧的树木、绿篱或花卉会受到路灯的影响。当植物在夜间受到过多的人工光线照射时，其自然生命周期受到干扰，从而影响到植物的正常生长。如夜间人工光线的照明会使水稻的成熟期推迟，其生长状态比没有受到人工光线照射的水稻差；菠菜在夜间受到过多人工光线照射时，会过早结种，产量降低。

（2）对动物的影响：很多动物受到过多的人工光线照射时生活习性和新陈代谢都会受到影响，有时会因此引发一些异常行为，如马和羊等牲畜的繁殖具有明显的季节，当人工光线的照射使它们失去对季节的把握时，其生殖周期就会被破坏，无法正常繁殖；光污染改变了鸟类的生活习性，影响鸟的飞行方向；田地、森林或河流湖泊附近的人工照明光线会吸引更多的昆虫，从而危害到当地的自然环境和生态平衡；在捕鱼业中经常使用人工光来吸引鱼群，过量光线对鱼类和水生态环境也会造成影响。

第三节　石油化工生产过程中的物理性污染

石油化学工业简称石油化工、石化工业，是化学工业的重要组成部分，在国民经济的发展中有重要作用，是我国的支柱产业部门之一。石油化工指以石油和天然气为主要原料，通过不同的生产工艺过程或加工方法，生产加工石油产品、有机化工原料、合成材料、化学肥料的生产行业。

1. 石油炼制

石油产品又称油品，主要包括各种燃料油（汽油、煤油、柴油等）、润滑油以及液化石油气、石油焦炭、石蜡、沥青等；其中各种燃料油产量最大，约占总产量的90%。

石油的加工利用并逐渐形成石油炼制（简称炼制）工业始于19世纪30年代，到20世纪40～50年代形成的现代炼油工业是最大的加工工业之一。20世纪50年代以后，石油炼制为化工产品的发展提供了大量原料，形成了现代石油化学工业。

2. 基本有机化工

基本有机化工是以石油产品、石油化工中间产品及化工产品为主要原料，生产三烯（乙烯、丙烯、丁二烯）、三苯（苯、甲苯、二甲苯）、乙炔和萘等基本有机原料。

3. 化纤、三大合成材料

石油化纤工业是以石油产品及天然气为主要原料，生产聚酯、聚酰胺、己内酰胺、尼龙66盐、腈纶66盐、丙烯腈等各种合成化纤原材料。三大合成材料行业是将有机原料经过特定的加工工艺生产出聚乙烯、聚丙烯、聚苯乙烯等合成树脂，丁苯橡胶、丁腈橡胶、乙丙橡胶等合成橡胶，或以石油炼制生产的苯、二甲苯、乙烯、丙烯等有机产品为主要原料生产聚酯、聚酰胺、聚乙烯醇缩甲醛等纤维产品。

4. 化肥工业

化肥工业是以石油产品及天然气为主要原料，生产尿素、硫酸铵、碳酸氢铵和硝酸铵等产品，其中合成氨的产量最大。合成氨的生产方法是以石油产品或天然气为原料进行裂解制氢，并与经空气分离制备得到的氮气在高温（HT）、高压（HP）及催化剂作用下合成为液氨，然后将氨与CO_2在高温、高压下合成尿素产品。

在以上石油化工生产过程的四大门类都会产生废水、废气、废渣、废热，同时各种动设备在运转过程中还会产生噪声污染，尤其是高压排气放空噪声。

随着石油化工单套生产规模向大型化发展的同时，也正朝着合理配置资源、节能降耗等方面发展，但石油化工行业的污染问题依然严峻，尤其如今人们在特别关注废水、废气、废渣等"三废"治理的时候，物理性污染成为日益严重的问题。

一、石油化工生产污染物的来源

石油化工行业生产的特点决定了石油化工企业不仅排放的污染量大，而且污染物种类也多种多样，但不论其来源情况如何，按其形态可大致分为四种类型的环境污染物，即水体污染物、大气污染物、固体废物和物理性污染物。其产生的原因和进入环境的途径是多种多样的，概括起来，污染物的来源分以下两个方面。

（一）石化生产的原料、半成品及产品

因转化率的限制，生产中原料不可能全部转化为半成品或成品。未反应的原料，虽有部分可以回收利用，但最终有一部分回收不完全或不可能回收而排掉。

原料有时本身纯度不够。所含杂质不参加化学反应，最后要排放掉；有的杂质也参与化学反应，故生成物也含杂质，对环境而言可能是有害的污染物。如电解食盐水只有利用食盐中的氯化钠生产氯气、氢气和烧碱，其余原料中10%左右的杂质则排掉成为污染源。

由于生产设备、管道不严密，或者操作、管理水平跟不上，物料在生产过程以及贮存、运输中，会造成原料、产品的泄漏。

（二）石化生产过程的排放

（1）燃烧过程。燃料燃烧可以为生产过程提供能量，以保证石化生产在一定的温度和压力下进行。但燃烧产生大量烟气和烟尘对环境产生极大的危害。

（2）冷却水。无论采用直接冷却还是采用间接冷却，都会有污染物质排出。另外升温后的废水对水中溶解氧产生极大影响，破坏水生生物和藻类种群的生存结构，导致水质下降。

（3）副反应。石化生产主反应的同时，往往伴随着一系列副反应和副产物。有的副产物虽经回收，但由于数量不大、成分复杂，也作为废料排弃，从而引起环境污染。

（4）生产事故。比较经常发生的是设备事故。由于石化生产的原料、成品、半成品很多具有腐蚀性，容器、管道等易损。如检修不及时，就易出现"跑、冒、滴、漏"等现象，比较偶然发生的事故是工艺过程事故。由于石化生产条件的特殊性，如反应条件控制不好，或催化剂没及时更换，或为了安全大量排气、排液等，这些过程事故所排放的"废物"数量大、浓度高，会造成严重污染，甚至人身伤亡。

以石油炼制为例，首先要将输送到炼油厂的原油在厂内再次进行脱水、脱盐处理，使原油中的含水量≤0.5%、含盐量<5000mg/L。在加热炉内将原油加热到350℃以上，然后进行常压蒸馏、减压蒸馏，分割出汽油、煤油、柴油、润滑油馏分，常压重油和减压渣油作为二次加工的原料。为了提高产品质量及原油的综合利用率，在炼油厂还要进行二次加工，主要装置有催化裂化、铂重整、加氢、糠醛精制、聚丙烯、焦化、氧化沥青等多套装置。由于这些装置均采用物理分离和化学反应相结合的方法，生产过程往往在高温下进行，这就需要消耗燃料及冷却介质（水）。在汽提及注水、产品精制水洗、机泵轴封冷却

等工艺中，水和油品要直接接触，因而产生各种废水。

常减压装置生产过程在三顶(初馏塔顶、常馏塔顶、减压塔顶)中通常会产生不凝气，通常将不凝气通入加热炉进行燃烧以回收利用热能，而不再直接排入大气，减少了污染，此时废气则主要来自加热炉烟气。同时生产中还在塔顶注氨、碱、缓蚀剂等以防止腐蚀，在产品精制时还要采用碱洗、酸洗、水洗等工艺，于是产生了废水、碱渣、酸渣。各厂根据自己的情况，利用碱渣可生产环烷酸、粗酚、硫酸钠等；还有的炼油厂采用加大塔顶注氨量代替汽油碱洗，从而减少了碱渣的排放量。

噪声则主要来源于各种运转设备，如加热炉、机泵电机等，其特点是：辐射噪声的设备数量多、功率大，且大部分露天布置。除地面声源外还有空冷器、蒸汽放空及火炬等高架声源。

二、石油化工生产过程中的物理性污染物

随着石化工业的发展，石化生产过程中的物理性污染也有逐步扩大的趋势。引起物理性污染的声、光、热、放射性、电磁辐射等存在或产生于石化企业生产装置、公用工程、储存运输等设施及其开车、检维修等过程中。其中噪声是石油化工生产中最常见、主要的物理性污染物。

(一)噪声

1. 噪声的来源

石油化工生产主要包括采油、炼油化工、化肥、化纤等生产装置，其噪声源并不是工艺过程本身，而是工艺过程所需要的各种机器设备，包括各类压缩机、风机、管道阀门及各种气体排放等产生的气体动力性噪声；电器设备的电磁噪声；加热炉、火炬等产生的燃烧噪声；纺织、产品成型、包装、物料输送、机械加工及回转设备等产生的机械噪声。

(1)加热炉。加热炉是石化企业主要噪声源之一。几种加热炉的噪声级如表1-3所示。

表1-3　石化企业加热炉噪声(测距1m)

炉子类别	声压级/dB	
	A	C
常压炉	100	106.5
减压炉	96	103.5
裂化加热炉	101	108

加热炉的噪声较强，以低频为主，主要由以下几方面噪声组成：

① 燃烧器喷射燃料时的喷射声，即燃料与空气混合高速喷射噪声；

② 燃料在炉内的燃烧噪声；

③ 燃料系统中的泵、调节阀、管道等在输送燃料时所产生的噪声；

④ 助燃空气系统中的风机和风管在运转时产生的噪声。

(2)压缩机。压缩机也是石化企业的主要噪声源之一。近年来多采用大型离心式压缩机，噪声级有的高达95dB以上。

压缩机的噪声，是由于工作气体在被压缩、输送及膨胀过程中产生的，其强度随机器

的功率、工作压力、排气量及转速而定。

离心式压缩机的噪声主要是湍流噪声。此外，压缩机的部件如联轴节、减速齿轮箱等由于制造或安装原因产生机械噪声。机组的辅机，如润滑油及密封油的循环系统等，发出的噪声有时比主机还要大。

离心式压缩机的噪声级，一般在 95～100dB。机内噪声大部分从吸气口传出，也可通过排气口传入连接管道，亦可从机座和基础振动发出辐射噪声。离心式压缩机的噪声具有宽频特性。

往复式压缩机的噪声，主要是由于压缩机活塞的往复运动所引起的气流脉动，在进口处的气缸进气阀间歇地吸气脉动气流与部件相碰，和经吸气阀产生的涡流发生的进气噪声。当机械振动频率与固有频率一致时，气缸止回阀片的冲击机械噪声也很突出。总的噪声级在 95～120dB，以低频为主，其峰值在 125～300Hz。

（3）风机。主风机、气压机噪声主要是空气动力性噪声，呈宽频特性，主要产生于叶片在机内转动时产生的涡流噪声和旋转切割噪声。噪声级可高达 100～130dB。

（4）空气冷却器。空气冷却器是石化企业的常用设备，一般位于工厂的中央地段，其噪声对厂区内外环境影响较大，是需要治理的主要噪声源之一。空气冷却器噪声主要是风扇造成的空气紊流和涡流噪声；空气通过翅片管的气流声以及传动系统引起的机械振动噪声。空冷器噪声以低频为主，噪声级一般为 94dB，最高可达 109dB。如中国石化集团公司燕山石化分公司常减压蒸馏装置空冷器组噪声曾达到 92～109dB。

（5）泵。石化企业中广泛使用泵来传送液体物料，所选用泵的型式较多为离心泵，也有柱塞泵和齿轮泵。泵的噪声一般在 90～95dB，大型水泵的噪声亦可高达 103dB。不同的泵型噪声级大小按齿轮泵、叶片泵、轴流泵、柱塞泵和离心泵的顺序而递减。

2. 噪声的组成

石化企业生产装置的噪声通常由动力机械设备噪声、分布性噪声、非稳态噪声等组成。

（1）动力机械设备噪声多为连续的稳态噪声，白天与夜间的环境噪声相差不大。当无厂房等建筑物的隔声衰减以及其他隔声设施时，厂区内环境噪声较高，对周围环境影响较大。

（2）分布性噪声源。由于生产工艺的需要，石油化工生产企业各种输送管道非常多，遍布全厂各道工序和各台设备。这些管道系统同样会产生噪声，这一现象在管廊区很明显，特别是大型化肥厂。

管道噪声由管道本身的结构或布局问题所产生，如管径太小、内部介质流速过大、管道急转弯或垂直分叉处产生涡流等；也可能是机械设备的噪声沿管线传播；还可能是当流体流经阀门时，由于流通截面积突变而产生冲击或喷射现象，导致强烈的阀门噪声。阀门噪声可就地通过壳体辐射出来，也会沿管道向上、下游传播到很远的距离，再透过管壁向外辐射。管道噪声和阀门噪声互相交织迭加，声级可能较高，有时甚至高于它所连接的运转机械设备的噪声。还有一类装置，它既不属某台运转设备，又不是单纯的管道，可以看作是一种容器，但内部结构复杂，如合成管廊的过滤罐就是典型的一例。当介质通过时，由于各种流体力学现象会发出强噪声。经实测，过滤罐的声级高达 100dB。还有像转化界区的原料气分离罐、CO_2 压缩机的四回一管线、尿素装置中的表冷器和喷射器等，都可能产生强噪声。

（3）非稳态噪声。非稳态噪声主要是排气放空噪声。排放时，由于高压气体从放空管口高速喷出，冲击和剪切周围静止的大气，产生剧烈的扰动和混合，辐射出极强烈的喷注噪声。根据喷注噪声的压力关系式，声级随喷注压力的增高而增大。

3. 噪声的特点

（1）噪声辐射的连续性。石油化工生产企业，在正常情况下生产是不分昼夜的、连续的生产过程，设备连续运行。由于生产装置为连续生产过程，所以，其噪声亦呈稳态、连续性，其噪声强度昼夜无明显差别。

（2）声源种类的多样性，且噪声频率范围宽。噪声源产生的噪声频率范围较宽，既有调节阀、气体放空产生的高频噪声，又有电机、空冷器风机、加热炉、风机、火炬燃烧产生的低频噪声。噪声源的声压级一般在 80~95dB 的范围内，但火炬放空燃烧或未加控制的蒸汽放空噪声亦可达 100~115dB。

（3）低中频为主的气流噪声。石化企业所产生的噪声的声压级多在 85dB 以上，甚至高达 100~110dB。但由于高频声在传播过程中衰减得比低频声快，所以从整体上讲，石化企业的噪声以低中频率气流噪声为主。

（4）声场的开放特性。产生噪声的设备多数露天布置、低位安装，虽然装置中的建、构筑和其他设备（如塔、罐等）对噪声的传播有一定的阻挡作用。但是声波近似在半自由声场传播。对于高空火炬、高点的蒸汽放空噪声，其声波以自由声场或半自由声场的传播方式向周围空间辐射的较远，影响范围较大。

油气田开发过程的环境影响具有一定的时间性。有的属于暂时性的污染，如地震噪声、作业噪声、气体临时排放噪声等，在施工和作业时产生，施工停止即消失；有的属于一定时期内的污染。

（5）噪声强度高。生产装置多，噪声源多，布置密集，噪声强度高。主要生产装置噪声级见表 1-4。

表 1-4　石油化工企业主要生产装置的噪声级

装置名称	噪声级/dB(A)	装置名称	噪声级/dB(A)
常减压	87~108	糠醛精制	93~104
催化裂化	97~120	酮苯脱蜡	87~98
催化重整	90~105	丙烷脱沥青	93~105
延迟焦化	82~102	聚丙烯	87~91
加氢精制	87~98	腈纶纺丝	87~103
烷基化	87~101	合成氨	100~120

4. 石化化工生产企业噪声分布实例——大氮肥生产装置

大氮肥生产装置具有工艺先进、能耗低、产品质量好、生产效率高、"三废"排放量小等优点，但就噪声污染而言，氮肥行业比其他化肥行业严重，大氮肥装置又比中小型氮肥装置严重。所以，对大氮肥装置的噪声污染必须进行治理。

世界各国在设计大氮肥装置时，纷纷采用最新的噪声控制技术。日本、美国和西欧各国对主要蒸汽、空气和工艺气放空点都设置了高效新型放空消声器。其中，日本设计的扩散-列管式阻性消声器的消声效果优于其他各国普遍采用的扩散-阻性-缓冲型消声器，但这种消声器筒体直径要大一些、长度要长一些。以工艺气放空消声器为例，日本型消声器外形尺寸为 $\phi2718mm \times 8870mm$，美国凯洛格型消声器为 $\phi1676mm \times 4000mm$。

（1）快装锅炉送风机进口辐射噪声。快装锅炉送风机进口辐射噪声较强，日本设计的简易弯头消声器，其消声量为11.5dB，基本上控制了该送风机进风口的噪声污染。但有的快装配锅炉送风机进风口未安装任何消声器，如美国凯洛格生产装置，在鼓风机进口轴线45°、1m处测得的噪声高达98.5dB，污染严重。

（2）快装锅炉的多余蒸汽放空噪声控制。大氮肥装置年度大检修期间，快装锅炉停得晚而开得早。在此期间，快装锅炉所产生的多余蒸汽只有放空。若无消声措施，0~4MPa的快装锅炉蒸汽放空时间约占整个系统检修时间的50%左右，其放空噪声污染了大半个检修现场。不仅严重损害着检修人员的身体健康，还严重干扰了紧张的二期作业，甚至导致事故的发生。

辅助锅炉高压汽包蒸汽放空亦存在类似问题，其蒸汽放空压力高达6.4MPa。大氮肥装置正常运行时，辅助锅炉5个大型旋转式烧嘴的噪声达106dB。

（3）暖管、暖机排汽噪声。大化肥装置的压缩机组大修后开车，均要进行中、高压蒸汽暖管、暖机，虽然暖管、暖机蒸汽放空量不大，但排汽压力高，排放口又无噪声控制措施。所以，其排汽噪声污染十分突出，严重影响开车作业。

（4）转化炉底部烧嘴辐射噪声。一段转化炉底部有10个烧嘴，距离地面1.8m，正是职工生产活动的作业范围。虽然各烧嘴一次风处设有碗式隔声罩，但其降噪效果仅10dB左右，其噪声仍然高达88.5dB。

此外，原料气加热炉烧嘴距地面2m左右，其辐射噪声为90.5dB。

（5）尿素成品自动包装工序系列噪声。尿素成品自动包装工序由压缩机供气，空压机房狭小，混响噪声高达97dB。由于要求压缩空气的压力恒定，在压缩空气管道上安装了超压放空电磁阀。当空气压力大于0.8MPa时，电磁阀动作，超压空气放空，其噪声污染了整个空压机房，使机房噪声增至113dB。

（二）振动

振动超过一定的界限，对人体的健康和设施就会产生损坏，对人的生活和工作环境形成干扰，或使机器、设备和仪表不能正常工作。

石化企业的振动源主要有旋转机械、往复机械、传动轴系、管道振动等，如破碎、球磨以及动力等机械和各种输气、液、粉的管道。常见的振源在其附近的面上加速度级为80~140dB，振级为60~100dB，峰值频率在10~125Hz范围内。按其形式又可以分为两类：①固定式单个振动源，如一台空压机、水泵等；②集合振动源，如厂界环境振动等均是各种振源的集合作用。

（三）放射性污染物

石化企业常使用X射线测厚仪对原料输送管道进行厚度测量，防止管道因腐蚀减薄导致泄漏。在测量的过程中，会有少量的X射线穿过测厚仪的屏蔽体射向四周的空间，对人体会产生危害。

（四）电磁辐射

各种电子产品和电气设备辐射出的从低频到高频的电磁波对环境会造成污染。对于石化企业来讲，主要是机电设备的电磁辐射污染，特别是发电机和电动机的电磁辐射污染。

（五）热污染物

石化生产中的热污染物主要是指装置中排放出高温废气和废水中的废热。石化企业在生产过程中为了冷却设备和降低产品（包括中间产品）温度要大量使用冷却水。石油化工是仅次于电力工业（包括火电和核电）和冶金工业的冷却水排放大户，即石油化工生产过程的热很大一部分是通过冷却水排放，这些废热大部分又转入水体中，使局部水体的温度升高，导致水质恶化，对水生物圈和人的生产、生活活动造成危害。

第二章　噪声污染控制技术

第一节　噪声污染的来源

随着现代工业生产、交通运输和城市建设的发展，噪声已成为继水污染、空气污染、固体废物污染的第四大环境公害。噪声属于感觉公害。从物理学的观点看，噪声就是各种频率和声强杂乱无序组合的声音。从生理学和心理学的观点看，令人不愉快、讨厌以致对人们健康有影响或危害的声音都是噪声，即对噪声的判断与个人所处的环境和主观愿望有关。在通常情况下，噪声固然令人厌烦，但有时噪声也能成为有用的声音或被有效利用。例如，工人可以根据机械噪音的大小来判断设备是否处于正常运行状态；美国科学家则利用高能量噪声可以使尘埃相聚的原理，研制出一种大功率的除尘器，利用噪声能量吸收尘埃，减少大气烟尘污染。要控制和利用噪声，必须首先认识声音的特性及声音与人的听觉之间的关系。

一、声音及其物理特性

声音是由物体振动引起的。物体振动通过在媒质中传播所引起人耳或其他接受器的反应，就是声音。振动的物体是声音的声源，产生噪声的物体或机械设备称为噪声源。声源可以是固体的，也可以是气体或液体的。

振动在弹性介质中以波的形式进行传播，这种弹性波叫声波。人们日常听到的声音，通常来自空气所传播的声波。除了空气以外，其他气体、液体和固体也能传播声音，所以，噪声传播又可以分为空气噪声、固体噪声和水噪声。

（一）声音的频率

声源在每秒内振动的次数称为声音的频率，通常用"f"表示，其单位为赫兹（Hz）。完成一次振动的时间称为周期，用"T"表示，声源质点振动的速度不同，所产生的声音的频率也不同。声波的频率取决于声源振动的快慢，振动速度越快，声音的频率越高。声波的频率反映的是音调的高低。

声波传入人耳时，引起鼓膜振动，刺激听觉神经，产生听觉，使人听到声音。并不是所有的振动通过传声媒质都能被人耳接收，人耳可听到的声音（可听声）的频率范围是20～20000Hz，频率低于20Hz的声波叫次声，超过20kHz的叫超声，次声和超声都是人耳听不到的声波。一般认为，噪声不包括次声和超声，而是可听声范围内的声波。

（二）声音的波长与声速

在介质中，声波振荡一个周期所传播的距离即为波长。波长与频率的关系为：

$$\lambda = \frac{c}{f} \tag{2-1}$$

式中　λ——声波波长，m；

　　　c——声速，m/s；

f——声波频率，Hz。

在不同密度的介质中，声波的传播速度不同，如在钢中为6300m/s，在20℃的水中为1481m/s，而其波长也随之发生变化。声音传播的速度还与温度有关，随大气温度的升高而增大。声波在空气中的传播速度 c 与温度 t 的关系如下：

$$c = 331.4 + 0.6t \qquad\qquad (2-2)$$

式中　t——媒质温度，℃。

（三）声音的传播

声源发出的声音必须通过中间媒质才能传播。例如，在空气中人们可以听到声音，在真空中却听不到。声音在媒质中向各个方向的传播，只是媒质振动的传播，媒质本身并没有向前运动，它只是在其平衡位置附近来回地振动，而所传播出去的是物质的运动，该运动形式即为波动。声音是机械振动的传播，所以声波属于机械波。声波波及的空间称为声场，声场既可能无限大，也可能仅限于某个局部空间。

二、噪声及其来源

（一）噪声的概念

物体的振动能产生声音，声波经空气媒介的传递使人耳感觉到声音的存在。但是，人们听到的声音有的很悦耳，有的却很难听甚至使人烦躁，那是什么道理呢？从物理学的角度讲，声音可分为乐音和噪声两种。当物体以某一固定频率振动时，耳朵听到的是具有单一音调的声音，这种以单一频率振动的声音称为纯音。

但是，实际物体产生的振动是很复杂的，它是由各种不同频率的许多简谐振动所组成的，把其中最低的频率称为基音，比基音高的各频率称为泛音。如果各次泛音的频率是基音频率的整数倍，那么这种泛音称为谐音。基音和各次谐音组成的复合声音听起来很和谐悦耳，这种声音称为乐音。钢琴、提琴等各种乐器演奏时发出的声音就具有这种特点。这些声音随时间变化的波形是有规律的，而它所包含的频率成分中基音和谐音之间成简单整数比。所以凡是有规律振动产生的声音就叫乐音。

如果物体的复杂振动由许许多多频率组成，而各频率之间彼此不成简单的整数比，这样的声音听起来就不悦耳也不和谐，还会使人产生烦躁情绪。这种频率和强度都不同的各种声音杂乱地组合而产生的声音就称为噪声。图2-1是乐音与噪声的波形及其频谱。各种机器噪声之间的差异就在于它所包含的频率成分和其相应的强度分布都不相同，因而使噪声具有各种不同的种类和性质。从环境和生理学的观点分析，凡使人厌烦的、不愉快的和不需要的声音都统称为噪声，它包括危害人们身体健康的声音，干扰人们学习、工作和休息的声音及其他不需要的声音。

（二）噪声污染的来源

1. 噪声污染的特点

噪声污染是一种物理污染。与水、气和固体废物的污染相比，它具有以下特点：①污染面大，噪声源分布广，污染轻重不一。②就某一单一污染源来讲，其污染具有局限性。一般的噪声源只能影响其周围的一定区域，它不会像大气中的飘尘，能扩散到很远的地方。③噪声源停止，污染随即消失。④噪声污染在环境中不会造成积累，声能量最后完全转变成热能散失掉。

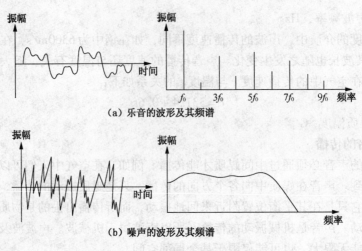

（a）乐音的波形及其频谱

（b）噪声的波形及其频谱

图2-1　乐音与噪声的波形及其频谱

2. 噪声的来源和分类

噪声对环境的污染与工业"三废"一样，是一种危害人类健康的公害。噪声的种类很多，如火山爆发、地震、潮汐、降雨和刮风等自然现象所引起的地声、雷声、水声和风声等，都属于自然噪声。人为活动所产生的噪声主要包括工业噪声、交通噪声、施工噪声和社会噪声等。

（1）工业噪声。工业噪声是指工业企业在生产活动中使用固定的生产设备或辅助设备所辐射的声能量。它不仅直接给工人带来危害，而且干扰周围居民的生活环境。一般工厂车间内噪声级大约在 75~105dB，也有部分在 75dB 以下，少数车间或设备的噪声级高达 110~120dB。生产设备的噪声大小与设备种类、功率、型号、安装状况、运输状态以及周围环境条件有关。

工业噪声在我国城市环境噪声中所占比例也很大，在工业比较集中的大城市中，平均占 20%。它虽比流动性的交通噪声传播范围要小些，但因声源位置相对是固定的，持续发声时间又长，对周围环境造成的影响往往更加严重。随着现代工业的发展，工业噪声污染的范围越来越大，工业噪声的控制也越来越受到人们重视。

（2）交通噪声。交通噪声来源于城市中频繁运行的各种机动车辆，如火车、飞机和船舶的运输噪声。在一些现代化的大城市中，道路交通噪声所辐射的声能占城市噪声总量的 44% 左右，而其中以机动车辆占主导地位。其噪声性质属非稳态声，随时间和空间位置的不同而变化。

① 道路车辆噪声。我国机动车辆噪声比较高，统计资料表明，机动车辆噪声多数分布在 70~90dB，例如上海市区繁忙交通干道两侧峰噪声值的统计声级 L_{10} 高达 80~85dB，其等效声级 L_{eq} 的平均值高达 76.5dB；分析其原因可归结于机动车发动机噪声高、道路不畅、堵车严重、车流频繁、人车混杂、时有鸣笛、管理不善、缺乏控制网络等。

② 铁路噪声。铁路运输不仅噪声大，而且伴随着低频振动，对环境干扰很大。当一列火车经过时，从感觉出噪声一直到结束持续时间较长。牵引机车噪声、轮轨之间的撞击声以及鸣笛声交织在一起，传播区域甚为宽广。列车在正常行驶时，距铁路中心线 10m 远处的噪声级约为 90dB，至 100m 远处仍达 75dB。

铁路噪声在一些城市中，尤其是当火车通过城市市区时情况就更为严重，已引起铁路沿线居民的强烈反应。尤其是火车进入市区后的鸣笛声，更令人难受，近场声级高达120dB，影响区域可达数千米之远。

③ 航空噪声。航空噪声扰民问题在一些城市中矛盾也很突出，尤其是大型喷气客机，其声功率高达100kW以上。在喷气口近旁的噪声级超过150dB。在低空飞行时，激起的"轰声"，对人体以及建筑物危害很大。

④ 船舶和港口噪声。船舶噪声包括内河和港口两个部分。内河航运噪声其噪声成分以低中频为主。据国内几个城市内河航船测定，当汽拖船驶过时，河岸两边的噪声级一般在80～90dB之间，传播距离也很远，且持续时间比交通车辆要长得多，鸣笛则以气动喇叭居多，噪声级比电喇叭高出10～20dB，近场声级高达110dB以上。

港口噪声既有流动性噪声源，又有固定性噪声源。各种噪声对港区中邻近的办公楼和居民生活区带来不同程度影响。

（3）建筑施工噪声。城市建设的发展，规划布局的调整，城区扩建改造等所带来的市政工程和建筑施工的噪声是城市建设中的普遍问题。因施工机械功率大、转速高，噪声普遍较高。一般施工机械的噪声在邻近施工场地可达80～100dB，有些特殊的大功率打桩机噪声可高达110dB以上。

有些施工机械不仅噪声高，而且还产生强烈的环境振动，如打桩机、气锤等。虽然施工噪声属一种暂时性的声源，但由于大型工程的施工周期长，作业区域的范围宽广，对城市居民的干扰也十分严重，尤其是晚间施工，其噪声更令人烦恼。

建筑施工噪声是属于临时性的噪声，但施工频繁，其噪声对城市影响范围很大。有些大型工程，为了缩短施工时间，采用大马力机械设备，对邻近环境的干扰颇为严重。

各种施工机械多数安装于室外或半露天的工棚内，当已知噪声源的噪声强度及其频谱特性，需要求得某观察点的噪声时间和空间特征时，可按噪声在室外传播时衰减特性计算。在传播途径中，若遇到各种障碍物，则应计入其影响。

建筑施工作业多数为日班，但亦有如大型基础工程中混凝土施工需要日夜连续作业。各种施工机械停开时间不一，故噪声随作业时间而变。噪声源辐射噪声特性，可分成稳态和非稳态噪声，也有脉冲声等，其中以脉冲声（如打桩机噪声）对环境干扰最大。

施工期间的噪声源有固定的和流动性的，故计算各种声源对环境影响时，应考虑到对环境干扰的最不利影响。

（4）社会噪声。社会噪声主要是指社会活动和家庭生活所引起的噪声。如电视声、录音机声、乐器的练习声、走步声、门窗关闭的撞击声等，这类噪声虽然声级不高，但却往往给居民生活造成干扰。

我国多数城市户外噪声级的平均值白天大约在60～65dB范围，晚间为55～60dB。在一些中小城市中，社交活动噪声以白天为主。在大城市中，夜间社交活动噪声日趋严重，以致夜间噪声给市民带来了烦恼和不安。

3. 噪声源分析

噪声源的发声机理可分为机械噪声、空气动力性噪声和电磁噪声。通常，声源不是单一的，即使是一种机械设备，也可能是由几种不同发声机理的噪声组成。

（1）机械噪声。机械噪声是由于机械设备运转时，部件间的摩擦力、撞击力或非平衡力，使机械部件和壳体产生振动而辐射噪声。机械噪声的特性（如声级大小、频率特性和时间特性等）与激发力特性、物体表面振动的速度、边界条件及其固有振动模式等因素有关。齿轮变速箱、织布机、球磨机、车床等发出的噪声是典型的机械噪声。

提高机器制造的精度，改善机器的传动系统，减小部件间的撞击和摩擦，正确地校准中心调整好平衡，适当提高机壳的阻尼等，都可以使机械振动尽可能地减低，这也是从声源上减低噪声的办法。实际上，对于特定型号的机器来说，运转产生的噪声越低表明它的机械性能越好，精密度越高，使用寿命也越长。也就是说，噪声的高低也是机械产品的一项综合性的质量指标。

（2）空气动力性噪声。空气动力性噪声是一种由于气体流动过程中的相互作用，或气流和固体介质之间的相互作用而产生的噪声，如风机内叶片高速旋转或高速气流通过叶片，会使叶片两侧的空气发生压力突变，激发声波。气流噪声的特性与气流的压力、流速等因素有关。常见的气流噪声有风机噪声、喷气发动机噪声、高压锅炉放气排空噪声和内燃机排气噪声等，风铲、大型鼓风机的噪声可达 130dB（A）以上。

从声源上降低气流噪声可由几方面着手：减低流速、减少管道内和管道口产生扰动气流的障碍物，适当增加导流片，减小气流出口处的速度梯度，调整风扇叶片的角度和形状，改进管道连接处的密封性等。

（3）电磁噪声。电磁噪声是由电磁场交替变化而引起某些机械部件或空间容积振动而产生的。对于电动机来说，由于电源不稳定也可以激发定子振动而产生噪声。电磁噪声的主要特性与交变电磁场特性、被迫振动部件和空间的大小形状等因素有关。电动机、发电机、变压器和霓虹灯镇流器等发出的噪声是典型的电磁噪声。

三、石化企业的主要噪声源及其污染特征

在石油化工所包括的炼油、化工、化肥、化纤四大生产行业中，其原料和成品既有液体，又有气体，在运输过程中多采用大型机械设备。主要声源来自各类机泵、风机、压缩机、各种加热炉、锅炉、冷却换热设备以及固体物料的成型、包装及运输机械、传输设备和各种高压管道、阀门、气体放空等。另外，化纤、化工生产中的搅拌、切粒、抽丝、纺织等机械设备，这些噪声源的特点是强度大、连续运转，昼夜噪声强度变化不大；设备集中布置于大厂房内或室外，且很多置于人员活动、工作比较集中的场合，噪声辐射影响面大。石化生产装置的噪声通常由动力机械设备噪声、分布性噪声、非稳态噪声等组成。

（一）机械动力噪声

1. 机泵噪声

电机－泵简称机泵，是石油化工生产过程中使用最多的设备，几乎分布在各装置区的每一个角落，是机械动力噪声的主要来源。大多数机泵噪声在 95dB 左右，个别可达到 105dB 以上。机泵产生噪声的部位主要在电机侧，电机噪声一般比泵噪声大 5dB 左右。

常减压装置、催化装置、加氢装置、制氢装置泵类噪声的主频在 250～500Hz 之间，波长在 0.67～1.34m 的范围之内，由于它接近和超过泵体噪声源的几何尺寸，所以基本以球面的形式向外传播，声音能量与距声源距离的平方成反比衰减。距离加倍，波前面积扩大 4 倍，声强相应地减少为 1/4，用声压级表示，则减少 6dB。但在实际传播中测点声级或由于受到周围设备的阻碍而减少，或由于与其他产噪设备的共振而增大。从频谱走势

和主频控制图来看，超过 90dB 以上的泵类噪声频谱范围在 125～1000Hz，是影响生产操作室总体噪声水平的重要因素。

2. 鼓风机噪声

某催化裂化装置主风机的主频约在 500～2000Hz，波长约在 0.17～0.68m 的范围内。

天津石化公司第二石油化工厂的甲醛生产装置是以铁、铝为催化剂，甲醇、空气是其生产原料之一，空气靠罗茨鼓风机来输送，故罗茨鼓风机成为该厂的噪声污染源。经过实地监测，风机房内噪声级高达 107dB(A) 以上，风机房外环境噪声声压级也高达 90dB(A) 以上。

锅炉鼓风机、引风机噪声主要是进、排气口的涡旋噪声、旋转噪声和机壳振动的机械噪声，多数风机噪声不仅频带范围宽，而且属中低频噪声。

3. 空压机噪声

空压机噪声由三部分组成：空气进出口处的动力噪声、机组运行过程中的机械噪声、驱动机(电动机或内燃机)噪声。动力噪声是由旋转叶片引起气体介质的涡流和紊流产生的噪声，以及叶片对介质周期性的压力产生的脉冲噪声。机械噪声是由轴承噪声及旋转部件的不平衡所产生的振动形成的噪声。空压机噪声的特点是：低频强、频带宽、总声级高。它们主要由风机进出口、管道、风机壳体，以及基础的振动等形式向外辐射。

空压机噪声最高处为进气口，其声级平均比机组其他部位高 5～10dB(A)，以低频为主。

空压机的数量及分布不及锅炉风机等广泛，但因其噪声频谱以低频为主，在空气中衰减慢、传播远、污染面大，仍是城市中重要的气流噪声污染源。

4. 内燃机噪声噪声

内燃机(柴油机、汽油机)噪声由三部分组成：内燃机进气、排气噪声，燃料燃烧噪声，内燃机机械运动噪声。内燃机噪声的特点是频带宽，以中低频为主。内燃机在运行过程中的噪声以排气噪声为最高。

5. 空气冷却器

空气冷却器噪声主要来源于空冷风机所产生的空气动力噪声，电机噪声和传动系统所产生的机械噪声，其中风机噪声占空冷器噪声 80%，其噪声频谱特性呈低频，主要在 125～500Hz 范围，噪声强度在 90～98dB。

6. 加热炉噪声

加热炉在炼油装置中，犹如人的心脏一样，起着为装置提供热量、使装置正常运转、加工出合格油品的作用。但加热炉在正常运转中，其燃烧器、通风机、引风机会产生高达 110dB(A) 左右的噪声声压级。通风机、引风机一般设置在装置边缘，较为空旷的地方，产生的噪声声压级相对较低，对环境影响较小；而燃烧器燃烧时产生的噪声声压级却很高，燃烧噪声频率以低频为主，这种低频噪声不但严重地干扰加热炉操作区，而且能够对工厂区和很远的居民区造成危害。

燃料燃烧是在很短的时间内急剧与空气混合反应，化学组成和分子数量发生了剧烈的变化，放出大量热量。同时，燃料在喷头和燃烧区处于激烈的湍流状态，形成很多旋涡，这些因素都引起了空气波动，产生了燃烧固有的低频噪声。

蒸汽的高速喷射产生射流噪声，声压级近似与蒸汽流速平方成正比。蒸汽喷射后，使周围空气造成负压，同时吸进大量空气，这些空气与燃料混合，产生高频动力性噪声。随着混合速度的增加，高频噪声将增加，同时也会增加燃烧低频噪声。在一次空气进口处，吸入大量空气也产生高频噪声。高频噪声与燃料压力及流量、热值，蒸汽压力及流量，燃烧器型式、喷孔尺寸等因素有关。

（二）分布性噪声

石油化工生产企业各种阀门、输送管道非常多，遍布全厂各道工序和各台设备。这些阀门和管道系统同样会产生噪声，也是石化企业重要的噪声源。

1. 阀门噪声

节流阀或压力调节阀是石化生产过程中的主要噪声源之一，噪声产生的原因有三：①空气动力噪声；②流体动力噪声；③机械振动噪声。当阀门处介质的流速大于或等于其临界流速时，静压低于或等于介质的蒸发压力，流体中形成气泡，随阀门下游静压的升高，气泡破灭而产生噪声，此称"空化"噪声。另外"空化"过程还可激发阀门和管道可动部件的固有振动而产生机械振动噪声，其噪声主要在 $1000 \sim 8000\,Hz$ 的中高频特性，声压级 100dB 以上。

2. 管道噪声

管道噪声一是管道系统中高速气流的冲击、摩擦或在弯头、阀门和其他变径处所产生噪声，二是与之相连的机械振动激发管壁振动而产生的噪声。例如压缩机管道，由于气流的脉冲作用，除使管道产生振动外，还产生噪声，一些固体物料输送管道，物料对管壁的冲击也会产生噪声和振动，其噪声主要呈中、高频特性。

（三）非稳态噪声

石油化工企业中的非稳态噪声主要是指高压排气放空噪声，这种噪声比起车间内部的机器来说对环境的危害更大，车间内部的机器设备噪声（如压缩机、风机、工业泵等）因有建筑物、构筑物以及屏障的阻挡，再加上距离衰减，到了厂界其声级降低了许多。而放空噪声因其明显的高度以及声级较高，对厂区及厂外居民区影响较深，是环境影响评价的重要噪声源之一。

高压排气放空噪声在石化厂中经常出现，许多设备或容器工作压力很高。根据生产工艺的要求，有时要将蒸汽、压缩空气或各种工艺气体放空处理。当高压气体从排口高速排放时，伴随发出极强的噪声。不但危害岗位作业人员，还对厂区环境以至厂外环境造成噪声污染。如某石化公司的噪声调查表明，80% 以上的生产装置存在排气放空噪声源，仅芳烃联合装置就有排气放空口 144 个；实测几处排气放空噪声声级多在 110dB(A) $\sim$140dB(A)。

某化肥厂30 万 t 合成氨装置在正常生产时氧气的操作压力为 9.7MPa、温度30℃；生产负荷为 100% 时氧气流量达 $26600\,m^3/h$。遇 2 台气化炉紧急停车时，空分装置氧气压力将瞬间超过 9.7MPa，氧气排放阀会自动排放，以保证氧气管网压力不超过设定值。此时，流量为 $26600\,m^3/h$ 的高压氧气经抗性消声器后直接排入大气。遇到一台气化炉紧急停车时，流量为 $13300\,m^3/h$ 的高压氧气经氧气放空阀排入大气。在合成氨装置开车阶段，当一台气化炉升温结束，建立氧气流量循环时，就有 $6600\,m^3/h$ 的高压氧气通过其顶部的排放口放空，且放空时间长达 $16 \sim 24h$。氧气放空时在距离排放口 1m 处噪声声压级达128 $\sim$134dB(A)，对生产装置区周围环境产生了严重干扰，影响范围最远达 1km 左右。特别在装置开停车时，对化肥厂内工艺、仪表、检修、化验人员的正常操作也带来一定的影响，对家属区居民休息也产生了干扰。

蒸汽排空噪声是化工、炼油和火力发电厂常见的噪声级超过 100dB(A) 的少数噪声源之一，尽管蒸汽排空是间歇性和短时间的，但其高强度尖啸刺耳的噪声事实上已经成为影响厂区工人和附近居民正常生活的一大"公害"。

第二节　噪声评价标准

一、噪声的评价量

噪声评价量的建立必须考虑到噪声对人们影响的特点。不同频率的声音对人的影响不同，如中高频噪声比低频噪声对人的影响更大，人耳对不同频率的主观反应也不同；噪声涨落对人的影响存在差异，涨落大的噪声及脉冲噪声比稳态噪声更能引起人的烦恼；噪声出现时间的不同对人的影响不一样，同样的噪声出现在夜间比出现在白天对人的影响更明显；同样的声音对不同心理和生理特征的人群反应不同，一些人认为优美的音乐，在另一些人听来却可能是噪声，休闲时的动听歌曲在你需要休息时会成为烦人的噪声。噪声的评价量就是在研究了人对噪声反应的方方面面的不同特征提出的。

（一）噪声的物理量度

1. 声压与声压级

当没有声波存在、大气处于静止状态时，其压强为大气压强 p_0。当有声波存在时，局部空气产生压缩或膨胀，在压缩的地方压强增加，在膨胀的地方压强减少，这样就在原来的大气压上又叠加了一个变化的压强。这个叠加上去的变化压强是由于声波而引起的，称为声压，用 p 表示。一般情况下，声压与大气压相比是极弱的。声压的大小与物体的振动有关，物体振动的振幅愈大，则压强的变化也愈大，因而声压也愈大，听起来就愈响，因此声压的大小表示了声波的强弱。

当物体作简谐振动时，空间各点产生的声压也是随时间作简谐变化，某一瞬间的声压称为瞬时声压。在一定时间间隔中将瞬时声压对时间求方均根值即得有效声压。一般用电子仪器测得的声压即是有效声压。因此习惯上所指的声压往往是指有效声压，用 p_e 表示，它与声压幅值 p_A 之间的关系为：

$$p_e = \frac{p_A}{\sqrt{2}} \tag{2-3}$$

衡量声压大小的单位在国际单位制中是帕斯卡，简称帕，符号是 Pa。

正常人耳能听到的最弱声压为 2×10^{-5} Pa，称为人耳的"听阈"。当声压达到 20Pa 时，人耳就会产生疼痛的感觉，20Pa 为人耳的"痛阈"。"听阈"与"痛阈"的声压之比为一百万倍。

由于正常人耳能听到的最弱声音的声压和能使人耳感到疼痛的声音的声压大小之间相差一百万倍，表达和应用起来很不方便。同时，实际上人耳对声音大小的感受也不是线性的，它不是正比于声压绝对值的大小，而是同它的对数近似成正比。因此如果将两个声音的声压之比用对数的标度来表示，那么不仅应用简单，而且也接近于人耳的听觉特性。这种用对数标度来表示的声压称为声压级，它用分贝来表示。某一声音的声压级定义是：该声音的声压 p 与一某参考声压 p_0 的比值取以 10 为底的对数再乘以 20，即

$$L_p = 20\lg \frac{p}{p_0} \qquad\qquad (2-4)$$

式中 L_p——声压级，分贝（dB）；

$\quad\quad p_0$——参考声压，国际上规定 $p_0 = 2 \times 10^{-5}$ Pa，这就是人耳刚能听到的最弱声音的声压值。

当声压用分贝表示时，巨大的数字就可以大大地简化。听阈的声压为 2×10^{-5} Pa，其声压级就是 0dB。普通说话声的声压是 2×10^{-2} Pa，代入上式可得与此声压相应的声压级为 60dB。使人耳感到疼痛的声压是 20Pa，它的声压级则为 120dB。由此可见，当采用声压级的概念后，听阈与痛阈的声压之比从 100 万倍的变化范围变成 0~120dB 的变化。所以"级"的大小能衡量声音的相对强弱。

2. 声强与声强级

声波的强弱可以用好几种不同的方法来描述，最方便的一般是测量它的声压，这要比测量振动位移、振动速度更方便更实用。但是有时却需要直接知道机器所发出噪声的声功率，这时就要用声能量和声强来描述。

任何运动的物体包括振动物体在内都能够做功，通常说它们具有能量，这个能量来自振动的物体，因此声波的传播也必须伴随着声振动能量的传递。当振动向前传播时，振动的能量也跟着转移。在声传播方向上单位时间内垂直通过单位面积的声能量，称为声音的强度或简称声强，用 I 表示，单位是 W/m^2。声强的大小可用来衡量声音的强弱，声强愈大，人耳听到的声音愈响；声强愈小，人耳感觉的声音愈轻。声强与离开声源的距离有关，距离越远，声强就越小。例如火车开出月台后，愈走愈远，传来的声音也愈来愈轻。

与声压一样，声强也可用"级"来表示，即声强级 L_I，它的单位也是分贝（dB），定义为

$$L_I = 10\lg \frac{I}{I_0} \qquad\qquad (2-5)$$

其中 I_0 为参考声强，$I_0 = 10^{-12} W/m^2$，它相当于人耳能听到最弱声音的强度。

声强级与声压级的关系是

$$L_I = L_p + 10\lg \frac{400}{\rho c} \qquad\qquad (2-6)$$

媒质的声阻抗 ρc 随媒介的温度和气压而改变。如果在测量条件时恰好 $\rho c = 400$ kg/（$m^2 \cdot s$），则 $L_I = L_p$。对一般情况，声强级与声压级相差一修正项 $10\lg \frac{400}{\rho c}$，数值是比较小的。

例如在室温 20℃ 和标准大气压下，声强级比声压级约小 0.1dB，这个差别可略去不计，因此在一般情况下认为声强级与声压级的值相等。

3. 声功率与声功率级

声功率为声源在单位时间内辐射的总能量，用符号 W 表示，通常采用瓦（W）作为声功率的单位。声强和声源辐射的声功率有关，声功率愈大，在声源周围的声强也大，两者成正比，它们的关系为

$$I = \frac{W}{S} \tag{2-7}$$

S 为波阵面面积。如果声源辐射球面波，那么在离声源距离为 r 处的球面上各点的声强为：

$$I = \frac{W}{4\pi r^2} \tag{2-8}$$

从上式可以知道，声源辐射的声功率是恒定的，但声场中各点的声强是不同的，它与距离的平方成反比。如果声源放在地面上，声波只向空中辐射，这时

$$I = \frac{W}{2\pi r^2} \tag{2-9}$$

声功率是衡量噪声源声能输出大小的基本量。声压常依赖于很多外在因素，如接收者的距离、方向、声源周围的声场条件等，而声功率不受上述因素影响，可广泛用于鉴定和比较各种声源。但是在声学测量技术中，到目前为止，可以直接测量声强和声功率的仪器比较复杂和昂贵，它们可以在某种条件下利用声压测量的数据进行计算得到。当声音以平面波或球面波传播时声强与声压间的关系为

$$I = \frac{p^2}{\rho c} \tag{2-10}$$

因此，利用公式根据声压的测量值就可以计算声强和声功率。

声功率用级来表示时称为声功率级 L_W，单位也是 dB，功率为 W 的声源，其声功率级

$$L_W = 10\lg \frac{W}{W_0} \tag{2-11}$$

其中 W_0 为基准声功率，取 $W_0 = 10^{-12}$ W。

由此可见，分贝是一个相对比较的对数单位。其实任何一个变化范围很大的噪声物理量都可以用分贝这个单位来描述它的相对变化。

4. 噪声的频谱与频带

从噪声与乐音的概念分析可知，它们的区别除了主观感觉上有悦耳和不悦耳之分外，在物理测量上可对它进行频率分析，并根据其频率组成及强度分布的特点来区分。对复杂的声音进行频率分析并用横轴代表频率、纵轴代表各频率成分的强度（声压级或声强级），这样画出的图形叫频谱图。乐音的频谱图是由不连续的离散频谱线构成，见图 2 - 1(a)。在噪声的频谱图上各频率成分的谱线排列得非常密集，具有连续的频谱特性。在这样的频谱中声能连续地分布在整个音频范围内，见图 2 - 1(b)。大多数机器具有连续的噪声频谱，也称无调噪声。有些机器如鼓风机、感应电动机等所发声音的频谱中，既具有连续的噪声频谱，也具有非常明显的离散频率成分，这种成分一般是由电动机转子或减速器齿轮等旋转构件的转数决定，它使噪声具有明显的音调，但总的说来它仍具有噪声的性质，称为有调噪声。

噪声的频率从 20 ~ 20000Hz，高音和低音的频率相差 1000 倍。为实际应用方便起见，一般把这一宽广的频率变化范围划分为一些较小的段落，这就是频带。一般只需测出各频带的噪声强度就可画出噪声频谱图。那么，频带是怎样划分的呢？用于分析噪声的滤波器可把某一频带的低于截止频率 f_1 以下和高于截止频率 f_2 以上的信号滤掉，只让 $f_1 \sim f_2$ 之间的信号通过。因此这一中间区域称为通带，$\Delta f = f_2 - f_1$ 就是频带宽度，简称带宽。为测量

噪声而设计的滤波器有倍频带、1/2 倍频带和 1/3 倍频带滤波器。一般对 n 倍频带作如下定义：

$$\frac{f_2}{f_1} = 2^n \qquad (2-12)$$

当 $n=1$ 时，$f_2/f_1=2$，即高低截止频率之比为 2:1，这样的频率比值所确定的频程称为倍频程，这种频带称倍频带。同此，当 $n=1/2$ 时，$f_2/f_1=2^{1/2}$，称为 1/2 倍频带。目前，各种测量中经常使用 1/3 倍频带，即 $n=1/3$，此时每一频带的高低截止频率之比为 $f_2/f_1=2^{1/3}$。频带的高低截止频率 f_2 和 f_1 与中心频率 f_0 间有下列关系

$$f_0 = \sqrt{f_1 f_2} \qquad (2-13)$$

从上式可得到倍频带和 1/3 倍频带的带宽 Δf 分别为

$n=1$ 时，$\Delta f = f_2 - f_1 = 0.707 f_0$

$n=1/3$ 时，$\Delta f = f_2 - f_1 = 0.23 f_0$

在噪声测量中经常使用的频带是倍频带和 1/3 频带。图 2-2(a)、(b)、(c) 分别为空压机、电锯和柴油机噪声源的噪声频谱图。

由频谱图可知，有的机器噪声低频成分多些，如图 2-2(a) 所示空压机噪声都在低频段，称为低频噪声；有的机器像电锯、铆枪等辐射的噪声以高频成分为主，如图 2-2(b) 所示，称为高频噪声；而像图 2-2(c) 所示的是宽带噪声，它均匀地辐射从低频到高频的噪声。

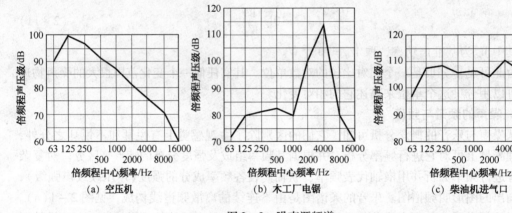

（a）空压机　　　　　　　　（b）木工厂电锯　　　　　　　（c）柴油机进气口

图 2-2　噪声源频谱

一般说来，测量时用的频带宽度不同，所测得的声压级就不同，也即窄频带不允许有宽频带那样多的噪声通过。为了对不同噪声进行比较，可将 1/3 倍频带的声压级与倍频带声压级进行换算。

一般将 Δf 宽度的频带声压级换算到 $\Delta f'$ 宽度的频带声压级，可由下式计算：

$$L_{\Delta f'} = L_{\Delta f} - 10 \lg \frac{\Delta f}{\Delta f'} \qquad (2-14)$$

由上式可算出 1/3 倍频带声压级加 4.8dB 后即可得倍频带声压级。

（二）噪声的评价方法

噪声评价的目的是为了有效地提出适合于人们对噪声反应的主观评价量。由于噪声变化特性的差异以及人们对噪声主观反应的复杂性，使得对噪声的评价较为复杂。

在噪声测量中，人们往往通过声学仪器反应噪声的客观规律，如采用声压、声压级或频带声压级等作为噪声测量的物理参数。声压级越高，噪声强度越强。但是涉及人耳听觉时，只用声压、声压级、频带声压级等参数就不能说明问题了。人们对可听声频率范围以外的次声和超声，尽管其声压级很高，人耳也听不见。又如，空气压缩机工作时的声级同旅行轿车中速行驶时的声级，同样是 90dB，但人耳听觉却截然不同。前者感到刺耳，后者感觉并不怎么响。显然，这是由于频率参数不同所致。前者多为高频噪声；后者多为低频噪声。

从噪声对人的心理和生理效应来看，它是多方面的，如烦恼、语言干扰、行为妨害等，因此噪声的客观量度并不能正确反映人对噪声的感受程度。例如说声音很响、很烦人，然而究竟烦到什么程度，响到什么程度却因人而异。为了正确反应各种噪声对人产生的各种心理和生理的影响，应当建立噪声的主观评价方法，并把主观评价量同噪声的客观物理量联系起来。

1. 评价量建立的基础

（1）噪声频率分析和计权声级。①噪声的频率分析不同频率的声音对人的影响不同，一般情况下中高频噪声（频率大于 1000Hz）比低频噪声对人的影响更大，纯音比同等强度的宽频带噪声更易引起人们的烦恼。为了研究这些不同频率的声音对人的影响，首先必须作噪声的频率分析，得到噪声的频谱图，给出各种不同的频率成分对总能量的贡献大小。②噪声的计权在频谱分析中得到了噪声的能量随频率分布的特征，但这种分析的结果存在两大缺陷：a. 数据量过多；b. 这种数据和人们主观反应的相关性不好。因而，就必须对不同频率的声音根据人的主观反应作出修正，这种方法就叫计权。

（2）噪声的涨落对人的主观影响。噪声涨落对人影响的差异在日常生活中很容易感觉到，如一个稳定的连续噪声和一个同样强度但时间不连续的声音对人的影响是不相同的，脉冲噪声比同样强度的稳态噪声对人的干扰更大，尤其在夜间。

噪声涨落声级随时间的变化曲线可以实际测量绘制。但不能反映出人的主观反应，仅能表明噪声的客观变化，所以如果想获得人对各种统计分布特征的反应，必须采取各种各样的主观"测量"（反应调查）。

在对人的主观反应调查中，发现它与噪声的下面几个特征有良好的相关性：①噪声涨落的大小（数学表达为数据的标准偏差）；②噪声的持续时间。一般认为，噪声涨落越大，对人的影响也越大。

（3）噪声出现的时间特征对人的主观影响。噪声出现在不同的时间对人的影响有很大差异，一个同等强度的噪声在夜间休息时对人的影响要远大于白天对人的影响。因此，在对噪声进行评价时必须考虑到它的污染时间，亦即对特定时段的噪声应分别作出评价。

（4）噪声对不同心理和生理特征人群的影响。噪声的评价涉及人的主观反应，而每个人对噪声并不具有相同的反应，这种反应的差异性有时很大，如具有失眠和神经衰弱症的人群对一些普通人认为无足轻重的噪声却表现得难以接受；而同一种声音在人心情不同时其感受也不尽相同，一些人认为优美的音乐，另一些人听来却是噪声。因而一般的评价量，只是针对正常健康人作出的。

2. 评价量的分类

评价量的分类有多种方法，如：

（1）从评价量的使用频率上有主、次之分；

（2）从评价量的使用范围上，有一般城市公共噪声评价、道路交通噪声评价、航空噪声评价等；

（3）从评价的噪声特征分类，有的重点在噪声频谱，有的重点在噪声涨落程度，有的重点在噪声暴露时间等方面。如总声压级、计权声级、响度级等是与噪声频谱直接相关的；累积百分数声级、交通噪声指数等是与噪声涨落程度直接相关的。

详细的分类比较复杂，因为这些评价量是相互联系、相互交叉的，有时既可以用于这个方面，有时也可以用于别的方面。

3. 常用的评价量

（1）等响曲线、响度级和响度。当外界声音振动传入我们耳朵内，在我们的主观感觉上形成听觉上声音强弱的概念。根据前面的介绍，人耳对声振动的响度感觉近似地与其强度的对数成正比。深入的研究表明，人耳对声音的感觉存在许多独特的特性，以至于即使到目前为止，还没有一个人工仪器能达到人耳的奇妙的功能。

人耳能接受的声波频率范围从 20Hz ~ 20kHz，宽达 10 个倍频程。在人耳听觉范围以外，低于 20Hz 的声波通常称为次声波，而高于 20kHz 的声波通常称为超声波；同时，人耳又具有灵敏度高和动态范围大的特点，一方面，它可以听到小到近于分子大小的微弱振动，另一方面又能正常听到强度比这大 10^{12} 倍的很强的声振动；与大脑相配合，人耳还能从有其他噪声存在的环境中听出某些频率的声音，也就是人的听觉系统具有滤波的功能，这种现象通常称其为"鸡尾酒会效应"；此外人耳还能判别声音的音色、音调以及声源的方位等。

人对声音的感觉不仅与声振动本身的物理特性有关，而且包含了人耳结构、心理、生理等因素，涉及人的主观感觉。例如，同样一段音乐在你期望聆听时会感觉到悦耳，而在你不想听到时会感觉到烦躁；同样强度不同特点的声音会给你悠闲或危险等截然相反的主观感觉。

人们简单地用"响"与"不响"来描述声波的强度，但这一描述与声波的强度又不完全等同。人耳对声波响度的感觉还与声波的频率有关，即使相同声压级但频率不同的声音，人耳听起来会不一样响。例如，同样是 60dB 的两种声音，但一个声音的频率为 100Hz，而另一个声音为 1000Hz，人耳听起来 1000Hz 的声音要比 100Hz 的声音响。要使频率为 100Hz 的声音听起来和频率为 1000Hz、声压级为 60dB 的声音同样响，则其声压级要达到 67dB。

为了定量地确定声音的轻或响的程度，通常采用响度级这一参量。当某一频率的纯音和 1000Hz 的纯音听起来同样响时，这时 1000Hz 纯音的声压级就定义为该待定声音的响度级。响度级的符号为 L_N，单位为方（phon）。例如，1000Hz 的纯音的响度级等于其声压级，对于其他频率的声音，通过调节 1000Hz 的纯音的声压级，使它和待定纯音听起来一样响，这时 1000Hz 纯音的声压级就等于该待定声音的响度级。对各个频率的声音作这样的试听比较，得出达到同样响度级时频率与声压级的关系曲线，通常称为等响曲线。图 2 - 3 是正常听力对比测试所得出的一系列等响曲线，每条曲线上各个频率纯音听起来都一样响，但其声压级又差别很大。例如，图中 70phon 曲线表示 95dB 的 30Hz 纯音、75dB 的 100Hz 纯音以及 61dB 的 4000Hz 纯音听起来和 70dB 的 1000Hz 纯音一样响。

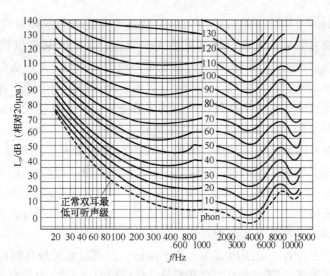

图 2-3　等响曲线

图 2-3 中最下面的一根曲线表示人耳刚能听到的声音，其响度级为零，零方等响曲线称为听阈，一般低于此曲线的声音人耳无法听到；图中最上面的曲线是痛觉的界限，称为痛阈，超过此曲线的声音，人耳感觉到的是痛觉。在听阈和痛阈之间的声音是人耳的正常可听声范围。从图中可以看出，人耳能感受的声音的能量范围高达 10^{12} 倍，相当于 120dB 的变化范围。

响度级的方值，实质上仍是 1000Hz 声音声压级的分贝值。所不同的是，响度级的方值与其分贝值的差异随频率而变化。响度级仍是一种对数标度单位，并不能线性地表明不同响度级之间主观感觉上的轻响程度，也就是说，声音的响度级为 80phon 并不意味着比 40phon 响一倍。与主观感觉的轻响程度成正比的参量为响度，符号为 N，单位为宋（sone）。其定义为正常听者判断一个声音比响度级为 40phon 参考声强响的倍数，规定响度级为 40phon 时响度为 1sone。2sone 的声音是 1sone 的 2 倍响，3sone 的声音是 1sone 的 3 倍响。

（2）计权声级。相同强度的纯音，如果频率不同，则人们主观感觉到的响度是不同的，而且不同响度级的等响曲线也是不平行的，即在不同声强的水平上，不同频率的响度差别也有不同。在评价一种声音的大小时，为了要考虑到人们主观上的响度感觉，人们设计一种仪器，把 300Hz、40dB 左右的响度降低 10dB，从而使仪器反映的读数与人的主观感觉相接近。其他频率也根据等响曲线作一定的修正。这种对不同频率给以适当增减的方法称为频率计权。经频率计权后测量得到的 dB 数称为计权声级。因为在不同声强水平上的等响曲线不同，要使仪器能适应所有不同强度的响度修正值是困难的。常用的有 A、B、C 三种计权网络，A 计权曲线近似于响度级为 40phon 等响曲线的倒置。经过 A 计权曲线测量出的 dB 读数称 A 计权声级，简称 A 声级或 L_A，表示为分贝（A）或 dB（A）。同样，B 计权曲线近似于 70phon 等响曲线的倒置。C 计权曲线近似于 100phon 等响曲线的倒置。测得的 dB 读数分别为 B 计权声级和 C 计权声级。如果不加频率计权，即仪器对不同频率的响应是均匀的，即线性响应，测量的结果就是声压级，直接以分贝或 dB 表示，记作 L_{in}，称为 L 计权声级。

经验表明，时间上连续、频谱较均匀、无显著纯音成分的宽频带噪声的 A 声级，与人们的主观反映有良好的相关性，即测得的 A 声级大，人们听起来也觉得响。当用 A 声级大小对噪声排次序时，与人们主观上的感觉是一致的。同时，A 声级的测量，只需一台小型化的手持仪器即可进行。所以，A 声级是目前广泛应用的一个噪声评价量，已成为国际标准化组织和绝大多数国家用作评价噪声的主要指标。许多环境噪声的允许标准和机器噪声的评价标准都采用 A 声级或以 A 声级为基础。

但是，A 声级并不反映频率信息，即同一 A 声级值的噪声，其频谱差别可能非常大。所以对于相似频谱的噪声，用 A 声级排次序是完全可以的。但若要比较频谱完全不同的噪声，那就要注意到 A 声级的局限性。如果要评价有纯音成分或频谱起伏很大的噪声的响度，或者要分析噪声产生原因，研究噪声对人体生理影响、噪声对语言通信的干扰等工作，就必须进行频谱分析或其他信息处理。

C 计权曲线在主要音频范围内基本上是平直的，只在最低与最高频段略有下跌，所以 C 声级与线性声压级是比较接近的。在低频段，C 计权与 A 计权的差别最大，所以根据 C 声级与 A 声级的相差大小，可以大致上判断该噪声是否以低频成分为主。D 计权测得的分贝数称 D 计权声级，表示为 dB(D)。D 声级主要用于航空噪声的评价。

（3）等效连续 A 声级。实际噪声很少是稳定地保持固定声级的，而是随时间有忽高忽低的起伏。但对于一个声级起伏或不连续的噪声，A 计权声级就很难确切地反映噪声的状况。例如，交通噪声的声级是随时间变化的，当有车辆通过时，噪声可能达到 85 ~ 90dB，而当没有车辆通过时，噪声可能仅有 55 ~ 60dB，并且噪声的声级还会随车流量、汽车类型等的变化而改变，这时就很难说交通噪声的 A 计权声级是多少分贝。又例如，两台同样的机器，一台连续工作，而另一台间断性地工作，其工作时辐射的噪声级是相同的，但两台机器噪声对人的总体影响是不一样的。对于这种声级起伏或不连续的噪声，采用噪声能量按时间平均的方法来评价噪声对人的影响更为确切，为此提出了等效连续 A 声级评价参量。等效连续 A 声级又称等能量 A 计权声级，它等效于在相同的时间间隔 T 内与不稳定噪声能量相等的连续稳定噪声的 A 声级，其符号为 $L_{Aeq,T}$ 或 L_{eq}，数学表达式为：

$$L_{eq} = 10 \lg \frac{1}{T} \int_0^T 10^{0.1 L_A(t)} dt \qquad (2-15)$$

式中　T——测量时段间隔，s；

$L_A(t)$——噪声信号瞬时 A 计权声压级，dB。

（4）累计百分数声级。在现实生活中经常碰到的是非稳态噪声，可以采用等效连续 A 声级 L_{eq} 来反映对人影响的大小，但噪声的随机起伏程度却没有表达出来。这种起伏可以用噪声出现的时间概率或累计概率来表示，目前采用的评价量为累计百分数声级 L_n。它表示在测量时间内高于 L_n 声级所占的时间为 $n\%$。例如，$L_{10} = 70dB$（A 计权，一般所指 dB 皆为 A 计权），表示在整个测量时间内，噪声级高于 70dB 的时间占 10%，其余 90% 的时间内噪声级均低于 70dB；同样，$L_{90} = 50dB$ 表示在整个测量时间内，噪声级高于 50dB 的时间占 90%。对于同一测量时段内的噪声级，按从大到小的顺序进行排列，就可以清楚地看出噪声涨落的变化程度。

通常认为，L_{90} 相当于本底噪声级，L_{50} 相当于中值噪声级，L_{10} 相当于峰值噪声级。

在累计百分数声级和人的主观反映所作的相关性调查中，发现L_{10}用于评价涨落较大的噪声时相关性较好。因此，L_{10}已被美国联邦公路局作为公路设计噪声限值的评价量。总的来讲，累计百分数声级一般只用于有较好正态分布的噪声评价。对于统计特性符合正态分布的噪声，其累计百分数声级与等效连续 A 声级之间有近似关系：

$$L_{eq} \approx L_{50} + \frac{(L_{10} - L_{90})^2}{60} \qquad (2-16)$$

（5）交通噪声指数。交通噪声指数（TNI）是城市道路交通噪声评价的一个重要参量，其定义为：

$$TNI = 4 \times (L_{10} - L_{90}) + L_{90} - 30 \qquad (2-17)$$

基本测量方法为：在 24h 内进行大量的室外 A 计权声压级取样，取样时间不连续，将这些取样进行统计，求得统计声级 L_{10} 和 L_{90}，然后计算 TNI 值。

TNI 是根据交通噪声特性，经大量测量和调查而得出的，它只适用于机动车辆噪声对周围环境干扰的评价，而且只限于车辆比较多的地段和时间内。

（6）噪声污染级。噪声污染级是用来评价噪声对人的烦恼程度的一个评价量，它既包括了对噪声能量的评价，同时也包括了噪声涨落的影响。噪声能量用等效 A 声级来表示；而噪声的涨落用标准偏差来反映，标准偏差越大，表示噪声的离散程度越大，即噪声的起伏越大。噪声污染级可表示为：

$$L_{Np} = L_{eq} + K\sigma \qquad (2-18)$$

$$\sigma = \sqrt{\frac{1}{n-1} \times \sum_{i=1}^{n} (L_i - \bar{L})^2} \qquad (2-19)$$

式中　　σ——规定时间内噪声瞬时声压级的标准偏差，dB；

$\bar{L}$——声压级的算术平均值，dB；

L_i——第 i 次声压级，dB；

n——取样总数；

K——常量，一般取 2.56。

对于随机分布的噪声，噪声污染级和等效声级或累计百分声级之间存在如下关系：

$$L_{Np} = L_{eq} + (L_{10} - L_{90})$$

（7）噪声评价数（NR）曲线。1962 年，C. W. Kosten 和 Vanos 基于等响度曲线，提出一组评价曲线（即 NR 曲线），如图 2-4 所示。曲线号数与该曲线在 1000Hz 的声压级值相同。1971 年 NR 曲线被国际标准化组织采纳，建议用来评价公众对户外噪声的反应，简单表示为 NR。

噪声评价曲线的声压级范围是 0 ~ 120dB，频率范围是 31.5 ~ 8000Hz 9 个倍频程。在 NR 曲线簇上，1000Hz 声音的声压级等于噪声评价数 NR。实测得到的各个倍频程

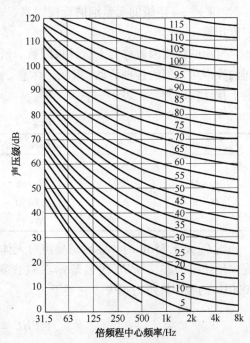

图 2-4　噪声评价数（NR）曲线

声压级 L_p 与 NR 的关系为：

$$L_{pi} = a + bNR_i \qquad (2-20)$$

式中　L_{pi}——第 i 个频程声压级，dB；

　　a，b——与各倍频程声压级有关的常数。

噪声评价数 NR 与 A 声级有较好的相关性，它们之间的关系可近似表示为：

$$L_{pA} = NR + 5 \qquad (2-21)$$

近年来，各国规定的噪声标准都以 A 声级或等效 A 声级作为评价标准，如生产车间噪声标准规定为 90dB，则根据上式可知，90dB 相当于 $NR-85$。由此可知，$NR-85$ 曲线上各倍频程声压级的值即为允许标准。

（8）噪声冲击指数。噪声对某区域内人员在社会生活各个方面产生的总影响，称为噪声冲击。

噪声冲击指数是在 20 世纪 60 年代开始为许多国家使用的，用以衡量某一新的措施、计划、产品或程序对于环境的影响。20 世纪 70 年代逐渐推广，应用于声学环境质量的评价，也用于比较两个地区或两种噪声污染状况。

① 噪声冲击的计算方法。首先根据噪声危害，确定评价标准。在日常生活中评价噪声的依据，是以人们对吵闹程度的感觉为主，对于 75dB 以上的噪声，还要考虑对人听力的损伤。噪声一般用昼夜等效声级（L_{dn}）来表示。根据每一噪声级对人群的作用，给该声级以一个计权因数，再将这个因数乘以该声级作用下的人数，就是该声级的冲击量。也就是将所考虑的区域的声级 L_{dn} 按大小分成等级，求得每一声级的冲击量，相加即得：

$$TWP = \sum W_i P_i \qquad (2-22)$$

式中　P_i——处于 i 声级范围的人数；

　　W_i——i 声级的无量纲的计权因素，表示 i 声级的冲击的大小，相当于受到影响的程度指数。

常用的计权因数称为干扰计权因数。研究结果表明，干扰冲击可以作为在一般较长时间内噪声对人们的各种活动（睡眠、休息、工作、学习等）影响的一种总的评价。各声级的干扰计权因数，见表 2-1。

表 2-1　干扰计权因素

L_{dn} 范围/dB(A)	W_i	L_{dn} 范围/dB(A)	W_i	L_{dn} 范围/dB(A)	W_i
35~40	0.01	55~60	0.18	75~80	1.20
40~45	0.02	60~65	0.32	80~85	1.70
45~50	0.05	65~70	0.54	85~90	2.31
50~55	0.09	70~75	0.83		

当 L_{dn} 大于 75dB 时，要考虑噪声对人体健康的危害，其中最明显的是噪声对听力的影响。预计听力损失 PHL 代表暴露在昼夜声级 L_{dn} 下，平均在 500Hz、1000Hz、2000Hz、4000Hz 的噪声性听力损失。它等于

$$PHL = \frac{\sum H_i P_i}{\sum P_i} \qquad (2-23)$$

式中　H_i——听力保护计权因数。

② 脉冲声的冲击计算。对低、中强度的脉冲声，如忽略脉冲初期过程中的惊恐作用，则仍可用上述 L_{dn} 方法计算。对强脉冲(C 声级大于 75dB，并且脉冲过程中每 2s 间都有 10dB 的升高)，计算中应用 C 声级代替 A 声级，更符合对人的实际危害情况，其他计算方法与以上介绍的相似。

(9) 噪声的掩蔽作用。由于噪声的存在，通常会降低人耳对另外声音的听觉灵敏度，并使听阈推移，这种现象称之为掩蔽。定量地讲，掩蔽是由于噪声干扰，听觉对于所听声音的闻阈提高的分贝数。如一频率为 1000Hz 的纯音，当声压级下降 3dB 时，刚刚可以听到，再低就听不见了，这就是说，1000Hz 纯音的闻阈为 3dB。如果这时，发出一声压级为 70dB 的噪声，此时能听到 1000Hz 纯音的声压级为 84dB 时，就可以认为噪声对 1000Hz 纯音的掩蔽是 84 − 3 = 81dB。

① 噪声对纯音的掩蔽。正如人们所知，一个低频的声音，至少要比噪声的声压谱级高过 14 ~ 18dB 时，才能超出噪声而听到；对高频纯音甚至还要大一些。

图 2 − 5 表示在噪声中刚刚听到纯音时，纯音所必须超过噪声分贝数。(a)表示要听到纯音时，纯音必须超过噪声声压谱级的量；(b)、(c)和(d)表示刚能听到纯音时，分别超过噪声的 1/3 倍频带、1/2 倍频带和倍频带的量。

举一个例子，如噪声的声压谱级在 200Hz 时为 70dB，考虑噪声对纯音的掩蔽作用，从图 2 −5(a)查得，声压级必须有 70 + 14 = 84dB 时才能听到。

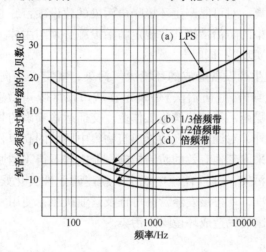

图 2 − 5　在噪声中刚能听到纯音时，纯音必须超过噪声的分贝数

② 噪声对语言的掩蔽。人们在吵闹的噪声环境中，相互间的谈话会感到吃力，常常为了克服噪声的掩蔽作用而提高讲话的声压级。通常，对于 200Hz 以下，7000Hz 以上的噪声，即使声压级高一些，响度大一些，噪声对语言交谈的干扰还不致引起很大反应，因为此时噪声对语言的掩蔽作用减少了。而一般语言声的频率多集中在以 500Hz、1000Hz、2000Hz 为中心的三个倍频程中，所以噪声对语言的掩蔽作用的大小和噪声的频率有关。

③ 剩余掩蔽。人耳听觉由于噪声的掩蔽会使听觉灵敏度下降，并且当噪声源停止后的很短的一段时间内，仍然保持听觉灵敏度下降的情况。这种延长，称之为剩余掩蔽。剩余掩蔽的结果，导致听力的暂时偏移。

二、噪声评价标准和法规

噪声不但影响到人的身心健康，而且干扰人们的工作、学习和休息，使正常的工作生活环境受到破坏。前面介绍了噪声的评价量，采用这些评价量，可以从各个方面描述噪声对人的影响程度。但理想的宁静工作生活环境与现实环境往往有很大差距，因此必须对环境噪声加以控制，从保护人的身心健康和工作生活环境角度出发，制定出噪声的允许限值。这样就形成环境噪声标准和法规。我国目前的环境噪声法规有环境噪声污染防治法，环境噪声标准可以分为产品噪声标准、噪声排放标准和环境质量标准几大类。

（一）环境噪声污染防治法

《环境噪声污染防治法》（简称《防治法》）是在 1996 年 10 月经第八届全国人民代表大会通过。制定环境噪声污染防治法的目的是为了保护和改善人们的生活环境，保障人体健康，促进经济和社会的发展。《环境噪声污染防治法》共分八章六十四条，从污染防治的监督管理、工业噪声污染防治、建筑施工噪声污染防治、交通运输噪声污染防治、社会生活噪声污染防治这几方面作出具体规定，并对违反其中各条规定所应受的处罚及所应承担的法律责任作出明确规定。它是制定各种噪声标准的基础。

《防治法》中明确提出了任何单位和个人都有保护声环境的义务，城市规划部门在确定建设布局时，应当依据国家声环境质量标准和民用建筑隔声设计规范，合理划定建筑物与交通干线的防噪声距离。对可能产生环境噪声污染的建设项目，必须提出环境影响报告书以及规定环境噪声污染的防治措施，并规定防治设施必须与主体工程同时设计、同时施工、同时投产使用，即实现"三同时"。

《防治法》中对工业生产设备造成的环境噪声污染，规定必须向地方政府申报并采取防治措施。对建筑施工噪声，《防治法》中规定在城市市区噪声敏感建筑物集中区域内，禁止夜间进行产生环境噪声污染的建筑施工作业。交通运输噪声的防治，除对交通运输工具的辐射噪声作出规定外，对经过噪声敏感建筑物集中区域的高速公路、城市高架、轻轨道路，应当设置屏障或采取其他有效的防治措施；航空器不得飞越城市市区上空。对社会生活中可能产生的噪声污染，《防治法》中规定了新建营业性文化娱乐场所的边界噪声必须符合环境噪声排放标准，才可核发经营许可证及营业执照，使用家用电器、乐器及进行家庭活动时，不应对周围居民造成环境噪声污染。

（二）噪声控制标准

噪声控制的目标，是使噪声降低到各种实际情况下所容许的噪声指标。目前我国经有关单位的调查和研究已制定了《工业企业噪声卫生标准》、《声环境质量标准》以及有关的管理条例。

1. 噪声容许标准

制定各种噪声容许标准的两个基本准则。

（1）可容忍准则。在工业生产中，大多数情况下，把噪声降低到一个很低的水平是不现实的。所以，在制定标准时的出发点，并不是"最佳"，而是可以容忍。这种情况下，噪声对于人的有害影响仍是存在的，只是不大会产生明显的不良后果。所以这种标准实际上是一种噪声容许标准。当然，由于各个国家的物质文明和精神文明水平不一样，这个噪声标准也不尽相同。因此，在噪声控制工程中，首先的着眼点是"卫生标准"。

（2）由 dB（A）来计量声级（准则）。多年来的研究和实践表明，用 A 计权网络测得的声级与由宽频率范围噪声引起的烦恼和对听力危害程度的相关性较好。为世界各国声学界和医学界所公认，得到了极为广泛的应用。

我国的《工业企业噪声卫生标准》就是采用 dB（A）准则制定的。

2. 工业企业噪声卫生标准

《工业企业噪声卫生标准》是我国卫生部和原国家劳动总局 1979 年颁发的试行标准。标准规定：对于新建、扩建和改建的工业企业，8h 工作时间内工人工作地点的稳态连续噪声级不得大于 85dB（A），对于现有工业企业，考虑到技术条件和现实可能性，则不得大于 90dB（A），并逐步向 85dB（A）过渡。对每天接触噪声不到 8h 的工种，噪声标准可按等能量原则相应放宽，但接触的连续噪声级最高不得超过 115dB（A）。反之当工作地点的噪声级超过标准时，则噪声暴露的时间应按标准相应减少，如表 2 - 2 所示。

表 2 - 2　车间内部容许噪声级

每个工作日噪声暴露时间/h	8	4	2	1	1/2	1/4	1/8	1/16
新建企业容许噪声级/dB（A）	85	88	91	94	97	100	103	106
现有企业容许噪声级/dB（A）	90	93	96	99	102	105	108	111
最高噪声级/dB（A）	不得超过 115							

实验表明，保护听力可以保护健康，噪声如不致引起永久性耳聋也就不致引起人的生理或病理变化。例如，按现有《工业企业的噪声标准》规定，在 93dB（A）噪声环境中工作的时间只容许 4h，其余 4h 必须在不大于 90dB（A）的噪声环境中工作。

对于非稳态噪声的工作环境或工作位置流动的情况，根据检测规范的规定，应测量等效连续声级，或测量不同的 A 声级和相应的暴露时间，然后按如下方法计算等效连续 A 声级或计算噪声暴露率。

等效连续 A 声级的计算是先将一个工作日（8h）内所测得的各 A 声级从小到大分成八段排列，每段相差 5dB（A），以其算术平均的中心声级表示，如 80dB（A）表示 78 ~ 82dB（A）的声级范围，85dB（A）表示 83 ~ 87dB（A）的声级范围，依次类推。低于 78dB（A）的声级可以不予考虑，则一个工作日的等效连续声级

$$L_{eq} = 80 + 10\lg\left[\frac{1}{480}\sum_{i=1}^{n} 10^{\frac{n-1}{2}} T_n\right] \tag{2 - 24}$$

式中　　n——中心声级的段数，$n = 1 \sim 8$，如表 2 - 3 所示；

T_n——第 n 段中心声级在一个工作日内所累积的暴露时间，min。

表 2 - 3　各段中心声级和暴露时间

n（段数）	1	2	3	4	5	6	7	8
中心声级 L_i/dB（A）	80	85	90	95	100	105	110	115
暴露时间 T_n/min	T_1	T_2	T_3	T_4	T_5	T_6	T_7	T_8

3. 工业企业厂界噪声标准

我国在 2008 年修订实施了《工业企业厂界噪声排放标准》（GB 12348—2008），以控制工厂及有可能造成噪声污染的企业事业单位对外界环境噪声的排放。在《工业企业厂界噪声排放标准》中规定了五类区域的厂界噪声的排放限值（表 2 - 4）。五类标准的适用范围规

定如下：

0 类标准适用于医院、学校、机关、科研单位、住宅等需要保持安静的建筑物。

1 类标准适用于以居住、文教机关为主的区域。

2 类标准适用于居住、商业、工业混杂区及商业中心区。

3 类标准适用于工业区。

4 类标准适用于交通干线道路两侧区域。

表 2-4　工业企业厂界环境噪声排放限值

厂界外声环境功能区类别	昼间	夜间
0	50	40
1	55	45
2	60	50
3	65	55
4	70	55

标准中规定昼间和夜间的时间由当地政府按当地习惯和季节变化划定。对夜间突发噪声，标准中规定对频发噪声的最大声及超过限值的幅度不超过 10dB(A)，对偶发噪声的最大声及超过限值的幅度不得高于 15dB(A)。

4. 建筑施工场界噪声排放限值

建筑施工往往带来较大的噪声，对城市建筑施工期间施工场地产生的噪声，《建筑施工场界噪声排放标准》(GB 12523—2011)中规定了建筑施工过程中环境噪声不得超过表 2-5 规定的排放限值。

表 2-5　建筑施工场界环境噪声排放限值　　　　　　　　　dB(A)

昼　　间	夜　　间
70	55

5. 铁路及机场周围环境噪声标准

《铁路边界噪声限值及其测量方法》(GB 12525—1990)修改方案中规定，既有铁路边界铁路噪声按表 2-6 的规定执行。既有铁路是指 2010 年 12 月 31 日前已建成运营的铁路或环境影响评价文件已通过审批的铁路建设项目。改、扩建既有铁路，铁路边界铁路噪声按表 2-6 的规定执行。

表 2-6　既有铁路边界铁路噪声限值(等效声级 L_{eq})　　　　dB(A)

时段	噪声限值	时段	噪声限值
昼间	70	夜间	70

新建铁路(含新开廊道的增建铁路)边界铁路噪声按表 2-7 的规定执行。新建铁路是指自 2011 年 1 月 1 日起环境影响评价文件通过审批的铁路建设项目(不包括改、扩建既有铁路建设项目)。

表 2-7　新建铁路边界铁路噪声限值(等效声级 L_{eq})　　　　dB(A)

时段	噪声限值	时段	噪声限值
昼间	70	夜间	60

《机场周围飞机噪声环境标准》(GB 9660—1988)中规定了机场周围飞机噪声环境及受飞机通过所产生噪声影响的区域噪声,采用一昼夜的计权等效连续感觉噪声级 L_{WECPN} 作为评价量。标准中规定了两类适用区域及其标准限值(见表2-8)。

表2-8 机场周围飞机噪声环境标准及其适用区域

适用区域	标准值 L_{WECPN}	适用区域	标准值 L_{WECPN}
一类区域	≤70	二类区域	≤75

6. 声环境质量标准

为贯彻《环境噪声污染防治法》防治噪声污染,保障城乡居民正常生活、工作和学习的声环境质量,制定了《声环境质量标准(GB 3096—2008)》。

按区域的使用功能特点和环境质量要求,声环境功能区分为下五种类型。

0类声环境功能区:指康复疗养区等特别需要安静的区域。

1类声环境功能区:指以居民住宅、医疗卫生、文化教育、科研设计、行政办公为主要功能,需要保持安静的区域。

2类声环境功能区:指以商业金融、集市贸易为主要功能,或者居住、商业、工业混杂,需要维护住宅安静的区域。

3类声环境功能区:指以工业生产、仓储物流为主要功能,需要防止工业噪声对周围环境产生严重影响的区域。

4类声环境边能区:指交通干线两侧一定距离之内,需要防止交通噪声对周围环境产生严重影响的区域,包括4a类和4b类两种类型。4a类为高速公路、一级公路、二级公路、城市快速路、城市主干路、城市次干路、城市轨道交通(地面段)、内河航道两侧区域;4b类为铁路干线两侧区域。

各类声环境功能区适宜用表2-9规定的环境噪声等效声级限值。

表2-9 环境噪声限值 dB(A)

时段 声环境功能区类别		昼间	夜间
0类		50	40
1类		55	45
2类		60	50
3类		65	55
4类	4a类	70	55
	4b类	70	60

表2-9中4b类类环境功能区环境噪声限值,适用于2011年1月1日起环境影响评价文件通过审批的新建铁路(含新开廊道的增建铁路)干线建设项目两侧区域;

在下列情况下,铁路干线两侧区域不通过列车时的环境背景噪声限值,按昼夜70dB(A)、夜间55dB(A)执行:

(1)穿越城区的既有铁路干线;

(2)对穿越城区的既有铁路干线进行改建、扩建的铁路建设项目。

既有铁路是指 2010 年 12 月 31 日前已建成运营的铁路或环境影响评价文件已通过审批的铁路建设项目。

各类声环境功能区夜间突发噪声，其最大声级超过环境噪声限值的幅度不得高于 15dB（A）。

第三节 噪声测量技术

在噪声控制工程中，为了有效地达到控制目的，必须对所处理的环境噪声的污染特性，如声音的强度、频率以及变化规律等进行测量，取得可靠的数据，以便正确制定有效的控制措施。

噪声测量的另一目的是为了测定某一机器或部件的噪声级并查明其噪声源。这对评价机器的品质，控制其噪声是必不可少的。声学测量还被广泛地应用于研究吸声材料和吸声结构、隔声构件、各种消声结构或元件的声学特性。大型、重要设备的工作状态监测也离不开噪声测量。

声音的主要特征为声压、频率、质点振速和声功率、声强等。其中声压及其频率分布是两个主要参数，也是测量的主要对象。

为了精确地测量声源辐射的声压，必须有精密的传声器和放大器，记录仪器以及特定的声学测量环境，三者缺一不可。为了了解噪声随频率的变化情况，还需要将记录的噪声送入频谱分析仪器中进行进一步的分析。这些频谱分析系统都采用高速计算机及快速傅立叶变换技术，能够快速地，甚至实时地得到噪声的各种信息。图 2 – 6 为噪声测量系统示意图。

图 2 – 6 噪声测量系统示意图

除了声压和频率测量以外，不少机器设备允许声级的指标用它的声功率级表示，此外由于声强测量有其独特的优点，尤其随快速傅立叶变换技术的出现和计算机的发展，声强窄带谱分析的处理得到了较好的解决，声强测量也受到普遍的重视。

一、噪声测量环境

（一）近场和远场

当声音以平面波的形式传播时，声压与质点振速同相，此时声强

$$I = pu = \frac{p^2}{\rho c} \qquad (2 – 25)$$

但大多数声源并不辐射平面声波，声压与质点的振速不同相，上式就不适用了。靠近声源测得的声压可能有很大的起伏，而随距离的变化声压有许多分布很密的最大最小值。这个靠近声源的区域称为近场。

由于近场声压的波动性，所以一般不能以近场测得的声压级来估计声源的声功率，也不能用它来预测远场的声压级。声源的近场范围大小是声频率和声源尺寸的函数。根据经

验，近场范围通常取为 $1 \sim 2$ 倍的声源特征尺寸。另一方面，测点位置离声中心（近似取为声源的几何中心）距离 r，必须大于感兴趣频率波长 λ，$r > \lambda = c/f$，以忽略近场效应。

在远离声源的地方，质点振速和声压成为平面波的简单关系，这一区域通常称为远场。远场具有如下特性：

（1）当声源为球面声波时，声压与离声源中心的距离 r 成反比：$p \propto \dfrac{1}{r}$

（2）声压与声强符合 $I = \dfrac{p^2}{\rho c}$ 的关系。

远场中，离声源距离每增加一倍，声压下降一半，即声压级衰减 6dB。故可以用远场的声压级来估计声源的声功率，也可以用远场中一处的声压级预计另一位置的声压级。

$$\Delta L = L_{p_1} - L_{p_2} = 20\lg\frac{r_2}{r_1} = 20\lg\frac{2r_1}{r_1} = 20\lg2 = 6 \text{ dB}$$

（二）自由声场和混响声场

上面所述的近场和远场都是在忽略外界干涉的情况下讨论的。实际上，声波从声源向外辐射时，声能的一部分在传播过程中总要遇到障碍物，并被反射回声源处。在离声源较近处，声场中只有声源直接辐射的直达声，就称为声源的自由声场或直达声场。相反，在干涉声具有主要效应的区域，直达声不起作用，就称为声源的混响声场。由上面可以知道，自由声场是只有直达声而无反射声的声场。在实际环境中要获得这样的声场是很困难的，要做到绝对没有反射声的影响也是不可能的。只能使反射声尽可能小，和直达声相比可以忽略不计，即可以获得一个近似的自由声场。在实际测量中获得自由声场的方法很多，如可以将声源悬吊于半空中，周围没有反射场，这时声源辐射的声场就是自由声场，但这种方法易受气候影响。

（三）现场测量

精密的噪声测量与分析或声源声学特性研究等工作，需要在专门的实验室——消声室或混响室内进行。但为了测定设备或环境的噪声则必须在现场进行测量。在现场条件下，与环境有关的有些因素会影响声压级 L_p 的测定精度，如本底噪声、噪声级波动、壁面反射等。为保证现场测量的精度，必须注意几方面问题。

1. 本底噪声

所谓本底噪声就是指在测试环境中，除去待测声波外的所有声波（包括接收仪的电噪声）。在测试中应估计噪声所引起的误差并进行适当修正。本底噪声与机器声级的差值越大，对测量的影响越小。

2. 噪声级波动

大多数机器的噪声级随时间变化，这将导致测量时声级计指针摆动，实际测量时记下表头读数最高值 L_H 和最低值 L_L。表头读数平均值近似算法有以下几种：

（1）当波动值 $|L_H - L_L| \leqslant 3$ dB 时，取读数最高和最低值的平均值；

（2）当波动值大于 3dB，小于 10dB 时，只要大部分时间仍留在某一区域附近，可按这一区域的上、下限值进行平均取得恰当的读数；

（3）波动范围大于 3dB，且小于 10dB 时，没有明显的停留区域，起伏又比较平均，这时不能用声压级上、下限进行算术平均，只能按能量相加平均。

二、噪声测量仪器

在噪声测量前，应根据测量的目的与要求，周密地制订测量方案，选取必要的仪器设备，熟悉其基本性能，掌握正确操作要点，以保证测量的数据完整和精度，作为对噪声的评估和控制的可靠依据。

（一）仪器的选择

噪声测量仪器的选用是根据测量的目的和内容确定的，其选用范围如表 2-10 所示。

表 2-10　噪声测量仪器的选用

测量目的	测量内容	可使用的仪器
设备噪声评价	规定测点的噪声级（A、C 声级）、频谱、声功率级和方向性	精密声级计、滤波器、频谱分析仪、记录仪、标准声源
工人噪声暴露量	人耳位置的等效声级 L_{eq}	噪声剂量计、积分式声级计
车间噪声评价	车间（室内）各代表点的 A、C 声级或 L_{eq}、L_{10}、L_{50}、L_{90}	精密声级计、积分式声级计、噪声剂量计
厂区环境噪声评价	厂区各测点处 A、C 声级或 L_{eq}、L_{10}、L_{50}、L_{90}	精密声级计、积分式声级计、噪声剂量计
厂界噪声评价	厂界各测点处 A、C 声级或 L_{eq}、L_{10}、L_{50}、L_{90}	精密声级计、积分式声级计、噪声剂量计
厂外环境噪声评价	厂外各测点处 A、C 声级或 L_{eq}、L_{10}、L_{50}、L_{90}	精密声级计、积分式声级计、噪声剂量计
城市交通噪声评价	交通噪声的 L_{eq}、L_{10}、L_{50}、L_{90}	精密声级计、积分式声级计
脉冲噪声评价	脉冲或脉冲保持值、峰值保持值	脉冲声级计、精密声级计
吸声材料性能测量	法向吸声系数 α_0、无规入射吸声系数 α_r	驻波管、白噪声器、信号发生器、扬声器、传声器、频谱分析仪、记录仪、放大器
隔声测量	传声损失（隔声量）R	驻波管、白噪声器、信号发生器、扬声器、传声器、频谱分析仪、记录仪、放大器
设备声功率测量	声功率级 L_W	标准声源、精密声级计、传声器、滤波器
振动测量	振动的位移、速度、加速度	加速度传感器、电荷放大器、测振仪等
机械噪声源的鉴别	噪声频谱、振动频谱	加速度传感器、精密声级计、放大器、记录仪、频谱分析仪、微处理机
新厂环境噪声预评价	设备声功率级、建厂区域各点噪声预估值及本底噪声	标准声源、精密声级计、微型计算机

（二）常用测量仪器

1. 声级计

在噪声测量中声级计是常用的基本声学仪器。它是一种可测量声压级的便携式仪器。《电声学　声级计　第一部分：规范》（GB/T 3785.1—2010）规定，声级计按性能分为两级：1级和2级。通常，1级和2级声级计的规范有相同的设计目标，主要是允许极限和工作温度范围不同。2级规范的允许极限大于或等于1级规范。

声级计一般由传声器、放大器、衰减器、计权网络、检波器和指示器等组成。图2-7所示是声级计的典型结构框图。

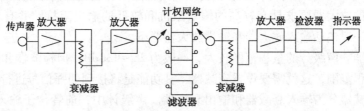

图2-7　声级计结构方框图

（1）传声器。它是一种将声压转换成电压的声电换能器。传声器的类型很多，它们的转换原理及结构各不相同。要求测试用的传声器在测量频率范围内一般有平直的频率响应、动态范围大、无指向性、本底噪声低、稳定性好等性能。在声级计中，大多选用空气电容传声器和驻极体电容传声器。

① 电容传声器。电容传声器是由一个非常薄的金属膜（或涂金属的塑料膜片）和相距很近的后极板组成。膜片和后极板相互绝缘，构成一个电容器。在两电极上加恒定直流极化电压 U_0，使静止状态的电容 C_0 充电，当声波入射到膜片表面时，膜片振动产生位移，使膜片与后极板之间的间隙发生变化，电容量也随之变化，导致负载电阻 R 上的电流产生变化。这样，就能在负载电阻上得到与入射声波相对应的交流电压输出。图2-8所示是电容传声器的结构原理和等效电路图。

电容传声器的主要技术指标有灵敏度、频率响应范围和动态范围。

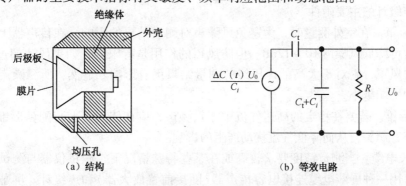

图2-8　电容传声器

② 驻极体电容传声器。驻极体电容传声器是在膜片与后极板之间填充驻极体，用驻极体的极化电压来代替外加的直流极化电压。

此外，由于传声器在声场中会引起声波的散射作用，特别会使高频段的频率响应受到明显影响。这种影响随声波入射方向的不同而变化。根据传声器在声场中的频率响应不同，一般分为声场型(自由场和扩散场)传声器和压强型传声器。测量正入射声波(声波传播方向垂直于传声器膜片)时采用自由场型传声器较好；对于无规入射声波应采用扩散场型或压强型传声器，如采用自由场型传声器，应加一无规入射校正器，使传声器的扩散场响应接近平直。

(2) 放大器。声级计的放大器部分要求在音频范围内响应平直，有足够低的本底噪声。精密声级计的声级测量下限一般在 24dB 左右，如果传声器灵敏度为 50mV/Pa，则放大器的输出电压约为 $15\mu V$，因此要求放大器的本底噪声应低于 $10\mu V$。当声级计使用"线性"(L)挡，即不加频率计权时，要求在线性频率范围内有这样低的本底噪声。

声级计内的放大器要求具有较高的输入阻抗和较低的输出阻抗，并有较小的线性失真，放大系统一般包括输入放大器和输出放大器两组。

(3) 衰减器。声级计的量程范围较大，一般为 25～130dB。但检波器和指示器不可能有这么宽的量程范围，这就需要设置衰减器，其功能是将接到的强信号进行衰减，以免放大器过载。衰减器分为输入衰减器和输出衰减器。声级计中，前者位于输入放大器之前，后者接在输入放大器和输出放大器之间。为了提高信噪比，一般测量时应尽量将输出衰减器调至最大衰减挡，在输入放大器不过载的前提下，而将输入衰减器调至最小衰减挡，使输入信号与输入放大器的电噪声有尽可能大的差值。

(4) 滤波器。声级计中的滤波器包括 A、B、C、D 计权网络和倍频带或 1/3 倍频带滤波器。A 计权声级应用最为普遍，而且只有 A 计权的普通声级计可以做成袖珍式的，价格低、使用方便。多数普通声级计还有"线性"挡，可以测量声压级，用途更为广泛。在一般噪声测量中，倍频带或 1/3 倍频带带宽的滤波器就足够了。

如将模拟电路检波输出的直流信号不输入指示器，而反馈给 A/D 转换器，或将传声器前置放大输出的交流信号直接进行模数转换，然后对数字信号进行分析处理以数字显示、打印或储存各种结果，这类声级计又称为数字声级计。由于软件可以随要求方便编制，因此数字声级计具有多用性的优点，可以根据需要提供瞬时声级、最大声级、统计声级、等效连续声级、噪声暴露声级等数据。

(5) 声级计的主要附件

① 防风罩。在室外测量时，为避免风噪声对测量结果的影响，在传声器上罩一个防风罩，通常可降低风噪声 10～12dB。但防风罩的作用是有限的，如果风速超过 20km/h，即使采用防风罩，它对不太高的声压级的测量结果仍有影响。显然，所测噪声声压级越高，风速的影响越小。

② 鼻形锥。若要在稳定的高速气流中测量噪声，应在传声器上装配鼻形锥，使锥的尖端朝向声音源头，从而降低气流扰动产生的影响。

③ 延长电缆。当测量精度要求较高或在某些特殊情况下，测量仪器与测试人员相距较远时，可用一种屏蔽电缆连接电容传声器(随接前置放大器)和声级计。屏蔽电缆长度为几米至几十米，电缆的衰减很小，通常可以忽略。但是如果插头与插座接触不良，将会带来较大的衰减。因此，需要对连接电缆后的整个系统用校准器再次校准。

(6) 声级计的校准

为保证测量的准确性，声级计使用前后要进行校准，通常使用活塞发声器、声级校准器或其他声压校准仪器对声级计进行校准。

① 活塞发声器。这是一种较精确的校准器，它在传声器的膜片上产生一个恒定的声压级(如 124dB)。活塞发声器的信号频率一般为 250Hz，所以在校准声级计时，频率计权必须放在"线性"挡或"C"挡，不能在"A"挡校准。应用活塞发声器校准时，要注意环境大气压对它的修正，特别在海拔较高地区进行校准时不能忘记这一点。使用时要注意校准器与传声器之间的紧密配合，否则读数不准。国产的 NX6 活塞发声器产生 124dB ±0.2dB 声压级，频率 250Hz，非线性失真不大于 3%。

② 声级校准器。它是一种简易校准器，如国产 ND9 校正器口使用它进行校准时，因为它的信号频率是 1000Hz，声级计可置任意计权开关位置。因为在 1000Hz 处，任何计权或线性响应的灵敏度都相同。校准时，对于 1 英寸(25.4mm)或 24mm 外径的自由声场响应电容传声器，校准值为 93.6dB；对于 1/2 英寸(12.7mm)或 12mm 外径的自由声场响应传声器，校准值为 93.8dB。

校准器应定期送计量部门进行鉴定。

2. 频谱分析仪和滤波器

在实际测量中很少遇到单频声，一般都是由许多频率组合而成的复合声，因此，常常需要对声音进行频谱分析。若以频率为横坐标，以反映相应频率处声信号强弱的量(如声压、声强、声压级等)为纵坐标，即可绘出声音的频谱图。

图 2-9 给出了几种典型的噪声频谱，这些频谱反映了声能量在各个频率处的分布特性。

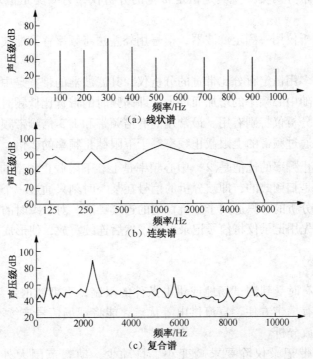

(a) 线状谱

(b) 连续谱

(c) 复合谱

图 2-9　噪声频谱图

由能量叠加原理可知，频率不同的声波是不会产生干涉的，即使这些不同频率成分的声波是由同一声源发出的，它们的总声能仍旧是各频率分量上的能量叠加。在进行频谱分析时，对线状谱声音可以测出单个频率的声压级或声强级。但是对于连续谱声音，则只能

测出某个频率附近 Δf 带宽内的声压级或声强级。

为了方便起见，常将连续的频率范围划分成若干相连的频带（或称频程），并且经常

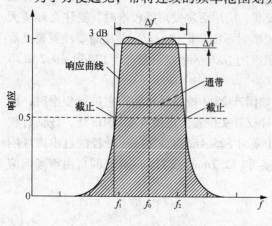

图 2 - 10   滤波器的频率响应

假定每个小频带内声能量是均匀分布的。显然，频带宽度不同，所测得的声压级或声强级也不同。对于足够窄的带宽 Δf，$W(f) = p^2 / \Delta f$ 称为谱密度。

具有对声信号进行频谱分析功能的设备称为频谱分析仪，或叫作频率分析仪。

频谱分析仪的核心是滤波器。图 2 - 10 所示是一个典型的带通滤波器的频率响应，带宽 $\Delta f = f_2 - f_1$。滤波器的作用是让频率在 f_1 和 f_2 间的所有信号通过，且不影响信号的幅值和相位，同时，阻止频率在 f_1 以下和 f_2 以上的任何信号通过。

频率 f_1 和 f_2 处输出比中心频率 f_0 小 3dB，称为下限和上限截止频率。中心频率 f_0 与截止频率 f_1、f_2 的关系为

$$f_0 = \sqrt{f_1 \cdot f_2} \qquad\qquad (2-26)$$

频率分析仪通常分两类：一类是恒定带宽的分析仪，另一类是恒定百分比带宽的分析仪。

恒定带宽的分析仪用一固定滤波器，信号用外差法将频率移到滤波器的中心频率，因此带宽与信号无关。

一般噪声测量多用恒定百分比带宽的分析仪，其滤波器的带宽是中心频率的一个恒定百分比值，故带宽随中心频率的增加而增大，即高频时的带宽比低频时宽，对于测量无规噪声或振动，这种分析仪特别有用。最常用的有倍频带和 1/3 倍频带频谱分析仪。倍频带分析仪中每一带宽通过频带的上限截止频率等于下限截止频率的 2 倍；在 1/3 倍频带分析仪中，上、下限截止频率的比值是 $\sqrt[3]{2}$，中心频率是上、下限截止频率的几何中值。

上述分析仪都是扫频式的，即被分析的信号在某一时刻只通过一个滤波器，故这种分析是逐个频带依次分析的，只适用于分析稳定的连续噪声，对于瞬时的噪声要用这种仪器分析测量时，必须先用记录仪将信号记录下来，然后连续重放，使形成一个连续的信号再进行分析。

3. 磁带记录仪

在现场测量中有时受到测试场地或供电条件的限制，不可能携带复杂的测试分析系统。磁带记录仪具有携带方便、直流供电等优点，能将现场信号连续不断地记录在磁带上，带回实验室重放分析。

测量使用的磁带记录仪除要求畸变小、抖动少、动态范围大外，还要求在 20 ~ 20000Hz 频率范围内（至少要求在所分析频带内），有平直的频率响应。

磁带记录仪的品种繁多，有的采用调频技术可以记录直流信号，有的本身带有声级计功能（传声器除外），有的具有两种以上的走带速度，近期开发的记录仪可达数十个通道，信号记录在专用的录像带上。

除了模拟磁带记录仪外，数字磁带记录仪在声和振动测量中已广泛应用。它具有精度高、动态范围大、能直接与微机连接等优点。

为了能在回放时确定所录信号声压级的绝对值，必须在测量前后对测量系统进行校准。在磁带上录入一段校准信号作为基准值，在重放时所有的记录信号都与这个基准值比较，便可得到所录信号的绝对声压级。

对于多通道磁带记录仪，常常可以选定其中的一个通道来记录测试状态，以及测量者口述的每项测试记录的测量条件、仪器设置和其他相关信息。

4. 读出设备

噪声或振动测量的读出设备是相同的，读出设备的作用是让观察者得到测量结果。读出设备的形式很多，最常用的是将输出的数据以指针指示或数字显示的方式直接读出，目前，以数字显示居多，如声级计面板上的显示窗。另一种是将输出以几何图形的形式描绘出来，如声级记录仪和 $X-Y$ 记录仪。它可以在预印的声级及频率刻度纸上作迅速而准确的曲线图描绘，以便于观察和评定测量结果，并与频率分析仪作同步操作，为频率分析及响应等提供自动记录。需要注意的是，以上这些能读出幅值的设备，通常读出的是被测信号的有效值。但有些设备也能读出被测信号的脉冲值和幅值。还有一种是数字打印机，将输出信号通过模数转换（A/D）变成数字由打印机打出。此种读出设备常用于实时分析仪，用计算机操作进行自动测试和运算，最后结果由打印机输出。

5. 实时分析仪

声级计等分析装置是通过开关切换逐次接入不同的滤波器来对信号进行频谱分析的。这种方法只适宜于分析稳态信号，需要较长的分析时间。对于瞬态信号则采用先由磁带记录，再多次反复重放来进行频谱分析。显然，这种分析手段很不方便，迫切需要一种分析仪器能快速（实时）分析连续的或瞬态的信号。

实时分析仪是一种能立即把信号的各频带成分同时分析出来的仪器。图 2-11 为 1/3 倍频程实时分析仪原理图，其分析信号频谱可以随输入信号而变化，在变化当中也可以选择所需的信号频谱使之立时驻立不变，以供记录分析和存储，还可以通过内部或外接电子计算机迅速处理和分析所需的正确结果。实时分析仪具有分析速度快，可以测定连续的或瞬时的频谱变化，能立即观察到噪声变化过程，并能存储大量信号的优点。实时分析仪由于它的优越性以及电子器件和技术的迅速发展，产品越来越多，有实验室用的，也有小型便于携带可供现场用的，其功能正在迅速发展中。

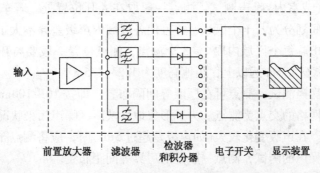

前置放大器　滤波器　检波器　电子开关　显示装置
　　　　　　　　　　　和积分器

图 2-11　1/3 倍频程实时分析仪原理图

6. 噪声级分析仪

噪声级分析仪是一种可以直接在现场分析噪声声级随时间分布的仪器，可使用交、直流电源，且易于携带。它由电路、计算机和打印机构成。电路部分与前面声级计基本一样，它将接收到的声压转变为电压，经过模拟量转换为数字量输入计算机，经计算机处理分析的结果可以在显示屏上显示，或由打印机打印在纸带上。计算机中贮存器，可以贮存所需要的各种声级，这种仪器不仅可以测得现场数据，而且还能同时对数据分析和处理，得出所需要的各种综合结果，可作公共噪声、航空噪声、道路交通噪声等噪声的统计分布测量。并能根据编入贮存器内的各种程序，迅速地得出各种噪声评价量，例如连续等效声级、累积百分声级、交通噪声指数、噪声污染级等。

7. 噪声剂量计

噪声剂量计又称噪声暴露监视器。它是将一定时间内的声能提供累计结果的仪器，如个人噪声监视计。这是一种体积很小也很轻，可佩戴在身上，能显示出每天暴露在噪声中的工作人员所接受的噪声能量是否合乎规定剂量标准。

（三）噪声测量方法

1. 噪声测量的位置

传声器与测点的相对位置对设备声级、声压级的测量结果有很大影响。为了便于比较，一般规定测点的选择遵守以下原则。

（1）对于一般的机械设备，应根据尺寸大小作不同的处理。小型机械如砂轮、风铆枪等，其最大尺寸不超过30cm，测点取在距表面30cm处，周围布置4个测点。中型机械如马达等，其最大尺寸在30～50cm之间，测点取在距离表面50cm处，周围布置4个测点。大型机械如机床、发电机、球磨机等，其尺寸超过0.5m，测点取在距表面1m处，周围布置数个测点，测试结果以最大值（或诸值的算术平均值）表示，频谱分析一般在最大声级测点处进行。对于特大型或有危险性以及无法靠近的设备，可取较远的测点，并注明测点的位置。

（2）对于风机、压缩机等空气动力性机械，要测量进、排气噪声。排气噪声的测点选在排气口轴线45°方向1m远处；进气噪声测点选在进气口轴线上1m远处。

（3）测点高度应以机器的一半高度为准，但距离地面不得低于0.5m。为了减少反射声的影响，测点应选在距离墙或其他反射面1～2m以上处。

（4）对于车间（或室内）噪声测试，测点一般取在人耳位置处。若车间内各点噪声相差较大，则可将车间划分为若干个区域，并且使各区域内声级差异不大于3dB，相邻区域声级相差不小于3dB。每个区域内取1～3个测点。测点位置一般要离开墙壁或其他主要反射表面1m远，离窗1.5m远以上，距地高度为1.2～1.5m。

（5）对于厂区噪声测试，测点可在厂区等间隔布置，即按10～100m的间隔把厂区划分为正方网格，取网格的交点为测点。为了形象地反映厂区噪声污染状况，可在此基础上绘制等声级曲线图。在声级变化较大（如声级差超过5dB）时，应将测点布置得较密些。

（6）对于厂界噪声的测试，测点一般是沿厂界等间距布置。

（7）对于厂内外生活区环境噪声测试，测点一般选在室外距墙1m处。对于多层建筑，应在各层上测窗外1m远处的声级，测量高度为各层地面上1.2～1.5m。

2. 影响噪声测量的环境因素

要使测量结果准确可靠，不仅要有精确的测量仪器，而且必须考虑到外界因素对测量的影响。必须考虑的外界因素主要有如下几种。

（1）大气压力。大气压力主要影响传声器的校准。活塞发生器在 101.325kPa 时产生的声压级是 124dB（国外仪器有的是 118dB，有的是 114dB），而在 90.259kPa 时则为 123dB。活塞发生器一般都配有气压修正表。当大气压力改变时，可从表中直接读出相应的修正数值。

（2）温度。在现场测量系统中，典型的热敏元件是电池。温度的降低会使电池的使用寿命降低，特别是 0℃ 以下的温度对电池使用寿命影响很大。

（3）风和气流。当有风和气流通过传声器时，在传声器顺流的一侧会产生湍流，使传声器的膜片压力发生变化而产生风噪声。风噪声的大小与风速成正比。为了检查有无风噪声的影响，可对有无防风罩时的噪声测量数据进行比较，如无差别则说明无噪声影响；反之，则有影响。这时应以加防风罩时的数据为准。环境噪声的测量，一般应在风速小于 5m/s 的条件下进行。防风罩一般用于室外风向不定的情况。在通风管道里，气流方向是恒定的，这时应在传声器上安装防风鼻锥。

（4）湿度。若潮气进入电容式传声器并凝结，则电容式传声器的极板与膜片之间就会产生放电现象，从而产生"破裂"与"爆炸"的声响，影响测量结果。

（5）传声器的指向性。传声器在高频时具有较强的指向性。膜片越大，产生指向性的频率就越低。一般国产声级计，当在自由场（声波没有反射的空间）条件下测量时，传声器应指向声源。若声波是无规则入射的（声波反射很强的空间），则需要加上无规则入射校正器。测试环境噪声时，可将传声器指向上方。

（6）反射。在现场测量环境中，被测机器周围往往可能有许多物体。这些物体对声波的反射会影响测量结果。原则上，测点位置应离开反射面 3.5m 以上，这样反射声的影响可以忽略。在无法远离反射面的情况下，也可以在反射噪声的物体表面铺设吸声材料。

（7）本底噪声。本底噪声是指待测机械设备停止运行时周围环境的噪声。测量机器噪声时，如果受到周围环境的干扰，就会影响测量结果的准确性。因此，现场测量时，首先要设法测量本底噪声。若本底噪声级与被测噪声级的差值大于 10dB，则本底噪声不会影响测量结果；若差值小于 3dB，则本底噪声对测量影响很大，不可能进行精确地测量，其测量结果没有意义。这时应设法降低本底噪声或将传声器移近被测声源，以提高被测噪声与本底噪声之间的差值。若差值在 3～10dB，则可按表 2-11 进行修正，即将所测得的值减去相应的修正值就可以得到声源的实际噪声值。

表 2-11　本底噪声修正值　　　　　　　　　　　　　　　　　　dB

测得声源噪声级与本底噪声级之差	3	4~5	6~9
修正值	3	2	1

（8）其他因素。除上述因素外，在测量时还应避免受强电磁场的影响，并选择设备处于正常状态（或合理状态）下进行测试。

3. 噪声测量的度数与记录方法

通常可将噪声分为如表 2-12 所示的几类。

表 2 – 12　噪声的分类

稳 态 噪 声	非 稳 态 噪 声
不包含特殊音调的噪声	变动噪声
一般环境噪声	道路噪声
瀑布	波浪噪声
高速空调噪声	间歇噪声
	航空器通过噪声
包含特殊音调的噪声	汽车通过噪声
电锯	火车通过噪声
变压器	冲击噪声
喷气发动机	锻造机械
	离散噪声
	手枪
	门声
	似稳态噪声
	铆枪

不同类型的噪声测量，其读数方法也是不同的。一般可做如下处理。

（1）对于稳态噪声和似稳态噪声，用慢挡直接读取表头指示值。当指针有摆动时，读取平均指示值；若摆动超过 5dB 的范围，则不能认为噪声是稳态的。对于包含特殊音调的噪声设备，必须做频谱分析。

（2）对于离散的冲击声，用脉冲声级计（A 声级）读取脉冲或脉冲保持值。测量枪、炮声时应读取峰值保持值。若脉冲值为 120dB，脉冲保持值为 125dB，峰值保持值为 135dB，则可分别记作 120dB（Imp）、125dBA（Imp. h）、135dB（Peak. h）。

（3）对于间歇噪声，用快挡读取每次出现的最大值，以数次测量的平均值表示。必要时记录间歇噪声出现时间及出现频率。

（4）对于无规则变动噪声，用积分式声级计可以直接读取等效声级 L_{eq} 和统计声级 L_n。如果没有积分式声级计，用一般的声级计可采取如下方法，即用慢挡每隔 5s 读取一次瞬时值。测工业环境时连续读 100 个数据，测交通噪声时读 200 个数据。将 100（或 200）个数据按声级从大到小顺序排列，第 10（或 20）个即 L_{10}，第 50（或 100）个即 L_{50}，第 90（或 180）个即 L_{90}。对于工业环境，可按分贝加法求出 100 个数据的总声级，减去 20（10lg100）即得 L_{eq}。对于交通噪声，可由公式 $L_{eq} = L_{50} + d^2/60$ 求得。

4. 城市环境噪声测量

城市环境噪声主要来源于工厂、交通和其他社会活动，噪声源的性质和影响范围有很大不同。

（1）城市区域环境噪声的测量方法

① 网格测量法

a. 测点选择。将要普查测量的城市某一区域或整个城市划分多个等大的正方格，网格要覆盖住被普查的区域或城市。每一网格中的工厂、道路及非建成区的面积之和不得大于网格面积的 50%，否则视为该网格无效。有效网格总数应多于 100 个。测点应在每个网格的中心（可在地图上做网格图得到）。若网格中心点不宜测量（如建筑物、厂区内等），应将测点移动到距离中心点最近的可测量位置上进行测量。

b. 测量方法。分别在昼间（6:00～22:00）和夜间（22:00～次日6:00）于每个测点上进行 A 声级取样测量。昼间测量一般选在上午 8:00 到 12:00，下午 2:00 到 6:00，在此期间内任意时刻测得的噪声均代表昼间噪声；夜间测量一般选在晚上 10:00 到次日晨 5:00，在此时间内任何时刻测得的噪声均代表夜间的噪声。昼间、夜间的时间划分，可依地区和季节的不同而稍有变更，由当地人民政府按当地习惯和季节变化划定。

测量时仪器的计权特性为"快"响应，一般按等时间间隔测量 A 声级，时间间隔不大于 1s，每次每个测点测量时间为 10min，由测量数据可以计算得到 10min 的连续等效 A 声级。

c. 评价方法。将全部测点的连续等效 A 声级做算术平均运算，所得的平均值代表某一区域或全市的噪声水平。该平均值可用所评价区域适用的区域环境噪声标准进行评价。

用测量数据还可以绘制白天和夜间的噪声污染空间分布图，即将测量到的连续等效 A 声级按 5dB 一挡分级，用不同的颜色或阴影线表示每一挡等效 A 声级，绘制在覆盖某一区域或城市的网格上，用于表示区域或城市的噪声污染分布情况。

② 定点测量方法

在标准规定的城市建成区中，优化选取一个或多个能代表某一区域或整个城市建成区环境噪声平均水平的测点，进行长期噪声定点监测。定点监测可进行 24h 连续监测，亦可按普查测量方法进行测量。

定点测量的评价量可用区域或城市昼间（或夜间）的环境噪声平均水平（L），该量可按下式计算：

$$L = \sum_i^n \frac{L_i S_i}{S} \tag{2-27}$$

式中　L_i——第 i 个测点测得的昼间（或夜间）的连续等效 A 声级，dB(A)；

　　　S_i——第 i 个测点所代表的区域面积，m^2；

　　　S——整个区域或城市的总面积，m^2。

按上式计算得到的 L，用所评价区域（或城市）适用的环境噪声标准进行评价。

评价方法还可采用噪声污染时间分布图，即将每小时测得的连续等效 A 声级按时间排列，得到 24h 的声级变化图形，用于表示某一区域或城市环境噪声的时间分布规律。

（2）城市道路交通噪声的测量

测点应选在市区交通干线一侧的人行道上，距马路沿 20cm 处。此处距两交叉路口应大于 50m。交通干线是指机动车辆每小时流量不小于 100 辆的马路。这样该测点的噪声可以代表两路口间该段马路的噪声。测量时，使用声级计"慢"挡，传声器置于测点上方距地面高度为 1.2m，垂直指向马路。在规定的时间内每隔 5s 读取一瞬时 A 声级，连续读取 200 个数据，同时记录车流量（辆/h）。测量结果可参照有关规定绘制交通噪声污染图，并以全市各交通干线的等效声级和统计声级的算术平均值、最大值和标准偏差来表示全市的交通噪声水平，并用以做城市间交通噪声的比较。交通噪声的等效声级和统计声级的平均

值应采用加权算术平均的方法来计算，即

$$\overline{L} = \frac{1}{l} \sum_{i=1}^{n} l_i L_i \qquad\qquad (2-28)$$

式中　l——全市交通干线的总长度，km；

　　　l_i——第 i 段干线的长度，km；

　　　L_i——第 i 段干线测得的等效声级或统计声级，dB(A)。

（3）城市环境噪声长期监测

当需要了解城市环境噪声随时间的变化时，应选择具有代表性的测点进行长期监测。测点的选择应根据可能的条件决定，一般不应少于 7 个，分别布置在：繁华市区 1 点，典型居民区 1 点，交通干线两侧 2 点，工厂区 1 点，混合区 2 点。测量时，传声器的位置和高度不限，但应高于地面 1.2m，也可以放置于高层建筑物上以扩大监测的地面范围，但测点位置必须保持常年不变。在每个噪声监测点上，最好每月测量一次，至少每季度测量一次，分别在白天和夜间进行。对同一测点每次测量的时间必须保持一致（例如都是在上午 10 时开始）。不同测点的测量时间可以不同。测量使用声级计"慢"挡，每隔 5s 连续读取 200 个瞬时 A 声级。如果设有自动监测系统，则可进行常年观测，测量次数不受任何限制。每次测量结果的等效声级表示该测点每月或每季度的噪声水平。一年内测量结果表示该测点的噪声随时间、季度的变化情况。由每年的测量结果，可以观察噪声污染逐年的变化。

（4）工业企业噪声测量

工业企业噪声问题分为两类：一类是工业企业内部的噪声，另一类是工业企业对外界环境的影响。内部噪声又分为生产环境噪声和机器设备噪声。

①生产环境（车间）噪声测量

车间（室内）噪声测量是在正常工作时，将传声器置于操作人员耳朵附近，或是在工人观察和管理生产过程中经常活动的范围内，以人耳高度为准选择数个测点进行测量。声级计采用 A 计权网络"慢"挡。对于稳态噪声直接读取 A 声级。

车间内部各点声级分布变化小于 3dB 时，只需在车间选择 1~3 个测点；若声级分布差异大于 3dB，则应按声级大小将车间分成若干区域，使每个区域内的声级差异小于 3dB，相邻两个区域的声级差异应大于或等于 3dB，并在每个区域选取 1~3 个测点。这些区域必须包括所有工人观察和管理生产过程而经常工作活动的地点和范围。测量记录按表 2-13 的格式填写。

如果生产环境噪声是非稳态噪声，则应测量等效连续 A 声级。这可以用积分声级计直接测量，也可以测量不同 A 声级下的暴露时间，然后计算等效连续 A 声级。测量时仍用 A 计权"慢"挡，测点选取与稳态噪声测量时相同。将测得的声级从小到大顺序排列并分成数段，每段相差 5dB，以其算术中心声级表示为 80dB、85dB、90dB、95dB、…、115dB。80dB 表示 78~82dB 段，85dB 表示 83~87dB 段，以此类推。然后将一个工作日内各段声级的总暴露时间统计出来并填入表 2-14。以每个工作日 8h 为基础，低于 78dB 的不予考虑，则一个工作日的等效连续 A 声级可按公式(2-15)计算。

表 2 – 13　生产环境噪声测量记录表

公司：　　　车间：　　　厂址：　　　　　　　　　　　　　　　　　　年　月　日

测量仪器	名称	型号		校准方法				备注			

设备状况	机器名称	型号	功率	运转状态		备注					
				开（台）	停（台）						

设备分布及测点示意图											

数据记录	测点	声级		倍频程声压级/dB							
		A	C	31.5	63	125	250	500	1000	2000	4000	8000

表 2 – 14　等效连续声级记录表

声级分段序号	1	2	3	4	5	6	7	8
各段中心声级 L_n/dB(A)	80	85	90	95	100	105	110	115
各段声级暴露时间								

② 工业企业现场机器噪声的测量

机器噪声的现场测量应遵照各有关测试规范进行（包括国家标准、部颁标准、专业规范），必须设法避免或减小测量环境的背景噪声和发射声的影响。如使测点尽可能接近机器噪声源，除待测机器外关闭其他无关机器设备，减少测量环境的反射面，增加吸声面积等。对于室外或高大车间内的机器噪声，在没有其他声源影响的条件下，测点可选远一点。一般情况下可按如下原则选择测点：

小型机器（外形尺寸小于 0.3m），测点距表面 0.3m；

中型机器（外形尺寸在 0.3～1m），测点距表面 0.5m；

大型机器（外形尺寸大于 1m），测点距表面 1m；

特大型机器或有危险性的设备，可根据具体情况选择较远位置为测点。

测点数目可视机器的大小和发生部位的多少选取 4 个、6 个、8 个等。测点高度以机器半高度为准或选择在机器轴水平线的水平面上，传声器对准机器表面，测量 A、C 声级和倍频带声压级，并在相应测点上测量背景噪声。

对空气动力性机械的进、排气噪声，进气噪声测点应取在吸气口轴线上，距管口平面 0.5m 或 1m（或等于一个管口直径）处；排气噪声测点应取在排气口轴线 45°方向上或管口平面上，距管口中心0.5m、1m或2m处，见图2-12。进、排气噪声应测量A、C声级和倍频带声压级，必要时测量1/3倍频程声压级。

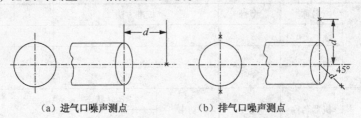

（a）进气口噪声测点　　　　　（b）排气口噪声测点

图2-12　进、排气噪声测点位置示意

机器设备噪声的测量，由于测点位置的不同，所得结果也不同。为了便于对比，各国的测量规范对测点的位置都有专门的规定。有时由于具体情况不能按照规范要求布置测点时，则应注明测点的位置，必要时还应将测量场地的声学环境表示出来。

③ 厂（场）区的噪声测量

对厂（场）区内部环境噪声的测量，常采用点阵法选择测点。首先在厂（场）区总平面布置图上选择一条厂（场）区总轴线（可选主干道的中心线）作为坐标基准线，然后按经纬坐标关系将厂（场）区按10～40m间距划成若干方形网格，各个网格节点（除落在建筑物上的以外）即为厂（场）区噪声的测点。

对于厂（场）界噪声的测量，测点数目按厂（场）区占地面积的大小确定。对小型厂（场）沿边界每隔10～20m选择一个测点，较大厂（场）（面积超过10万 m^2），测点间距可增大到50m。测点应是等间距的，并应在距墙2m远的地方进行测量。测量结果可以用方格图或等声级线表示出来。

工厂的噪声对厂（场）外居民区的影响常常引起纠纷，因此对厂（场）界噪声的测量是非常重要的。对影响较为严重的地方，还要选择一定数量的测点进行昼夜监测，以便掌握噪声污染的程度与规律。

第四节　噪声污染控制技术

一、噪声控制技术概述

（一）噪声控制的基本原理

声学系统一般是由声源、传播途径和接受者三环节组成的，即

对于所需要的声音，必须为它的产生、传播和接受收提供良好的条件。对于噪声，则必须对它的产生、传播和对听者的干扰，根据上述三环节分别采取措施。

1. 在声源处抑制噪声

在噪声源处降低噪声是噪声控制的最有效方法。通过研制和选择低噪声设备，改进生产加工工艺，提高机械零、部件的加工精度和装配技术，合理选择材料等，都可以达到从噪声源处控制噪声的目的。

（1）合理选择材料和改进机械设计来降低噪声

一般金属材料，如钢、铜、铝等，它们内阻尼较小，消耗振动能量较少，因此，凡用这些材料制成的零部件，在激振力的作用下，在构件表面会辐射较强的噪声，而采用消耗能量大的高分子材料或高阻尼合金就不同了。如某棉纺厂将 1511 型织机的 36 牙传动齿轮改用尼龙代替铸铁，使噪声降低 4～5dB。减振合金（阻尼合金），如锰－铜－锌合金，它的晶体内部存在一定的可动区，当它受到作用力时，合金内摩擦将引起振动滞后损耗效应，使振动能转化为热能而耗散掉。因而，在同样作用力的激发下，减振合金要比一般合金辐射的噪声小得多。因此，在制造机械零部件或一些工具时，若采用减振合金代替一般钢、铜等金属材料，就可以获得降低噪声的效果。

通过改进设备的结构减小噪声，其潜力是很大的。例如，对于某些电机的设计，冷却风扇选型较大，噪声也大。

对风机来说，叶片形式不同，产生噪声大小有很大差别，所以选择最佳叶片形状，可以降低风机噪声。由实验证实，当把风机叶片由直片形改成后弯形时，可降低噪声约 10dB（A）。

改变传动装置也可以降低噪声。各种旋转的机械设备，采用不同的传动装置，其噪声大小是不同的。例如，一般正齿轮传动装置噪声较大，可达 90dB（A），而改用斜齿轮或螺旋齿轮，啮合时重合系数大，可降低噪声 3～10dB（A）。若改用皮带传动代替正齿轮传动，可降低噪声 10～15dB（A）。从噪声控制角度考虑，应尽量采用噪声小的传动方式。但实际问题中，传动方式的选择受诸多因素的制约。

（2）改进工艺和操作方法来降低噪声

改进工艺和操作方法，从噪声源上降低噪声。例如，用低噪声的焊接代替高噪声的铆接，用液压代替高噪声的锤打，用喷气织布机代替有梭织布机等，都会收到降低噪声的效果。在工厂里把铆接改为焊接，把锻打改为摩擦压力或液压加工，降噪量可达 20～40dB（A）。

（3）减小激振力来降低噪声

在机械设备工作过程中，应尽量减小或避免运动的零部件的冲击和碰撞。冲击时，系统之间动能转换时间很短，振幅峰值很高，伴随强烈的噪声，更易使人的听觉系统损伤。冲击除辐射到空气中的噪声外，还要激励被冲构件通过固体传递声音，从而可以传递得很远，形成二次固体传递声。降低此类噪声，要用运动的零部件连续运动来代替不连续运动，减少运动部件质量及碰撞速度，采取冲击隔离，降低激振力。

尽量提高机械和运动部件的平衡精度，减小不平衡离心惯性力及往复惯性力，从而减小激振力，使机械运转平稳、降低噪声。

（4）提高运动零部件间的接触性能

尽量提高零部件加工精度及表面精度，选择合适的配合，控制运动零部件间的间隙大小。要有良好的润滑，减少摩擦，平时注意检修。例如，一台齿轮转速为 1000r/min 的设备，当齿形误差由 17μm 减为 5μm 后，由于提高了齿轮的加工精度，减小了啮合时的摩擦和振动，噪声降低了 8dB（A）。若将轴承滚珠加工精度提高一级，轴承的噪声可降低 10dB（A）左右。

（5）降低机械设备系统噪声辐射部件对激振力的响应

只要机械设备系统中的零部件振动就有辐射噪声，为此可采取下列措施来减少声源的噪声：

①尽量避免共振发生。当激振频率与固有频率相等或接近时，结构的动刚度显著下降，响应振幅急剧变大，激起部件强烈振动，此时系统最有效的传递振动和发射噪声在共振区附近。振动响应的幅值主要由系统阻尼的大小决定，阻尼越小，共振表现得越强烈。在此种情况下，改变共振部件的固有频率，可有效地减少部件的振动及由此产生的噪声。比如，可以增加噪声辐射面的质量(降低固有频率)、增加刚度(提高固有频率)或者改变辐射面尺寸。

②适当提高机械结构的动刚度。在相同的激振力作用下，通过提高机械结构的动刚度，提高其抗振能力，则振动与噪声就会下降，其措施是改善机械结构的动刚度和固有频率。例如，风机外壳如用小于3mm的薄铁板焊接制成，工作时因振动会辐射强烈噪声，如改用大于6mm的厚铁板或用铸铁做外壳，由于增加了结构刚度，振动辐射噪声会大大减弱。

③机械设备的噪声大小，通常反映了机器零部件的加工和装配精度的好坏。噪声小能使机械设备处于良好的工作状态，延长使用寿命，这也是评价机器优劣的一项重要指标。

2. 在声传播途径中的控制

在传播途径上降低噪声，简单的方法就是使声源远离人们集中的地方，依靠噪声在距离上的衰减达到减噪的目的。例如，在规划新城镇时，应将机关、学校、科研院所与闹市区分开；闹市区与居民区分开；工厂与居民区分开；工厂的高噪声车间与办公室、宿舍分开；高噪声的机器与低噪声的机器分开。这样利用噪声自然衰减特性，减少噪声污染面。还可因地制宜，利用地形、地貌，如山丘、土坡或已有的建筑设施来降低噪声作用。另外，绿化不但能改善环境，而且具有降噪作用。种植不同种树木，使树的疏密及高低合理配置，可达到良好的降噪效果。

当利用上述方法仍达不到降噪要求时，就需要在噪声的传播途径上直接采取声学措施，包括吸声、隔声、减振、消声等常用噪声控制技术。各种噪声控制的技术措施，都有其特点和适用范围，采用何种措施应视噪声源的实际情况，参照有关标准并综合考虑经济因素等。表2-15列出了几种噪声控制措施的降噪原理、应用范围及减噪效果。

表2-15　常用噪声控制措施的原理与应用范围

措施种类	降噪原理	应用范围	减噪效果/dB(A)
吸声	利用吸声材料或结构，降低厂房、室内反射声，如悬挂吸声体等	车间内噪声设备多，且分散	4~10
隔声	利用隔声结构，将噪声源和接收点隔开，常用的有隔声罩、隔声屏等	车间工人多，噪声设备少，用隔声罩；反之，用隔声间；两者均不行，用隔声屏	10~40
消声器	利用阻性、抗性、小孔喷注和多孔扩散等原理，消减气流噪声	气动设备的空气动力性噪声，各类放空排气噪声	15~40
隔振	把具有振动的设备，原与地板刚性接触改为弹性接触，隔绝固体声传播，如隔振基础、隔振器	设备振动剧烈，固体传播远，干扰居民	5~25
减振(阻尼)	利用内摩擦、耗能大的阻尼材料，涂抹在振动构件表面，减小振动	机械设备外壳、管道振动噪声严重	5~15

3. 接受者的保护措施

在某些情况下，噪声特别强烈，在采用上述措施后，仍不能达到要求，或者工作过程中不可避免地有噪声时，就需要从接受者保护角度采取措施。对于人，可佩戴耳塞、耳罩、有源消声头盔等。对于精密仪器设备，可将其安置在隔声间内或隔振台上。

（1）耳塞。耳塞是插入外耳道的护耳器，按其制作方法和使用材料可分成预模式耳塞、泡沫塑料耳塞和入耳模耳塞等三类。预模式耳塞用软塑料或软橡胶作为材质，用模具制造，具有一定的几何形状；泡沫塑料耳塞由特殊泡沫塑料制成，配戴前用手捏细，放入耳道中可自行膨胀，将耳道充满；入耳模耳塞把在常温下能固化的硅橡胶之类的物质注入外耳道，凝固后成型。良好的耳塞应具有隔声性能好、佩戴方便舒适、无毒、不影响通话、经济耐用等特点，又以隔声性和舒适性最为重要。

（2）防声棉。防声棉是用直径 $1 \sim 3\mu m$ 的超细玻璃棉经过化学方法软化处理后制成的。使用时撕下一小块用手卷成锥状，塞入耳内即可。防声棉的隔声比普通棉花效果好，且隔声值随着噪声频率的增加而提高，它对隔绝高频噪声更为有效。在强烈的高频噪声车间使用这种防声棉，对语言联系不但无妨碍，而且对语言清晰度有所提高。

（3）耳罩和防声头盔。耳罩就是将耳廓封闭起来的护耳装置，类似于音响设备中的耳机，好的耳罩可隔声 30dB。还有一种音乐耳罩，这种耳罩既隔绝了外部强噪声对人的刺激，又能听到美妙的音乐。

防声头盔将整个头部罩起，与摩托车的头盔相似，头盔的优点是隔声量大，不但能隔绝噪声，而且也可以减弱骨传导对内耳的损伤。其缺点是体积大、不方便，尤其在夏天或者高温车间会感到闷热。

（4）隔声岗亭。在车间和其他噪声环境中，使用隔声材料或玻璃建造一间隔声岗亭，工人在亭内工作。精密仪器安装在岗亭内，也可以有效地减少噪声的危害。

声源可以是单个，也可以是多个同时作用，传播途径通常不止一条，且非固定不变；接受者可能是人，也可能是若干灵敏设备，对噪声的反应也各不相同。所以，在考虑噪声问题时，既要注意统计性质，又要考虑个体特性。

（二）噪声控制的一般原则

噪声控制设计一般应坚持科学性、先进性和经济性的原则。

（1）科学性。首先应正确分析发声机理和声源特性，是空气动力性噪声、机械噪声或电磁噪声，还是高频噪声或中低频噪声，然后采取针对性的相应措施。

（2）控制技术的先进性。这是设计追求的重要目标，但应建立在有可能实施的基础上。控制技术不能影响原有设备的技术性能，或工艺要求。

（3）经济性。经济上的合理性也是设计追求的目标之一。噪声污染属物理污染，即声能量污染，控制目标为达到允许的标准值，但国家制定标准有其阶段性，必须考虑当时在经济上的承受能力。

（三）噪声控制的工作程序

在实际工作中，噪声控制主要分两类情况：一类是现有企业达不到《工业企业噪声卫生标准》的规定，需要采取补救措施来控制噪声；另一类是新建、扩建、改建而尚未建成的企业，需要事先考虑噪声污染的控制。很明显，两类情况相比，后一类情况回旋余地大，往往容易确定合理的噪声控制方案，收到较好的实际效果。噪声控制一般程序如图

2 - 13所示。

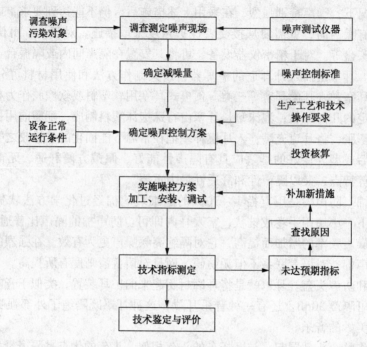

图 2 - 13　噪声控制工作程序框图

（1）调查噪声现场。应到噪声污染的现场调查主要噪声源及其噪声产生的原因，同时了解噪声传播的途径。对噪声污染的对象，例如操作者、居民等进行实地调查，并进行噪声测量。根据测量的结果绘制出噪声分布图，可采取直角坐标用数字标注的方法，也可以在厂区地图上用不同的等声级线表示。

（2）确定减噪量。将噪声现场的测量数据与噪声标准（包括国家标准、部颁标准、地方或企业标准）进行比较，确定所需降低噪声的数值（包括噪声级和各频带声压级）。

（3）确定噪声控制方案。在确定噪声控制方案时，应对生产设备运行工作情况进行认真了解和研究，采用降噪措施必须充分考虑供水、供电问题，特别应考虑通风、散热、采光、防尘、防腐蚀以及污染环境等因素。措施确定后，应对声学效果进行估算。必要时应进行实验，取得经验后再大面积进行治理，要力求稳妥，避免盲目性。在设计中应尽力做到统筹兼顾、综合利用、应进行投资核算，力求较高的经济效益。

（4）降噪效果的鉴定与评价。应及时进行降噪效果的技术鉴定或工程验收工作。如未能达到预期效果，应及时查找原因，根据实际情况补加新的控制措施，直至达到预期的效果。

二、城市环境噪声控制

城市环境噪声按噪声源的特点分为工业生产噪声、交通运输噪声、建筑施工噪声和社会生活噪声。噪声控制的根本措施是对声源进行控制，城市环境噪声控制除依噪声控制基本原理采取必要的技术措施外，行政管理和规划性措施也是控制城市环境噪声的重要手段。

（一）行政管理措施

城市噪声污染行政管理的依据是《环境噪声污染防治法》。人们期望生活在没有噪声干扰的安静环境中，但完全没有噪声是不可能的，也没有必要。人在没有任何声音的环境中生活，不但不习惯，还会引起恐惧，甚至疯狂。因此要把噪声降低到对人无害的程度，把一般环境噪声降低到对脑力劳动或休息不致干扰的程度，这就需要有一系列的噪声标准。20世纪70年代末以来，我国已制定了一系列噪声标准。

许多地方政府，根据国家声环境质量标准，划定本行政区域内各类声环境质量标准的适用区域，并进行管理。

为保证声环境质量标准的实施，从法律上保证人民群众在适宜的声环境中生活和工作，必须防治噪声污染。1989年国务院颁布了《环境噪声污染防治条例》，1996年全国人大常委会通过了《环境噪声污染防治法》（1997年3月1日起实施）。

该法明确规定，环境噪声污染是指产生的环境噪声超过国家规定的环境噪声排放标准，并干扰他人正常生活、工作、学习的现象。有关的主要规定如下。

（1）城市规划部门在确定建设布局时，应当依据国家声环境质量和民用建筑隔声设计规范，合理规定建筑物与交通干线的防噪声距离，并提出相应的规划设计要求。

（2）建设项目可能产生环境噪声污染的，建设单位必须提出环境影响报告书，规定环境噪声污染的防治措施，并按国家规定的程序报环境保护行政主管部门批准。

（3）建设项目的环境污染防治设施必须与主体工程同时设计、同时施工、同时投产使用。建设项目在投入生产或使用之前，其环境噪声污染防治措施必须经原审批环境影响报告书的环境保护行政主管部门验收，达不到国家规定要求的，该建设项目不得投入生产或者使用。

（4）产生环境噪声污染的企业事业单位，必须保持防治环境噪声污染设施的正常使用，拆除或者闲置环境噪声污染防治设施的，必须事先报经所在地的县级以上地方人民政府环境保护行政主管部门批准。

（5）对于在噪声敏感建筑物集中区域内造成严重环境噪声污染的企业事业单位，限期治理。限期治理的单位必须按期完成治理任务。

（6）国家对环境噪声污染严重的落后设备实行淘汰制。

（7）在城市范围内从事生产活动确需排放偶发强噪声的，必须事先向当地公安机关提出申请，经批准后方可进行。

（8）在城市范围内向周围生活环境排放工业噪声的，应当符合国家规定的工业企业厂界环境噪声排放标准。

（9）在城市市区范围内向周围生活环境排放建筑施工噪声的，应当符合国家规定的建筑施工场界环境噪声排放标准。

（10）建设经过已有的噪声敏感建筑物区域的高速公路和城市高架、轻轨道路、有可能造成环境噪声污染的项目，应当设置声屏障或者采取其他有效的控制环境噪声污染的措施。

在已有的城市交通干线的两侧建设噪声敏感建筑物的，建设单位应当按国家规定隔开一定的距离，并采取减轻、避免交通噪声影响的措施。

新建营业性文化娱乐场所的边界噪声必须符合国家规定的环境噪声排放标准，不符合国家规定的环境噪声排放标准的，文化行政主管部门不得核发文化经营许可证，工商行政管理部门不得核发营业执照。

禁止任何单位、个人在城市市区噪声敏感建筑物集中区域内使用高音广播喇叭。在城市市区街道、广场、公园等公共场所组织娱乐、集会等活动，使用音响器材可能产生干扰周围生活环境的，其音量大小必须遵守当地公安机关的规定。

一些城市和地区根据当地情况，还制定适用于本地区的标准和条例。例如许多城市规定市区内禁放鞭炮，主要街道或市区内所有街道机动车辆禁鸣喇叭等。

（二）规划性措施

在《环境噪声污染防治法》中规定，"地方各级人民政府在制定城乡建设规划时，应当充分考虑建设项目和区域开发、改造中所产生的噪声对周围生活环境的影响，统筹规划，合理安排功能区和建设布局，防止或者减轻环境噪声污染"。合理的城乡建设规划，对未来的城乡环境噪声控制具有非常重要的意义。

1. 居住区规划的噪声控制

（1）居住区道路网的规划

居住区道路网规划设计中，应对道路的功能与性质进行明确的分类、分级。分清交通性干道和生活性道路，前者主要承担城市对外交通和货运交通。它们应避免从城市中心和居住区域穿过，可规划成环形道等形式从城市边缘或城市中心区边缘绕过。在拟定道路系统，选择路线时，应兼顾防噪因素，尽量利用地形设置成路堑式或利用土堤等来隔离噪声。必须要从居住区穿过时，可选择下述措施：

① 将干道转入地下，其上布置街心花园或步行区；

② 将干道设计成半地下式；

③ 沿干道两侧设置声屏障，在声屏障朝干道侧布置灌木丛、矮生树，这样既可以绿化街景，又可减弱声反射；

④ 在干道两侧也可设置一定宽度的防噪绿带，作为和居住用地隔离的地带。这种防噪绿带宜选用常绿的或落叶期短的树种，高低配植组成林带，方能起减噪作用，这种林带每米宽减噪量约为 $0.1 \sim 0.25dB$。降噪绿带的宽度一般需要 10m 以上。这种措施对于城市环线干道较为适用。

生活性道路只允许通行公共交通车辆、轻型车辆和少量为生活服务的货运车辆。必要时可对货运车辆的通行进行限制，严禁拖拉机行驶。在生活性道路两侧可布置公共建筑或居住建筑，但必须仔细考虑防噪布局。当道路为东西向时，两侧建筑群宜采用平行式布局，路南侧如厨房、卫生间、储藏室等朝街面北布置，或朝街一面设计为外廊式并装隔声窗。路北侧则可将商店等公共建筑或一些无污染、较安静的第三产业集中成条状布置临街处，以构成基本连续的防噪障壁，并方便居民生活。当道路为南北向时，两侧建筑群布局可采用混合式。路西临街布置低层非居住性隔壁建筑，如商店等公共建筑，住宅垂直道路布置。这时公共建筑与住宅应分开布置，方能使公共建筑起声屏障的作用。路东临街布置防噪居住建筑。建筑的高度应随着离开道路距离的增加而逐渐增高，可利用前面的建筑作为后面建筑的防噪障壁，使暴露于高噪声级的立面面积尽量减少。

（2）工业区远离居住区

在城市总体规划中，工业区应远离居住区。有噪声干扰的工业区须用防护地带与居住区分开，布置时还要考虑主导风向。现有居住区内的高噪声级的工厂应迁出居住区，或改变生产性质，采用低噪声工艺或经过降噪处理来保证邻近住房的安静，等效声级低于60dB 及无其他污染的工厂，宜布置在居住区内靠近道路处。

（3）居住区人口控制规划

城市噪声随着人口密度的增加而增大。美国环保局发布的资料指出，城市噪声与人口密度之间有如下关系：

$$L_{dn} = 10\lg \rho + 22 \tag{2-29}$$

式中　ρ——人口密度，人/km^2；

　　　L_{dn}——昼夜等效声级，dB。

2. 道路交通噪声控制

城市道路交通噪声控制是一个涉及城市规划建设、噪声控制技术、行政管理等多方面的综合性问题。从世界各国的经验看，比较有效的措施是研究低噪声车辆，改进道路的设计，合理规划城市，实施必要的标准和法规。

（1）低噪声车辆。目前，我国绝大多数载重汽车和公共汽车噪声是 88～91dB，一般小型车辆为 82～85dB。因此，85dB 为低噪声重型车辆的指标。

电动汽车加速性能较好，特别适用于城市中启动和停车频繁的公共交通车辆。典型的电动公共汽车在停车时的噪声级为 60dB，45km/h 的速度行驶的噪声级为 76～77dB。电动公共汽车的噪声比一般的内燃机公共汽车噪声低 10～12dB，其主要噪声为轮胎噪声。

（2）道路设计。随着车流量的增加，车速的提高，尤其是高速公路的发展，道路两侧的噪声将增高。因此，在道路规划设计中必须考虑噪声控制问题。如前所提及的道路布局、声屏障设置等必须考虑外，还必须考虑路面质量问题等。国外已普及低噪声路面，我国正在积极研制和推广。在交叉路口采用立体交叉结构，减少车辆的停车和加速次数，可明显降低噪声。在同样的交通流量下，立体交叉处的噪声比一般交叉路口噪声低 5～10dB。又如在城市道路规划设计时，应多采用往返双行线。在同样运输量时，单行线改为双行线（单方向行驶），噪声可以减少 2～5dB。

（3）合理城市规划，控制交通噪声。影响城市交通噪声的重要因素是城市交通状况，合理地进行城市规划和建设是控制交通噪声的有效措施之一。表 2-16 列出了一些常用措施的实用效果。

表 2-16　利用城市规划方法控制交通噪声的效果

控制噪声方法	实际效果
居住区远离交通干线和重型车辆通行道路	距离增加 1 倍，噪声降低 4～5dB
按噪声功能区进行合理区域规划	噪声降低 5～10dB
利用商店等公共活动场所作临街建筑，隔离噪声	噪声降低 7～15dB
道路两侧采用专门设计的声屏障	噪声降低 5～15dB
减少交通流量	流量减少一半，噪声降低 3dB
减少车辆行驶速度	每减少 10km/h，噪声降低 2～3dB
减少车流量中重型车辆比例	每减少 10%，噪声降低 1～2dB
增加临街建筑窗户的隔离效果	噪声降低 5～20dB
临街建筑的房间合理布局	噪声降低 10～15dB
禁止汽车使用喇叭	噪声降低 2～5dB

（三）城市绿地降噪

城市绿化不仅美化环境，净化空气，同时在一定条件下，对减少噪声污染也是一项不可忽视的措施。

声波在厚草地上面或穿过灌木丛传播时，在 1000Hz 衰减较大，可高达 23dB/100m，可用经验公式表示：

$$A_{g1} = (0.18 \lg f - 0.31) r \tag{2-30}$$

式中　A_{g1}——声波在厚草地上面或穿过灌木丛传播时的衰减量，dB；

　　　f——声波频率，Hz；

　　　r——距离，m。

声波穿过树林传播的实验表明，对不同的树林，衰减量的差别很大，浓密的常绿树在 1000Hz 时有 23dB/100m 的衰减量，若对各种树林求一个平均的衰减量，大致为

$$A_{g2} = 0.01 f^{1/3} r \tag{2-31}$$

总的说来，要靠一两排树木来降低噪声，其效果是不明显的，特别是在城市中，不可能有大片的树林，但如果能种上几排树木，开辟一些草地，增大道路与住宅之间的距离，则不但能增加噪声衰减量，而且能美化环境。另外，有关研究表明，绿化带的存在，对降低人们对噪声的主观烦恼度，有一定的积极作用。

在铁路穿越市区的路段，营造宽度较大的（如 15~20m 以上）绿化带，对降低噪声有较大作用。

第五节　吸声技术

声波入射到材料表面，像光一样，一部分被材料反射，一部分被材料吸收，还有一部分透过材料。在室内所接收到的噪声除了通过空气直接传来的直达声外，还包括室内各壁面多次反射回来的反射声。工人在车间里操作时听到的机器噪声，除了直接通过空气介质传来的直达声外，还包括大量从车间内壁面（如路面、平顶和地面等）以及其他设备表面多次反射而来的连续反射声，即混响声。如果车间的内表面是未加吸声处理过的坚硬材料，如混凝土、砖墙、玻璃、瓷砖等，由于混响声的叠加作用，使同一噪声源在车间内离声源较远处的噪声级比在室外提高 10~20dB，所以必须采取吸声处理措施。

一、吸声原理

若用可以吸收声能的材料或结构装饰在房间内表面，便可吸收掉反射到上面的部分声能，使反射声减弱。一部分声能被反射，另一部分声能则被墙面吸声材料吸收转化为热能而消耗掉，转化为热能的部分称为吸收能量。接收者这时听到的只是直达声和已经减弱的混响声，使总噪声级降低，这便是吸声降噪。

（一）吸声系数

能够吸收较高声能的材料或结构称作吸声材料或吸声结构。利用吸声材料或吸声结构吸收声能以降低室内噪声的办法称作吸声降噪，通常简称吸声。吸声处理一般可使室内噪声降低约 3~5dB(A)，使混响声很严重的车间降噪约 6~10dB(A)。吸声是一种最基本的减弱声传播的技术措施。

当声波入射到吸声材料或结构表面上时，部分声能被反射，部分声能被吸收，还有一部分声能透过它继续向前传播。设单位时间内入射的声能为 E_0，反射的声能为 E_γ，吸收的声能为 E_α，透射的声能为 E_τ，那么

反射系数

$$\gamma = E_\gamma / E_0 \qquad (2-32)$$

透射系数

$$\tau = E_\tau / E_0 \qquad (2-33)$$

由于在研究吸声时，考虑的是声源所在空间，对这个空间而言，不论是被材料本身所吸收的能量，还是透过材料的能量，都是从界面上消失的能量，那么

吸声系数

$$\alpha = (E_\alpha + E_\tau) / E_0 \qquad (2-34)$$

α 值的变化一般在 $0 \sim 1$ 之间。$\alpha = 0$，表示声能全反射，材料不吸声；$\alpha = 1$，表示声能全部被吸收，无声能反射。α 值愈大，材料的吸声性能愈好。通常，$\alpha \geqslant 0.2$ 的材料方可称为吸声材料。实用中当然主要是希望材料本身吸收的声能 E 足够大，以增大 α 值。

吸声系数的大小与吸声材料本身的结构、性质、使用条件、声波入射的角度和频率有关。

(二) 正入射吸声系数和无规入射吸声系数

材料吸声系数的大小受到很多因素影响，声波入射角是其中之一。入射角不同，吸声系数不同。当声波垂直入射到材料表面时，叫正入射。当声波从所有方向，而不是特定方向，以不规则的方式入射，叫无规入射，如在一个较大空间放一块材料，从噪声源发出的直达声，是以一定角度入射到材料表面的，但从各个壁面经过多次反射到达的声波，却是各个方向都可能有的，这就是无规入射。入射时吸声系数叫正入射吸声系数，一般用 α_0 表示，它是在一种叫做驻波管的装置中测出的。有些资料在列出吸声系数后注明是"驻波管法"，这表示所列吸声系数是正入射吸声系数。正入射吸声系数用于消声器的设计。

当声波从所有方向，而不是特定方向，以不规则的方式入射，叫无规入射，用 α_r 表示。无规入射吸声系数是在专门的声学房间——混响室中测出的。混响室是一个很特殊的房间，房子的三对表面都不平行，有的混响室在墙上做圆柱面，有的则干脆将墙面做成斜形，房子的墙面全部用又光滑又硬的材料饰面（如瓷砖、水磨石等）。当我们在混响室中喊一声，声音能拖长十几秒，甚至二十几秒不消失。一些资料在列出吸声系数后注明是"混响室法"，这表示所列吸声系数是无规入射吸声系数。采用吸声方法降低噪声时，应该使用无规入射吸声系数来进行有关设计计算。

(三) 吸声量和平均吸声系数

材料吸收声音能量多少除与材料吸声系数有关外，还与面积有关，吸声量亦称等效吸声面积。在一个大厅里放上一块装饰吸声板与放上成百上千块装饰吸声板吸声效果肯定不一样。吸声量被规定为吸声系数与吸声面积的乘积。即

$$A = S\alpha \qquad (2-35)$$

式中　A——吸声量，m^2；

　　　α——某频率声波的吸声系数；

　　　S——吸声面积，m^2。

在定义了吸声量后，吸声系数可理解为材料单位面积的吸声量。对于整个房间而言，将房间的吸声量 A 与总表面积 S 之比定义为房间的平均吸声系数，即 $\bar{\alpha} = \dfrac{A}{S}$ 。平均吸声系数是表示整个表面吸声强弱的特征物理量。

（四）各种吸声技术方法的吸声原理

在吸声过程中，常采用多孔吸声材料、板状共振吸声结构、穿孔板共振吸声结构和微穿孔板共振吸声结构等技术来实现减噪目的。虽然这些技术方法都能达到不同程度的减噪目标，并且各有特点，但其吸声原理有的是不相同的。

1. 多孔吸声材料的吸声原理

多孔材料一直是主要的吸声材料。有玻璃棉、矿渣棉、无机纤维、合成高分子材料等。在这些材料中，气泡的状态有两种：一种是大部分气泡成为单个闭合的孤立气泡，没有通气性能；另一种气泡相互连接成为连续气泡。噪声控制中所用的吸声材料，是指有连续气泡的材料。

多孔吸声材料的结构特征是在材料中具有许许多多贯通的微小间隙，因而具有一定的通气性。吸声材料的固体部分，在空间组成骨架（筋络），保持材料的形状。在筋络间有大量的空隙，筋络的作用就是把较大的空隙分隔成许多微小的通路。当声波入射到多孔材料表面时，可以进入细孔中去，引起孔隙内的空气和材料本身振动，空气的摩擦和黏滞作用使振动动能（声能）不断转化为热能，从而使声波衰减，消耗一部分声能，即使有一部分声能透过材料到达壁面，也会在反射时再次经过吸声材料，声能又一次被吸收。

材料的吸声性能不仅与材料本身的种类有关，而且与入射声波的频率、环境的温度、湿度和气流等因素有关。实验表明，吸声材料（主要指多孔材料）对中、高频声吸收较好，而对低频声吸收性能较差，若采用共振吸声结构则可以改善低频吸声性能。

2. 穿孔板共振吸声结构的吸声原理

薄的板材如钢板、铝板、胶合板、塑料板、草纸棉线、石膏板等按一定的孔径和穿孔率穿孔，在背后留下一定厚度的空气层，就构成穿孔板共振吸声结构。图2-14所示为这类结构的示意图。

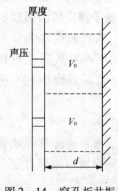

图2-14 穿孔板共振吸声结构示意图

穿孔板共振吸声结构实际上是由许多单个共振器并联而成的共振吸声结构，当声波垂直入射到穿孔板表面时，暂不考虑板振动。孔内及周围的空气随声波一起来回振动，相当于一个"活塞"，它反抗体积速度的变化，是个惯性量。穿孔板与壁面间的空气层相当于一个"弹簧"，它阻止声压的变化。此外，由于空气在穿孔附近来回振动存在摩擦阻尼，它可以消耗声能。

不同频率的声波入射时，这种共振系统会产生不同的响应。当入射声波的频率接近系统固有的共振频率时，系统内空气的振动很强烈，声能大量损耗，即声吸收最大。相反，当入射声波的频率远离系统固有的共振频率时，系统内空气的振动很弱，因此吸声的作用很小。可见，这种共振吸声结构的吸声系数随频率而变化，最高吸声系统出现在系统的共振频率处。

目前广泛使用的微穿孔板吸声结构的吸声原理也属于这种类型。

3. 薄板共振吸声结构的吸声原理

将薄的塑料板、金属或胶合板等材料的周边固定在框架（龙骨）上，并将框架与刚性板壁相结合，这种由薄板与板后的空气层构成的系统称为薄板共振吸声结构。图 2 - 15 为薄板共振吸声结构示意图。

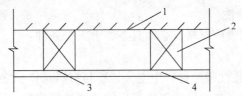

图 2 - 15　薄板共振吸声结构示意图
1—墙体或天花板；2—龙骨；3—阻尼材料；4—薄板

当声波入射到薄板上时，将激起板面振动，使板发生弯曲变形，由于板和固定支点之间的摩擦，以及板本身的内阻尼，使一部分声能转化为热能损耗，声波得到衰减。

当入射声波频率 f 与薄板共振吸声结构的固有频率一致时，产生共振，消耗声能最大。

二、多孔性吸声材料

吸声材料多为多孔性吸声材料，有时也可选用柔软性材料及膜状材料等。不同材料的吸声性能差异很大，如光面混凝土、普通抹灰的茹土砖砖墙、水泥地面，它们的吸声系数在 0.01 ~ 0.04；而超细玻璃棉、岩棉、膨胀珍珠岩等的吸声系数可以高达 0.9 左右，这些吸声系数大的材料称之为吸声材料。

（一）多孔吸声材料的种类

多孔吸声材料一般可分为纤维型、泡沫型、颗粒型三类。

纤维型材料由无数细小纤维状材料组成，分为无机纤维和有机纤维两类。无机纤维如玻璃棉、玻璃丝、矿渣棉等。有机纤维如毛、甘蔗纤维、稻草、棉絮、麻丝。其中，玻璃棉又称矿渣棉，是用熔融态的玻璃、矿渣和岩石吹成细小纤维状而得。

泡沫型材料是由表面与内部皆有无数微孔的高分子材料制成，如聚氨酯泡沫塑料、微孔橡胶、海绵乳胶等。这类材料容积密度小、热导率小、质地软，但耐火性差、易老化。

颗粒型材料有膨胀珍珠岩、矿渣水泥、蛭石混凝土和多孔陶土等。其中如膨胀珍珠岩是将珍珠岩粉碎、再急剧升温焙烧所得的多孔细小粒状材料。一般具有保温、防潮、不燃、耐热、耐腐蚀、抗冻等优点。

多孔吸声材料微孔的孔径多在数微米到数十微米之间，孔的总体积多数占材料总体积的 90% 左右，如超细玻璃棉层的孔隙率可大于 99%。为使用方便，一般将松散的各种多孔吸声材料加工为板、毡或砖等形状，如工业毛毡、木丝板、玻璃棉毡、膨胀珍珠岩吸声板、陶土吸声砖等。使用时，可以整块直接吊装在天花板下或附贴在四周墙壁上，各种吸声砖可以直接砌在需要控制噪声的场合。此外，还可制成有护面层的多孔吸声结构，即用玻璃丝布、金属丝网、纤维板等透声材料作护面层，内填以松散的厚度为 5 ~ 10cm 的多孔吸声材料。为防止松散的多孔材料下沉，常先用透声织物缝制成袋，再内填吸声材料。为保持固定几何形状并防止机械损伤，在材料间要加木筋条（木龙骨）加固，材料外表面加穿孔罩面板保护。常用的护面板材为木质纤维板或薄塑料板，特殊情况下用石棉水泥板或薄金属板等。板上开孔有圆形、狭缝形，以圆形居多。穿孔率在不影响板材强度的条件下尽可能加大，一般要求穿孔率不小于 20%。

（二）多孔吸声材料的特性及影响因素

1. 多孔吸声材料的特性

作为一种良好的多孔吸声材料，必须具备如下三个条件：

（1）表面多孔；

（2）内部孔隙率（多孔性吸声材料中空气体积与材料总体积之比）高；

（3）孔与孔相互连通。在这里空气体积指的是通气的孔穴，闭合的孔穴不算数，一般的多孔性材料的孔隙率为 70%，多数达 90% 以上。如矿渣棉为 80%，超细玻璃为 90% 以上。

2. 影响因素

多孔材料的吸声特性主要受入射声波和所用材料的性质影响。其中声波性质除了与入射角度有关外，还与频率有关。一般多孔吸声材料吸收高频声效果好，吸收低频声效果差。这是因为声波为低频时，激发微孔内空气与筋络的相对运动少，摩擦损失小，因而声能损失少，而高频声容易使之快速振动，从而消耗较多的声能。所以多孔吸收材料多用于中、高频噪声的吸收。多孔吸声材料的特性除与本身物件有关外，还与材料的使用条件有关，如表观密度、厚度。使用时的结构形式与温度、湿度、气流、背后空气层等有关。

（1）表观密度

改变材料的表观密度，等于改变了材料的孔隙率（包括微孔数目与尺寸）和流阻。流阻表示气流通过多孔材料时，材料两面的压力差与空气流过材料的线速度之比。密度大、表观密度大的材料孔隙率小、流阻大；松软、表观密度小的材料孔隙率大、流阻偏小一般情况下，过大或过小的流阻对吸声性能都不利。如果吸声材料的流阻接近空气的声特性阻抗（415Pa·s/m），则吸声系数就较高。一般具有较高吸声系数的吸声材料，其流阻在 $10^2 \sim 10^3 Pa·s/m$ 之间。所以，对多孔吸声材料，存在一个吸声性能最佳的表观密度范围。如常用超细玻璃棉的最佳表观密度范围是 $147 \sim 245 N/m^3$。通常，材料厚度一定时，随着表观密度的增加，较大吸声系数值将向低频方向移动。但当表观密度过大时，中、高频吸声性能会显著下降。

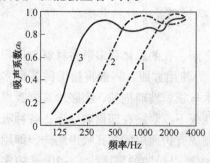

图 2 - 16　不同厚度玻璃棉的吸声特性

1—2.5cm 厚；2—5cm 厚；

3—10cm 厚

（2）厚度

当多孔材料的厚度增加时，对低频声的吸收增加，对高频声影响不大，如图 2 - 16 所示。对一定的多孔材料，厚度增加一倍，吸声频率特性曲线的峰值向低频方向近似移动一个倍频程。若吸声材料层背后为刚性壁面，当材料层厚为入射声波的某一波长时，可得该声波的最大吸声系数。实用中，考虑经济及制作的方便，对于中、高频噪声，一般可采用 2~5cm 厚的常规成形吸声板，对低频吸声要求较高时，则采用 5~10cm 厚的常规成形吸声板。

（3）温、湿度的影响

使用过程中温度升高会使材料的吸声性能向高频方向移动，温度降低则向低频方向移动，如图 2 – 17 所示。所以使用时，应注意该材料的温度适用范围。湿度增大，会使孔隙内吸水量增加，堵塞材料上的细孔，使吸声系数下降，而且是先从高频开始。因此，对于湿度较大的车间或地下建筑的吸声处理，应选用吸水量较小的耐潮多孔材料，如防潮超细玻璃棉毡和矿棉吸声板等。

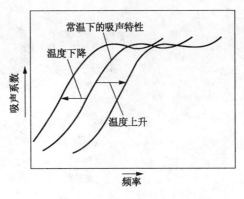

图 2 – 17　温度变化对多孔材料
吸声性能的影响

（4）气流影响

当将多孔吸声材料用于通风管道和消声器内时，气流易吹散多孔材料，影响吸声效果，甚至飞散的材料会堵塞管道，损坏风机叶片，造成事故。应根据气流速度大小选择一层或多层不同的护面层。为了不影响多孔吸声材料中、高频吸声性能，护面用的板其穿孔率应不小于 20%。

（5）背后空气层

若在材料层与刚性壁之间留有一定距离的空腔，可以改善对低频声的吸声性能（图 2 – 18），作用相当于增加了多孔材料的厚度，且更为经济。通常空腔增厚，对吸收低频声有利。当腔深近似于入射声波的 1/4 波长时，吸声系数最大，当腔深为 1/2 波长或其整数倍时，吸声系数最小。实用时，过厚不切实际，过薄对低频声不起作用。故常取腔深为 5~10cm。天花板上腔深可根据实际需要及空间大小选取更大的距离。

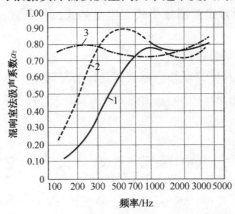

图 2 – 18　背后空气层对多孔吸声材料吸声特性的影响
（背后空气层：1—无；2—10cm；3—30cm）

（三）空间吸声体

所有护面的多孔吸声结构做成各种形状的单块，称作吸声体。彼此按一定间距排列，悬吊在天花板下，这样，吸声体除正对声源的一面可以吸收入射声能外，通过吸声体间空隙衍射或反射到背面、侧面的声能也都能被吸收，这种悬吊的立体多面吸声结构称作空间吸声体。空间吸声体可以做成各种各样的形状：板状、球状、圆柱状、腰鼓状、圆锥状、十字状等，如图 2 – 19 所示。

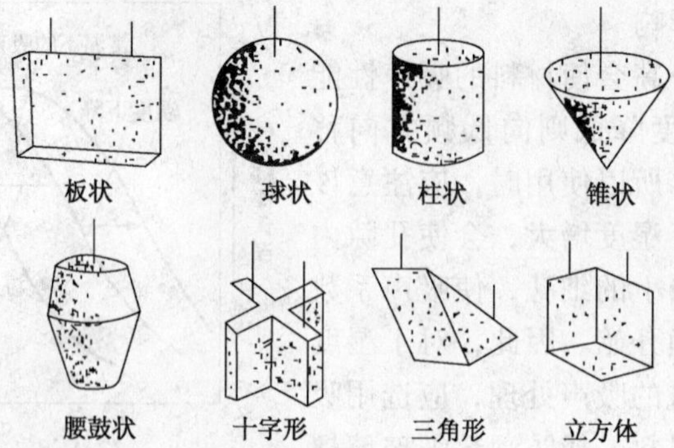

| 板状 | 球状 | 柱状 | 锥状 |

| 腰鼓状 | 十字形 | 三角形 | 立方体 |

图 2 - 19　几种空间吸声体的形状

空间吸声体还可以任意组挂。如板状空间吸声体，既可平挂，又可垂直挂。空间吸声体按照一定的规律排列，给枯燥的空间带来了生机。

空间吸声体由于有效的吸声面积比投影面积大得多，按投影面积计算其吸声系数可大于1。因此，只要吸声体投影面积为悬挂平面面积的40%左右，就能达到满铺吸声材料的效果，使造价降低。

1. 使用空间吸声体时应注意以下几个方面

（1）空间吸声体的面积比值

即空间吸声体投影面积与天花板面积之比。该比值对吸声效果影响最大，通常取房间屋顶面积的40%或室内总表面积的20%左右。

（2）吊装高度与排列方式

对于大型厂房，离顶高度一般宜为房间净高的 1/7 ~ 1/5；对于小型厂房，一般挂在离顶 0.5 ~ 0.8m 处。排列方式常用集中式、棋盘格式、长条式三种，其中以长条式效果最好。

（3）空间吸声体面积与悬挂间距

此点应视房间面积、跨度、屋架、屋高等具体情况而定。单元尺寸大，单块面积可选 5 ~ 11m²；单元尺寸小，可选 2 ~ 4m²。悬挂间距对大、中型厂房可取 0.8 ~ 1.6m，小型厂房可取 0.4 ~ 0.8m。

2. 空间吸声体的优点

空间吸声体在噪声控制工程中日益受到重视，不仅是由于它有良好的装饰效果，更主要的是由于它有以下优点。

（1）吸声效率高

与表观密度相同的超细玻璃棉相比，空间吸声体吸声系数要高得多。在相同的投影面积条件下，板状空间吸声体的吸声效率比贴实的吸声材料的普通方法提高 2 倍，比圆柱和三棱柱形空间吸声体提高 3.14 倍，而球形体、立方体形空间吸声体比普通方法可提高 4 倍。

（2）安装方便

对于一个已建成的高噪声车间，要做普通满铺吸声吊顶，一般要先搭满堂脚手架，在墙上埋木砖，在原顶棚下预埋吊筋，再钉大龙骨、中龙骨、小龙骨，铺吸声材料及加罩面材料。工作量很大，且影响正常生产。而对于空间吸声体则简单得多。可在原顶棚下适当位置埋膨胀螺丝，将空间吸声体吊挂；可在侧墙上安装钢架，将空间吸声体平铺其上；可在侧墙上安装花篮螺丝，利用拉紧的钢丝绳悬挂空间吸声体；还可直接将空间吸声体挂上。在侧墙上挂空间吸声体可利用射钉枪，同样十分方便。挂空间吸声体速度快，且不妨碍生产或对生产影响较小，这对于不能停产的车间很有益。

（3）节省经费

吸声效率高，安装方便都意味着投资的节省，空间吸声体比满铺吸声吊顶要节省1/3以上的费用。

3. 吸声尖劈及其设计

吸声尖劈（图2-20）是一种楔子形空间吸声体，即在金属网架内填充多孔吸声材料，是常用于消声室或强吸声场所的一种特殊吸声结构。尖劈的吸声原理是利用特性阻抗逐渐变化，即从尖劈端面特性阻抗接近于空气的特性阻抗，逐渐过渡到吸声材料的特性阻抗，这样吸声系数最高。该吸声结构低频吸声特性极好，当吸声尖劈的长度大约等于所需吸收声波最低频率波长的一半时，其吸声系数可达0.99。

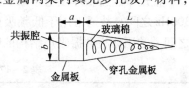

图2-20 吸声尖劈的结构

吸声尖劈的形状有等腰劈状、直角劈状、阶梯状、无规状等。尖劈顶端一般为尖头状，若要求不高可适当缩短，即去掉尖部的10%～20%，对吸声性能影响不太大。吸声尖劈底部宽度 a 取20cm左右，尖劈长度 L 取80～100cm，最低截止频率可达70～100Hz。吸声尖劈内部装填多孔吸声材料，外部罩以塑料窗纱、玻璃布或麻布。吸声尖劈的骨架由直径为4～6mm的铅丝焊接而成。在实际安装时，吸声尖劈底板的后面设有穿孔共振器，或留有空气间隔层，同时应交错排列，避免方向一致，以提高吸声性能。

三、吸声结构

根据对多孔吸声材料的吸声特性的研究，多孔材料对中、高频声吸收较好，而对低频声吸收性能较差，若采用共振吸声结构则可以改善低频吸声性能。利用共振原理做成的吸声结构称作共振吸声结构，它基本可分为三种类型：薄板共振吸声结构、穿孔板共振吸声结构和微穿孔板共振吸声结构。

（一）薄板共振吸声结构

将薄的塑料、金属或胶合板等材料的周边固定在框架上，并将框架牢牢地与刚性板壁相结合，这种由薄板与板后的封闭空气层构成的系统就称作薄板共振吸声结构。用于薄板共振吸声结构的材料有胶合板、硬质纤维板、石膏板、石棉水泥板、金属板等。

薄板共振吸声结构实际近似于一个弹簧和质量块振动系统。薄板相当于质量块，板后的空气层相当于弹簧。当声波入射到薄板上，使其受激振后，由于板后空气层的弹性、板本身具有的劲度与质量，薄板就产生振动，发生弯曲变形，因为板的内阻尼及板与龙骨间的摩擦，便将振动的能量转化为热能，从而消耗声能。当入射声波的频率与板系统的固有频率相同时，便发生共振。板的弯曲变形最大，振动最剧烈，声能也就消耗最多。

弹簧振子的固有频率由下式计算

$$f_r = \frac{1}{2\pi}\sqrt{\frac{K}{M}}$$ （2-36）

式中 f_r——固有频率，Hz；

K——弹簧刚度，kg/s^2；

M——振动物体的质量，kg。

也可用下式估算

$$f_r = \frac{600}{\sqrt{md}} \tag{2-37}$$

式中 m——薄板的面密度，kg/m^2，$m = $ 板厚×板密度；

d——空气层厚度，cm。

使用中，薄板厚度通常取 3~6mm，空气层厚度一般取 3~10cm，共振频率多在 80~300Hz 之间，故通常用于低频吸声。但吸声频率范围窄，吸声系数不高，约在 0.2~0.5 之间。常用薄板共振吸声结构的吸声系数见表 2-17。

表 2-17 常用薄板共振吸声结构的吸声系数

材　料	构造/cm	各频率下吸声系数					
		125	250	500	1000	2000	4000
三夹板	空气层厚5，框架间距 45×45	0.21	0.73	0.21	0.19	0.08	0.12
三夹板	空气层厚10，框架间距 45×45	0.59	0.38	0.18	0.05	0.04	0.08
五夹板	空气层厚5，框架间距 45×45	0.08	0.52	0.17	0.06	0.10	0.12
五夹板	空气层厚10，框架间距 45×45	0.41	0.30	0.14	0.05	0.10	0.16
刨花压轧板	板厚1.5mm，空气层厚5，框架间距 45×45	0.35	0.27	0.20	0.15	0.25	0.39
木丝板	板厚3mm，空气层厚5，框架间距 45×45	0.05	0.30	0.81	0.63	0.70	0.91
木丝板	板厚2mm，空气层厚10，框架间距 45×45	0.09	0.36	0.62	0.53	0.71	0.89
草纸板	板厚2mm，空气层厚5，框架间距 45×45	0.15	0.49	0.41	0.38	0.51	0.64
草纸板	板厚2mm，空气层厚10，框架间距 45×45	0.50	0.48	0.34	0.32	0.49	0.60
胶合板	空气层厚5	0.28	0.22	0.17	0.09	0.10	0.11
胶合板	空气层厚10	0.34	0.19	0.10	0.09	0.12	0.11

为改善吸声性能可在薄板结构边缘（板与龙骨的交接处）放置能增加结构阻尼的软材料，如泡沫塑料条、软橡皮、海绵条、毛毡等；也可在空腔中，沿着框架四周放置一些多孔吸声材料，如矿棉、玻璃棉等。这样可使吸声频带变宽，吸声系数增大，薄板共振结构的吸声性能得到明显改善。采用组合不同单元或不同腔深的薄板结构，或直接采用木丝板、草纸板等可吸收中、高频声的板材，可以拓宽吸声频带。

（二）穿孔板共振吸声结构

在薄板上穿以小孔，在板后与刚性壁面之间留一定深度的空腔所组成的吸声结构，称为穿孔板共振吸声结构。按照薄板上穿孔数目的多少，将穿孔板共振吸声结构分为单腔共振吸声结构与多孔穿孔板共振吸声结构。制作这种吸声结构的材料，有比较薄的轻质合金板、胶合板、塑料板、石膏板等。

1. 单腔共振吸声结构

单腔共振吸声结构又称为"亥姆霍兹"共振吸声器或单腔共振吸声器。它是一个封闭的空腔，在腔壁上开一个小孔与外部空气相通，如图 2-21(a)所示。腔体中空气具有弹性，相当于弹簧，孔颈中空气柱具有一定质量，相当于质量块，如图 2-21(b)所示。声波入射到共振器时，激发颈中的空气柱做往复运动。空气柱与颈壁的摩擦阻尼，使部分声能转化为热能而耗损，从而达到吸声的目的。当声波频率与共振器的固有频率一致时，发生共振，这时颈中空气柱运动加剧，其振幅和振速达到最大值，因而阻尼最大，消耗声能也就最多，单腔共振吸声器吸声性能也最好。这就是单腔共振吸声器的吸声机理。

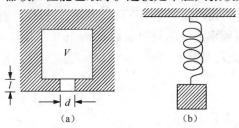

图 2-21 单腔共振吸声结构示意图

单腔共振体的共振频率可由下式求出

$$f_0 = \frac{c}{2\pi} \sqrt{\frac{S}{Vl_K}} \qquad (2-38)$$

式中 c——声波速度，m/s；

S——小孔截面积，m^2；

V——空腔体积，m^3；

l_K——小孔有效颈长，m，$l_K = l_0 + 0.85d$（当空腔内壁贴多孔材料时：$l_K = l_0 + 1.2d$）；

d——颈口直径，m；

l_0——颈的实际长度，m。

只要改变孔颈尺寸或空腔的体积，就可以得到不同共振频率的共振器，而与小孔和空腔的形状无关。单腔共振吸声结构使用很少，它是其他穿孔板共振吸声结构的原理。

2. 多孔穿孔板共振吸声结构

在薄板上按一定排列钻很多小孔或开狭缝，将穿孔板固定在框架上，框架安装在刚性板壁上，板后留有一定厚度的空气层，这种结构叫作多孔穿孔板共振吸声结构，通常简称为穿孔板共振吸声结构。它实际是由多个单腔共振器并联而成，故其吸声机理同单腔共振结构，但吸声状况大为改善，应用广泛。穿孔板的材料有木板、硬质纤维板、胶合板、金属板等。

薄板上小孔均匀分布且孔径大小相同的结构，因每一小孔占有的空间体积相同，故穿孔板结构的共振频率应与其单孔共振体相同。这种结构的共振频率为

$$f_0 = \frac{c}{2\pi} \sqrt{\frac{P}{hl_K}} \qquad (2-39)$$

式中 c——声波速度，m/s；

P——穿孔率；

h——空腔深度，m；

l_K——小孔有效颈长，m。

穿孔面积越大，吸声的频率越高；空腔越深或板越厚，吸声的频率越低。在噪声工程设计中，通常把穿孔板共振吸声结构的穿孔率控制在 1% ~ 10% 范围内，最高不超过

20%，否则穿孔板就只起护面作用，吸声性能变差。一般板厚 2 ~ 13mm，孔径为 2 ~ 10mm，孔间距为 10 ~ 100mm，板后空气层厚度为 6 ~ 100mm 时，其共振频率为 100 ~ 400Hz，吸声系数为 0.2 ~ 0.5。当产生共振时，吸声系数可达 0.7 以上。

穿孔板共振吸声结构的缺点是频率的选择性很强，在共振频率 f_0 附近具有最大的吸声性能，偏离共振频率，它的吸声效果急剧下降。因此，设计结构尺寸时应尽可能地使吸声频带宽一些。通常取共振频率 f_0 处的吸声系数 α_0 的 50% 范围内的频带宽为使用区。其吸声频带宽可由式（2-40）进行估算：

$$\Delta f = 4\pi h \frac{f_0}{\lambda_0} \qquad (2-40)$$

式中　Δf——吸声带宽，Hz；

　　　λ_0——共振频率 f_0 的波长，m；

　　　h——空腔深度，m。

为增大吸声系数与提高吸声带宽可采取的办法：①组合几种不同尺寸的共振吸声结构，分别吸收一小段频带，使总的吸声频带变宽；②在穿孔板后面的空腔中填放一层多孔吸声材料，材料距板的距离视空腔深度而定；③穿孔板孔径取偏小值，以提高孔内阻尼；④采用不同穿孔率、不同腔深的多层穿孔板结构，以改善频谱特性；⑤在穿孔板后蒙一薄层玻璃丝布等透声纺织品，以增加孔颈摩擦。

（三）微穿孔板吸声结构

微穿孔板吸声结构是我国著名声学专家马大猷教授于 20 世纪 60 年代研制成的，它克服了穿孔板共振吸声结构吸声频带较窄的缺点。

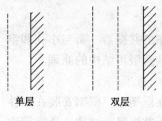

图 2 - 22　单层、双层微穿孔
　　　板吸声结构示意图

在厚度小于 1mm 的金属薄板上穿以孔径小于 1mm、穿孔率为 1% ~ 5% 的小孔，安装方法同薄板共振吸声结构，后部留有一定厚度的空气层，起到共振薄板的作用，空气层内不填任何吸声材料。这样便构成了微穿孔板吸声结构，常用的是单层或双层微穿孔板，如图 2 - 22 所示。薄板常用铝板或钢板制作，因其板特别薄与孔特别小，为与一般穿孔板共振吸声结构相区别，故称为微穿孔板吸声结构。

由于孔很小，开孔率较低，对于频率较高的声波，微孔板相当于多孔吸声材料耗损声能，而对频率较低的声波，微孔板又相当于共振薄板耗损声能，因而是优良的宽频带吸声结构。微穿孔板吸声结构利用空腔深度来控制吸收峰值的共振频率，腔愈深，共振频率愈低。

微穿孔板吸声结构板薄孔细，与普通穿孔板相比，声阻显著增加，声质量显著减小，因此明显地提高了吸声系数，增宽了吸声频带宽度。其吸声系数很高，有的可达 0.9 以上；吸声频带宽，可达 4 ~ 5 个倍频程以上。使用双层与多层微孔板，可增大吸声系数，展宽吸声带宽。双层微穿孔板之间留有一定的距离，如果要吸收较低频率的声波，距离要大些，一般控制在 20 ~ 30mm 范围内；如果主要吸收中、高频率的声波，此距离可减小到 10mm 甚至更小。另外减小微穿孔板的孔径，提高穿孔率也可增大吸声系数，展宽吸声带宽。但孔径太小，易堵塞，故孔径多选 0.5 ~ 1.0mm，穿孔率以 1% ~ 3% 为好。

微穿孔板吸声结构是一种新型的吸声结构，其吸声系数大，吸声频带宽，成本低，构造简单，设计计算理论成熟、严谨，吸声特性的理论计算与制成后的实测值很接近。另外还具有耐高温、耐腐蚀，不怕潮湿和冲击，甚至可承受短暂火焰的优点，可广泛用于多种需采用吸声措施的地方，包括一般高速气流管道中。微孔板的缺点是孔小、易堵塞，宜用于清洁的场所。

四、吸声降噪设计

在封闭的房间内装置噪声源时，在房间内任一点，除了由噪声源直接传来的直达声外，还有由房间壁面(墙壁、天花板和地面等)多次反射形成的混响声。直达声与混响声叠加的结果使得室内噪声级比同一噪声源在露天广场所产生的噪声级要高一些。混响声的强弱与房间壁面的声学性能密切相关，壁面的吸声系数越小，混响声相应越强，房间内的噪声级就提高得越多。在未作声学处理的房间中，壁面往往是声压反射系数很高的坚硬材料，如混凝土壁面、抹灰的砖墙、背面贴实的硬木板等，噪声源在房间内所产生的噪声级比在露天广场所产生的往往要提高十几分贝。特别是一些地下工程中，由于空间狭小，并且几乎完全封闭，由于混响声使噪声级提高的现象更为突出。

为了解决上述问题，通常在房间壁面上铺设一些吸声材料或吸声结构，或在房间中悬挂一些空间吸声体。当噪声投射到这些吸声装置上时就会被吸收掉一部分，从而使总噪声级降低。这种借助吸声处理达到降低噪声目的的方法简称吸声减噪。它是噪声控制中重要方法之一。吸声减噪的效果通常用减噪量来反映，它定义为吸声处理前与处理后相应噪声级的降低量。减噪量不但与吸声处理的具体装置有关，而且与房间原来情况以及测点位置等因素密切相关。

值得注意，吸声处理只能减弱从吸声面(或吸声体)上的反射声，即只能降低房间内的混响声，它对于直达声并没有什么直接影响。因此，只有当混响声占主要地位时，吸声处理才有明显的减噪效果。反之，当直达声占主要地位时，吸声处理就没有多大作用，由此可知，吸声减噪措施是有一定局限性的，不能盲目采用。

(一)吸声降噪设计概述

1. 吸声降噪措施的应用范围

吸声处理只能降低反射声的影响，对直达声是无能为力的，无法通过吸声处理而降低直达声。吸声降噪的效果是有限的，其降噪量一般为3~10dB。吸声降噪的实际效果主要取决于所用吸声材料或吸声结构的吸声性能、室内表面情况、室内容积、室内声场分布、噪声频谱以及吸声结构安装位置是否合理等因素。选用吸声降噪措施时应考虑以下因素。

(1)吸声降噪效果与原房间的吸声情况关系较大。当原房间内壁面平均吸声系数较小时，如壁面采用吸声系数较小的坚硬而光滑的混凝土抹面，采用吸声降噪措施才能收到良好效果。如原房间壁面及物体已具有一定的吸声量，即吸声系数较大，再采取吸声降噪措施，效果非常有限。原则上，吸声处理后的平均吸声系数应比处理前大2倍以上，吸声降噪才有明显效果，即噪声降低3dB以上。

(2)室内的声源情况对吸声降噪效果影响较大。若室内分散布置多个噪声源(如纺织厂的织布车间)，对每一噪声源进行降噪处理比较困难。因室内各处直达声都很强，吸声处理效果有限，一般吸声降噪量为3~4dB，但由于减少了混响声能，室内工作人员主观感觉上消除了来自四面八方的噪声干扰，反应良好。吸声处理对于接近声源的接收者效果较差，对于远离声源的接收者效果较好，而对周围的环境噪声降低效果更为显著。

（3）房间的形状、大小及所用吸声材料或吸声结构的布置对吸声降噪效果的影响。在容积大的房间内，声源附近近似于自由声场，直达声占优势，吸声处理效果较差。在容积小的房间内，反射声的声能量所占比例很大，吸声处理效果就比较理想。实践经验表明，当房间容积小于 3000m³ 时，采用吸声处理效果较好。若房间虽大，但其体形向一个方向延伸，顶棚较低，长度或宽度大于其高度的 5 倍，采用吸声降噪措施，效果比同体积的立方体房间要好。拱形屋顶、有声聚焦的房间，采用吸声降噪措施效果最好。吸声材料和吸声结构应布置在噪声最强烈的地方。房间高度小于 6m 时，应将一部分或全部顶棚进行吸声处理；若房间高度大于 6m，则最好在声源附近的墙壁上进行吸声处理或在其附近设置吸声屏或吸声体。

（4）吸声材料的吸声性能及价格。选用吸声材料和吸声结构时，首先应有利于降低声源频谱的峰值频率噪声，尤其是中高频峰值频率噪声的降低，对吸声降噪效果的影响最为明显。所用吸声材料和吸声结构的吸声性能应比较稳定、价格低廉、施工方便、符合卫生要求、对人无害、防火、美观、经久耐用。

实际工程中，对一个未经吸声处理的车间采用适当的吸声降噪措施，使车间内的噪声平均降低 5~7dB 是比较切实可行的。要想获得更高的降噪效果，困难会大幅度地增加，往往得不偿失。但吸声处理后使噪声降低 5~7dB，已经可以产生良好的降噪效果，主观感觉上噪声明显变轻，从而做到技术可行，经济合理。

2. 吸声降噪设计的一般步骤

对室内采取吸声降噪措施，设计工作的步骤与一般噪声控制步骤大致相同，但在具体技术细节上有其特殊性。吸声降噪设计工作步骤简述如下。

（1）了解噪声源的声学特性。首先要了解噪声源的倍频带声功率级和总声功率级。可根据产品的噪声指标确定定型机电设备的声功率级，如缺乏现成的噪声资料，就应在实验室或现场预先测定。其次应了解噪声源的指向特性。在噪声控制工程中，噪声源的几何尺寸一般不大，可将其视为点声源，指向性因数 Q 值由噪声源在房间内的位置确定。

（2）了解房间的几何性质及吸声处理前的声学特性。主要了解房间的容积和壁面的总面积。房间内可移动物体（如车间内的机电设备）所占的体积不必在房间总容积内扣除，其表面积也不必计算在壁面总面积内。此外，应注意房间的几何形状，特别应注意房间内是否存在凹反射面，房间的长度、宽度和高度是否可相比拟，即房间的几何形状是否能保证房间内的声场近似为完全扩散的声场。

房间的声学特性一般由壁面无规入射吸声系数 $\overline{\alpha_1}$ 或吸声量 A 来反映。在吸声处理前，需根据各壁面材料的吸声系数求出房间各倍频带的平均吸声系数 $\overline{\alpha_1}$，或通过现场测量相关参数（如混响时间等）求出 $\overline{\alpha_1}$ 或 A。

（3）确定吸声处理前需作噪声控制处的实际倍频带声压级 L_{p1i} 和 A 声级 L_{A1}。根据噪声的容许标准，确定控制处应达到的倍频带声压级 L_{p2i} 和 A 声级 L_{A2}。由实际噪声级数值与容许标准间的差值，即可确定各倍频带所需的降噪量。

（4）根据吸声处理应达到的降噪量，求出吸声处理后相应的壁面各倍频带平均吸声系数 $\overline{a_2}$，确定需要增加的吸声量。

（5）合理选用吸声材料的种类及吸声结构的类型，确定吸声材料的厚度、容重、吸声系数，计算所需吸声材料的面积，确定安装方式。

3. 吸声降噪处理注意事项

室内在采取吸声措施时，必须考虑技术上是否可行，经济上是否合算这两个因素。那种认为"作吸声处理总比没有处理好"或"壁面吸声量增加得越多效果越好"等看法是片面的，它会导致盲目追求高标准吸声措施，其结果不但达不到预期效果，而且还会造成人力、物力上的浪费。

一般在下列情况下，采用吸声处理措施是适宜的：

（1）车间壁面都是坚硬的反射性能较强的材料，室内的混响声比较明显，这时采用吸声措施，可获得较好的降噪效果。

（2）只有当操作工人离开声源大的机器较远，即工人接受的反射声与直达声相比，反射声较强时，采用吸声措施，才能取得好的降噪效果。

（3）对于车间内噪声源比较多且分散，如钢铁厂的金属制品车间、纺织厂纺织车间等，采用吸声措施能取得较显著的降噪效果。

（4）对于车间内的噪声源尺寸较大且分散，如高炉鼓风机站、空压机站、水泵站等，配合机组隔声、消声、防振的同时，采取吸声措施能获得良好的降噪效果。

在下列几种情况下，不适宜或不必采用吸声措施：

（1）能从总体布置上采取控制措施，做到"静闹分隔"、"闹中取静"，使噪声级降到允许标准以下。

（2）当操作工人靠近声源工作时，采用吸声处理措施，显然没有多大作用，因为吸声处理不能降低室内直达声级。

（3）室内原来已有较大的吸声量时，这时再采取吸声处理措施，不会产生多大的效果。

（二）设计计算

1. 房间平均吸声系数的计算

如果一个房间的墙面上布置几种不同的材料时，它们对应的吸声系数为 α_1、α_2、α_3，吸声面积为 S_1、S_2、S_3，房间的平均吸声系数为

$$\overline{\alpha} = \frac{\sum_{i=1}^{n} S_i \alpha_i}{\sum_{i=1}^{n} S_i} \qquad (2-41)$$

2. 吸声量的计算

如果一个房间的墙面上布置几种不同的材料时，则房间的吸声量为

$$A_i = \sum_{i=1}^{n} \alpha_i S_i \qquad (2-42)$$

式中　A_i——第 i 种材料组成壁面的吸声量，m^2；

　　　α_i——第 i 种材料的吸声系数；

　　　S_i——第 i 种材料吸声面积，m^2。

3. 室内声级的计算

房间内噪声的大小和分布取决于房间形状、墙壁、天花板、地面等室内器具的吸声特

性，以及噪声源的位置和性质。室内声压级的计算公式为

$$L_P = L_W + 10\lg\left(\frac{Q}{4\pi r^2} + \frac{4}{R_r}\right) \qquad (2-43)$$

式中　L_P——室内声压级，dB；

　　　L_W——声功率级；

　　　Q——声源的指向性因素，声源位于室内中心，$Q = 1$；声源位于室内地面或墙面中心，$Q = 2$；声源位于室内某一边线中心，$Q = 4$；声源位于室内某一角，$Q = 8$；

　　　r——声源至受声点的距离，m；

　　　R_r——房间常数，定义式为

$$R_r = \frac{S\bar{\alpha}}{1 - \bar{\alpha}} \qquad (2-44)$$

4. 混响时间计算

在总体积为 V m^3 的扩散声场中，当声源停止发声后，声能密度下降为原有数值的百万分之一所需的时间，或房间内声压级下降 60dB 所需的时间，叫做混响时间，用 T 表示。其定义为赛宾公式。

$$T = \frac{0.161V}{S\bar{\alpha}} \qquad (2-45)$$

5. 吸声降噪量的计算

设处理前房间平均系数为 $\bar{a}_1$，声压级为 I_{P1}，吸声处理后为 $\bar{a}_2$，I_{P2}。吸声处理前后的声压级 I_P 即为降噪量，可由下式计算

$$\Delta I_P = I_{P1} - I_{P2} = 10\lg\frac{\dfrac{Q}{4\pi r^2} + \dfrac{4}{R_{r1}}}{\dfrac{Q}{4\pi r^2} + \dfrac{4}{R_{r2}}} \qquad (2-46)$$

在噪声源附近，直达声占主导地位，即

$$\frac{Q}{4\pi r^2} >> \frac{4}{R_r}$$

略去 $\dfrac{4}{R_r}$ 项，得：$\Delta I_P = 10\lg 1 = 0$

在离噪声源足够远处，混响声占主要，即

$$\frac{Q}{4\pi r^2} << \frac{4}{R_r}$$

同理得：$\Delta I_P = 10\lg\dfrac{R_{r2}}{R_{r1}} = 10\lg\left(\dfrac{\alpha_2}{\alpha_1} \cdot \dfrac{1 - \alpha_1}{1 - \alpha_2}\right)$

因此，上式化简可得整个房间吸声处理前后噪声降低量为：

$$\Delta I_P = 10\lg\frac{\bar{\alpha}_2}{\bar{\alpha}_1} \qquad (2-47)$$

由吸声量计算公式和赛宾公式，因此

$$\Delta I_P = 10\lg \frac{A_2}{A_1} \qquad (2-48)$$

$$\Delta I_P = 10\lg \frac{T_1}{T_2} \qquad (2-49)$$

式中 A_1、A_2——吸声处理前、后的室内总吸声量，m^2；

T_1、T_2——吸声处理前、后的室内混响时间，s。

(三)吸声降噪计算实例

某车间尺寸为 10m×20m×4m，墙壁为光滑砖墙并石灰粉刷，地面为混凝土，内有多台机器。经测定，车间内总声压级为(A 声级)90dB，车间内中央一点测定的噪声频率特性及混响时间如表 2-18 所示。拟采取吸声处理，希望在车间中央符合 NR85 噪声评价曲线，试做吸声设计。

表 2-18

倍频程中心频率/Hz	250	500	1000	2000
车间中央声压级/dB	96	94	92	90
处理前混响时间/s	2.4	1.7	1.6	1.6

(1)制作表格，将测得的中央一点的声压级列入表格第一行，如表 2-19 所示。

(2)将 NR85 曲线上对应的声压级列入表格第二行。

(3)计算所需要降低的噪声量。

用车间中央声压级与 NR85 曲线对应声压级相减，得所需要降低的噪声量，并将其列入第三行。

(4)把处理前所测得的混响时间列入第四行。

(5)计算处理前房间的平均吸声系数，并将其列入第五行。

$$\overline{\alpha_1} = \frac{0.161V}{ST_{60}} = \frac{0.161 \times 800}{640 \times 2.4} = 0.08$$

(6)求房间的吸声量 A_1

$$A_1 = A_墙 + A_天 + A_地$$

而 $A_墙 = \overline{\alpha_1} \times S_墙 = 0.083 \times 240 = 19.2(m^2)$

将该组数据列入第六行。

(7)计算满足降噪要求所需要的房间总吸声量 A_2 及房间总吸声量与地板吸声量之差，并将计算结果列入第七行。

$$\Delta L_P = 10\lg \frac{A_2}{A_1}$$

所以 $A_2 = 128(m^2)$，$A_2 - A_地 = 128 - 16 = 112(m^2)$

(8)根据 $(A_2 - A_地)$ 求所需平均吸声系数，列入第八行。

$$\overline{\alpha_2} = \frac{A_2 - A_地}{S_墙 + S_天} = \frac{112}{200 + 240} = 0.25$$

(9)选择吸声材料

根据所需要的吸声系数，查吸声材料性能表，选择50mm 厚、容重为 20kg/m^3超细玻璃棉，其性能列入表中第九行。

（10）计算装上吸声材料后能达到的降噪量，列入第十行。

$$\Delta L_P = 10\lg\frac{\overline{\alpha_2}}{\overline{\alpha_1}} = 10\lg\frac{0.35}{0.08} = 6.4 \text{ dB}$$

表 2 - 19

项 目 名 称	倍频程中心频率/Hz			
	250	500	1000	2000
（1）车间中央声压级/dB	96	94	92	90
（2）噪声允许标准/dB	92	88	86	83
（3）需要降低的噪声量/dB	4	6	6	7
（4）处理前混响时间/s	2.4	1.7	1.6	1.6
（5）处理前房间的平均吸声系数	0.08	0.12	0.13	0.125
（6）处理前房间的吸声量/m²				
$A_天$	16	24	26	25
$A_墙$	19.2	28.8	31.2	30
$A_地$	16	24	26	25
A_1	51.2	76.8	83.2	80
（7）所需要的吸声量/m²				
A_2	128	305.8	331.2	400.9
$A_2-A_地$	112	281.8	305.2	375.9
（8）所需平均吸声系数	0.25	0.64	0.69	0.73
（9）所选材料吸声系数	0.35	0.85	0.85	0.86
（10）吸声处理后的吸声降噪量/dB	6.4	8.5	8.1	8.4

第六节 隔声技术

隔声是噪声控制技术中最常用的技术之一。为了减弱或消除噪声源对周围环境的干扰，常采用屏障物将噪声源与周围环境隔绝开，或把需要安静的场所封闭在一个小的空间内。声波在介质中传播时，通过屏障物使部分声能被反射而不能完全通过的措施称为隔声。空气声在传播途中遇到隔声构件时的能量分布如图 2 - 23 所示。

在实际生活中，噪声的传播途径非常复杂。噪声从声源所在房间传播到邻近房间的途径主要有以下几种。

① 噪声源通过隔墙的孔、洞以直达声、室内反射声和衍射声的形式，借助弹性媒质空气传播（空气声）至邻近房间。

② 机器机座振动借助弹性媒质地板、墙体等固体结构传播（形成圆体声）至邻近房间墙体，墙体振动再

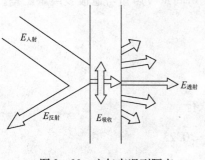

图 2 - 23 空气声遇到隔声
构件时的能量分布

次激发邻近空气振动产生空气声。

③声源噪声通过弹性媒质空气以空气声形式传播至声源所在房间墙体，激发墙体振动并通过墙体结构传播至邻近房间墙体（为固体声），墙体振动再次激发邻近空气振动产生空气声。这些噪声最终都在邻近房间内以空气声形式被受声者所接收。

因此，根据切断声传播途径的差异，隔声问题分为两类：一类是空气声的隔绝，另一类是固体声的隔绝。例如，上述传播途径：①可采用空气声隔绝技术，使用密实、沉重的材料制成构件阻断或将噪声封闭在一个空间，常采取隔声间、隔声罩、隔声屏等形式；传播途径②、③主要采用固体声隔绝技术，可使用橡胶、地毯、泡沫、塑料等材料及隔振器来隔绝。

影响隔声结构隔声性能的因素主要包括三个方面。其一是隔声材料的品种、密度、弹性和阻尼等因素。一般来讲，材料的面密度越大，隔声量就越大，另外，增加材料的阻尼可以有效地抑制结构共振和吻合效应引起的隔声量的降低。其二是构件的几何尺寸以及安装条件（包括密封状况）。其三是噪声源的频率特性、声场的分布及声波的入射角度。对于给定的隔声构件来讲，隔声量与声波频率密切相关，一般来讲，低频时隔声性能较差，高频时隔声性能较好。隔声降噪的目的就是要根据噪声源的频谱特性，设计适合于降低该噪声源的隔声结构。

一、隔声原理

（一）透射系数与隔声量

1. 透射系数

隔声构件透声能力的大小，用透射系数 τ 来表示，它等于透射声强 I_τ 与入射声功强 I_i 的比值，即

$$\tau = \frac{I_\tau}{I_i} \tag{2-50}$$

从透射系数的定义出发，又可写做 $\tau = \frac{W_\tau}{W_i} = \frac{p_\tau^2}{p_i^2}$，其中，$W_\tau$ 和 p_τ 分别表示透射声波的声强和声压；W_i 和 p_i 分别表示入射声波的声强和声压。τ 又称为传声系数或透声系数，是一个无量纲量，它的值介于 $0 \sim 1$ 之间。τ 值越小，表示隔声性能越好。通常所指的 τ 是无规入射时各入射角度透射系数的平均值。

2. 隔声量

隔声量 R 定义为

$$R = 10\lg\frac{1}{\tau} \tag{2-51}$$

一般隔声构件的 τ 值很小，约在 $10^{-5} \sim 10^{-1}$ 之间，使用很不方便，故人们采用 $10\lg\frac{1}{\tau}$ 来表示构件本身的隔声能力，称为隔声量，其单位为 dB。隔声量又叫透射损失或传声损失，记做 L_{TL}。由上式可以看出，τ 总是小于 1，L_{TL} 总是大于 0；τ 越大则 L_{TL} 越小，隔声性能越差。透射系数和隔声量是两个相反的概念。例如，有两堵墙，透射系数分别为 0.01 和 0.001，则隔声量分别为 20dB 和 30dB。用隔声量来衡量构件的隔声性能比透射系

数更直观、明确，便于隔声构件的比较和选择。隔声量或传声损失一般由实验室和现场测量两种方法确定，现场测量时，因为实际隔声结构传声途径较多，且受侧向传声等性能的影响，其测量值一般要比实验室测量值低。

隔声量的大小与隔声构件的结构、性质有关，也与入射声波的频率有关。同一隔声墙对不同频率的声音，隔声性能可能有很大差异，故工程上常用10Hz～4kHz的16个1/3倍频程中心频率的隔声量的算术平均值，来表示某一构件的隔声性能，称为平均隔声量。平均隔声量虽然考虑了隔声性能和频率的关系，但因为只求算术平均，未考虑人耳听觉的频率特性以及一般结构的频率特性。因此，尚不能很好地用来对不同隔声构件的隔声性能做比较分析。例如，两个隔声结构具有相同的平均隔声量，但对于同一噪声源可以有相当不同的隔声效果。

3. 空气隔声指数

空气隔声指数是国际标准化组织推荐的一种对隔声构件的隔声性能的评价方法。隔声结构的空气隔声指数可以按以下方法求得。

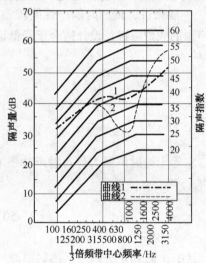

图 2 - 24　隔声墙空气声隔声指数用的参考曲线

先测得某隔声结构的隔声量频率特性曲线，图2-24中的虚线1、虚线2即分别代表两座隔声墙的隔声特性曲线；图2-24中还绘出了一组参考折线，每条折线上标注的数字相对于该折线上500Hz所对应的隔声量。按照下面的两点要求，将曲线1或曲线2与某一条参考折线比较：

① 在任何一个1/3倍频程上，曲线低于参考折线的最大差值不得大于8dB；

② 对全部16个1/3倍频程中心频率（100～3150Hz），曲线低于折线的差值之和不得大于32dB。

把待评价的曲线在折线组图中上下移动，找出符合以上两个要求的最高的一条折线（按整数分贝计），该折线上所标注的数字，即为待评价曲线的空气隔声指数。

用平均隔声量和空气隔声指数分别对图2-24中两条曲线的隔声性能进行评价比较，可以求出两座隔声墙的平均隔声量分别为41.8dB和41.6dB，基本相同。但按上述方法求得它们的空气隔声指数分别为44和35，显示出前者的隔声性能实际上要优于后者。

（二）单层密实均匀构件的隔声性能

单层密实均匀的隔声构件受声波作用后，其隔声性能一般由构件的面密度、板的劲度、材料的内阻尼、声波的频率决定。

1. 质量定律

理论分析和实验研究表明，单层均质的隔声构件（砖墙、混凝土墙、金属板、木板等），其隔声性能主要是随着构件的面密度和声波的不同而变化的。

单层结构的隔声量可用下列经验公式计算

$$R = 18\lg m + 12\lg f - 25 \tag{2-52}$$

式中　m——隔声构件的面密度，kg/m^2；

　　　　f——入射声波的频率，Hz。

由上式看出，构件隔声量大小与构件密度和入射声波频率有关。当 m 不变时，f 增加一倍，其隔声量约增加 3.6dB；当 f 不变时，m 增加一倍，隔声量约增加 6dB。这一关系称为质量定律。

在实际应用中，为了方便起见，通常取 50Hz 和 5000Hz 两频率的几何平均值 500Hz 的隔声量来表示平均隔声量，记作 R_{500}。因此上式中频率因素可以不考虑，其隔声量计算式为

$$当\ m > 100 kg/m^2 \quad R_{500} = 18 lg m + 8$$
$$当\ m \leqslant 100 kg/m^2 \quad R_{500} = 13.5 lg m + 13$$

$$(2-53)$$

隔声量 R_{500} 值还可由图 2-25 查得。

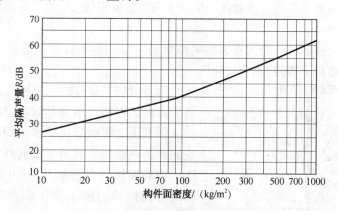

图 2-25　构件面密度与 R_{500} 的关系

2. 隔声频率特性

图 2-26 较为全面地反应单层均质构件的隔声频率特性。

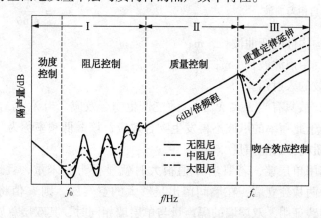

图 2-26　单层匀质墙隔声频率特性曲线

（1）劲度控制区。在很低频率范围，即低于墙板的最低简振频率时，L_{TL} 主要由板的劲度所控制。通常板的劲度越大隔声量越高。

（2）阻尼控制区。随激发频率增高，隔声曲线由构件的共振频率控制，此时板的阻尼

主要起抑制共振的作用，在共振区，这段曲线因共振作用，致使声能大量透射出现若干个隔声低谷。对一般墙体共振频率仅出现在几赫到数十赫。

共振频率与构件的几何尺寸、面密度、弯曲劲度和外界条件有关，一般建筑构件共振频率很低；对于金属板等障板，其共振频率可能分布在声频范围内，会影响隔声效果。单层隔声构件共振频率 f_0 可按下式计算

$$f_0 = 60\sqrt{\frac{S}{mV}} \tag{2-54}$$

式中　f_0——共振频率，Hz；

　　　m——单位面积质量，kg/m^2；

　　　V——隔声结构的体积，m^3；

　　　S——隔声结构的内表面积，m^2。

（3）质量控制区。在质量控制区，隔声量按"质量定律"增加，每增加一倍频程，隔声量增加 6dB。

（4）吻合效应控制区。当匀质板的隔声量到达某一频率后并不遵循"质量定律"，而出现结构弯曲振动与声波的"吻合效应"。

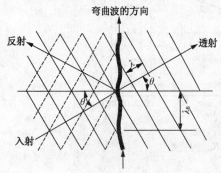

图 2-27　由平面声波
激发的自由弯曲波

吻合效应是这样的：由于实际入射声波来自各个方向，而构件本身具有一定的弹性，如果声波入射其上，将激起构件本身的弯曲振动。当一定频率的声波以入射角 θ 投射到构件上，在构件上的声波波长 λ 的投影 $\lambda/\sin\theta$ 正好与被激发构件的弯曲振动的横波波长 λ 产生吻合时，如图 2-27 所示，因构件的弯曲振动致使向另一侧的声能辐射很大，使隔声量大为降低。其吻合表示式为

$$\lambda_B = \frac{\lambda}{\sin\theta} \tag{2-55}$$

式中　λ_B——结构构件的弯曲波长，m；

　　　λ——空气中声波波长，m；

　　　θ——声波的入射角。

因为 $\sin\theta \leqslant 1$，故只有当 $\lambda \leqslant \lambda_B$ 时，才能产生吻合效应，当 $\lambda = \lambda_B$ 时为产生吻合效应的最低频率，低于此频率的声波不再发生吻合效应，该最低频率称为"临界频率 f_c"。

（三）双层均质构件的隔声量

按质量定律选用单层墙，若要求 R 值很大时就显得十分笨重，且造价也相应增大。若将实体墙分成为两片独立墙，在墙间留出足够大的空气层，则 R 值将比同样质量的单层墙为高。大量实践证明，双层墙的隔声量与单层墙相同时，其双层总质量仅为单层墙的 1/3 左右。

双层结构之所以比质量相等的单层结构隔声量要高，主要原因是由于双层之间空气层（吸声材料），对受声波激发振动的结构有缓冲作用或附加吸声作用，使声能得到很大的衰减之后再传到第二层结构的表面上，所以，总的隔声量就提高了。

1. 双层结构的共振频率

双层结构发生共振，大大影响其隔声效果。双层结构的共振效率可由下式计算

$$f_0 = \frac{1}{\pi} \sqrt{\frac{\rho_0 c^2}{(m_1 + m_2) b}} \qquad (2-56)$$

式中　f_0——共振频率，Hz；

　　　ρ_0——空气密度，常温下为 1.18kg/m³；

　　　c——空气中声速，常温下为 344m/s；

　　　b——空气层厚度，m；

　m_1，m_2——分别表示双层结构的面密度，kg/m²。

　　一般较重的砖墙、混凝土墙等双层墙体的共振频率低，大多在 15~20Hz 范围内，对人们听觉没有多大影响，故共振的影响可以忽略。对于轻薄双层墙，当其面密度小于 30kg/m² 时，而且空气层厚度小于 2~3cm 时，其共振率一般在 100~250Hz 范围内，如产生共振，隔声效果极差。因此，在设计薄而轻的双层结构时，要注意避免这一不良现象的发生。在具体应用中，可采取在薄板上涂阻尼涂料或增加两结构层之间的距离等，来弥补共振频率下的隔声不足。

2. 双层结构的隔声特性

　　双层结构以空气层作为弹性结构，从而提高了双层结构的隔声性能。但这种双层墙体和空气层组成弹性系统也存在不足。当入射声波的频率和构件的共振率 f_0 一致时，就会产生共振，此时，使构件的隔声量大大降低；只有当入射声波的频率超过 $\sqrt{2} f_0$ 之后，双层结构的隔声效果才会明显。

　　图 2-28 表示出了具有空气层的双层结构的隔声量与频率的关系。

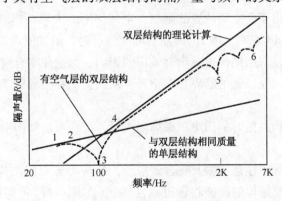

图 2-28　有空气层的双层结构隔声量与频率的关系

　　图中 3 点处发生共振，隔声值下降为 0。1-2 段表示当入射声波的频率比双层结构共振频率低时，双层结构像一个整体一样振动，而与相同质量单层结构的隔声量相近，只要在比共振频率高 $\sqrt{2} f_0$ 以上的 4-5-6 段时，双层结构才比单层结构明显提高。

3. 双层结构的隔声量

　　由质量定律可知，相同材料、相同厚度的两层板材合在一起，隔声量仅比单层板增加 4.8dB。当两层板相距无限远时，隔声量应当加倍，但在实际工程中，两板距离是有限的，其隔声量的增加必然与墙板的面密度和空气层状况有关。

双层结构的隔声量可用下列经验公式计算。

一般情况下，隔声量可由下式计算

$$R = 18\lg(m_1 + m_2) + 12\lg f - 25 + \Delta R \qquad (2-57)$$

当 $m_1 + m_2 > 100\text{kg/m}^2$ 时，其平均隔声量为：

$$\overline{R} = 18\lg(m_1 + m_2) + 8 + \Delta R \qquad (2-58)$$

当 $m_1 + m_2 \leqslant 100\text{kg/m}^2$ 时，其平均隔声量为：

$$\overline{R} = 13.5\lg(m_1 + m_2) + 13 + \Delta R \qquad (2-59)$$

式中 R，$\overline{R}$——分别表示隔声量和平均隔声量，dB；

$\qquad m_1$，m_2——分别代表双层结构的面密度，kg/m^2；

$\qquad \Delta R$——附加隔声量，dB，图 2-29 所示为双层结构附加隔声量与空气层厚度的关系。

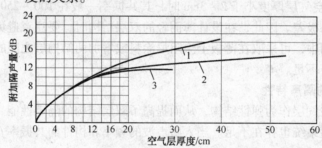

图 2-29   双层结构附加隔声量与空气层厚度的关系

1—双层加气混凝土墙；2—双层无纸石膏板墙；3—双层纸面石膏板墙

在工程应用中，由于受空间位置的限制，空气层不能太厚，当取 20~30cm 的空气层时，附加隔声量为 15dB 左右，取 10cm 左右的空气层时，附加隔声量一般为 8~12dB。

和单层结构一样，双层结构也有吻合效应的影响。为避免吻合时隔声性能下降，常采用面密度不同的结构，使二者的临界频率错开，从而避免在临界频率处吻合效应对双层结构的隔声性能的破坏。

为了减少双层结构共振时的透声，提高隔声量，可在双层结构中间的空气层中加入多孔吸声材料。

设计双层结构，除了注意共振及吻合效应外，还应考虑双层结构空腔中的刚性连接。如有刚性连接，前一层结构的声能将通过刚性连接（亦称声桥）传到后一层结构，使空气层的附加隔声量受到严重影响。另外，双层结构采用不同材料时，如果是一层面密度较大，一层密度较小，那么设计时应将材料面密度较小的一层对着噪声源一侧，这样可降低面密度较大的一层声辐射，提高双层结构的隔声效果。

（四）多层复合结构

多层复合结构由几层较轻薄的材料组成。利用多层材料构成的复合墙板，因各层材料声阻抗不匹配，产生分层界面上的多次反射，还因其中阻尼材料作用，可减弱薄板振幅，对共振频率或吻合频率出现的隔声"低谷"起抑制作用。典型的复合结构及其隔声频率特性和质量定律比较如图 2-30 所示。

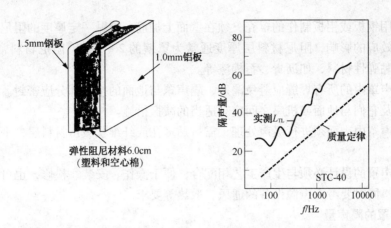

图 2 – 30　一种典型的复合结构及其隔声频率特性和质量定律比较

二、隔声装置

（一）隔声罩

隔声罩是降制机器噪声较好的装置。将噪声源封闭在一个相对小的空间内，以降低噪声源向周围环境辐射噪声的罩形结构称为隔声罩。其基本结构如图 2 – 31 所示。罩壁由罩板、阻尼涂层和吸声层组成。根据噪声源设备的操作、安装、维修、冷却、通风等具体要求，可采用适当的隔声罩型式。常用的隔声罩有活动密封型、固定密封型、局部开敞型等结构型式。图 2 – 32 是带有进排风消声通道的隔声罩。

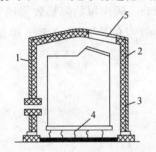

图 2 – 31　隔声罩基本结构

1—钢板；2—吸声材料；3—护面穿孔板；

4—减振器；5—观测窗

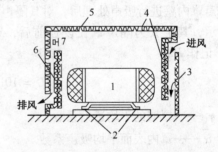

图 2 – 32　带有进排风消声通道的隔声罩

1—机器；2—减振器；3，6—消声通道；

4—吸声材料；5—隔声板壁；7—排风机

隔声罩常用于车间内如风机、空压机、柴油机、鼓风机、球磨机等强噪声机械设备的降噪。其降噪量一般在 10 ~ 40dB 之间。

各种形式隔声罩 A 声级降噪量是：固定密封型为 30 ~ 40dB；活动密封型为 15 ~ 30dB；局部开敞型为 10 ~ 20dB；带有通风散热消声器的隔声罩为 15 ~ 25dB。

1. 选择或制作隔声罩应注意的事项

（1）隔声罩应选择适当的材料和形状。罩面必须选择有足够隔声能力的材料制作，如钢板、砖、混凝土、木板或塑料等。罩面形状宜选择曲面形体，其刚度较大，利于隔声，尽量避免方形平行罩壁。隔声罩与设备要保持一定距离，一般为设备所占空间的 1/3 以上，内部壁面与设备之间的距离不得小于 100mm。罩壁宜轻薄，宜选用分层复合结构。

（2）采用钢板或铝板制作的罩壳，须在壁面上加筋，涂贴一定厚度的阻尼材料以抑制共振和吻合效应的影响，阻尼材料层厚度通常为罩壁的 2～3 倍。阻尼材料常用内损耗、内摩擦大的黏弹性材料，如沥青、石棉漆等。

（3）隔声罩内的所有焊缝应避免漏声，隔声罩与地面的接触部分应密封。机器与隔声罩之间，以及它们与地面或机座之间应有适当的减振措施。

（4）隔声罩内表面须进行吸声处理，需衬贴多孔或纤维状吸声材料层，平均吸声系数不能太小。

（5）隔声罩的设计必须与生产工艺相配合，便于操作、安装、检修，也可做成可拆卸的拼装结构。同时要考虑声源设备的通风、散热等要求。

2. 隔声罩的隔声量

由于声源被密封在隔声罩内，声源发出的噪声在罩内多次反射，大大增加了罩内的声能密度，因此隔声罩的实际隔声量比罩体本身的隔声能力下降。隔声罩的实际隔声量计算式为

$$R_s = \frac{R}{10\lg\bar{\alpha}} \qquad (2-60)$$

式中 R_s——隔声罩实际隔声量，dB；

R——隔声材料本身的固有隔声量或传声损失，dB；

$\bar{\alpha}$——罩内表面平均吸声系数。

3. 隔声罩的插入损失

隔声罩内壁进行吸声处理后，对其隔声量有很大影响。隔声罩的降噪效果通常用插入损失表示，其定义为隔声罩在设置前后，罩外同一接收点的声压级之差，单位为分贝（dB），记作 IL。

$$IL = 10\lg\left(1 + \frac{\bar{\alpha}}{\bar{\tau}_l}\right) \qquad (2-61)$$

式中 $\bar{\tau}_l$——罩壁的平均透射系数；

$\bar{\alpha}$——罩内表面平均吸声系数。

若罩内不作吸声处理，即 $\bar{\alpha}$ 近似为零，则 IL 也接近于零，隔声罩的隔声作用很小，所以罩内必须做吸声处理，一般 $\bar{\alpha}$ 在 0.5 以上。在实际工作中，远大于罩壁的平均透射系数，则上式可简化为

$$IL = \bar{R} + 10\lg\bar{\alpha} \qquad (2-62)$$

为罩板隔声材料本身的平均固有隔声量。

可见，隔声罩的插入损失最大不能超过罩板的平均固有隔声量，在选材时必须充分注意。实际应用时有如下经验公式。

罩内无吸收时：$IL = \bar{R} - 20$

罩内略有吸收时：$IL = \bar{R} - 15$

罩内有强吸收时：$IL = \bar{R} - 10$

（二）隔声间

如果生产实际情况不允许对声源作单独隔声罩，又不允许操作人员长时间停留在设备附近的现场，这时可采用隔声间。所谓隔声间就是在噪声环境中建造一个具有良好隔声性

能的小房间，以供操作人员进行生产控制、监督、观察、休息之用，或者将多个强声源置于上述小房间中，以保护周围环境，这种由不同隔声构件组成的具有良好隔声性能的房间称为隔声间，如图2－33所示。

隔声间分封闭式和半封闭式两种，一般多采用封闭式结构。材料可用金属板材制作，也可用土木结构建造，并选用固有隔声量较大的材料建造。隔声间除需要有良好隔声性能的墙体外，还需设置门、窗或观察孔。具有门、窗等不同隔声构件的墙体称为组合墙。

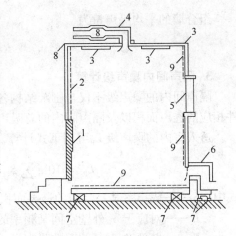

图2－33　隔声间示意图

1—入口隔声门；2—隔声墙；3—照明器；
4—排气管道和风扇；5—双层窗；
6—吸声管道；7—隔振底座；
8—接头的缝隙处理；9—内部吸声处理

1. 建造隔声间应注意的事项

（1）生产工厂的中心控制室、操作室等，宜采用以砖、混凝土及其他隔声材料为主的高性能隔声间。必要时，墙体和屋顶可采用双层结构，以利于隔声。

（2）隔声间的门窗，根据具体情况可采用带双道隔声门的门斗及多层隔声窗，门缝、窗缝、孔洞要进行必要的缝隙隔声处理。由于声波的衍射作用，孔洞和缝隙会大大降低组合墙的隔声量。门窗的缝隙、各种管道的孔洞、隔声罩焊缝不严的地方等都是透声较多之处，直接影响墙体的隔声量。虽然低频噪声声波长，透过孔隙的声能要比高频声小些，但在一般计算中，透声系数均可取为1。因此为了不降低墙的隔声量，必须对墙上的孔洞和缝隙进行密封处理。

（3）门、窗的隔声能力取决于本身的面密度、构造和碰头缝密封程度。隔声窗应多采用双层或多层玻璃制作，两层玻璃宜不平行布置，朝声源一侧的玻璃有一定倾角，以便减弱共振效应，并需选用不同厚度的玻璃以便错开吻合效应的影响。

（4）为了防止孔洞和缝隙透声，在保证门窗开启方便前提下，门与门框的碰头缝处可选用柔软富有弹性的材料如软橡皮、海绵乳胶、泡沫塑料、毛毡等进行密封。在土建工程中注意砖墙灰缝的饱满，混凝土墙的砂浆需捣实。

（5）隔声间的通风换气口应设置消声装置；隔声间的各种管线通过墙体需打孔时，应在孔洞处加一套管，并在管道周围用柔软材料包扎严密。

2. 组合墙平均隔声量

因为门和窗的隔声量常比墙体本身的隔量小，因此，组合墙的隔声量往往比单纯墙低。组合墙的透声系数为各部件的透声系数的平均值，称作平均透声系数，由下式得出

$$\tau_I = \frac{\sum\limits_{i=1}^{n}\tau_i S_i}{\sum\limits_{i=1}^{n} S_i}$$ （2－63）

式中　τ_i——墙体第i种构件的透声系数；

S_i——墙体第i种构件的面积，m^2。

组合墙的平均隔声量为

$$\overline{R} = 10\lg\frac{1}{\tau_i} \qquad\qquad (2-64)$$

3. 隔声间内噪声级计算

隔声间内的噪声级不仅与围蔽结构各壁面的隔声性能有关，还与室外噪声级、各个构件相应的透声面积以及隔声间内的总吸声量有关。

透入室内的噪声级 L_p 可用下式计算。

$$L_P = 10\lg\sum_{i=1}^{n} S_i \times 10^{L_i-R_i/10} - 10\lg\sum S_i a_i \qquad (2-65)$$

式中　S_i——隔声室某一壁面的透声面积，m^2；

　　　L_i——对应于 S_i 外壁空间某频率的噪声级，dB；

　　　R_i——壁面 S_i 对某频率的隔声量，dB；

　$\sum S_i a_i$——隔声室内某频率的总吸声量，$W \cdot m^2$。

4. 隔声间的实际隔声量

隔声间的实际隔声量可由下式计算

$$R_s = R_a + 10\lg\frac{A}{S_1} \qquad\qquad (2-66)$$

式中　R_s——隔声间的实际隔声量，dB；

　　　R_a——各构件的平均隔声量，dB；

　　　A——隔声间内总吸声量，m^2；

　　　S_1——隔声间的透声面积，m^2。

一般来说，透声面积越大，则传递过去的声能越多；隔声间吸声量越大，越有利于降低噪声。隔声间的实际隔声量，对于隔声间设计有很重要的作用。

5. 隔声门窗设计

一般门窗的结构轻薄，而且存在着较多的缝隙，因此门窗是组合墙体隔声的薄弱环节。门窗的能力取决于本身的面密度、构造和缝隙密封程度。由于门窗为了开启方便，一般采用轻质双层或多层复合隔声板制成。

（1）隔声门设计

一般来说，普通可开启的门，隔声量大致为 20dB；质量较差的木门隔声量甚至可能低于 15dB。如果希望门的隔声量提高到 40dB，需要做专门设计。

要提高门的隔声能力，一方面要做好周边的密封处理，另一方面应避免采用轻、薄、单的门扇。提高门扇隔声量的做法有两种：一种是采用厚而重的门扇，另一种是采用多层复合结构，即用性质相差较大的材料叠合而成。门扇边缘的密封，可采用橡胶、泡沫塑料条及毛毡等。对于需经常开启的门，门扇重量不宜过大，门缝也难以密封，这时可设置双层门来提高隔声效果，因为双层门之间的空气层可带来较大的附加隔声量。如果加大两道门之间的空间，构成门斗，并且在门斗内表面布置强吸声材料，可进一步提高隔声效果。这种门斗又称声闸。

（2）隔声窗设计

窗是外墙和围护结构中隔声量最薄弱的环节。可开启的窗往往很难有较高的隔声量。欲提高窗的隔声量，应注意以下几点：

① 首先要保证玻璃与窗扇、窗扇与窗框、窗框与墙之间有良好密封。

② 在隔声要求比较高的场所，采用较厚的玻璃，也可采用不同厚度的双层玻璃窗或三层玻璃窗，其中至少有一层为固定式。

③ 两层玻璃之间宜留有较大的距离，最好不小于 50mm，并且两层之间的边框四周贴吸声材料。为防共振，两层玻璃不要平行装置，并且两层玻璃厚度要有较大差别，以弥补两层玻璃由于吻合效应引起的隔声低谷。双层窗的玻璃组合，最好采用 5mm 和 10mm 为一组，3mm 和 6mm 为一组。

④ 为获得高隔声量，窗应尽量少开，尺寸也应尽量小或采用固定窗等措施。

(三) 隔声屏

用来阻挡噪声源与接收者之间直达声的障板或帘幕称为隔声屏(帘)。隔声屏能够隔声是因为声波在传播中遇到障碍物产生衍射(绕射)现象，与光波照射到物体的绕射现象相似，光线被不透明的物体遮挡后，在阻碍物后面出现阴影区，而声波产生"声影区"，同时，声波绕射，必然产生衰减。对于高频噪声，因波长较短，绕射能力差，隔声效果显著；低频声波波长长，绕射能力强，所以隔声屏隔声效果是有限的。

一般对于人员多、强噪声源比较分散的大车间，在某些情况下，由于操作、维护、散热或厂房内有吊车作业等原因，不宜采用全封闭性的隔声措施，或者对隔声要求不高的情况下，可根据需要设置隔声屏。此外，采用隔声屏障减少交通车辆噪声干扰，已有不少应用，一般沿道路设置 5~6m 高的隔声屏，可达 10~20dB(A) 的减噪效果。

设置隔声屏的方法简单、经济、便于拆装移动，在噪声控制工程中广泛应用。

隔声屏障的种类一般用各种板材制成并在一面或两面衬有吸声材料的隔声屏，有用砖石砌成的隔声墙，有用 1~3 层密实幕布围成的隔声幕，还有利用建筑物作屏障的。

1. 设置隔声屏应注意的事项

(1) 隔声屏常用的建筑材料如砖、木板、钢板、塑料板、石膏板、平板玻璃等，都可以直接用来制作声屏障，或是作为其中的隔声层。在结构上，可以做成基础固定的单层实体，也可以做成装配活络的双层或多层复合结构。结合采用不同材料的表面吸声处理，布置时，可以是一端连墙或两端连墙的直立式，也可以是曲折状的二边形、多边形屏障。可按照工厂车间的具体情况，因地制宜进行设计。隔声屏基本形式见图 2-34。

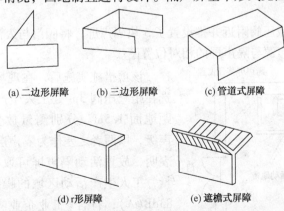

(a) 二边形屏障　　(b) 三边形屏障　　(c) 管道式屏障

(d) Γ形屏障　　　　(e) 遮檐式屏障

图 2-34　隔声屏基本形式

(2) 隔声屏的骨架可用 1.5~2.0mm 厚的薄钢板制作，沿周铆上型钢，以增加隔屏的刚度，同时也作为固定吸声结构的支座，吸声结构可用50mm厚的超细玻璃棉加一层玻璃布与一层穿孔板（穿孔率在25%以上）或窗纱、拉板网等构成。

（3）在隔声屏的一侧或两侧衬贴的吸声材料，使用时应将布置有吸声材料的一面朝向声源。

（4）隔声屏应有足够的高度，有效高度越高，减噪效果越好。隔声屏的宽度也是影响其减噪效果的重要参量，一般来说宽度为高度的1.5~2倍。

（5）在放置隔声屏时，应尽量使之靠近噪声源处。活动隔声屏与地面的接缝应减到最小。多块隔声屏并排使用时，应尽量减少各块之间接头处的缝隙。

（6）为了形成有效的"声影区"，隔声屏的隔声量要比声影区所需的声级衰减量大10dB，如要求15dB的声级衰减量，隔声屏本身要具有25dB以上的隔声量，才能排除透射声的影响。

（7）隔声屏主要用于降低直达声。对于辐射高频噪声的小型噪声源，用半封闭的隔声屏遮挡噪声可以收到比较明显的降噪效果。

（8）根据需要也可在隔声屏上开设观察窗，观察窗的隔声量与隔声屏大体相近。

2. 隔声屏降噪量的计算

如果隔声屏本身不透声（理想隔声屏），且安放在空旷的自由声场中，屏无限长，则接收点 R 处的声压级降低量即降噪量（插入损失）为

$$IL = 10\lg N + 13 \tag{2-67}$$

其中

$$N = \frac{2}{\lambda}\delta = \frac{2(A + B - \delta)}{\lambda}$$

式中　λ——声波波长，m；

　　　δ——声波绕射路径差，m；

　　　A——声源到屏顶的距离，m；

　　　B——接收者到屏顶的距离，m。

3. 隔声屏应用实例

某厂的减压站有一个减压阀门，其噪声特别强烈，尤以高频突出，严重影响整个厂房内工人的健康和正常的通信联系。为便于巡回检查，该厂决定采用隔声屏降噪。试设计隔声屏。

在辐射强噪声的减压阀附近并排设置了5块隔声屏，将阀门与人活动的场所用隔声屏隔开。图2-35为噪声源与隔声屏的相对位置图。

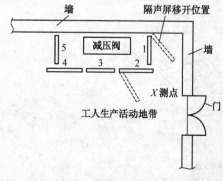

该项措施实施后，在现场进行了实测。测点选在距减压阀3m处工人生产活动的地方，测点距地面1.5m。分别测量放置隔声屏前后的噪声级，以两者之差作为隔声屏的降噪效果。实测表明，放置活动隔声屏可取得10dB（A）的降噪量，工人生产活动区域的噪声由93dB（A）降至83dB（A），符合《工业企业噪声设计卫生标准》（GBZ 1—2010）的规定要求。表2-20所示为测试结果。

图2-35　隔声屏放置示意图

表 2-20　活动隔声屏的降噪效果

工况	噪声级					频谱/Hz				
	A	C	63	125	250	500	1000	2000	4000	8000
未放隔声屏/dB	93	93	79	78	77	75	80	83	88	90
放置隔声屏/dB	83	85	78	76	74	72	73	73	75	74
降噪效果/dB	10	8	1	2	3	3	7	10	13	16

隔声屏在控制交通噪声方面也有不少应用。在公路、铁路上行驶的车辆噪声，常常对道路沿线的居民、医院、学校、机关及邮电系统等特定区域造成严重的干扰。对于这种复杂的室外噪声，隔声屏几乎是唯一可采取的防噪措施。

用于防治交通噪声的隔声屏，屏障表面也应加吸声材料，否则，噪声在道路两侧面对面的隔声屏表面多次反射，使隔声屏起不到应有的降噪效果。为此，在隔声屏表面，尤其在面对道路的一侧进行吸声处理是十分必要的。

三、隔声设计

隔声是噪声控制的重要手段之一，它将噪声局限在部分空间范围内，从而提供了一个安静的环境。隔声设计若从声源处着手，则可采用隔声罩的结构形式；若从接收者处着手，可采用隔声间的结构形式；若从噪声传播途径上着手，可采用声屏障或隔墙的形式。作隔声设计时，还应根据具体情况，同时考虑吸声、消声和隔振等配合措施，以消除其他传声途径，以保证最佳的减噪效果。

（一）设计原则

隔声设计一般应从声源处着手，在不影响操作、维修及通风散热的前提下，对车间内独立的强噪声源，可采用固定密封式隔声罩、活动密封式隔声罩以及局部隔声罩等，以便用较少的材料将强噪声的影响限制在较小的范围内。一般来说，固定密封式隔声罩的减噪量（A声级）约为40dB，活动密封式隔声罩的约为30dB，局部隔声罩的约为20dB。

当不宜对噪声源做隔声处理，而又允许操作管理人员不经常停留在设备附近时，可以根据不同要求，设计便于控制、观察、休息使用的隔声室。隔声室的减噪量（A声级）一般约为 20~50dB。

在车间大、工人多、强噪声源比较分散，而且难以封闭的情况下，可以设置留有生产工艺开口的隔墙或声屏障。

在做隔声设计时，必须对孔洞、缝隙的漏声给予特别注意。对于构件的拼装节点，电缆孔、管道的通过部位以及一切施工上特别容易忽略的隐蔽漏声通道，应做必要的声学设计和处理。

（二）基本设计公式

在隔声设计中，要确定构件的需要隔声量 R，R 可分下列几种基本情况按 125~4000Hz 的 6 个倍频程（必要时可按 63~8000Hz 的 8 个倍频程或 1/3 倍频程）逐个进行计算。

（1）对于室外设置的隔声罩或隔声室（图 2-36），隔声量可按照自由空间半球面辐射的声衰减公式计算

$$R = L_W - L_{PE} + 10\lg\frac{S}{A} + 10\lg\frac{1}{2\pi r^2} \qquad (2-68)$$

式中 L_W——声源的声功率级，dB；

L_{PE}——接收点的设计声压级，dB；

S——隔声结构的透声面积，m²；

A——隔声结构的吸声量，dB；

r——隔声结构到接收点的距离，m。

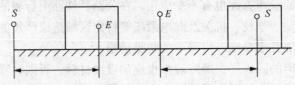

图 2-36 隔声结构到接收点的距离示意图

（2）在室外声场中设置隔声室（图 2-37），隔声量可按下式计算

$$R = \bar{L} - L_{PE} + 10\lg\frac{S}{A} \qquad (2-69)$$

式中 $\bar{L}$——室外声场的平均声压级，dB。

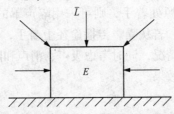

图 2-37 室外声场中的隔声室

（3）在室外声源和接收点处两方面均设置隔声结构时，隔声量可按下式计算

$$R_1 + R_2 = L_W - L_{PE} + 10\lg\frac{S_1}{A_1} \times \frac{S_2}{A_2} + 10\lg\frac{1}{2\pi r^2} \qquad (2-70)$$

式中 R_1、R_2——隔声罩和隔声室的需要隔声量，dB；

S_1、S_2——两个结构的透声面积，m²；

A_1、A_2——两个结构的内部吸声量，dB；

r——两个结构之间的距离，m。

（4）在车间内设置的隔声罩或隔声室，隔声量可按下式计算

$$R = \bar{L} - L_{PE} + 10\lg\frac{S}{A} \qquad (2-71)$$

式中 $\bar{L}$——车间内的平均声压级，dB；

S——隔声结构的透声面积，m²；

A——隔声结构内的吸声量，dB。

（三）隔声设计计算步骤

（1）首先通过实测或厂家提供资料掌握声源的声功率，由声源特性和受声点的声学环境，利用室内声学公式估算受声点的各倍频带声压级（主要是 125Hz ~ 4kHz 之间的倍频带）。如果是多声源，则要求分别计算各声源产生声压级，然后进行迭加；

（2）查表确定受声点各倍频带的允许声压级；

（3）计算各倍频带的需要的噪声降低量 NR 或插入损失 IL；

（4）详细研究声源特性和噪声暴露人群分布特性，声源设备操作、维修和其他工艺要求，选择适用的隔声设施类型（隔声间、隔声罩、半隔声罩、或隔声屏）；

（5）选择适当的市场上有售的隔声结构与设施，或设计满足要求的隔声构件和设施；

（6）进行隔声设施的详细设计。

（四）隔声设计计算实例

某厂 $7000 m^3/min$ 轴流空气压缩机，在通风机械中属于大型设备，采用了瑞士 SULZ-ER 热力工程公司产品。签订的合同安排隔声罩及消声器由某部设计研究总院设计，由陕西鼓风机厂制造。瑞方所提供的技术要求为 600～2000Hz 倍频带内的噪声衰减量不小于 28dB（A），距离声罩 1m 噪声级低于 ISO 的 $N85$ 曲线。按设计，理论计算的隔声量等于 31.1dB（A）。加工完成后，实测的静态隔声量为 38.9dB（A），频带噪声级均在 $N85$ 曲线以下，满足了合同的技术要求。

1. 隔声罩的声学设计

隔声罩的外形尺寸为 $10m \times 6.2m \times 3.7m$，因其尺寸较大，不适宜采用厚重结构。从隔声效果、加工技术，以及是否易于加工、便于运输安装和使用、耐久性等多方面因素综合考虑，确定采用如图 2-38 和图 2-39 所示的装配式轻型隔声结构。

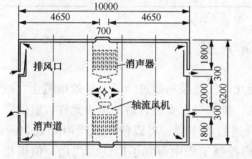

图 2-38　隔声罩平面图　　　　图 2-39　隔声罩透视图

整个罩壳均由薄钢板制成，所有骨架均采用薄壁方钢和薄壁型钢。为避免薄钢板在声波作用下引起共振和"吻合效应"形成隔声低谷，使隔声性能下降，在罩的内壁除按构造需要分格焊接外，均涂以内耗大的阻尼层——石棉沥青漆，来抑制钢板的弯曲振动，以降低钢板罩壳的声辐射。

2. 隔声量计算

按照无规入射条件下质量定律的经验公式，可求出隔声罩的隔声量 L_{TL}。

$$L_{TL} = 18 lg m + 12 lg f - 25 \qquad (2-72)$$

经计算得出隔声罩的平均隔声量 $\overline{L_{TL}} = 33.4 dB$，隔声罩内表面平均吸声系数 $\overline{a}$，隔声罩的实际隔声量 $L_{TL实} = \overline{L_{TL}} + 10 lg a$。设计时在阻尼层后加了一层超细玻璃棉，测出 $\overline{a} = 0.74$。

$$L_{TL实} = 32.4 + 10 lg 0.74 = 31.1 dB。$$

3. 进排气噪声控制

（1）进风噪声

轴流风机噪声 L 可按下式估算，即

$$L = 44 + 25\lg H + 10\lg I_t + \delta + \Delta b \tag{2-73}$$

以风压 $H = 48.7\mathrm{Pa}$，风量 $I_t = 30800\mathrm{m^3/h}$，$\delta = 8$ 代入，并计入各频率噪声修正值 Δb 后，

得出各频率的噪声级，如表 2-21 所示，再经计权后得 100dB（A）。

表 2-21 轴流风机各频率噪声级

频率/Hz	125	250	500	1000	2000	4000
噪声级/dB	96	97	97	96	93	90

（2）排气噪声

机组噪声通过四个窄缝消声道，得出其消声量 22.7dB。

双层观察窗制作采用厚为 5mm 玻璃加 6mm 空气层，再加厚为 5mm 玻璃，其试验测定的隔声量如表 2-22 所示，平均隔声量为 32dB。

表 2-22 试验测定的隔声量

频率/Hz	125	250	500	1000	2000	4000
噪声级/dB	16	24	32	38	35	48

第七节　消声器

消声器是用于降低气流噪声的装置，它既能允许气流顺利通过，又能有效地阻止、减弱声能向外传播。例如，在输气管道中或在进气、排气口上安装合适的消声元件，就能降低进、排气口及输送管道中的噪声传输。一个合适的消声器，可以使气流噪声降低 20~40dB，相应响度降低 75%~93%，因此，在噪声控制工程中得到了广泛的应用。值得指出的是，消声器只能用来降低空气动力性设备的气流噪声而不能降低空气动力设备的机壳、管壁、电机等辐射的噪声。

一、消声器的分类、性能评价和设计程序

（一）消声器的分类

按消声机理消声器大体可分为五大类：阻性消声器、抗性消声器、微穿孔板消声器、阻抗复合型消声器和扩散消声器。

阻性消声器，是将吸声材料固定在气流通过的通道内，利用声波在多孔吸声材料中传播时的摩擦阻力和黏滞作用将声能转化为热能，以达到消声的目的，是一种吸收型消声器。一般来说，阻性消声器对中、高频有良好的消声性能，对低频消声性能较差，主要用于控制风机等的进、排气噪声。

抗性消声器，是通过控制声抗的大小来消声的，不使用吸声材料，而是在管道上接截面突变的管段或旁接共振腔，利用声抗匹配，使某些频率的声波在声阻抗突变的界

面处发生反射、干涉等现象，达到消声的目的，它相当于一个声学滤波器。对于消除低、中频的窄带噪声效果较好，可用于消除空压机的进气噪声以及内燃机的排气噪声等。

微穿孔板消声器，是利用微穿孔板吸声结构制成的消声器。通过选择微穿孔板上的不同穿孔率与板后的不同腔深，能够在较宽的频率范围内获得良好的消声效果。微穿孔板消声器阻力损失小，再生噪声低，消声频带宽，可耐高温和气流的冲击，不怕油雾和蒸汽，在有水流通过时也有较好的消声性能，受短时间的火焰喷射也不至于损坏，可用于超净化空调系统以及要求洁净的场所的消声。

阻抗复合型消声器，既有阻性吸声材料，又有共振腔、扩张室、穿孔板等声学滤波器件。为了达到宽频带、高吸收的消声效果，将阻性消声器和抗性消声器组合在一起而构成阻抗复合型消声器。一般将抗性部分放在气流的入口端，阻性部分放在抗性部分的后面，根据现场条件及声源特性，通过不同方式的组合，可设计出不同结构型式的阻抗复合型消声器。

扩散型消声器，是从声源上降低噪声，通常是安装在高速排气管口，起到扩散降速、变频或改变喷注气流参数的作用。具有宽频带消声特性，主要用于消除高压气体排放产生的声级高、频带宽、传播远、危害大的噪声，如锅炉排汽、高炉放风、喷气式飞机、火箭等产生的噪声等。

在噪声控制工程上，常综合采用上述原理制成复合型消声器，以增强消声效果；同时还有一些特殊型式的消声器，例如干涉型消声器、电子消声器、土建结构消声器、钢球消声器、环流式消声器等，也有一定应用。

（二）对消声器的基本要求

一个好的消声器应满足以下五项基本要求。

（1）声学性能：应具备较好的消声特性，消声器在一定的流速、温度、湿度、压力等工作环境中，在所要求的频率范围内应有足够大的消声量，或在较宽的频率范围内能满足需要的消声量要求。

（2）空气动力性能：消声器要有良好的空气动力性能，对气流的阻力要小，阻力损失和功率损失要控制在实际允许的范围内，不影响气动设备的正常工作，气流通过消声器时所产生的再生噪声要低。

（3）结构性能：消声器的空间位置要合理，体积小，重量轻，结构简单，便于加工、安装和维修，材质坚固耐用，应注意耐高温、耐腐蚀、耐潮湿等特殊要求。

（4）外形及装饰：消声器的外形应美观大方，体积和外形应满足设备总体布局的限制要求，表面装饰应与设备总体相协调，体现环保产品的特点。

（5）价格费用：消声器要价格便宜，经久耐用，条件允许的情况下，应尽可能减少消声器的材料消耗，以降低费用。

（三）消声器性能的评价

消声器性能的评价，应同时考虑声学性能、空气动力性能和结构性能三个方面。

1. 声学性能

消声器的声学性能包括消声量的大小和消声频率范围宽窄两个方面。消声量的量度有下列四种方法。

（1）插入损失

插入损失是指在声源与测点之间插入消声器前后，在某一固定测点所得的声压级的差值，即

$$L_{IL} = L_{P1} - L_{P2} \qquad (2-74)$$

式中　L_{P1}——安装消声器前测点的声压级，dB；

　　　L_{P2}——安装消声器后测点的声压级，dB。

插入损失作为评价量的优点是较为直观、实用、简单，是现场测量消声器消声量最常用的方法。但插入损失不仅决定于消声器本身的性能，而且与声源、末端负载以及系统总体装置情况紧密相关，因此适用于在现场测量中用来评价安装消声器前后的综合效果。

（2）传声损失

传声损失是指消声器进口端入射声能与出口端透射声能相比较，入射声与透射声的声功率级之差，即

$$L_R = 10\lg\left(\frac{W_1}{W_2}\right) = L_{W1} - L_{W2} \qquad (2-75)$$

式中　L_{W1}——消声器进气口处声功率级，dB；

　　　L_{W2}——消声器出气口处声功率级，dB。

声功率级不能直接测得，一般是通过测量声压级值来计算声功率级和传声损失。传声损失反映的是消声器自身的特性，和声源、末端负载等因素无关，所以适合于理论分析计算和在实验室中检验消声器自身的消声性能。

（3）减噪量

减噪量是指在消声器进口端面测得的平均声压级与出口端面测得的平均声压级之差，其关系式如下

$$L_{NR} = L_{P1} - L_{P2} \qquad (2-76)$$

式中　L_{P1}——消声器进口端面平均声压级，dB；

　　　L_{P2}——消声器出口端面平均声压级，dB。

这种测量方法误差较大，易受环境反射、背景噪声、气象条件等影响。一般是在严格按传声损失测量有困难时而采用的一种简单测量方法，现场测量使用较少。

（4）衰减量

衰减量是指在消声器通道内沿轴向两点间的声压级的差值，主要用来描述消声器内声传播的特性，通常以消声器单位长度上的衰减量（dB/m）来表征。这一方法只适用于声学材料在较长管道内连续而均匀分布的直通管道消声器。

以上四种评价消声器性能的方法中，传声损失和衰减量是属于消声器本身的特性，它受声源与环境影响较小，而插入损失和减噪量不单是消声器本身特性，它还受到声源端点反射以及测量环境的影响。因此，在给出消声器消声效果的同时，一定要注明是采用何种方法，在何种环境下测得的。

2. 空气动力性能

消声器的空气动力性能是评价消声性能好坏的另一个重要指标，是指消声器对气流阻力的大小，通常用阻力系数或阻力损失来表示。阻力系数是指消声器安装前后的全压差与全压之比。对于一个确定的消声器来说，阻力系数是一个定值，能全面反映消声器的空气

动力性能，但测量较麻烦，只有在专门设备上才能测得。阻力损失是指气流通过消声器时，在消声器进口端与出口端之间全压降低值。当进口端与出口端的端面面积相同时，阻力损失就等于消声器进口端与出口端间气体静压的降低量。很显然，一个消声器的阻力损失大小是与使用条件下的气流速度大小有密切关系。消声器内的气流阻力损失与流速的平方成正比。消声器的阻力损失能够通过实地测量求得，也可以根据公式进行估算。

根据阻力损失的机理不同，可把阻力损失分成两大类：一类是摩擦阻力损失，一类是局部阻力损失。

（1）摩擦阻力损失

摩擦阻力损失是消声器内壁与气流之间的摩擦产生的，可以由下式计算

$$\Delta H_\lambda = \lambda \frac{l}{d_\varepsilon} \cdot \frac{\rho v^2}{2g} \qquad (2-77)$$

式中 ΔH_λ——摩擦阻力损失，Pa；

  l——消声器的长度，m；

  λ——摩擦阻力系数；

  d_ε——消声器的通道截面等效直径，m；

  v——气流速度，m/s；

  ρ——气体密度，kg/m³。

通常情况下，消声器内的雷诺数 Re 均在 10^5 以上。

$$Re = \frac{vd_e}{v} \qquad (2-78)$$

式中 v——为流体运动的黏滞系数。

这时摩擦阻力系数 λ 仅取决于壁面粗糙度，表 2-23 中 ε 为消声器通道壁面的绝对粗糙度。

表 2-23 摩擦阻力系数与相对粗糙度的关系（$Re > 10^5$）

相对粗糙度（ε/d_e）/%	0.2	0.4	0.5	0.8	1.0	1.5	2	3	4	5
摩擦阻力系数 λ	0.024	0.028	0.032	0.036	0.039	0.044	0.049	0.057	0.065	0.072

对于穿孔板护面结构消声器，粗糙峰高度与穿孔板厚度或穿孔直径有关。在通常情况下，相对粗糙度在百分之几的范围内，λ 值变化范围不大，约为 0.04~0.06，粗略地可取 0.05。对于刚性管道，粗糙峰高度在十分之几毫米以下，相对粗糙度在千分之几的范围，λ 值约为 0.02~0.03。

（2）局部阻力损失

局部阻力损失是指气流通过消声器通道时，由于消声器通道结构的变化，使气流的机械能不断损耗，从而产生阻力损失。阻力损失可用下式计算

$$\Delta H_\varepsilon = \xi \frac{\rho v^2}{2} \qquad (2-79)$$

式中 ΔH_ε——局部阻力损失，Pa；

  ξ——局部损失系数。

对于消声器通道，通常所采用的局部结构与相应的局部阻力损失系数可查表。

摩擦阻力损失与局部阻力损失之和即为消声器的总阻力损失。一般情况下，阻性消声

器以摩擦阻力损失为主，抗性消声器以局部阻力损失为主。摩擦阻力损失和局部阻力损失，都与速度成正比，气流速度愈大、阻力损失也愈大，致使消声器空气动力性能变坏，所以设计消声器时，如果条件许可，尽可能采用低流速。

3. 结构性能

消声器的结构性能也是评价消声器性能的一项指标，一般是指消声器的外形尺寸、坚固程度、维护要求、使用寿命等。好的消声器除了具备好的声学性能和空气动力性能之外，还应该具备体积小、重量轻、结构简单、造型美观、加工方便、坚固耐用、使用寿命长、维护简单和造价便宜等条件。

消声器三个方面性能的评价，是互相联系、互相制约的。例如，消声器的消声性能，在所需消声的频率范围内，消声量越大越好。但是，如果只顾消声量大而使空气动力性能变差，会造成功率损失增加，显然是不行的。再比如，尽管消声器声学性能和空气动力性能都很好，但体积过大，安装困难或使用寿命短也是不行的。在实际运用中，对这三个方面的性能要求应具体情况具体分析，有所侧重。例如，高压排气放空的消声器，阻力损失就可以大一些。

（四）消声器的设计程序

1. 噪声源现场调查及特性分析

消声器安装前应对气流噪声本身的情况，周围的环境条件，以及有无可能安装消声器，消声器安装在什么位置，与设备连接形式等应做现场调查记录，以便合理的选择消声器。

气体动力性设备，按其压力不同，可分为低压、中压、高压；按其流速不同，可分为低速、中速、高速；按其输送气体性质不同，可分为空气、蒸汽和有害气体等。应按不同性质不同类型的气流噪声源，有针对性地选用不同类型的消声器。噪声源的声级高低及频谱特性各不相同，消声器的消声性能也各不相同，在选用消声器前应对噪声源进行测量和分析。一般测量 A 声级、C 声级、倍频程或 1/3 倍频程频谱特性。特殊情况下，如噪声成分中带有明显的尖叫声，则需作 1/3 倍频程或更窄频谱分析。

2. 噪声标准的确定

根据对噪声源的调查及使用上的要求，以及国家有关声环境质量标准和噪声排放标准，确定噪声应控制在什么水平上，即安装所选用的消声器后，能满足何种噪声标准的要求。

3. 消声量的计算

计算消声器所需的消声量，对不同的频带消声量要求是不相同的，应分别进行计算，即

$$\Delta L = L_p - \Delta L_d - L_a \qquad (2-80)$$

式中　L_p——声源某一频带的声压级，dB；

　　ΔL_d——当无消声措施时，从声源至控制点经自然衰减所降低的声压级，dB；

　　L_a——控制点允许的声压级，dB。

4. 选择消声器类型

根据各频带所需的消声量及气流性质，并考虑安装消声器的现场情况，经各方案比较和综合平衡后确定消声器类型、结构、材质等。

5. 检验

根据所确定的消声器,验算消声器的消声效果,包括上下限截止频率的检验,以及消声器的压力损失是否在允许范围之内。根据实际消声效果,对未能达到预期要求的,需修改原设计方案并采取补救措施。

二、阻性消声器

(一)阻性消声器的消声原理

阻性消声器是借助装在管壁上的吸声材料的吸声作用来吸收声能的。当声波通过衬贴有多孔吸声材料的管道时,声波将激发多孔材料中无数小孔内空气分子的振动,其中一部分声能将用于克服摩擦阻力与黏滞阻力变为热能而消耗掉,达到消声目的。

一般,阻性消声器对中、高频消声性能良好,而对低频性能较差,然而,只要适当合理地增加吸声材料的厚度和密度以及选用较低的穿孔率,低中频消声性能也大大改善,从而可以获得较宽频带的阻性消声器。

消声器的传声损失与吸声材料的声学性能、气流通道周长、断面面积以及管道长度等因素有关。对相同截面积的管道,L/S 比值以长方形为最大,方形次之,圆形最小。

由一维理论推导出长度为 l 的消声器的声衰减量 L_A 为

$$L_A = \varphi(\alpha_0) \frac{P}{S} \cdot l \tag{2-81}$$

式中 P——消声器的通道断面周长,m;

  S——消声器的通道有效截面积,m^2;

  l——消声器的有效部分长度,m。

对截面较大的通道,通常在管道纵向插入几片消声片,将其分隔成多个通道,以增加周长,减少截面积,而使消声量提高。

消声系数 $\varphi(\alpha_0)$ 与材料的吸声系数 α_0 的换算关系,见表 2-24。

表 2-24 $\varphi(\alpha_0)$ 与 α_0 的换算关系

α_0	0.10	0.20	0.30	0.40	0.50	0.6~1.0
$\varphi(\alpha_0)$	0.11	0.24	0.39	0.55	0.75	1.0~1.5

(二)阻性消声器的分类

阻性消声器的种类和形式繁多,把不同种类的吸声材料按不同的方式固定在气流通道中,可以构成各式各样的阻性消声器,按照气流通道的几何形状区分为:直管式消声器、片式消声器、折板式消声器、蜂窝式消声器及迷宫式消声器等,如图 2-40 所示。

1. 直管式消声器

直管式消声器是阻性消声器中形式最简单的一种,吸声材料衬贴在管道侧壁上,适用于管道截面尺寸不大的低风速管道。

2. 片式消声器

对于流量较大,需要足够大通风面积的通道时,为使消声器周长与截面积比增加,可在直管内插入板状吸声片,将大通道分隔成几个小通道。当片式消声器每个通道的构造尺寸相同时,只要计算单个通道的消声量,即为该消声器的消声量。

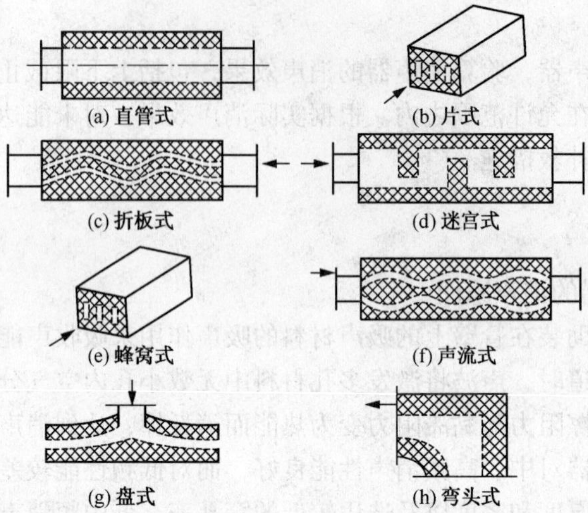

图 2-40 阻性消声器示意图

3. 折板式消声器

折板式消声器是片式消声器的变形。在给定直线长度情况下，这种消声器可以增加声波在管道内的传播路程，使材料更多接触声波，特别是对中高频声波，能增加传播途径中的反射次数，从而使中高频的消声特性有明显改善。为了不过大地增加阻力损失，曲折度以不透光为佳。对风速过高的管道不宜采用这种消声器。

4. 迷宫式消声器

将若干个室式消声器串联起来形成迷宫式消声器。消声原理和计算方法类似于单室，其特点是消声频带宽，消声量较高，但阻力损失较大，适用于低风速条件。

5. 蜂窝式消声器

由若干个小型直管消声器并联而成，形似蜂窝。因管道的周长与截面之比值比直管和片式大，故消声量高，且由于小管的尺寸很小，使消声失效频率大大提高，从而改善了高频消声性能。但由于构造复杂，且阻力损失较大，通常使用于流速低、风量较大的情况。

6. 声流式消声器

为了减小阻力损失并使消声器在较宽频带范围内均具有良好的消声性能，而将消声片制成流线型。由于消声片的截面宽度有较大起伏，从而不仅具有折板式消声器的优点，还能增加低频的吸收。但该消声器结构较复杂，制造成本较高。

7. 盘式消声器

在装置消声器的纵向尺寸受到限制的条件下使用。其外形成一盘形，使消声器的轴向长度和体积比大为缩减，因消声通道截面是渐变的，气流速度也随之变化，阻力损失也较小。另外，因进气和出气方向垂直，使声波发生弯折，故提高了中高频的消声效果。一般轴向长度不到50cm，插入损失约 10~15dB。适用于风速以不大于 16m³/s 为宜。

8. 消声弯头

当管道内气流需要改变方向时，必须使用消声弯头。在弯道的壁面衬贴吸声材料就形成消声弯头。弯头的插入损失大致与弯折角度成正比。

（三）阻性消声器性能的影响因素

1. 频率的影响

对于一定截面积的气流通道，当入射声波的频率高至一定限度时，由于方向性很强而形成"光束状"传播，很少接触贴附的吸声材料，消声量明显下降，这一现象称之为高频失效。产生高频失效所对应的频率称为上限失效频率 $f_{上}$。以直管式消声器为例，可用如下经验公式计算：

$$f_{上} = 1.85 \frac{c}{D} \tag{2-82}$$

式中　c——声速，m/s；

D——消声器通道的当量直径，m；对矩形管道取边长平均值，圆形管道取直径，其他可取面积的开方值。

当频率高于失效频率时，每增高一个倍频带，消声量约下降 1/3，按下式估算：

$$\Delta L' = \frac{3-n}{3}\Delta L_n \tag{2-83}$$

式中　$\Delta L'$——高于失效频率的某倍频带的消声量，dB；

ΔL_n——失效频率处的消声量，dB；

n——高于失效频率的倍频程频带数。

2. 结构因素的影响

由于高频失效，所以在设计消声器时，对于小风量的细管道，可选用直管式，但对于较大风量的粗管道须采用多通道形式。通常在消声器通道中加装消声片，或将消声器设计成片式、折板式、蜂窝式和弯头式等，以提高消声器在中、高频范围内的消声效果。在高频失效频率附近采取上述办法可显著地提高高频消声效果，但对低频来说效果并不明显。同时由于通道过多或出现弯曲，会显著增加阻力损失，使消声器的空气动力性能变坏。因此，阻性消声器的结构形式的采用应根据实际情况来决定。

3. 气流的影响

气流一方面会影响声波的传播和衰减规律，另一方面气流速度过大时，会在消声器内产生附加噪声，称为气流再生噪声。气流再生噪声主要是气流经过消声器时因局部阻力和摩擦阻力形成湍流产生的噪声，另外高速气流激发消声器构件振动也会辐射噪声。管道中气流再生噪声倍频程的声功率经验计算公式为

$$L_W = 72 + 60\lg v - 20\lg f \tag{2-84}$$

式中　L_W——倍频带的气流再生噪声，dB；

f——倍频带的中心频率，Hz；

v——气流声速，m/s。

气流再生噪声的大小主要取决于气流的速度和消声器的结构。气流速度增加，使消声量减少，当气流速度高到一定程度时，消声量变为负值，此时消声器失去消声作用。所以消声器的设计不应使气流的流速过高，否则不仅消声器的性能受到影响，而且空气动力性能也会变差。

（四）阻性消声器的设计

1. 确定消声量

应根据有关的标准规范，适当考虑设备的具体条件，合理确定实际所需的消声量。对

于各频带所需的消声量，可参照相应的 NR 曲线来确定。

2. 选定消声器的结构形式

首先要根据气流流量和消声器所控制的流速(平均流速)计算所需的通道截面，并由此来选定消声器的形式。一般认为，当气流通道截面的当量直径小于 300mm，可选用单通道直管式；当直径在 300～500mm 时，可在通道中加设一片吸声片或吸声芯。当通道直径大于 500mm 时，则应考虑把消声器设计成片式、蜂窝式或其他形式。

3. 正确选用吸声材料

这是决定阻性消声器消声性能的重要因素。除首先考虑材料的声学性能外，同时还要考虑消声器的实际使用条件，在高温、潮湿、有腐蚀性气体等特殊环境中，应考虑吸声材料的耐热、防潮、抗腐蚀性能。

4. 确定消声器的长度

这应根据噪声源的强度和降噪现场要求来决定。增加长度可以提高消声量，但还应注意现场有限空间所允许的安装尺寸。消声器的长度一般为 1～3m。

5. 选择吸声材料的护面结构

阻性消声器中的吸声材料是在气流中工作的，因此必须用护面结构固定。常用的护面结构有玻璃布、穿孔板或铁丝网等。如果选取护面不合理，吸声材料会被气流吹跑或使护面结构激起振动，导致消声性能下降。护面结构形式主要由消声器通道内的流速决定。

6. 验算消声效果

根据"高频失效"和气流再生噪声的影响验算消声效果。若设备对消声器的压力损失有一定要求，应计算压力损失是否在允许的范围之内。

三、抗性消声器

与阻性消声器不同，抗性消声器不使用吸声材料，主要是利用声抗的大小来消声，依靠管道截面的突变或旁接共振腔等在声传播过程中引起阻抗的改变，而产生声波的反射、干涉现象，从而降低由消声器向外辐射的声能，达到消声的目的。常用的抗性消声器有扩张室消声器和共振腔消声器两大类。抗性消声器的选择性较强，适用于窄带噪声和低、中频噪声的控制。

(一) 扩张室消声器

1. 消声原理

由图 2-41 可知，扩张室消声器是由管和室的适当组合而成的。它的消声原理主要有两条：一是利用管道截面的突变(膨胀或缩小)造成声波在截面突变处发生反射，将大部分声能向声源方向反射回去，或在腔室内来回反射直至消失；二是利用扩张室和一定长度的内插管使向前传播的声波和遇到管子不同界面反射的声波相差一个 180° 的相位，使二者振幅相等，相位相反，相互干涉，从而达到理想的消声效果。

2. 消声量的计算

如图 2-41 所示，在扩张室(腔室)与前后气流通道断面(细管)突变处，大部分声能发生反射，只有一小部分声能传递出去。故它的消声量主要决定于突变处扩张室的截面积 S_2 与气流通道截面积 S_1 之比值 m，m 值愈大则消声量愈高。其消声量 ΔL 为：

$$\Delta L = 10\lg\left[1 + \frac{1}{4}\left(m - \frac{1}{m}\right)^2\sin^2(kl)\right] \qquad (2-85)$$

式中　l——扩张室的长度，m；

　　　m——扩张比，$m = S_2/S_1$，S_2为扩张室的截面积，S_1为进、出气管截面积；

　　　k——波数，$k = \dfrac{2\pi f}{c}$，m^{-1}。

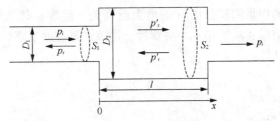

图 2-41　扩张室消声器

由上式(2-85)可知，管道截面收缩 m 倍或扩张 m 倍，其消声作用是相同的，在工程中为了减少对气流的阻力，常用的是扩张管。

当 $kl = (2n+1)\pi/2$，即 $l = (2n+1)\lambda/4$ 时($n = 0，1，2，\cdots$)，$\sin kl = 1$，ΔL 达最大值，此时式(2-85)可写成：

$$\Delta L = 10\lg\left[1 + \frac{1}{4}\left(m - \frac{1}{m}\right)^2\right] \qquad (2-86)$$

而当 $kl = n\pi$，即 $l = n\lambda/2$ 时，$\Delta L = 0$，即声波无衰减地通过。图 2-42 为 $kl = 0 \sim \pi$ 范围内，扩张比不同时的衰减特性。扩张比越大，传递损失越大。但不管扩张比多大，当 $kl = n\pi$ 处，传递损失总是降低为零，这是单节扩张式消声器的最大缺点。

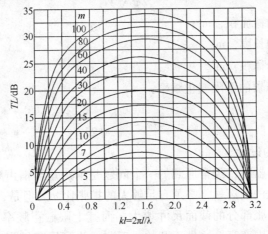

图 2-42　扩张式消声器的消声特性

3. 改善消声频率特性的方法

单节扩张式消声器的主要缺点是当 $kl = n\pi$ 处，传递损失总是降低为零，即存在许多通过频率。解决的方法通常有两种：一种是设计多节扩张室，使每节具有不同的通过频率，将它们串联起来。这样的多节串联可以改善整个消声频率特性，同时也使总的消声量提高。但各节消声器距离很近时，互相间有影响，并不是各节消声量的相加。另一种方法是将单节扩张式改进为内插管式，即在扩张室两端各插入$\frac{1}{2}l$和$\frac{1}{4}l$的管以分别消除，为奇数和偶数对的通过频率低谷，以使消声器的频率响应特性曲线平直，但实际设计的消声器两端插入管连在一起，而其间的$\frac{1}{4}l$长度上有穿孔率大于30%的孔，以减小气流阻力。

4. 上下截止频率

扩张室消声器的消声量随扩张比m的增大而增大。但当m增大到一定数值后，波长很短的高频声波以窄束形式从扩张室中央穿过，使消声量急剧下降。扩张室有效消声的上限截止频率可用下式计算：

$$f_\pm = 1.22\frac{c}{D}$$

式中 c——声速，m/s；

   D——扩张室的当量直径，m。

由上式可见，扩张室的截面积越大，消声上限截止频率越低，即消声器的有效消声频率范围越窄。因此，扩张比不能盲目地选择太大，要兼顾消声量和消声频率两个方面。

扩张室消声器的有效频率范围还存在一个下限截止频率。在低频范围内，当声波波长远大于扩张室或连接管的长度时，扩张室和连接管可看作一个集中声学元件构成的声振系统。当入射声波的频率和这个系统的固有频率f_0相近时，消声器非但不能起消声，反而会引起声音的放大作用。只有在大于$\sqrt{2}f_0$的频率范围，消声器才有消声作用。

扩张室和连接管构成的声振系统的固有频率f_0为：

$$f_0 = \frac{c}{2\pi}\sqrt{\frac{S_1}{Vl_1}} \tag{2-87}$$

式中 S_1——连接管的截面积，m²；

   l_1——连接管的长度，m；

   V——扩张室的体积，m³。

所以，扩张室消声器的下限截止频率：

$$f_F = \sqrt{2}f_0 = \frac{c}{\pi}\sqrt{\frac{S_1}{2Vl_1}} \tag{2-88}$$

5. 扩张室消声器的设计

在设计扩张室消声器时，经常遇到的一个问题是消声量与消声频率范围之间的矛盾。分析表明，欲获得较大的消声量，必须有足够大的扩张比m。但是，对一定的管道截面来说，m值增大会导致扩张部分的截面尺寸增大，而其上限截止频率$f_\pm$相应变小，使得扩张室的有效消声频率范围变窄，这是不利的。反之，为了展宽扩张室有效消声频率范围，需使扩张比变小，但消声量又受到影响。因此，在设计时，这两方面必须兼顾，统筹考虑，不能顾此失彼。

实际工程中，输气管道截面已由给定的输气流量确定。这时，再设计扩张室消声器就必然会出现上述的矛盾，此时可采取如下的方法解决。

一种方法是把一个大通道分割成若干个并联小分支通道，再在每个分支通道上设计扩张室消声器，如图2-43所示。这样便可实现在较宽频率范围内有较大消声量的要求。

另一种方法是把扩张室消声器的进口管与出口管轴线互相错开，使声波不能以窄束状形式穿过扩张室，如图2-44所示。

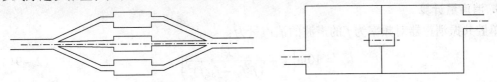

图2-43 大通道分割成多个扩张室并联　　图2-44 进出口管轴线错开的扩张室消声器

扩张室消声器设计步骤如下：

（1）根据需要的消声频率特性，确定最大消声频率，并合理地设计各节扩张室及其插入管的长度；

（2）根据需要的消声量，确定扩张比 m，设计扩张室各部分截面尺寸；

（3）验算所设计的扩张室消声器上下截止频率是否包含所需要的消声频率范围，否则应重新修改设计方案；

（4）验算气流对消声量的影响，检查在给定的气流速度下，消声量是否还能满足要求。如不能，就需重新设计，直到满足为止。

（二）共振式消声器

共振式消声器又称共鸣式消声器，它的结构形式较多，按气流通道结构可分为：单孔旁支共振式消声器、多孔旁支共振式消声器和多孔圆柱式共振消声器等。

1. 消声原理

最简单的共振式消声器，如图2-45所示的单腔式共振器。在密封的空腔中，穿过一段在管壁上开有小孔的管子与气流通道连通而组成一个共振系统。当外来的声波传播到三叉点时，由于声阻抗特性发生突变，使大部分声能向声源反射回去，还有一部分声能由于共振器的摩擦阻尼

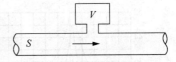

图2-45 单腔共振式
消声器示意图

转化为热能而被消耗掉，只剩下一小部分声能通过三叉点继续向前传播，从而达到消声之目的。当外来的声波频率与消声器的共振频率一致时，发生共振。在共振频率及其附近，空气振动速度达到最大值，同时克服摩擦阻力而消耗的声能也最大，故有最大的消声量，所以共振消声器实际上就是共振吸声结构的一种具体应用。

2. 共振频率

当声波的波长大于共振器最大尺寸的三倍时，共振器的共振频率 f_0，可按下式计算：

$$f_0 = \frac{c}{2\pi} \sqrt{\frac{G}{V}} \qquad (2-89)$$

$$G = \frac{S_0}{t + 0.8d} \qquad (2-90)$$

式中　c——声速，m/s；

V——共振腔容积，m^3；

f_0——共振器的共振频率，Hz；

G——声传导率；

S_0——穿孔的截面积，m^2；

t——穿孔板厚度，m；

d——小孔直径，m。

3. 消声量计算

单腔共振消声器对频率为 f 的声波的消声量为：

$$L_R = 10\lg\left[1 + \frac{k^2}{(f/f_0 - f_0/f)^2}\right] \qquad (2-91)$$

$$k = \frac{\sqrt{GV}}{2S} \qquad (2-92)$$

式中　S——气流通道的截面积，m^2；

　　　V——空腔体积，m^3；

　　　G——传导率。

由上式看出，这种消声器具有明确的选择性。即当外来声波频率与共振器的固有频率相一致时，共振器就产生共振。共振器组成的声振系统的作用最显著，使沿通道继续传播的声波衰减最厉害。因此，共振腔消声器在共振频率及其附近有最大的消声量。当偏离共振频率时，消声量将迅速下降。这就是说，共振腔消声器只在一个狭窄的频率范围内才有较好的消声性能。图 2－46 给出的是在不同情况下共振腔消声器的消声特性曲线。从曲线看出，共振腔消声器的选择性很强。当 $f = f_0$ 时，系统发生共振，总的消声量将变得很大，在偏离时，迅速下降。k 值越小，曲线越曲折。因此 k 值是共振腔消声器设计中的重要参量。

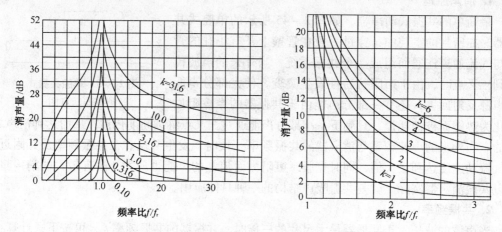

图 2－46　共振腔消声器的消声特性

4. 改善共振腔消声器性能的方法

共振腔消声器的优点是特别适宜于低、中频成分突出的噪声，且消声量比较大。缺点是消声频带范围窄，对此可采用以下方法改进。

（1）选定较大的 k 值。由图 2－46 可以看出，在偏离共振频率时，消声量的大小与 k 值有关，k 值大，消声量也大。因此，欲使消声器在较宽的频率范围内获得明显的消声效果，必须使 k 值设计得足够大。

（2）增加声阻。在共振腔中填充一些吸声材料，或在孔颈处衬贴薄而透声的材料，都可以增加声阻，使有效消声的频率范围展宽。这样处理尽管会使共振频率处的消声量有所下降，但由于偏离共振频率后的消声量变得下降缓慢，从整体看还是有利的。

（3）多节共振腔串联。把具有不同共振频率的几节共振腔消声器串联，互相错开，可以有效地展宽消声频率范围。

5. 共振腔消声器的设计

共振腔消声器的一般设计步骤如下。

（1）根据实际的消声要求，确定共振频率和某一频率的消声量（倍频程或 1/3 倍频程的消声量），再用公式计算或查表的方法求出相应的 k 值。

（2）当 k 值确定后，就可以考虑相应的 G、V 和 S，使之达到 k 值的要求。以上分析中 $k = \dfrac{\sqrt{GV}}{2S} = \dfrac{2\pi f_0}{c} \dfrac{V}{2S}$，由此得到消声器的空腔容积为

$$V = \frac{c}{2\pi f_0} \cdot 2kS \qquad\qquad (2-93)$$

而消声器的传导率为

$$G = \left(\frac{2\pi f_0}{c}\right)^2 \cdot V \qquad\qquad (2-94)$$

式中，通道截面 S 通常由空气动力性能方面的要求来决定。当管道中流速选定以后，相应的通道截面也就确定下来。在条件允许的情况下，应尽可能地缩小通道截面积 S，以避免消声器的体积过大。一般地说，对单通道的截面直径不应超过 250mm。如果流量较大时，则需采用多通道，其中每个通道宽度取 100～200mm，并且竖直高度取小于共振波长的 1/3 为宜。当通道截面积 S 确定以后，就可利用上述公式，求出相应的 V 和 G。

（3）当共振腔消声器的体积 V 和传导率 G 确定以后，就可以设计消声器的具体结构尺寸。对于某一确定的共振腔体积 V，可以有多种共振腔形状和尺寸，对于某一确定的传导率 G，也可以有多种的孔径、板厚和穿孔数组合。因此，对于确定的 S、V 和 G，可以有多种不同的设计方案。在实际设计中，通常根据现场情况和钢板材料，首先确定板厚、孔径和腔深等，然后再计算其他参数。

为了使消声器的理论计算值与实际结果值一致，在考虑设计方案时，应注意以下条件。

① 共振腔的最大几何尺寸应小于共振频率相应波长的 1/3。当共振频率较高时，此条件不易满足，共振器应视为分布参数元件，消声器内会出现选择性很高且消声量较大的尖峰，此时，应考虑声波在空腔内的传播特性。

② 穿孔位置应集中在共振消声器的中部，穿孔范围应小于其共振频率相应波长的 1/12。相邻各孔之间的孔心距一般应取孔径的 5 倍。当穿孔数目较多时，穿孔范围集中在 1/12 波长内与孔心距大于孔径 5 倍这两个要求，往往发生矛盾。在这种情况下，可采取将空腔分割成几段来分布穿孔的位置。

③ 共振消声器也有高频失效问题。当声波频率高于某一频率后，会成为束状从消声器中部"溜"过去，从而使消声效果下降。

四、阻抗复合式消声器

阻性和抗性消声器的有效消声频率均有一定范围，前者对中、高频噪声消声效果好，而后者适用于消除低、中频噪声。在工业生产中碰到的噪声多是宽频带的，即低、中、高各频段的声压级都较高。在实际消声中，为了在低、中、高的宽广频率范围获得较好的消声效果，常采用阻抗复合式消声器。

阻抗复合式消声器，是按阻性与抗性两种消声原理，通过适当结构组合而构成的。常用的阻抗复合式消声器有"阻性 – 扩张室复合式"消声器、"阻性 – 共振腔复合式"消声器、"阻性 – 扩张室 – 共振腔复合式"消声器。在噪声控制工程中，对一些高强度的宽频带噪声，几乎都采用这几种复合式消声器来消除，图 2 – 47 所示是一些常见的阻抗复合式消声器。

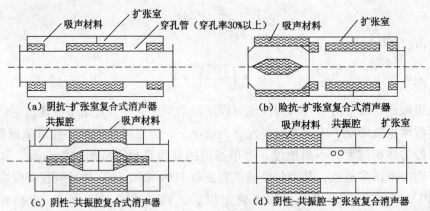

图 2 – 47　常见的阻抗复合式消声器

阻抗复合式消声器，可以认为是阻性与抗性在同一频带内的消声量叠加。但由于声波在传播过程中具有反射、绕射、折射、干涉等性能，所以，其消声值并不是简单的叠加关系。尤其对于波长较长的声波来说，当消声器以阻与抗的形式复合在一起时有声的耦合作用。

图 2 – 47(a)所示的扩张室的内壁敷设吸声层就组成最简单的阻性 – 扩张室复合消声器。由于声波在两端的反射，这种消声器的消声量比两个单独的消声器相加要大。在实际应用中，阻抗复合式消声器的传声损失通常是通过实验或现场实际测量确定。

图 2 – 47(b)所示的阻性 – 共振腔复合式消声器中黏贴吸声材料的阻性部分，用以消除噪声的中、高频成分，共振腔部分设置在中间，由具有不同消声频率的几对共振腔串联组成，用以消除低频成分。

阻抗复合式消声器的消声性能可分为静态和动态消声性能，在试验台上可分别测得。静态试验指不带气流，只用白噪声做声源，这样可消除气流对消声性能的影响而测得消声器实际的消声能力；动态试验是指送气流后的消声性能，分别测试 20m/s、40m/s、60m/s 的声学性能及空气动力性能。动态消声值随着气流速度的增高而逐渐下降。

五、微穿孔板消声器

微穿孔板消声器是我国噪声控制工作者研制成功的一种新型消声器。这种消声器是一种特殊的消声结构，它利用微穿孔板吸声结构而制成，通过选择微穿孔板上的不同穿孔率与板后的不同腔深，能够在较宽的频率范围内获得良好的消声效果。因此，微穿孔板消声器能起到阻抗复合式消声器的消声作用。

这种消声器的特点是不用任何多孔吸声材料，而是在薄的金属板上钻许多微孔，这些微孔的孔径一般为 $0.8 \sim 1mm$，相当于针孔的大小，开孔率控制在 $1\% \sim 3\%$ 之间。

由于采用金属结构代替消声材料，比前述消声器具有更广泛的适应性。它能够耐高温、耐腐蚀，不怕油雾和水蒸气，还能在高速气流下使用。尤其适用于内燃机、空压机的放空排气。图 2-48 所示为两种最简单的微穿孔板消声器结构形式。

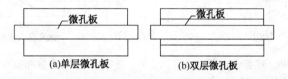

图 2-48　单层和双层微孔板消声器

微穿孔板消声器的消声原理实质上与一个共振式消声器相同，由于其孔径很小，开孔率低，腔体大，声阻大，因而有效消声频带宽，对低频消声效果较显著。若采用穿孔率不同的双层微孔板消声器，使两层共振频率错开，则可在很宽频带范围内获得良好的消声效果。

微穿孔板是高声阻、低声质量的吸声元件，在高速气流下，微穿孔板消声器具有比阻性消声器、扩张室消声器、阻抗复合消声器更好的消声性能和空气动力性能。这对于高速送风系统、消声器内流速高的空气动力设备是有益的。由于在很高流速的气流下，微穿孔板消声器还有一定的消声性能，这使大型空气动力设备的消声器可以较大幅度的减小尺寸，降低造价。对于要求洁净的场所，由于微穿孔板消声器中没有玻璃棉之类的纤维材料，使用后可以不必担心粉屑吹入房间，同时，施工、维修都方便得多。以微穿孔板吸声结构作为元件组成的复合消声器，也有好的消声效果。

为了防止在微穿孔板后面的空腔内沿管长方向声波的传播，在腔内每隔一定长度，如在 0.5m 长处加一块横向挡板，可增大其消声效果和结构刚度。

微穿孔板消声器在选型时，如果要求阻损小，一般可采用直通式；可以允许有些阻损时，则可采用声流式或多室式。如果风管中气流速度在 $50 \sim 100m/s$ 之间，则应在消声器入口端安装上一个变径管接头，以降低入口流速；当流速很低时，可以适当提高进入消声器内气流的流速，以便适当减小消声器的尺寸。

六、其他类型消声器

1. 喷雾消声器

图 2-49 是喷雾消声器的结构示意图。对于锅炉等排放的高温气流噪声，利用向蒸汽喷汽喷口均匀地喷淋水雾来达到降低噪声的目的。其消声机理：一方面是喷淋水雾后改变了介质密度 ρ 及速度 c，这两个参数的变化导致了声阻抗的改变，使得声波发生反射现象；另一方面是气、液两相介质混合时，它们之间的相互作用又可以消耗掉一部分声能。图

2 - 50是常压下，消声效果与喷水量的关系。

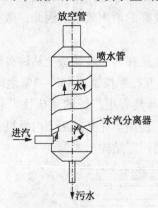

图2-49　喷雾消声器

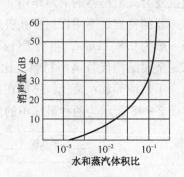

图2-50　消声量和喷水量的关系图

2. 引射掺冷消声器

利用引射掺冷空气的方法，可以有效地提高消声器结构的吸声系数。图2-51是这种消声器的结构示意图。其主要的消声机理是，高温气流掺冷空气后，可以使消声器通道内部形成温度梯度，中间热四周冷。而这样的温度梯度的存在，可以导致声波在传播中声线向消声器的壁面弯曲，从而提高吸声结构的吸声性能，又设置有微穿孔板吸声结构，因而恰好把声能吸收。根据声弯曲原理，可以导出掺冷结构所需长度的计算公式：

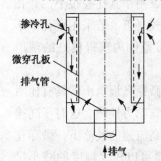

图2-51　引射掺冷消声器

$$l = D \left[\frac{2\sqrt{T_2}}{\sqrt{T_2} - \sqrt{T_1}} \right]^{1/2} \qquad (2-95)$$

式中　D——消声器通道直径，m；

T_1，T_2——分别为掺冷装置内四周、中心温度，℃。

七、消声器应用实例

消声器产品在通风空调工程及工业噪声治理工程中的应用非常广泛，以下仅选择部分工程应用实例做简要介绍及分析。

[例1]　在管径为100mm的常温气流管道上，设计一单腔共振消声器，要使其中125Hz的倍频程上有15dB的消声量。

解：（1）根据题意，流通面积为：

$$S = \frac{\pi}{4} d_1^2 = \frac{\pi}{4} \times 0.1^2 = 0.00785 \text{ m}^2$$

由于单腔共振消声器对倍频带的声波的消声量：$L_R = 10 \lg(1 + 2K^2)$，得 $L_R = 15 \text{dB}$，求得 $k = 3.93 \approx 4$。

（2）由共振吸收频率 $f_0 = \frac{c}{2\pi} \sqrt{\frac{G}{V}}$ 和 $k = \frac{\sqrt{GV}}{2S}$ 导出：

$$V = \frac{c}{\pi f_0} \cdot kS = 0.027 \text{ m}^3$$

$$G = \left(\frac{2\pi f_0}{c}\right)^2 \cdot V = 0.144 \text{ m}$$

（3）确定设计方案为与原管道同轴的圆筒形共振腔，其内径是100mm，外径是400mm，则共振腔的长度为：

$$l = \frac{4V}{\pi(d_2{}^2 - d_1{}^2)} = \frac{4 \times 0.027}{\pi(0.4^2 - 0.1^2)} = 0.23 \text{ m}$$

选用 $t = 2$mm 厚的钢板，孔径 $d = 0.5$cm，由

$$G = \frac{nS_0}{t + 0.8d}$$

可求得开孔数为：

$$n = \frac{G(t + 0.8d)}{S_0} = 44 \text{ 个}$$

（4）验算

$$f_0 = \frac{c}{2\pi}\sqrt{\frac{G}{V}} = \frac{340}{2\pi}\sqrt{\frac{0.144}{0.027}} = 125 \text{ Hz}$$

$$f_{\perp} = 1.22\frac{c}{D} = 1.22 \times \frac{340}{125} = 1037 \text{ Hz}$$

可见，在所需消声范围内不会出现高频失效问题，共振频率的波长为：

$$\lambda_0 = \frac{c}{f_0} = \frac{340}{125} = 2.72 \text{ m}$$

$$\frac{\lambda_0}{3} = \frac{2.72}{3} = 0.91 \text{ m} = 910 \text{mm}$$

所设计的共振消声器的最大几何尺寸小于共振波长的1/3，符合要求。

最后确定的设计方案如图2-52所示。

[**例2**] 某化肥厂高压鼓风机房的消声降噪

该化肥厂四车间高压鼓风机房地处厂区边缘，与附近城镇居民相距不远。风机型号为 8-18-11 型，风量12500m³/h，风压14000Pa，风机进风口敞开，由机房面向民宅一侧墙身下部开设的进风口吸风，风机出风管口接管道输气至工艺用气部分。治理前风机噪声污染十分严重，机房内噪声高达119dB（A），机房外无法交谈，影响居民正常休息。消声设计中主要是设置进风消声器，选用 F_B-4 型阻抗复合消声器，同时，对高压鼓风机房采取隔声处理，并使经消声器吸入机房的风接近电机，以起到通风冷却作用（图2-53）。

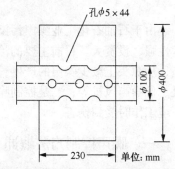

图2-52 设计的共振腔消声器

改建设计后，机房外已可对话，居民区噪声明显降低，实测的 F_B-4 型阻抗复合消声器的进出口两端声级差达31dB（A），中、高频声压级差值大多在30dB以上，表2-25为实测主要结果，该工程投资0.2万元。

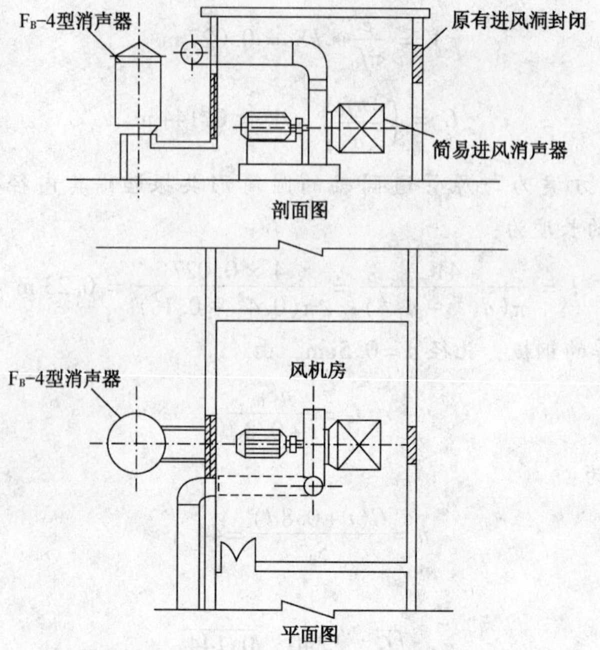

图 2-53　该厂风机房消声处理示意图

表 2-25　实测消声效果表

测点及条件	倍频程声压级/dB								总声压级/dB	
	63	125	250	500	1k	2k	4k	8k	A	C
机房内近消声器出风口	108	108	100	108	107	104	96	89	113	115
机房内近消声器进风口	94	89	81	76	78	75	66	59	82	96
消声效果 ΔL	14	19	19	32	29	29	30	40	31	19

第八节　石化工业噪声污染的控制方法

由于石油石化工业噪声污染源种类多、分布广，因此噪声治理是一项复杂的工作，技术性强、投资大。目前主要的治理途径有三条：一是通过引进新技术或加强设备维护等措施，从源头上减少噪声的产生，目前我国已经开始重视低噪声产品的生产，例如低噪声电机、低噪声风机等；二是控制噪声传播的途径；三是加强个体保护，避免职工在高强噪声环境工作时受到伤害。

一、噪声控制方法概述

目前，石油石化工业生产现场对噪声的控制还是以采取辅助措施为主，其中包括消声、隔声、吸声、隔振以及个人防护等措施。

消声器主要用于控制各种气体动力噪声，例如气(汽)体排放噪声、风机进出口噪声、高压管道中的流体噪声，以及电机冷却风扇噪声、空冷风机噪声等。目前消声器的设计、应用已经取得了成熟经验，一般降噪量为25dB(A)左右。

隔声主要包括隔声罩、隔声屏障、隔声操作室以及高压管道的隔声包扎等。例如，镇海石化总厂化肥厂"五大机组"中的空气压缩机、CO_2 压缩机，采用隔声罩后的隔声量达 20dB(A)，压缩机进出口管道采用隔声包扎，降低噪声 9dB(A)。关于隔声操作室，各厂均有应用，室内噪声均达到标准要求。

吸声主要是用于高混响车间、厂房的顶棚、壁面的处理，以及操作室、会议室、办公室等室内的顶棚、壁面的声学处理。

隔振处理主要是降低回转设备的机械振动对人体的干扰和减少固体声，对于大功率回转设备，例如 L 型空气压缩机、各类风机、化肥装置的压缩机组等，在底座安装减振器尤为重要。

对噪声强度较高且控制难度较大的声源或区域，在操作人员短时接触的情况可采用耳盔、耳罩、耳塞等个人保护措施。

目前，石化企业生产中的一些噪声污染源所采取的措施及效果如表 2-26 所示。

表 2-26　石化生产企业噪声污染源及控制措施、效果

声源名称	噪声产生机理	控制措施	降噪效果/dB(A)
加热炉	燃料喷射、雾化噪声	采用低噪声喷嘴	10～15
		改自然通风为强制通风	>10
	燃料燃烧噪声	喷嘴加局部隔声罩	>10
		隔声围墙	15～20
电机-泵	风扇处空气动力噪声	电机隔声罩	13～15
风机、压缩机	空气动力噪声	进、出口加消声器	15～25
	机械噪声	隔声罩	>20～30
	机械振动噪声	减振器	>5
气(汽)体排放噪声	气体与周围介质的激烈混合	放空消声器	20～30

二、石化工业主要噪声源及其控制技术

(一) 加热炉

1. 噪声源分析

加热炉是炼油化工生产过程中非常重要的设备，也是一个主要的噪声源。其噪声有低频噪声、高频噪声，噪声强度在 80～108dB。

(1) 低频噪声。燃料燃烧是在很短的时间内急剧与空气混合反应，化学组成和分子数量发生了剧烈的变化，放出大量热量。同时，燃料在喷头和燃烧区处于激烈的湍流状态，形成很多旋涡，这些因素都引起了空气波动，产生了燃烧固有的低频噪声。

(2) 高频噪声。蒸汽的高速喷射产生射流噪声，声压级近似与蒸汽流速平方成正比。蒸汽喷射后，使周围空气造成负压，同时吸进大量空气，这些空气与燃料混合，产生高频动力性噪声。随着混合速度的增加，高频噪声将增加，同时也会增加燃烧低频噪声。在一次空气进口处，吸入大量空气也产生高频噪声。高频噪声与燃料压力及流量、热值，蒸汽压力及流量，燃烧器型式、喷孔尺寸等因素有关。

2. 加热炉噪声的控制技术

对加热炉的噪声控制源于 20 世纪 70 年代，早期对加热炉(自然通风式)噪声的控制措施，多采用隔声墙将炉底用砖砌起来，燃烧器被封在里面，只设几个小通风口，噪声被砖墙隔阻。虽大大降低了对炉区环境的影响，但却未从根本上解决，操作工人对炉子的巡

查及问题处理非常不便。另外，操作工进入里面处理问题时，仍然受到更强烈噪声的危害。随着设计水平的提高，常采用以下方法来控制噪声：

（1）燃烧器分烧气体燃料、液体燃料和气液混合燃料，气体燃料不需蒸汽或其他机械雾化，产生的噪声级比其他两种燃烧约低 10 ~ 15dB(A)。因此在设计中，根据装置特点及燃料型式，优先选用气体燃料燃烧器。

（2）在保证燃料被充分雾化，与空气混合均匀、减少过剩空气量，在燃烧稳定和完全的基础上，根据燃料黏度和性质的不同条件，对喷嘴的雾化室大小、雾化方式、喷孔角度进行专门设计和考虑，使燃烧器与燃料性质相匹配，以减小燃料压力、雾化蒸汽压力和流量，降低因此而产生的噪声。

（3）设置隔声系统，这是控制和解决燃烧固有低频噪声及高频射流噪声的最好措施。隔声系统由消声风箱、进风管、直角弯头、进风口四部分组成。通过这样的设计组合，消声量可降低 20dB(A) 左右，甚至更大。在加热炉操作为自然通风，未设置任何余热回收措施时，燃烧器以油、气混烧为主，隔声系统大多采用图 2 - 54 所示的型式；燃烧器以气体燃料为主时，则多采用图 2 - 55 所示的型式。

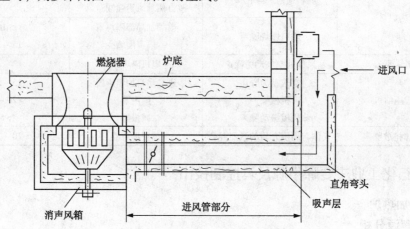

图 2 - 54　加热炉隔声系统示意图

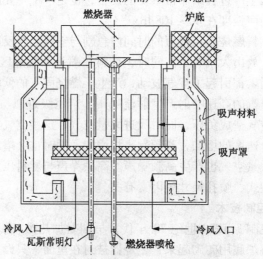

图 2 - 55　加热炉气体燃烧器示意图

以上两种设计，均是对燃烧器单独进行消声，外形虽有不同，但原理一样。外壳采用钢板，消声效果与钢板厚度成正比。根据实测结果，钢板厚度为1mm时，其消声量约为28dB（A）；2mm时约为29dB（A）；3mm时约为32dB（A）。因此，钢板厚度选用3mm或4mm即可满足。壳内还需设置吸声层，吸声层由吸声材料和护面铁丝网组成。因进风温度是环境温度，不考虑抗高温问题，实际设计时，大都采用超细玻璃棉和岩棉板。因燃烧器燃烧时所产生噪声的主导音频一般在250Hz处，选用吸声材料的吸声系数最好能≥0.8；材料容重应小于100kg/m³时，厚度为100mm为宜。另外隔声罩容积还需≥0.42m³，声波必须经数次折射，溢出罩外的声波越少越好。护面铁丝网的作用主要是固定吸声材料，防止吸声材料被吸进的空气带走，从而降低吸声作用。图2-54、图2-55所示的设计就能满足上面的要求，降噪效果很显著。

另外，这样的设计对老装置加热炉的改造为宜。一方面，可以在投入较少的情况下，将噪声降低，使炉区环境得以改善；另一方面，隔声系统的设置，其结构较为简单和紧凑，对炉底的空间影响不大。因此，对操作人员不会因增加了隔声系统而影响炉子的正常操作。

随着加热炉设计水平的不断提高，对加热炉这个能耗大户的要求也越来越高。因此，新设计的加热炉或有条件改造的加热炉，对烟气余热的利用越来越重视。用烟气余热产生蒸汽或加热空气送入炉中助燃，都是设计中采用的方法。大多数装置加热炉的烟气余热，因蒸汽过剩而多采用空气余热器来回收。空气余热回收系统由烟气系统、空气系统、空气预热器组成，输入炉膛的热空气通过管道分配给每个燃烧器，供燃烧助燃用，来达到节省燃料的目的。

这样的供风系统实际是在图2-54的基础上，将各个单独进风的隔声系统由环形的风道来分配，环形风道与主风道相接，通过空气预热器及进风口将风吸进。所以，在设计余热回收系统的同时，实际上已经考虑了炉区的噪声控制，而这种设计较图2-54和图2-55的设计更先进，噪声消声效果更佳。因为这种设计的进风口一般设置在离炉底区域较远的地方或炉顶，进风口按要求离地面都在3~5m高，所以它产生的噪声对炉区影响大大减少。但由于送入炉内的风温度在200℃以上，燃烧器的隔声罩及风道内均不设置消声材料，而在壳外进行保温设计，保温材料一般采用能耐200℃以上温度的高容重岩面板或石棉绒水泥；进风口至空气预热器入口侧仍然内衬与图2-54和图2-55相同的吸声材料。这样，噪声被该系统封在里面，难以传出系统之外，对炉外的噪声污染得到了很好的控制。在加热炉操作时，还需考虑系统的密封，特别是着火孔、燃烧器的点火孔、漏油孔等。

（二）风机和压缩机

风机根据其出口压力可分为通风机、鼓风机和气体压缩机。一般认为，输出压力≤15kPa为通风机；≥15~20kPa为鼓风机；>200kPa为压缩机。通风机和鼓风机均简称为风机，根据其结构型式又分为离心式和轴流式两种，离心式风机叶片又可分为前弯式、后弯式、机翼型和径向叶片四种。

1. 噪声源分析

风机及压缩机噪声主要由空气动力噪声和机械振动噪声构成。空气动力性噪声是由旋转叶片引起气体介质的涡流和紊流产生的噪声，以及叶片对介质周期性的压力产生的脉冲噪声。机械振动噪声是由轴承噪声及旋转部件的不平衡所产生的振动形成的噪声。这些噪声主要由风机进出口、管道、风机壳体，以及基础的振动等形式向外辐射。

2. 风机噪声控制技术

（1）风机进排气管道安装消声器。根据现场情况和降噪要求，可在进风管道或排风管道安装消声器，或进、排风管道同时安装消声器，如图 2-56 所示。由于风机噪声频带较宽，多采用阻性消声结构，图 2-57 为所用消声器的典型结构。消声器通流面积可根据风机风量大小确定，一般控制介质在消声器内的流速不大于 20m/s 为宜。图示结构的消声器其阻力损失在 400Pa 以下，消声量在 25dB 以上。

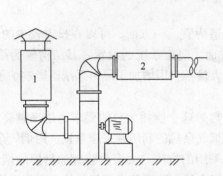

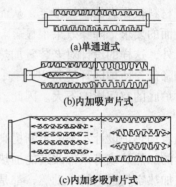

(a)单通道式

(b)内加吸声片式

(c)内加多吸声片式

图 2-56　风机进排气管道安装消声器示意图　　图 2-57　消声器典型结构图

（2）隔声罩。隔声罩是控制由风机壳体所辐射的噪声、电磁噪声以及驱动设备（如电机）噪声的一种综合措施。可结合风机进、排口管道消声器，可使风机噪声得到有效的控制。隔声罩内的通风冷却视具体情况可采取如下几种方法。

① 自扇通风冷却。如图 2-58 所示，罩外的冷却空气通过电机风扇经罩的进风口吸入，升温后的空气由罩的排气口排出。这种隔声罩的设计要点一是罩的进、排气口处要加消声器，二是进风口要正对风扇，三是排气口位置要考虑使气体流经机体发热部位后排出。

② 负压吸风冷却。负压吸风冷却法适用于鼓风机，将进气口置于罩内，使罩内形成负压，冷却空气由隔声罩进风口进入罩内，如图 2-59 所示。在罩的进风口安装消声器，以防噪声由进风口向外辐射。

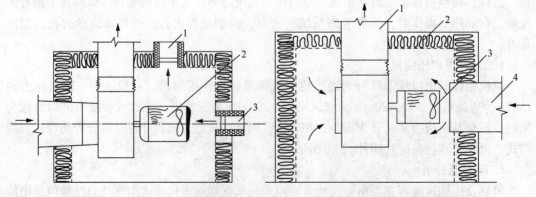

图 2-58　自扇通风冷却隔声罩　　　　　图 2-59　负压吸风冷却隔声罩

③ 罩内空气循环冷却。在隔声罩内风机的进气管和排气管上分别焊接一段用于冷却的风管，利用风机本身压力将冷却风排入罩内，再由排风管将热空气带走。这种结构的优点是隔声罩上不再设进、排风口，形成一个完整的隔声罩，可进一步提高隔声效果。

④ 外加机械通风冷却。对输送高温介质的风机，风机壳体和管道均辐射大量的热量，这时可采用外加机械通风的冷却方法。在隔声罩上安装一个专用冷却风机（如轴流风机），将罩外冷空气吸入，将热空气由罩排放口排出。必须注意的是，空气进、排放口均要加消声器，以防罩内噪声向外辐射。

⑤ 风机房综合治理。对于安装于风机房内的风机，为了防止噪声对外界的干扰，可对风机房采取综合治理措施。一方面在进、排气管道安装消声器，设备与底座之间设置减振措施。对于砖砌结构墙壁，其隔声量约在 50dB 左右，根据降噪要求，将一般门、窗要改用隔声门窗与之匹配。为减少机房内混响声，在室内需进行声学处理，主要提高墙壁、顶棚的吸声系数，使其室内平均吸声系数最好达 0.3 以上，以提高室内吸声量。图 2-60 为风机房综合治理示意图。

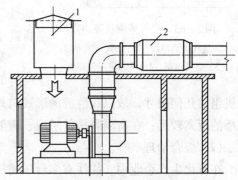

图 2-60　风机噪声综合治理示意图
1—进气消声器；2—出气消声器

3. 压缩机噪声控制技术

压缩机主要有往复式压缩机、螺杆压缩机、滑片压缩机、离心式透平压缩机等结构型式。其噪声源主要有进、排气管口处的空气动力噪声、运动机械部件产生的机械噪声、驱动机噪声等。

（1）噪声控制技术

① 进口安装消声器。大量监测表明，压缩机机噪声最高处为进气口，其声级平均比机组其他部位高 5~10dB（A），以低频为主，是空压机噪声的重点整治部位。控制的基本方法是安置以抗性为主的消声器，可采用带插入管的多节扩张室式消声器或阻抗复合式消声器。图 2-61 和图 2-62 分别为 4L-20/8 和 V-3/8-1 型压缩机进口消声器结构示意图，若压缩机进风口在室内将其引至室外效果更好。

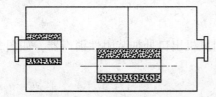

图 2-61　4L-20/8 型压缩机进
气消声器结构示意图

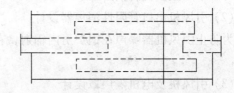

图 2-62　V-3/8-1 型压缩机进
气消声器结构示意图

② 安装隔声罩。机组在运行过程中，机械噪声通过机壳向外强烈辐射，其特点是频带宽、以中频为主，对室内操作人员影响大，为此可对机组加装隔声罩。由于空压机在运

行过程中振动大,必须考虑隔振设计,特别应注重隔声罩与机体间的无刚性接触,以免形成"声桥"而造成隔声失效。

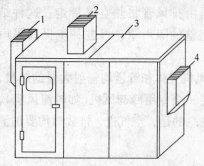

图 2 – 63　空气压缩机隔声罩
1—进气口消声器;2—出气口消声器;
3—驱动电机;4—冷却进风消声器

设计时除考虑机组的通风散热外,也要考虑操作人员的观察和维修方便,在适当处开检修门或观察窗,罩内壁要附设吸声材料,进、排气口要安装消声器,如图 2 – 63 所示。

③ 驱动机噪声控制。压缩机机以电动机驱动,其噪声与整个机组噪声相比占次要地位,可仅做一般性防护。若以柴油机作动力,其噪声往往比电动机高十几 dB,需对柴油机做降噪处理。

某催化裂化装置压缩机主频约在 250 ~ 2000Hz 之间,波长在 0.17 ~ 1.36m 之间。由于此波长小于一般机组的几何尺寸,故以线性波的形式向外传播。在没有障碍物的情况下,指向性较强、传播的距离较远;在有隔音构件阻碍、透射系数较小的情况下,隔音降噪效果比较明显。

(2)综合治理

在石化生产企业中,往往有多台压缩机安装于一个厂房内,如空压机站。如果分别对每台压缩机均安装消声器,其室内可能还达不到理想的降噪效果,这时需在室内进行声学处理,如在顶棚、墙壁附加吸声材料或悬挂吸声体等,这样可使室内噪声降低 5 ~ 10dB。另外,为改善操作人员的工作条件,可在室内设置隔声控制室。

4. 锅炉风机噪声控制技术

锅炉鼓风机、引风机噪声主要是进、排气口的涡旋噪声、旋转噪声和机壳振动的机械噪声,对风机进、出口气流噪声的有效降噪方法是安装气流消声器。目前消声器的类型很多,主要有阻性消声器、抗性消声器、微孔板消声器、复合式消声器、扩容减压小孔喷注式消声器等,其性能各异。但因多数风机的主要倍频带范围在 125 ~ 4000Hz,说明多数风机噪声不仅频带范围宽,而且属中低频噪声。根据风机噪声的这一特性,可以推断对风机气流噪声单一使用抗性或阻性消声器效果不佳,应使用宽频带的阻抗复合中低频消声器为宜。

(1)锅炉烟道消声器设计

可以采用阻抗复合消声器。

(2)引风机出口管阻性消声器设计

为防止引风机器噪声在锅炉房内辐射,在引风机出口处加装阻性消声器,如图 2 – 64 所示。

(3)引风机及电机隔声罩设计

在引风机出口及锅炉房烟囱分别安装阻性及复合消声器后,锅炉房内噪声仍达 80dB (A)左右,经测试查明为风机机壳及电机机械性噪声,需对引风机及电机进行隔声降噪。

(4)鼓风机隔声罩及阻性消声器设计

锅炉鼓风机经测试为 93dB(A),需加隔声罩及进气口阻性消声器,如图 2 – 65 所示。

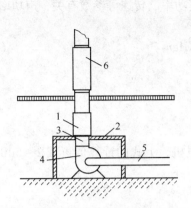

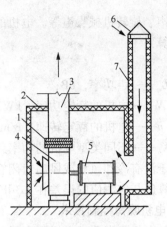

图 2-64　锅炉引风机 　　　　　　　　图 2-65　锅炉鼓风机

　　消声器安装示意图 　　　　　　　　　隔声罩安装示意图

1—软性接头；2—隔声罩；3—出风口；　　1—软性接头；2—隔声罩；3—出风口；4—鼓风机；

4—鼓风机；5—进风管；6—出风口消声器　　5—电动机；6—风帽；7—进风口消声器

(三) 空气冷却器

1. 噪声源分析

空气冷却器噪声主要来源于空冷风机所产生的空气动力噪声，电机噪声和传动系统所产生的机械噪声，其中风机噪声占空冷器噪声的 80%，其噪声频谱特性呈低频，主要在 125~500Hz 范围，噪声强度在 90~98dB 空冷风机有鼓风式和引风式两种。

2. 噪声控制技术

空气冷却器噪声的控制主要从两方面考虑：

（1）低风机转速。转速高低与风机噪声的大小直接有关，风机叶尖速度的降低与噪声强度的变化关系可由下式表示。需注意的是，当叶片速度≤40m/s 时，电机噪声则成为主要声源，必须对其采取治理措施。

$$\Delta L = 56\lg \frac{v_2}{v_1} \qquad\qquad (2-96)$$

为保证风机的风量和压头不受影响，可采用多叶片、宽叶型结构。

（2）隔声屏障。隔声屏障是控制噪声辐射方向的一种有效措施。根据生产现场情况，隔声屏障可设置在噪声敏感的一侧，或多面设置。屏障可采用钢结构骨架，外侧用 2~3mm 薄钢板，内侧涂阻尼涂料（或黏贴阻尼板），然后与其留有 50~100mm 空腔，再设置 30~50mm 吸声层。降噪效果可达 10dB 以上。

（3）消声器。空冷风机的顶部风筒是辐射噪声的主要部位，可在风筒上部安装片式阻性消声器，对斜顶式空气冷却器，可设置百页吸声片，可使局部噪声降低 20dB 左右。

(四) 电机-泵

1. 噪声源分析

电机一泵简称机泵，是石油化工生产过程中使用量最多的设备。大多机泵噪声在 95dB 左右，个别可达 105dB 以上。根据大量的测试数据表明，其噪声主要在电机侧，电机噪声一般比泵噪声大 5dB 左右，所以机泵噪声的治理主要是对电机噪声的控制。

大多数电机均为空气冷却，其噪声主要来源于冷却风扇产生的空气动力噪声，其次为电磁噪声、旋转机械噪声等。电机的噪声强度与其功率、转速等参数有关，声功率级可按下式估算：

$$L_w = K_N \lg N + K_n \lg n \qquad (2-97)$$

式中　L_w——声功率，dB；

　　　　N——电机的额定功率，kW；

　　　　n——电机的额定转速，r/min；

　　K_N，K_n——不同类型电机的功率和转速系数。

对于没有冷却风扇或风扇封闭在电机内部的电机，上式的计算值再减 2~5dB。按上式的计算值与实测值的误差在 ±3dB 以内。

2. 电机噪声控制技术

（1）电机隔声罩。电机隔声罩对电机空气动力噪声和电磁噪声均可进行有效控制，一般降噪效果可达 8~10dB。隔声罩的型式根据电机的结构和进风形式可作成半隔声罩或全隔声罩，图 2-66 和图 2-67 所示为两种不同结构型式的隔声罩示意图。

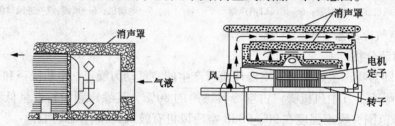

图 2-66　封闭外扇简易隔声罩　　　图 2-67　径向进排风隔声罩

隔声罩的设计或选用，除了考虑降噪效果并降噪效果稳定之外，其结构还要利于电机散热，无温升或温升在电机允许范围内，安装方便，容易检修，所用材料不得产生二次污染。另外还要注意隔声罩与基础间的隔振或减振处理，否则会使噪声产生放大作用。目前微穿孔板结构代替多孔吸声材料的电机隔声罩已研制成功，并广泛应用于生产现场。

（2）机 - 泵房的声学处理。石化生产企业中，往往有多台机泵安装于泵房内，这种情况，除对单台电机采取治理措施外，还需对泵房进行声学处理，主要是门窗的隔声及墙壁和顶棚的吸声处理。

（五）阀门及管道

1. 对阀门噪声的控制措施

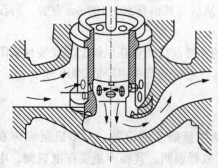

图 2-68　分散流道型阀门

（1）选用低噪声阀门。改进阀门结构，降低其发声水平，这是控制阀门噪声的最有效方法。例如，多段降压型阀门，它使每段的减压比减小，降低介质的空化噪声和冲击噪声，为考虑减压后介质的膨胀，可把出口处通道逐渐扩大。这种阀门用于压差较高的管道时，降噪效果可达 20~25dB。分散流道型阀门，如图 2-68 所示，介质通过许多小孔或间隙喷出，喷流相互干扰，使湍流结构发生变化而使噪声降低。

（2）设置阀门隔声箱。根据阀门的形状，利用多孔吸声材料、阻尼层和金属板作成阀门隔声箱，罩在阀门上，可使其噪声降低 20～30dB。

2. 管道噪声控制措施

（1）管道的合理设计

① 控制介质的流速，介质在管道内的高速流动会产生湍流噪声，其湍流噪声与流速变化成 $60\lg\dfrac{v_2}{v_1}$ 关系增加。液体介质在管内流动速度处于临界状态时，会产生"空穴"噪声，空穴噪声与介质流速成 $120\lg\dfrac{v_2}{v_1}$ 关系增加；

② 避免介质流向的急剧变化，弯头直径不小于管径的 5 倍；

③ 管径的变化应有光滑的过渡段；

④ 适当增加管壁厚度，提高传声损失等。

（2）管道与振动设备的连接由刚性连接改为弹性连接，避免机械设备激发管道振动。

（3）安装管道消声器。在靠近声源附近（例如阀门、风机等）的管道上安装消声器，消声器的结构形式可根据噪声特性确定，图 2-69 所示为控制阀门空气动力噪声的管道消声器。

（4）隔声包扎。管道隔声包扎可结合管道保温进行，主要采用吸声材料、阻尼材料以及金属板外壳。

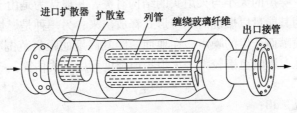

进口扩散器　扩散室　列管　缠绕玻璃纤维　出口接管

图 2-69　管道消声器

（六）冷却塔

1. 噪声源分析

冷却塔噪声主要来源于风机产生的空气动力噪声、电机噪声及落水噪声，噪声特性为低、中频。由于声源位置较高，多置厂区的边缘，传播较远，是企业厂界噪声超标的主要声源之一。

2. 噪声控制技术

（1）选用低噪声风机。与空气冷却器一样，设计时选用宽叶片、低转速的低噪声风机。

（2）百叶隔声屏障。为了控制风机进风处噪声对周围环境的影响，在风机下部设置百叶隔声屏障。使风机进风口噪声得到衰减又保证进风畅通。

（3）隔声屏障。在冷却塔周围或对噪声敏感侧设置隔声屏障，降低落水噪声对环境的影响。

（4）水面设置浮动格栅或氨基甲酸乙脂泡沫塑料，或其他透水性好的天然纤维、化学纤维消声垫，可使落水噪声的声功率降低 10dB 左右。

（七）气体放空

1. 噪声源分析

在生产装置开、停气时，或生产过程非正常状态，常常出现气（汽）体排放过程。当气体从排放口排出时具有较高速度，一旦排入大气，便与周围空气发生强烈混合而产生高频噪声，随其逐渐扩散、混合形成紊流，产生低频噪声。所以，气体放空噪声多为宽频带噪声，其强度在 100dB 以上，有的高达 120dB 左右，噪声强度可按下式估算。

$$L_P = 110 + 20 \lg Q - 20 \lg d \tag{2-98}$$

式中　Q——气体排放量，kg/h；

　　　d——排放管直径，mm。

2. 噪声控制技术

放空噪声的主要控制方法是在气体排放口安装消声器。对于介质排放压力 ≥0.4MPa 时，可采用小孔喷注结构消声器。这种消声器结构简单，重量轻，消声效果好，一般消声效果可达 35dB 以上。对于排放量大，介质压力较低的情况，可采用阻抗复合型消声器。阻抗复合结构消声器，一般体积和质量较小孔喷注结构消声器要大，消声效果一般可达 25~30dB。对于消声器的材质，要根据所排放介质性质、温度、压力及环境条件而定，一般对消声器除降噪要求外，还要防腐、防潮、结构坚固耐用、不得产生二次污染等。

（八）火炬噪声

1. 噪声源分析

火炬是保障石油化工安全生产的重用设施，其高度在 36~120m。火炬在燃烧过程中会产生很大的噪声，噪声的大小与火炬头的结构有关，一般认为是由于燃烧火焰跳动的一种无规律性，表现为其能量以燃烧的噪声形式释放出来；另一种是燃烧过程中由于向火炬头喷入高速蒸汽的喷嘴而产生的噪声。在地面，距其高度的距离范围噪声强度为 80dB 左右，主要呈低频特性，影响范围较大。火炬噪声强度可由下式估算。

$$L_P = 10 \lg Q + K \tag{2-99}$$

式中　L_P——声压级，dB；

　　　Q——气体流量，t/h；

　　　K——常数，地面火炬，$K=102$；高空火炬，$K=120$。

2. 噪声控制技术

（1）蒸汽喷射器由单喷口喷嘴改为多开孔喷嘴，可降低喷嘴噪声 10dB 以上，同时增加蒸汽与空气的混合量，其结构如图 2-70 所示。

（2）在火焰罩底部采用附壁效应喷嘴喷射空气和蒸汽，附壁效应喷嘴具有一条狭小气体通道，使其降低低频噪声，结构如图 2-71 所示。

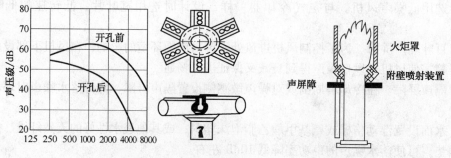

图 2-70　多孔喷嘴　　　　　图 2-71　火炬附壁及隔声结构

（九）热电站

在大型石化企业中，为保障设备的正常运行，常设有自备电站。电站的主要噪声源有高压气体放空和发电机组。关于高压气体放空噪声的治理，可在放空口按装小孔喷注结构消声器，使噪声降低 40dB 左右，可明显改善室外声音环境，机组噪声一般在 100dB 以上，不但直接影响操作人员，同时噪声还通过门窗、墙壁向室外传播，所以，对机组必须采取噪声控制措施。

发电机组因安装于室内，噪声控制主要采取如下措施：

（1）设置隔声门窗。因绝大部分声能透过门窗向外传播，所以，根据所处位置设置可采光的双层玻璃隔声窗（固定式或可开启式）及可通风的隔声百叶窗，所有进出机房的门均作成隔声门或设置双层门。

（2）设置隔声操作室。为保护操作人员的听力，可使操作人员主要在隔声操作室内实行操作，并透过隔声玻璃窗观察设备运行情况。

（3）室内采取吸声处理。因室内壁面吸声系数较低，混响声较大，所以使屋顶、壁面提高吸声系数，降低混响噪声。

（4）设置机组隔声罩。图 2–72 所示为大型机组隔声罩示意图。

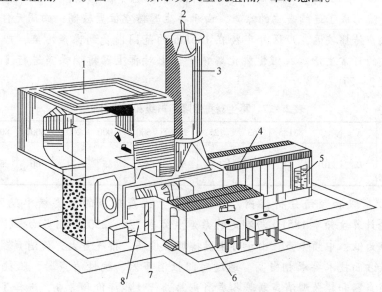

图 2–72　大型机组噪声综合治理示意图

1—进气消声器；2—排气；3—排气消声器；4—机组后隔声间；5—百叶窗式进气消声器；
6—控制室；7—隔声门；8—机组前任何时间采取个人听力保护措施，配戴耳盔、耳塞等

（十）柴油机

柴油机是石化企业的重要动力源，其噪声主要包括发动机排气噪声、进气噪声、燃烧噪声及运动部件的机械噪声等。噪声强度与发动机的功率、转速、气缸内气体压力等因素有关。一般情况排气噪声比进气噪声强度要大，主要在 63 ~ 250Hz 低频部分。

排气噪声的总声压级可用下式估算：

$$L_P = 12\lg N + 30\lg n - 9 \tag{2-100}$$

式中　N——柴油机功率，hp（1hp = 0.74kW）；

　　　n——转速，r/min。

排气噪声的控制方法主要是在排气口安装消声器。消声器的设计或选用，必须注意其

使用条件，即排气温度约在500℃左右，气体流速在50~80m/s范围，排气压力在300~400kPa，并且气体中含有油污和烟气。所以要求消声器不但具有较好的降噪效果，同时其结构和材质具有耐高温、抗冲击、耐油污、阻力小等要求。

6140型柴油机排气口采用抗性消声器，该结构消声器降噪量可达31dB，在250Hz时约降为35dB。2105型柴油机排气口采用小孔喷注与扩张室组合的结构，扩张室内衬有吸声材料(容重20kg/m²超细玻璃棉)。

三、石化企业噪声控制实例

[例1]　催化裂化装置再生器烟气排空噪声

某炼油厂催化裂化装置是对油料进行二次加工，生产汽油、柴油和石油液化气的装置。生产作业期间装置不停地轰鸣，塔顶平台噪声高达92dB(A)，由于再生器烟气排空烟囱高48m，排空口流速为10m/s，排气量7190m³/h，排气温度约400℃，并经常夹带有微小的固体颗粒(催化剂)，烟囱高42m处，内部有工艺节流孔板，节流口流速为99m/s，高速喷射的气流形成了连续轰鸣的噪声，由于再生器排空位置较高，四周无任何障碍，使得排放烟气噪声传播较远，厂区外半径在1.5km的范围内受到噪声污染，严重干扰了职工和附近居民的日常生活。在催化裂化塔顶平台上对再生器排烟噪声进行了反复调查测试，数据见表2-27。

表2-27　再生器排烟噪声声级和频谱分布

声级倍频程/Hz	A	C	31.5	63	125	250	500	1000	2000	4000	8000	16000
再生器排烟噪声/dB	92	101	84	91	99	97	92	85	74	66	57	46

从A、C声级和频谱分析得出，产生噪声干扰轰鸣声的主要频率范围是31.5~1000Hz。理论计算主频率185Hz与测定的噪声主频率125~250Hz相当吻合，从而确定再生器排烟噪声为低、中频噪声。由于再生器排烟温度高、排气量大，使消声器在重量、耐高温、压降等方面技术要求相当高。通过对阻性消声器、抗性消声器、阻抗复合式消声器、微孔板消声器和耗散型消声器等各类消声器进行性能评价和考查，选择了微穿孔板消声器。微穿孔板消声器能在较宽的频率范围内消除气流噪声，具有阻抗小、耐高温、耐油污、耐蒸汽和耐腐蚀的性能，可在水蒸气、短暂火焰、高温和高速气流等特殊条件下使用。微穿孔板消声器具有阻抗复合特性，以微孔板代替玻璃棉等吸声材料，板上无数的小孔与板后空间组成的吸声结构，类似无数的空腔与微孔共同组合成一个共振系统，共振过程中产生声阻以消除相应频带的噪声。

对于微穿孔板消声器而言，孔径越小其吸收频率宽度越大，最佳穿孔率为1%~3%，若使用双层微穿孔板则吸收频带更宽，效果更好。改变空腔深度可改善噪声频率特性，它对流体的阻力很小。考虑到再生器的实际情况，设计时微孔直径取2mm。孔径过小，一是加工困难；二是容易被催化剂堵塞。同时采用内层穿孔率$P_1 = 3\%$，空腔深度$D_1 = 45mm$，外层穿孔率$P_2 = 1\%$、空腔深度$D_2 = 53mm$，板厚2mm的双层微穿孔板双节消声结构，使共振频率分别为836Hz和528Hz。为了弥补微穿孔板对低频段消声的不足，在每一节串联一个共振频率为200Hz的抗性内穿管扩张消声元件。其优点是对流体阻力小，在低频段有较好的消声效果。这样就使催化剂再生烟气噪声从 31.5~1000Hz 频带全部纳入消声器的共振吸声频率范围，计算消声量为 15dB(A)。

该厂设计制作了一款微穿孔板－抗性组合式消声器，消声器上微孔 6 万多个，直径 0.72m，长 3.7m，重 1t 左右。其消声效果检验如表 2-28 所示。

表 2-28　微穿孔板－抗性组合式消声器消声效果检验

声级倍频程/Hz	A	C	31.5	63	125	250	500	1000	2000
装消声器前/dB	92	101	84	91	99	97	92	85	74
装消声器后/dB	72	85	72	77	84	74	61	62	61
消声量/dB	20	16	12	14	15	23	31	23	13

[例2]　丙烯腈吸收塔放空管线降噪改造

某石化总厂丙烯腈吸收塔放空管线的布置如图 2-73 所示。主要数据如下：放空管线管径及厚度为 φ600mm×12mm，长度为 8m，吸收塔放空气体温度 37℃，吸收塔放空气体密度 1.07kg/m³ 时，吸收塔放空气体黏度 $2.65×10^{-5}$Pa·s，吸收塔放空气体流量 41492m³/h。

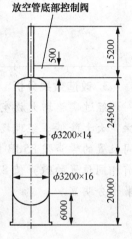

图 2-73　丙烯腈放空
管线布置图

丙烯腈吸收塔的放空管线属于圆形放空管段，这类放空属自由圆射流，其噪声主要由亚音速喷注噪声和一、二次固体声构成。因而丙烯腈吸收塔放空管线的噪声问题应综合治理。

1. 在声源方面控制噪声的措施

(1) 增大管径和降低流速，降低一、二次固体声。在现场条件允许的情况下，阻碍噪声的发生与传播、减少摩擦、降低流速、避免撞击、防止共振等是在声源方面控制噪声的有效措施。根据丙烯腈吸收塔放空管线的流动计算，增大管线直径、降低流速，使气体在层流状态下流动，可降低气体流动对管线的冲击，降低噪声的声级。将管线的直径由原来的 600mm 增大至 750mm 后，这种方案可以把气体流速降低到 26.089m/s，大大降低了气体流动对管线的冲击，也避开了增大载荷以后的气流共振区。

(2) 设计并安装消声器，降低亚音速喷注噪声。考虑到丙烯腈吸收塔的放空管线为直管，故采用微孔板消声器，消声器外形尺寸设计如图 2-74 所示，安装在排孔管出口处。

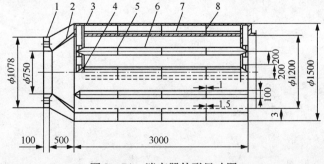

图 2-74　消声器外形尺寸图

1—消声器连接法兰；2—加强筋板；3—消声器外壁；
4—导流头；5—龙骨；6—中隔板；7—微孔板；8—环形龙骨

2. 在传播途径方面采用隔声罩

不宜改变塔顶的接管及法兰，气体通过接管产生的二次固体声并不能消除，故对丙烯腈吸收塔的塔顶实施隔声罩降噪，参照排气管线及法兰的具体尺寸，考虑到所需降噪要求（>10dB），隔声罩外形尺寸设计如图2-75所示。安装在放空管线底部控制阀周围。

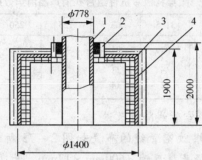

图2-75　隔声罩结构示意图

1—放空管线；2—橡胶密封垫；3—隔声罩母材；4—吸隔声材料

3. 改造效果分析

经过实施增大放空管径、安装微孔板消声器及隔声罩等降噪改造措施，使吸收塔的噪声大大降低。经现场实际测量，改造后30m处实测最大噪声值为65dB，与改造前相同位置的噪声值85dB比较，噪声值降低23.6%；80m处实测最大值为63dB，与改造前相同位置的噪声值83dB比较，噪声值降低24.1%。噪声绝对值下降20dB，改造效果十分明显。

第三章 振动污染控制技术

第一节 振动污染的来源

一、振动与振动污染

（一）振动

1. 振动的定义

声波是物体的机械振动产生的一种能在特定介质（包括固态介质、液态介质和气态介质）中传播的纵波。物体振动通过空气传播的波称为噪声，通过固体或液体传播的波称为振动。振动是指力学系统在观察时间内，它的位移、速度或加速度往复经过极大值和极小值变化的现象。每经过相同的时间间隔，上述物理量能够重复出现的振动称为周期振动。完成一次振动所需要的时间称为周期，每秒完成的振动数称为频率。不是周期性出现的振动就称为非周期振动。最简单的周期振动是按正弦形规律变化的简谐振动。由频率不同的简谐振动合成的振动则称为复合振动。

振动是自然界最普遍的现象之一。各种形式的物理现象，诸如声、光、热等都包含振动；人的生命现象也离不开振动，心脏的搏动、耳膜和声带的振动，都是人体不可缺少的功能；声音的产生、传播和接收都离不开振动。

在工程技术领域中振动现象比比皆是。例如，桥梁和建筑物在阵风或地震激励下的振动、飞机和船舶在航行中的振动、机床和刀具在加工时的振动、各种动力机械的振动、控制系统中的自激振动等。

物体振动产生声音，因此振动与声音密切相关，但又有相对的独立性，声音的产生、传播和接收都离不开振动。

2. 振动的分类

振源按其来源可分为自然振源和人工振源两大类：自然振源如地震、海浪和风等；人工振源如运转的各种动力设备、建筑施工使用的一些设备、运行的交通工具、电声系统中的扬声器、人工爆破等。

振动按其动态特征又可分成四类：①稳态振动，即观测时间内振级变化不大的环境振动，如空气压缩机、柴油机、发电机、通风机等；②冲击振动，即具有突发性振级变化的环境振动，如锻压设备以及建筑施工机械等；③无规则振动，即任何时刻不能预先确定振级的环境振动，如道路交通振动、居民生活振动、房屋施工、地震等；④铁路振动，即由铁路列车行驶带来的轨道两侧 30m 外的环境振动。人的生命现象也离不开振动，心脏的搏动、耳膜和声带的振动，都是人体不可缺少的功能。

3. 振动的特性

振动的特性是指振动的类型和振动量（位移、速度或加速度）的幅值、频率、相位、振动方式和频谱等。任何复杂的振动都可以由许多不同频率和振幅的简谐振动合成。振动的各基本量之间有简单关系。对于简谐振动，若位移振幅为 A，则速度振幅为 $A\omega$，加速度振幅为 $A\omega^2$，其中 ω 是振动的角频率。表 3 - 1 给出简谐振动的位移、速度和加速度幅值之间的关系。

表 3 - 1　简谐振动的位移、速度和加速度幅值之间的关系

已知量	位移幅值	速度幅值	加速度幅值
$s = S_0\sin\omega t$	S	ωS	$\omega^2 S$
$v = V_0\sin\omega t$	V_0/ω	V_0	ωV_0
$a = A_0\sin\omega t$	A_0/ω^2	A_0/ω	A_0

对于任何一给定时刻的瞬时值不能预先确定的振动称为随机振动。瞬时值分布符合高斯统计分布的随机振动称为高斯随机振动。随机振动的各基本量之间也有类似于简谐振动的关系。

（1）自由振动和强迫振动。在撞击或短暂振动的影响下，弹性系统就发生振动。如果这些振动在没有外力参与下进行，它就称为自由振动或固有振动。简谐振动系统的固有振动频率为：

$$f_0 = \frac{1}{2\pi}\sqrt{\frac{K}{m}} \tag{3-1}$$

式中　m——振动系统的质量，kg；

　　　K——弹簧的弹性系数。

增加振动系统的质量或减少它的弹性系数，使自由振动的频率降低，反之减少质量和增加弹性系数使自由振动的频率增高。当振动系统受到各种影响时，例如与空气的摩擦，材料内部的内摩擦，振动系统固定处的摩擦和声音的辐射损失等。这时自由振动的幅值逐渐衰减。摩擦越大、振动衰减越快。因此人为地增加摩擦可以防止产生振动或者能在很大程度上减弱物体的振动。

在实际中，除了与速度成比例的黏滞性摩擦外，还有干摩擦，例如在轴承中或在零件接合处的摩擦。当振动很大时，由黏滞性摩擦引起的损失占优势，这时振动振幅按几何级数规律衰减。当振幅很小时，由恒定的摩擦，即干摩擦引起的损失占优势，这时振动衰减大致按算术级数规律。

如果在振动系统上作用着周期性外力，则系统不是完成衰减运动而是进行强迫振动。这时振动的频率等于作用力的频率。

（2）共振。对于强迫振动系统，当外力的频率等于系统的固有频率时，振动速度达极大值，这时称系统发生速度共振。共振时速度振幅与系统的阻尼大小有关，阻尼越小，速度振幅越大。位移也能发生共振，称位移共振。系统发生共振时的频率称共振频率。一般情况下，速度共振频率和位移共振频率不同，后者同阻尼大小有关，当阻尼很小时，两者就相近。

（二）振动污染

实际上，影响人类活动的振动污染主要是人为振动，其发生源包括高速行驶的车辆、飞速运转的机器、喷气打桩的打桩机等。人为造成的振动虽然不像地震那样破坏性强，但

是它对人体健康带来的损害是持久而深远的。因此,科学家们把振动也视为一种污染。次声波的特点是频率低、波长长、穿透力强,故其可传播至很远的地方而能量衰减很小。飞驰的车辆、飞速运转的机器、打桩机打桩、火箭发射、核爆炸等,都是次声波的一种形式。

振动污染即振动超过一定的界限时,对人体的健康和设施产生损害,对人的生活和工作环境形成干扰,或使机器、设备和仪表不能正常工作。人类生产活动产生的地基振动传递到建筑物,使人直接感受或通过门窗等发出的声响而间接感受到心理危害;振动也可直接对物体产生危害,过强的振动会使房屋、桥梁等建筑强度降低甚至损坏,使机器和交通工具等设备的部件损耗增大;振动本身可以形成噪声源,以噪声的形式影响和污染环境。

与噪声污染一样,振动污染带有强烈的主观性,是一种危害人体健康的感觉公害。即振动本身不像大气污染物那样对人体有很大的影响,相反,适度的振动有时还会使身体感到舒适、安稳(例如,在行驶的车内打盹、婴儿在摇篮中安睡以及电动按摩器等)。振动污染的这一特征不仅使振动污染问题的解决复杂化,而且也有碍于防治政策的顺利实施。

振动污染和噪声污染一样是局部性的,即振动传递时,随距离增大而衰减,仅涉及振动源邻近的地区。振动污染也不像大气污染那样随气象条件而改变,也不污染场所,是一种瞬时性的能量污染,正如在地震时所见到的那样,振动只是简单通过在地基内的物理变化传递,随着距离衰减而逐渐消失,不引起环境的其他变化。

随着社会发展,接触振动作业的人数日益增多,振动污染导致的职业危害也越来越引起人们的重视。

二、振动污染源

自然振动带来的灾害难以避免,只能加强预报减少损失。人为振动污染源主要包括工厂振动源、工程振动源、道路交通振动源、低频空气振动源等。

1. 工厂振动源

在工业生产中的振动源主要有旋转机械、往复机械、传动轴系、管道振动等,如锻压、铸造、切削、风动、破碎、球磨以及动力等机械和各种输气、液、粉的管道。常见的工厂振源在其附近的面上加速度级为 80～140dB,振级为 60～100dB,峰值频率在 10～125Hz 范围内。

2. 工程振动源

工程施工现场的振动源主要是打桩机、打夯机、水泥搅拌机、碾压设备、爆破作业以及各种大型运输机车等。常见的工程振源在其附近的面上振级为 60～100dB。

3. 道路交通振动源

道路交通振动源主要是铁路振源和公路振源。对周围环境而言,铁路振动呈间隙振动状态;而公路振源则取决于车辆的种类、车速、公路地面结构、周围建筑物结构和离公路中心远近等因素。一般说来,铁路振动的频率成分一般在 20～80Hz 范围内;在离铁轨 30m 处的振动加速度级在 85～100dB 范围内,振动级在 75～90dB 范围内。而公路交通振动的频率在 2～160Hz 范围内,其中以 5～63Hz 的频率成分较为集中,振级多在 65～90dB 范围内。

4. 低频空气振动源

低频空气振动是指人耳可听见的 100Hz 左右的低频，如玻璃窗、门产生的人耳难以听见的低频空气振动。这种振动多发生在工厂。

振动污染源按其形式又可分为两类：①固定式单个振动源，如单台冲床或单台水泵等；②集合振动源，如厂界环境振动、建筑施工场界环境振动、城市道路交通振动等均是各种振源的集合作用。按振动源的动态特征又可分成表 3 - 2 所示的四类。

表 3 - 2　振动污染源动态特征

动态特征	定　义	示　例
稳态振动	观测时间内振级变化不大的环境振动	往复运动机械、如空压机、柴油机等；旋转机械类，如发电机、发动机、通风机等
冲击振动	具有突发性振级变化的环境振动	建筑施工机械类，如打桩机等；锻压机械类，如冲床、纺锤等
无规则振动	未来任何时刻不能预先确定振级的环境振动	道路交通振动、居民生活振动、房屋施工、室内运动等
铁路振动	列车行驶带来的轨道两侧 30m 外的环境振动	铁路机车的运行

第二节　振动评价标准

一、振动的危害和影响

（一）振动对生理的影响

振动的生理影响主要是损伤人的机体，引起循环系统、呼吸系统、消化系统、神经系统、代谢系统、感官的各种病症，损伤脑、肺、心、消化器官、肝、肾、脊髓关节等。

图 3 - 1 所示为锻造机振动对睡眠的影响试验结果。由图可知，睡眠深度 1 度（浅睡眠）时，振动级 60dB 无影响，69dB 以上则全部觉醒；深度 2 度（中度睡眠）时，60～65dB 无影响，79dB 则全部觉醒，由于 2 度睡眠占 8h 睡眠时间的一半以上，故影响这种睡眠的振动级最令人厌烦；睡眠深度 3 度（深睡眠）时 74dB 以上方会觉醒，觉醒的概率很低；睡

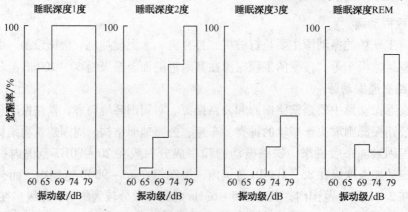

图 3 - 1　由锻锤振动负荷引起的觉醒率

眠深度 REM(Rapid eyemovement sleep，异相睡眠，指睡眠多梦期)时，振动影响介于深度 2 度和 3 度之间。若将试验结果换算成地面值，则为 55dB 时对睡眠不产生影响，60 ~ 64dB 开始对浅睡眠有影响，69dB 以上则开始对深睡眠有影响。

（二）振动对心理的影响

人们在感受到振动时，心理上会产生不愉快、烦躁、不可忍受等各种反应。除振动感受器官感受到振动外，有时也会看到电灯摇动或水面晃动，听到门、窗发出的声响，从而判断房屋在振动。人对振动的感受很复杂，往往是包括若干其他感受在内的综合性感受。

（三）振动对工作效率的影响

振动引起人体的生理和心理变化，从而导致工作效率降低。振动可使视力减退、用眼工作时所花费的时间加长，还会使人反应滞后、妨碍肌肉运动、影响语言交谈、复杂工作的错误率上升等。

（四）振动对构筑物的影响

从振源发出的振动可通过地基传递到房屋等构筑物，导致构筑物破坏，如构筑物基础和墙壁的龟裂、墙皮的剥落，地基变形、下沉，门窗翘曲变形等，严重者可使构筑物坍塌，影响程度取决于振动的频率和强度。由于共振的放大作用，其放大倍数可由数倍至数十倍，因此带来了更严重的振动破坏和危害。载重货车在路面行驶时，往往对道路两侧的居民建筑物产生共振影响，会发生地面的晃动和门窗的抖动。

二、振动的评价

（一）描述振动的主要参数

1. 振动位移

振动位移是物体振动时相对于某一个参照系的位置移动。振动位移能很好地描述振动的物理现象，常用于机械结构的强度、变形的研究。在振动测量中，常用位移级 L_S（单位为 dB）来表示：

$$L_S = 20\lg\frac{S}{S_0} \tag{3-2}$$

式中　S——振动位移，m；

　　　S_0——位移基准值，一般取 8×10^{-12} m。

2. 振动速度

人们受振动影响的程度也取决于振动速度。振动速度即物体振动时位移的时间变化量。通常，当振动比较小、频率比较高时，振动速度对人们的感觉起主要作用。在振动测量中，常用速度级 L_v（单位为 dB）来表示：

$$L_v = 20\lg\frac{v}{v_0} \tag{3-3}$$

式中　v——振动速度，m/s；

　　　v_0——速度基准值，一般取 5×10^{-8} m/s。

3. 振动加速度和振动级

人们受振动影响的程度也取决于振动的加速度。振动加速度是物体振动速度的时间变化量。通常，当振幅较大、频率较低时，加速度起主要作用。振动加速度一般在研究机械疲劳、冲击等方面被采用，现在也普遍用来评价振动对人体的影响，在外加振动频率接近人体及其器官的固有振动频率时，机体的反应最明显。分析和测量振动加速度时常用加速度级 L_a（单位为 dB）来表示：

$$L_a = 20\lg \frac{a_e}{a_0} \tag{3-4}$$

式中　a_e——加速度有效值，m/s^2；

a_0——速度基准值，根据我国制定的《城市区域环境振动测量方法》（GB 10071—1988），加速度基准值取 $10^{-6} m/s^2$。

振动级的定义为修正的加速度级，用 L'_a 表示：

$$L'_a = 20\lg \frac{a'_e}{a_0} \tag{3-5}$$

式中　a'_e——修正的加速度有效值，m/s^2。

$$a'_e = \sqrt{\sum a_{fe}^2 \cdot 10^{\frac{c_f}{a_{fe}}}} \tag{3-6}$$

式中　a_{fe}——频率为 f 的振动加速度有效值；

c_f——振动修正值，参见表 3-3。

表 3-3　垂直与水平振动的修正值

中心频率/Hz	1	2	4	8	16	31.5	63	90
垂直方向修正值/dB	-6	-3	0	0	-6	-12	-18	-30
水平方向修正值/dB	3	3	-3	-9	-15	-21	-27	-30

振动位移、速度、加速度之间存在一定的微分或积分关系，因此，在实际测量中，只要测量出其中的一个量就可以用积分或微分来对另外两个量进行求解。例如，利用加速度计测量振动的加速度，再利用合适的积分器进行积分运算，一次积分可以求得振动速度，二次积分求得振动位移。

4. 振动周期与频率

振动由最大值→最小值→最大值变化一次，即完成一次周期性振动所需的时间称为周期，单位为秒（s）。

振动频率是指在单位时间内振动的周期数，单位为赫兹（Hz）。简谐振动只有一个频率，在数值上等于周期的倒数；非简谐振动具有多个频率，周期只是基频的倒数。

（二）振动的主观评价原则

在一定条件下，振动可引起人的主观感觉，当振动强度大到一定程度时，振动可引起人的不良主观感觉，进而可对人体产生较大的心理影响和生理影响，危害人体健康。所以，振动对人的影响是复杂的心理学、生理学，乃至社会学问题。所以研究振动的评价要综合各种因素加以考虑。

1. 建立描绘振动的物理量和振动时人的影响程度之间的关系

描绘振动的物理量可以通过测量，但物理量的尺度和人对振动响应的程度并不是1:1的关系。因此建立振动的物理量和人对其响应程度之间的定量关系，是研究振动评价的关键。

当振动超过一定强度，则对人体的健康产生危害。然而描绘振动的物理量和人体健康受损程度之间的定量关系是比较难的，目前这方面的研究还很不够。因而振动评价问题的关键，一是要找出保护人体健康和致人于危险状态的界限；二是要建立振动的物理量与人对振动从开始感觉至无法忍受这一区间响应之间的定量关系，即建立振动的物理量与人的主观评价之间的关系。

然而，影响人对振动的感觉的因素是复杂的，不同的人对同一振动的感觉会不一样，甚至可能差异很大。这与人的年龄、身体状况、文化水平、职业、生理和心理特点等均有关系。例如，心脏病患者要比健康人对振动更敏感；老年人一般要比青年人对振动更敏感等。此外，对同一个人，当其身态姿式不同，即直接接触振动的部位不同时，对振动的感觉也不一样。这样就使得振动的主观评价研究十分复杂。对此，各国学者广泛采用实验方法和调查统计的方法来进行研究。

实验的方法，即让受试者位于振动台上，当振动的强度、频率等因素改变时，受试者报告自己的主观感觉，并且对某些生理反应做有关测试。

调查统计的方法主要是采用流行病学的调查方法，对劳动环境里的工人和生活环境里居民对振动的生理反应和心理反应做调查。

在研究过程中，评价量的选取，不仅要注意它和人对振动的反应相关性要好，而且评价量的测定方法应力求准确、简单和易于掌握。

对振动感觉进行科学性研究，起始于1931年Beiher和Meister的试验，该试验给出了振动感觉的容许限度和极限值，为以后研究人对振动的感觉打下了一个良好的基础。第二次世界大战以后，这方面的研究得到了进一步的发展，并且列入到国际标准化委员会（ISO）的活动当中。

2. 建立统一的评价方法

在研究振动的评价方法时，应该确立被国际承认的统一的评价方法。所以，在以往各国学者研究的基础上，国际标准化组织（ISO）对全身振动和局部振动的评价制定了相应标准。下文将具体介绍振动对人体、城市区域环境、机器设备、建筑物等影响的评价标准。

三、振动的评价标准

振动的影响是多方面的，它损害或影响振动作业工人的身心健康和工作效率，干扰居民的正常生活，还影响或损害建筑物、精密仪器和设备等。评价振动对人体的影响比较复杂，根据人体对某种振动刺激的主观感觉和生理反应的各项物理量，国际标准化组织和一些国家推荐提出了不少标准，概括起来可以分成以下几类。

1. 振动对人体影响的评价标准

振动对人体的影响比较复杂，人的体位，接受振动的器官，振动的方向、频率、振幅和加速度都会对其造成影响。人体对振动的感觉标准是：人体刚感到振动是 $0.03 m/s^2$，不愉快感是 $0.49 m/s^2$，不可容忍感是 $4.9 m/s^2$。评价振动对人体的影响远比评价噪声复杂。根据振动强弱对人体的影响，大致分为以下四种情况。

（1）振动的"感觉阈"：在此范围内人体刚能感觉到振动的信息，但一般不觉得不舒适，此时大多数人可以容忍，对人体无影响。

（2）振动的"不舒适阈"：这时振动会使人感到不舒服，或有厌烦的反应，这是一种大脑对振动的本能反应，不会产生生理的影响。

（3）振动的"疲劳阈"：当振动的强度使人进入到"疲劳阈"时，这时人体不仅对振动产生心理反应，而且出现了生理反应，它会使人感到疲劳，出现注意力转移、工作效率低下等。但当振动停止后，这些生理反应也随之消失。实际生活中以该阈为标准，超过该标准者被认为有振动污染。

（4）振动的"危险阈"：当振动的强度不仅对人体产生心理影响，而且还造成生理性伤害时，这时振动强度就达到了"危险阈"。此时振动会使人体的感觉器官和神经系统产生永久性的病变，即使振动停止也不能复原。

根据振动强弱对人体的影响，国际标准化组织对局部振动和整体振动都提出了相应的标准。

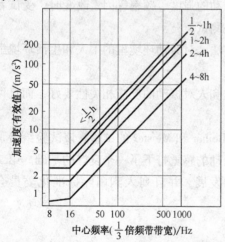

图 3 - 2　手的暴露评价曲线

① 局部振动标准。国际标准化组织 1981 年起草推荐了《局部振动标准》（ISO5349）。该标准规定了 8 ~ 1000Hz 不同暴露时间的振动加速度和振动速度的容许值（见图 3 - 2），用来评价手传振动对人体的损伤。从图 3 - 2 可以看出，对于加速度值，8 ~ 16Hz 曲线平坦，16Hz 以上曲线以每倍频带上升 6dB；人对加速度最敏感的振动频率范围是 8 ~ 16Hz。

② 整体振动标准。振动对人体的作用取决于 4 个参数：振动强度、频率、方向和暴露时间。国际标准化组织 1978 年公布推荐了《整体振动标准》（ISO2631）。该标准规定了人体暴露在振动作业环境中的允许界限，振动的频率范围为 1 ~ 80Hz。这些界限按三种公认准则给出，即舒适性降低界限、疲劳 - 工效降低界限和暴露极限。这些界限分别按振动频率、加速度值、暴露时间和对人体躯干的作用方向来规定。图 3 - 3、图 3 - 4 分别给出了垂直振动和水平振动疲劳 - 工效降低界限曲线，横坐标为 1/3 倍频带的中心频率，纵坐标是加速度的有效值。当振动暴露超过这些界限时，常会出现明显的疲劳和工作效率的降低。对于不同性质的工作，可以有 3 ~ 12dB 的修正范围。超过图中曲线的 2 倍（即 +6dB）为暴露极限，即使个别人能在强的振动环境中无困难地完成任务，也是不允许的。暴露极限和舒适性降低界限具有相同的曲线，将暴露极限曲线向下移 10dB，即将相应值减去 10dB 为舒适性降低界限，降低的程度与所做事情的难易程度有关。

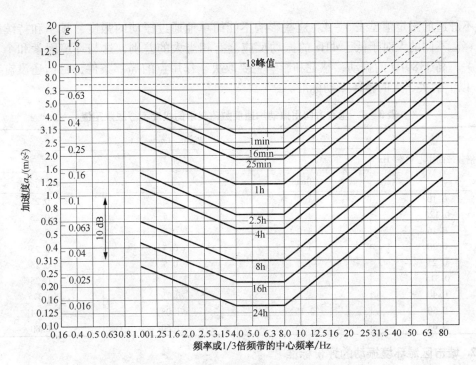

图 3-3 垂直振动标准曲线(疲劳 - 工效降低界线)

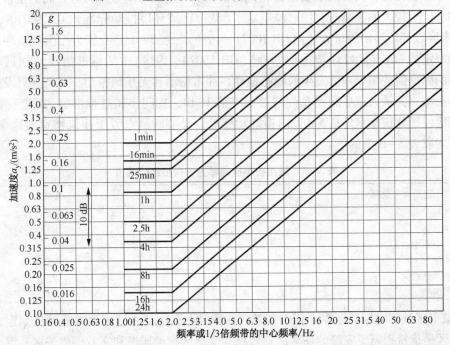

图 3-4 水平振动标准曲线(疲劳 - 工效降低界线)

对于垂直振动,人最敏感的频率范围是 4~8Hz;对于水平振动,人最敏感的频率范围是 1~2Hz。低于 1Hz 的振动会出现许多传递形式,并产生一些与较高频率完全不同的影响,例如引起晕动病和晕动并发症等。0.1~0.63Hz 的振动传递到人体,会引起从不舒适到感到极度疲劳等病症,《整体振动标准》对于 0.1~0.63Hz 人承受垂直方向全身振动极度不舒适的限定值见表3-4。这些影响不能简单地通过振动的强度、频率和持续时间来解释。不同的人对于低于1Hz的振动反应会有相当大的差别，这与环境因素和个人经历有关。高于80Hz的振动，感觉和影响主要取决于作用点的局部条件，目前还没有建立80Hz以上的关于人的整体振动标准。

表3-4 垂直方向用振动加速度数值表示的极度不舒服限定值

1/3 倍频带的中心频率/Hz	加速度/(m/s²)		
	振动时间		
	30min	2h	8h(暂行)
0.10	1.0	0.5	0.25
0.125	1.0	0.5	0.25
0.16	1.0	0.5	0.25
0.20	1.0	0.5	0.25
0.25	1.0	0.5	0.25
0.315	1.0	0.5	0.25
0.40	1.5	0.75	0.375
0.50	2.15	1.08	0.54
0.63	3.15	1.60	0.80

2. 城市区域环境振动的评价标准

由各种机械设备、交通运输工具和施工机械所产生的环境振动，对人们的正常工作和休息都会产生较大的影响。我国已经制定了《城市区域环境振动标准》(GB 10070—1988)和《城市区域环境振动测量方法》(GB 10071—1988)。表3-5是我国为控制城市环境振动污染而制定的《城市区域环境振动标准》(GB 10070—1988)中的标准值及适用区域。表3-5中的标准值适用于连续发生的稳态振动、冲击振动和无规则振动。对每天只发生几次的冲击振动，其最大值昼间不允许超过标准值10dB，夜间不超过标准值3dB。标准规定测量点应位于建筑物室外0.5m以内振动敏感处，必要时测点置于建筑物室内地面中央，标准值均取表3-5中的值。

表3-5 城市各类区域垂直方向振级标准值 dB

适用地带范围	昼间	夜间
特殊住宅区	65	65
居民、文教区	70	67
混合区、商业中心区	75	72
工业集中区	75	72
交通干线道路两侧	75	72
铁路干线两侧	80	80

《城市区域环境振动标准》(GB 10070—1988)对表3-5中适用地带范围的划定为：特殊住宅区是指特别需要安静的住宅区；居民、文教区指纯居民和文教、机关区；混合区是指一般商业与居民混合区，以及工业、商业、少量交通与居民混合区；商业中心区指商业集中的繁华地区；工业集中区是指在一个城市或区域内规划明确确定的工业区；交通干线道路两侧是指车流量每小时100辆以上的道路两侧；铁路干线两侧是指每日车流量不少于20列的铁道外轨30m外两侧的住宅区。

垂直方向振级的测量及评价量的计算方法，按《城市区域环境振动标准》(GB 10070—

1988)有关条款的规定执行。

环境振动一般并不构成对人体的直接危害，主要是对居民生活、睡眠、学习、休息产生干扰和影响。

3. 机械设备振动的评价标准

目前世界各国大多采用速度有效值作为量标来评价机械设备的振动（振动的频率范围一般在 10～1000Hz 之间），国际标准化组织颁布的《转速为 10～200r/s 机器的机械振动——规定评价标准的基础》(ISO 2372:1974)规定以振动烈度作为评价机械设备振动的量标。它是在指定的测点和方向上，测量机器振动速度的有效值，再通过各个方向上速度平均值的矢量和来表示机械的振动烈度。振动等级的评定按振动烈度的大小来划分，设为以下四个等级。

A 级：不会使机械设备的正常运转发生危险，通常标为"良好"。

B 级：可验收、允许的振级，通常标为"许可"。

C 级：振级是允许的，但有问题，不满意，应加以改进，通常标为"可容忍"。

D 级：振级太大，机械设备不允许运转，通常标为"不允许"。

对机械设备进行振动评价时，可先将机器按照下述标准进行分类。

第一类：在其正常工作条件下与整机连成一个整体的发动机及其部件，如 15kW 以下的电动机产品。

第二类：刚性固定在专用基础上的 300kW 以下发动机和机器和设有专用基础的中等尺寸的机器，如输出功率为 15～75kW 的电动机。

第三类：装在振动方向刚性或重基础上的具有旋转质量的大型电动机和机器。

第四类：装在振动方向相对较软基础上的具有旋转质量的大型电动机和机器。

然后可参考表 3-6 具体进行评价。

表 3-6　机械设备的评价

振动烈度的量程/(mm/s)	判定每种机器质量的实例			
	第一类	第二类	第三类	第四类
0.28	A			
0.45	A	A	A	
0.71		A	A	A
1.12	B			A
1.8	B			
2.8	C	B	B	
4.5	C		B	
7.1		C		B
11.2		C	C	
18	D		C	C
28	D	D		C
45	D	D	D	D
71	D	D	D	D

4. 建筑物的允许振动标准

建筑物的允许振动标准与其上部结构、底基的特性以及建筑物的重要性有关。德国1986年颁布的标准 DIN 4150 中规定，在短期振动作用下，使建筑物开始遭损坏，诸如粉刷开裂或原有裂缝扩大时，作用在建筑物基础上或楼层平面上的合成振动速度限值见表3-7。

表3-7 建筑物开始损坏时的振动速度限制

结构形式	振动速度限制 v/(mm/s)			
	基础			多层建筑物最高一层楼层平面
	频率范围/Hz			
	10以下	10~50	50~100	混合频率/Hz
商业或工业用的建筑物与类似设计的建筑物	20	20~40	40~50	40
居住建筑和类似设计的建筑物	5	5~15	15~20	15
不属于上述所列的对振动特别敏感的建筑物和具有纪念价值的建筑物(如要求保护的建筑物)	3	3~8	8~10	8

5. 精密仪器和设备的允许振动

精密仪器和设备的允许振动是一个较复杂的问题。目前国内外提出的一些精密仪器和设备的允许振动(或称防振指标)，大都是对实际工作状态进行调查和试验的结果，并不是真正的允许振动，但有相当的参考价值。

(1)仪器和设备的允许振动。允许振动是指在保证仪器和仪表正常工作条件下，设备的支承结构(台座或基础)上表面的极限允许振动考虑一个安全系数后的振动值。这是衡量精密仪表和设备抵抗振动能力的一个标准。允许振动的数值越大，精密仪表和设备抗振能力就越强，反之就越弱。应当指出，精密仪表和设备的计量及加工精度，并不能代表它们的允许振动。这二者是有本质区别的，如200mm 光电光波干涉仪的计量精度为 $\pm 0.03\mu m$，仅为允许振幅2%以下。在通常情况下，精度越高允许振动越小。

仪器和设备支承台座的振动必须小于其允许振动，否则影响其加工精度或测试精度，以及影响使用寿命。重者会使仪器或设备无法正常运行，甚至损坏。

(2)影响精密仪器和设备允许振动的因素

① 振动方向。振动方向不同，允许振动特性曲线和数值就不一样。对某些仪器和设备来说，差别可能很大，此时仪器和设备允许振动的控制方向就为允许振动数值最小的方向。

② 振动频率。振动频率与仪器或设备的允许振动关系很大；通常不同的干扰频率就有不同的允许振幅。允许振动的物理量可能是位移，也可能是速度，以加速度控制的比较少见。

③ 持续时间。仪器和设备每一工作过程所需持续时间不同，允许振动也不一样。持续工作时间长，仪器允许振动小。

④ 工作原理相同的同一类型的设备，其允许振动的物理量是相同的，但具体数值不

一样。不同工作原理和精度的设备，允许振动的特性是不同的。

第三节　振动测量技术

一、惯性测振仪原理

图 3 – 5 所示为惯性测振仪的原理简图，惯性测振仪主要包括质量为 m 的惯性物体、劲度系数为 k 的弹簧和阻尼系数为 c 的阻尼器。测量时将测振仪的外壳与被测物体相固定，那么在外壳与振动体一起运动的同时，振动体对外壳的相对运动便被测振仪上的笔和转鼓记录下来。

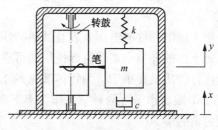

图 3 – 5　惯性测振仪的原理简图

二、振动测量的常用仪器

1. 公害测振仪（振级计）

公害测振仪是专门进行公害振动测量的常用仪器，一般由传感器、放大器和衰减器、频率计权网络、频率限止电路、有效检波器、振幅或振级指示器组成。公害振动与机器振动相比，其显著特点是振动强度小，频率低，尤其是作为公害的地面振动所涉及的频率一般都在 20Hz 以下。人的可感振动频率最高为 1000Hz，对 100Hz 以下的振动才较为敏感，而最敏感的振动频率与人体的共振频率数值相等或相近。人体的共振频率：直立时为 4 ~ 10Hz，俯卧时为 3 ~ 5Hz。

2. 压电式加速度计

加速度计是一种固有频率很高的传感器，它的固有频率比激励频率高得多。加速度计可分为电磁式、压电式两种，目前应用最多的是压电式加速度计，它将振动的加速度转换为相应的电信号以便利用电子仪器进一步测量并分析其频谱。其结构如图 3 – 6 所示。

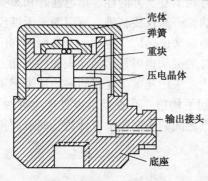

图 3 – 6　压电式加速度计

该加速度计换能元件为两个压电片（石英晶体或陶瓷），压电片上放置一个振动体，它借助于弹簧把压电片夹紧，整个结构放置于具有坚固的厚底座的金属壳中。在测量振动时将传感器的底座固定在被测振动物体上。工作时，当传感器受到振动时，振动体对压电片施加与振动加速度成正比例的交变作用力。在压电效应的作用下，两片压电片上会产生一个与交变作用力成正比，即正比于振动体的加速度的交变电压。这个交变电压被传感器以电信号的形式输出，用来确定振动的振幅、频率等。

此外，该加速度计还可以与电子积分网络联合使用，以此可以获得与位移或速度成正比的交变电压。

压电式加速度计具有谐振频率高、尺寸小、质量轻、灵敏度高和坚固等优点。它具有较宽的频率响应和加速度测量范围，可以在 $-150 \sim 260℃$ 温度范围内使用，有时甚至可达 $600℃$，而且结构简单，使用方便，所以在振动测量中获得广泛应用。但它的抗低频性能较差、阻抗高、噪声大，特别是利用它进行二次积分测量位移时，干扰影响很大。

测量时选择合适的加速度计并进行固定非常重要。选择加速度计时主要考虑灵敏度和它的频率特性。其次要考虑测量环境条件，例如温度、湿度和强噪声的影响等。灵敏度和频率特性是互相制约的，对于压电式加速度计，尺寸小则灵敏度低，但可以测量频率范围较宽。

由于压电元件的电压系数及其他特性都会随温度变化，为保证在一些高温、强声场和有电磁干扰的环境中加速度计使用的可靠性，故加速度计在选取时还应该注意以下几点：加速度计的质量要小于待测物体质量的 1/10；工作频率上限要小于加速度计谐振频率的 10 倍，下限要小于待测对象工作频率下限的 4 倍左右；连续振动加速度值要小于最大冲击额定值的 1/30。

3. 利用声级计刚量振动

当把声级计上的电容传声器换成振动传感器（如加速度计），同时将声音计权网络换成振动计权网络，就组成了一个测量振动的基本系统，如图 3 – 7 所示。当测量加速度时，将声级计头部的传声器取下，换上积分器，利用电缆将积分器的输入端与加速度计连接起来，加速度计固定在被测物体上，积分器起到了一组积分网络的作用。利用声级计测量振动比较方便，但它有一定的适用范围，它仅适用于声频范围内的振动测量。

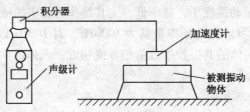

图 3 – 7　声级计测量振动

4. 利用激光测量振动

激光是 20 世纪 60 年代出现的一种新光源，它具有相干性、方向性、单色性好和高亮度等特点。利用激光源做成的干涉仪测量振动比一般的光干涉仪要精确。所以激光干涉仪已被用做加速度计的一级标准。此外，激光全息干涉测振法也已广泛应用。全息照相利用光的干涉原理记录由振动引起的干涉条纹，用比较部件的振动也可显示振动表面的振动方式，在各种频率下拍摄全息图就可以观察各种振动方式。采用连续曝光时间平均法来记录振动物体的全息图可以测得振动平面上幅度分布的时间平均值。在振动节点处产生亮纹，而腹点则产生暗纹。对于处在波节与物体上已知静止点之间的轮廓线加以计数，便可求得该物体上各点振动的幅度。

三、振动测量方法

在振动问题中，振动测量问题包括两类：一类是对环境振动的测量；另一类是对引起噪声辐射的物体振动的测量。

（一）环境振动的测量

首先，对测量环境振动的仪器，其性能必须要符合 ISO/DP8041—1984 有关条款的规定。测量系统每年至少送计量部门校准一次。

对于城市区域环境振动的测量，按《城市区域环境振动测量方法》（GB 10071—1988）有如下规定。

（1）测量的量为铅垂向 Z 振级。

（2）读数方法和评价量。稳态振动，指观测时间内振级变化不大的环境振动，如风机、水泵、纺织机等引起的振动。测量时，每个测点测量一次，取 5s 内的平均示数作为评价值。

冲击振动，指具有突发性振级变化的环境振动，如冲床、锻锤等引起的振动。测量时，取每次冲击过程中最大示数为评价量。对于重复地出现冲击振动，以 10 次读数的算术平均值为评价量。

无规振动，指未来任何时刻不能预先确定振级的环境振动，如公路交通振动等。对无规振动，每个测点等间隔地读取瞬时示数，采样间隔不大于 5s，连续测量时间不少于 1000s，以测量数据 VL_{Z10} 值为评价值。VL_{Z10} 称之为累积百分 Z 振级，它表示在规定的测量时间 T 内，有 10% 时间的 Z 振级超过 VL_{Z10} 值。

铁路振动，读数取每次列车通过过程中的最大示数，每个测点连续测量 20 次列车，以 20 次读值的算术平均值为评价量。

（3）测量位置，应置于各类区域建筑物室外 0.5m 以内振动敏感处，一般出现室内振级大于室外，测点置于建筑物室内地面中央。

（4）拾振器的安装。拾振器安装的好坏严重影响测量结果，故安装时要确保拾振器平稳地安放在平坦、坚实的地面上，避免置于地毯、草地、砂地或雪地等松软的地面上，拾振器的灵敏度主轴方向应与测量方向一致。

（5）测量条件。测量时振源应处于正常工作状态，否则测量结果不能真实地反映客观情况，测量时应避免影响环境振动测量的因素，如温度梯度变化，强电磁场、强风、地震或非振动污染引起的干扰。

（6）测量数据记录和处理。GB 10071—1988 在附录中给出了若干个表格，这些表格便于在测量时数据的记录和随后的数据处理。

（7）"界"的振动测量。有时需要测量环境振动源"界"的振动，此时"界"的测点可选在界线上或界线外某敏感处。工厂厂界可选在工厂法定界线外 1m 振动敏感处。公路界可选在公路法定界线外 0.2～0.5m 内振动敏感处。建筑工地"界"可选在建筑工地界线上振动敏感处。铁路"界"目前认为可选在距铁路外轴 30m 处振动敏感处。所谓敏感处是指振动强度最大处或离周围民宅等最近处，这显然是为了更好地保护居民。

（8）其他。在研究离开振源随距离增大振级变化的情况时，可以采取 5m、10m、20m、40m 等按等比级数选择测点。

（二）物体振动的测量

对辐射噪声物体的振动测量，不仅要测量发声物体的振动，还要测振动源的振动和振动传导物体的振动，根据实际情况选择测量点。在声频范围内的振动测量，一般取 20～20000Hz 的均方根振动值，用窄带来分析振动的频谱。当振动频率的测量扩展到 20Hz 以下时，可按振源基座三维正交方向测量振动加速度。在测量过程中，加速度计必须与被测物体良好接触，以避免在水平或垂直方向上产生相对运动影响测量结果。常用的压电加速度计可用金属螺栓、绝缘螺栓和云母垫圈、永久磁铁、黏合剂和胶合螺栓、蜡膜黏附等六种固定方法，见图3-8。方法①，将加速度计用钢栓固定在被测物体上，加速度计不要拧的过紧以免影响其灵敏度，可在接触面上涂硅蜡以消除表面不平整带来的影响；方法②，先在表面垫上绝缘云母垫圈，再用绝缘螺栓固定；方法③，用永久磁铁将加速度计吸附在被测物体上，环境温度一般应在150℃以下，加速度一般要小于$50g$；方法④，用黏合剂和螺栓将加速度计直接粘贴在被测物体上，简单方便但不容易取下；方法⑤，使用薄蜡层将加速度计固定在被测物体上，这种方法适用于十分平整的表面，频率响应较好，但不抗高温；方法⑥，使用探针接触，适宜测量狭缝或高温物体，但频率范围不应高于1000Hz。

测量前应该充分了解温度、湿度、声场和电磁场等环境条件认真选择加速度计，使其灵敏度、频率响应都应该满足测量的要求。使用加速度测振时，加速度的感振方向和振动物体测点位置的振动方向应该一致。如果两个方向之间的有夹角为α，则测量值的相对误差为$C = 1 - \cos\alpha$。对于质量小的振动物体，附在它上面的加速度计要足够的小，以免影响振动的状态。

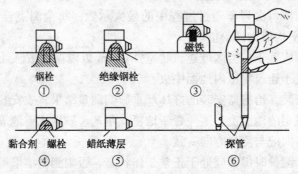

图3-8　加速度计的安装方法

（三）振动的测量结果

振动测量一般应记录仪器型号、振动源情况、加速度计设置方法及表面形态，绘制测量现场示意图。根据《城市区域环境振动测量方法》（GB 10071—1988），对于稳态振动，每个测点测量一次，取5s内的平均示数作为评价量；对于冲击振动，取每次冲击过程中的最大示数作为评价量，对于重复出现的冲击振动，以10次读数的算术平均值为评价量；对于无规振动，每个测点等间隔地读取瞬时示数，采样间隙不大于5s，连续测量时间不少于1000s，以测量数据的累计百分振级值作为评价量。

测量报告应体现以下内容。

（1）监测目的和监测依据：说明监测任务的来源、通过监测欲达到的目的、监测工作的法律依据和技术依据等。

（2）监测时间：说明现场监测和调查的起止时间。

（3）监测内容：说明现场监测和调查工作的具体内容。

（4）污染源概况：说明监测范围内的振动污染源状况和污染源周围的环境状况，振动源对周围环境的影响和危害状况。

（5）测点设置：说明布点原则，测点数量、方位和代表性等。

（6）评价标准及评价量：说明评价量确定的依据、目的和意义，根据监测要求适合报告使用的评价标准。

（7）监测方法：说明监测仪器的型号、测量系统的组成、仪器检定和校准状况、环境条件、拾振器的设置、采样方法、监测数据的处理和评价量的获得方法等。

（8）监测结果：将所得数据进行处理，并以列表、绘图或文字等形式说明。

（9）结果评述或结论：对监测结果进行分析讨论，结合有关标准，评述监测对象的污染水平和超标状况。

四、振动测量分析系统

振动测量的分析系统通常由拾振、放大和记录分析三部分组成，它们有两种组合方式。

（1）整体式。将传感器、放大器、记录分析和显示仪表组成一个完整的测量仪器，可以直接在表头上读出有关的量级，这种称为测振仪的振动测量仪器一般适合于现场测振使用。

（2）组合式。由各独立仪表、如拾振器（传感器）、放大器、滤波器、显示仪、记录仪和分析仪等组成一个完整的振动测量分析系统，精度高。

1. 传感器

测量振动的拾振仪又称传感器，是一种机电参数转化元件，在振动的测量中它可以将被测对象的振动信号转化为电信号的形式输出。目前常用的传感器可以分为以下几类：输出电量与输入振动位移成正比的位移式传感器；输出电量与输入振动速度成正比的速度式传感器；输出电量与输入振动加速度成正比的加速度式传感器。目前常用的是压电式加速度式传感器，它具有灵敏度高、高频性能好、频响范围宽和测量范围大、相位失真小、使用稳定等优点。但由于它内部的压电式晶体阻抗高，故要求放大器输入较高的阻抗，所以对电缆导线有较高的要求，而且使用中容易受电场的干扰，在测量时会出现零位漂移的现象，即使所测量的瞬间加速度消失后，加速度计仍有一个直流输出。

为保证在一些高温、强声场和有电磁干扰的环境中加速度计使用的可靠性，故加速度计的选取应该注意以下几点：加速度计的质量要小于待测物体质量的 1/10；工作频率上限要小于加速度计谐振频率的 10 倍，下限要小于待测对象工作频率下限的 4 倍左右；连续振动加速度值要小于最大冲击额定值的 1/3。

2. 测量记录设备

振动测量中的记录设备有机械式记录仪、电平记录仪、磁带数据记录仪、记忆示波器以及阴极射线示波器等。

电平记录仪可以将交流或直流的电信号作对数处理后把振动量级随时间变化的历程连续的记录在坐标纸上，还可以与滤波器联合使用，用刻有频率的记录纸，实现同步扫描，记录随频率而变化的各分量的振动频谱。现在目前常用的有两种，一是实验室使用的精密电平记录仪，这是一种功能齐全精密度高的电子综合仪器。信号放大与分析应用电子原理，利用变速机械齿轮和软管连接记录纸和联动装置；另一种是便携式电平记录仪，它的精密度低于上一种，但质量轻、结构简单、尺寸小使用方便。记录纸和滤波器的联动装置都采用电子线路。

磁带记录仪又成为磁带机，它可以在测量现场对测量和记录的信息进行储存。它利用磁铁性材料的磁化对记录的数据可以进行重放复现和转录。磁带机具有工作带频宽，可以变换信号频率，能多通道同时记录以及记录时间长等优点。另外可以作为计算机的外围设备配合计算机进行数据处理。磁带机可以分为模拟磁带记录仪和数字磁带记录仪两种。数字磁带记录仪可以把模拟信号转化为数字量，然后采用数字记录技术进行二进制的"模数"转化。复放时可通过解码器将数字信号恢复成振动信号实现振动的重现。从结构上讲，可分为大型立柜式磁带机和小型便携式磁带机；按工作原理可分为工作频率在 10 ~ 20000Hz 之间的直接记录磁带机，它适合于声频信号的记录和工作频率在 0 ~ 10000Hz 的调频记录磁带机，适用于记录振动信号，也是目前最常用的一种记录机。

3. 放大器

测量放大器又称二次仪表，可分为电压放大器和电荷放大器两种。目前最常用的是电荷放大器。这是一种输出电压与输入电荷成正比的前置放大器，它具有传感器的线性好、信噪小、电荷的灵敏度与输入电缆无关不受其长度和种类的制约、低频响应好等优点。在测量中首先要根据待测目标的振级、频率范围等选择合适的电荷放大器和传感器。然后选用绝缘性能好的电缆将电荷放大器和传感器牢固的连接。测量前事先释放加速度计上的积聚电荷，选择合适的高、低通滤波器范围和合适的衰减输出量程来进行测量。测量过程中系统的连接要遵循"单点接地"的原则。

4. 滤波器

滤波器是振动测量和分析系统中经常使用的辅助仪器，主要用来将不需要的频率成分过滤掉以最小的衰减传输有用频段内的信号。根据通频带滤波器可以分为低通滤波器、高通滤波器、带通滤波器和带阻滤波器几种。

5. 频率分析仪

频率分析仪为测振中的三次仪表。它主要是将振动时间信号转化成频率域给出频谱，或将测量的模拟信号转化为数字信号，在表头或打印设备上显示出来。模拟式频率分析仪由测量放大器和滤波器两部分组成，基本方法就是使输入的电信号通过放大器放大后依次通过一系列不同的中心频率，或一个由中心频率连续可调的模拟式滤波器分别对每一个通过滤波器的功率进行测定，以获得频谱。

第四节　振动污染控制技术

一、振动污染控制概述

振动危害多种多样，人们在生产实践中根据各自关心的问题，提出了相应的对策及控制方法，形成了众多学科的重要研究内容。例如船舶振动、车辆振动(汽车与机车)、宇航振动(飞机与导弹振动)、机械振动、地震理论等。目前环境保护和安全生产、职业卫生健康又对振动研究提出了新的要求，以保护人类的生活环境避免其对人类可能产生的有害影响。不同的振动有不同的控制方法，目前实际遇到的振动问题主要还是工业振动源的防治。纵然这些振动各有特性，但基本原理是相同的。

研究振动防治前，必须先弄清振动的传播途径和规律，才能制订出行之有效的防治对策和控制方法。图3-9为振动污染的控制防治方法图示，图中所列的振动源是环境保护中常遇到的。由图可知，与其他污染防治原理一样，振动污染的控制防治途径由振动源（污染源）控制、传递过程中衰减作用及降低对受振部分的影响三种基本对策所组成。

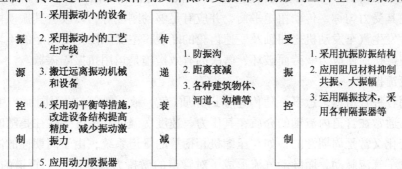

图3-9　振动的控制方法

二、振动污染控制的基本方法

振动污染对环境、人身、设备及产品质量等都有严重影响。在长期的生产实践中，人们积累了丰富的防治经验，掌握了不少行之有效的减少和控制振动危害的方法与途径。这些方法与途径根据其控制振动的性质可以归纳为如下方法。

1. 减少振动源的扰动

虽然振动来源不同，但振动的主要来源是振动源本身的不平衡力引起的对设备的激励。减少或消除振动源本身的不平衡力（激励力），从振动源本身来控制，改进振动设备的设计和提高制造加工装配精度，使其振动最小，是最有效的控制方法。振动机械的类别有以下几种：

（1）往复机械

由曲柄连杆机构所组成的往复运动机械，如柴油机、压缩空气机、曲柄压力机等，是常见振动机械，应采用各种平衡方法来改善其平衡性能。可以附加质量平衡装置（通常就是平衡质量块），使其在运转过程中产生反向作用力以抵消惯性力，从而减少振动。某织针厂的织针抛光机，系利用曲柄连杆偏心轴的高速运动使织针抛光，由于动平衡不好（虽然原机已有偏心质量块），运转时出现大的离心力，产生了很大的振动，严重地影响了居民的生活。通过振动测量分析，解决此抛光机的振动宜先从机器本身的平衡着手，虽然飞轮原来已在偏心轴对方配有平衡块，仍不足以抗衡偏心力，后再在轮侧加上15kg重的平衡质量块，比原来的质量块增加2.5倍重量，运用后开机实测，振动级降低了10～12dB。加上平衡铅块后，不仅在车间地坪上振动大为减弱，甚至开机后，居民也不会受干扰。此例说明，在振动控制中，对机器本身振源与声源的分析和识别，采用相应的动平衡措施，也是防治控制环境振动污染危害的行之有效的办法。

（2）旋转机械

通常这类机械指的是电动机、鼓风机、离心水泵、蒸汽轮机、燃气轮机等。此类机械，大多属高速运转类，每分钟都在千转以上，其微小的质量偏心或安装间隙的不均常带来严重的振动危害。为此，应尽可能地调好其静、动平衡，提高其制造质量，严格控制其对中要求和安装间隙，以减少其离心偏心惯力的产生。

（3）传动轴系的振动

它随各类传动机械的要求不同而振动型式不一，会产生扭转振动、横向振动和纵向振动。对这类轴系（像汽车、机车的传动轴，纺织机械的天、地轴，轻工机械的传动轴等），通常是应使其受力匀称，传动扭矩平衡，并应有足够的刚度等，以改善其振动情况。典型的事例是常发生汽车发动机之曲轴及变速齿轮的断裂，主要原因是受扭矩的不均及突然变化，产生扭振，促使应力疲劳而破坏，解决的有效措施是运用扭振隔振器。

（4）管道振动

工业用各种管道愈来愈多，随传递输送介质（气、液、粉等）的不同而产生的管道振动也不一。通常在管道内流动的介质，其压力、速度、温度和密度等往往是随时间而变化的，这种变化又常是周期性的，如与压缩机相衔接的管道系统，由于周期性的注入和汲走气体，激发了气流脉动，而脉动气流形成了对管道的激振力，即产生了管道的机械振动。剧烈的管道机械振动常使管路附件、连接部位及支承固定处等发生松动或破裂，轻则造成泄漏，重则引起爆炸，这类重大事故常有发生。另外，还伴随着强烈的噪声。为此，在管道设计时，一是应注意适当配置各管道元件，以改善介质流动特性，避免气流共振和减低脉冲压力；二是采用橡胶、金属波纹软管，设置缓冲器、降压及稳压装置，有目的地控制气流脉动，从而改善和减少管道机械振动；三是正确选择支承架间距和支承方式，隔振悬吊，以改善管系结构动力特性及隔离振动传递。还可以对进、排气口必要时采取消声装置。

2. 防止共振

作为振动的一种特殊状态（共振），更有它一定的特性，理解与掌握共振特性，将有助于振动分析与应用。振动机械的扰动激励力的振动频率，若与设备的固有频率一致，就会引起响应，使设备振动得更厉害，起了放大作用，其放大倍数可有几倍到几十倍，此现象谓之共振。

共振的特性，它不仅是一种能量的传递，而且是一种具有特殊作用的能量传递形式，它具有放大性传递、长距离传递的特性。只要某物体处于共振状态，即使在微小的外力作用下，也可得到具有足够大的响应力。共振如一个放大器，小的位移作用可得大的振幅值。共振又像一个储能器，它以特有的势能与弹性位能的同步转换与吸收，能量越来越大。

工程上应用共振原理制成的机械也较多，诸如振动送料装置、振动筛、振动压路机、振动打桩机及古老的弹簧锤等，都是应用共振原理，使微小的动力可得到较大的振动效果。

共振有它积极的一面，也有它不利的一面，这就是事物的二重性。由于共振时的放大作用，共振带来的破坏与灾害也极为严重。人类在自然与生产实践中的教训也是很多的。因而防止和减少共振的响应也是重要的一个方面，人们经常从以下几点入手。

（1）改变机械结构的固有频率

如改变设施（可以是物体、设备、建筑设施等）的结构和总体尺寸；采用局部加强法（如筋、多加支承节点）等。在这方面比较成功的例子，如改变汽车结构形式，主尺度的变化，为防止船体振裂而增加龙骨刚度，工矿企业的生产设备，如一些冲剪设备（振动剪床等），粉碎机械、水泥搅拌机械和混料机械等不仅会引起壳体共振，还会产生令人烦恼的噪声，故常在壳体上采用刚性大的加强筋或增加质量块来改变固有频率，以取得良好的减振效果。

（2）改变振动源（通常是指各种动力机械）的扰动频率

如改变机器的转速、更换机型等，都是行之有效的措施。浙江某茶叶厂新建楼房就是很好的例证。该厂学习日本先进工艺，如同面粉厂加工一样，把茶叶进行分送、包装等工艺，从楼房的四层楼开始逐步分选，到底层包装完毕。该大楼 50m 长，15m 宽，约 20m 高。建成后设备安装试车，还未全部正式运转，仅在四楼上的一台振动筛分选机开动后，整个楼房便摇晃振动，直感就和有 5 级地震一样，放在楼面上的花盆及茶杯，很清楚地看出抖动现象。按工艺要求，振动筛每分钟往复 240 次（即 4Hz），说来也巧，此楼房的横向固有频率也刚好为 4Hz，故两种频率相吻合而引起了共振现象，致使楼房响应而振动。后建议改变工艺过程，变动一下转速既解决问题，而这种改变转速仅只需 5% 左右就完全可以了，若改变楼房结构，那将是不可能的。

（3）振动源（机器设备）安装在非刚性基础上

设备如安装在楼面、船舶或运输车辆上，应防止振动机械的扰动特性和楼面、船体、车体等振型特性间的不良配合。具有不平衡垂向往复惯性力的机器，不宜安装在楼面（或船体、车体等）振型曲线的波腹处；具有不平衡纵向惯性力矩的机器，不宜安装在楼面（或船体、车体等）振型曲线的节点处，以降低其共振响应。

管道及传动轴等必须正确安装，除上述注意点外，可采用隔离固定，这对减少其他构件（墙、板、车船体壁等）的共振影响十分有效。

（4）采用黏弹性高阻尼材料

对于一些薄壳机体或仪器仪表柜等结构，宜采用黏弹性高阻尼结构材料（阻尼漆、阻尼板、沥清、石棉泥等）增加其阻尼，以增加能量逸散，降低其振幅。近年来，对于交通设备、喷气飞机和导弹等的强机械振动（大部分为共振）和高噪声形成的极为复杂和严厉的动态环境，愈来愈多地使用了这种黏弹性高阻尼材料，效果甚好。例如，汽车的顶篷及内燃机车驾驶室的内壁等都喷涂或黏接这种材料；一些电子元件的底盘和空间构件也都广泛采用这种粘弹性高阻尼结构板制成，以控制其共振振动响应和降低噪声。

3. 采用隔振技术

隔振就是利用波动在物体间的传播规律，将振动源与基础或其他物体的近于刚性连接改为弹性连接，防止或减弱振动能量的传播，从而实现减振降噪的目的。实际上振动不可能绝对隔绝，所以通常称为隔振或减振。如果机械设备与基础之间是近刚性的连接，当设备运转时会产生一个干扰力，这个干扰力就会百分之百地传给基础，由基础向四周传播。如果将设备与地基的连接改为弹性连接，由于弹性装置的隔振作用，设备产生的干扰力便不会全部传给基础，只传递一部分或完全被隔绝。由于振动传递被隔绝，固体声被降低，因而也收到了降低噪声的效果。

如果对振源采取隔振措施，把振动能量限制在振源上而不向外界扩散，使振源产生的大部分振动为隔振装置所吸收，减少振源对设备的干扰，从而达到减小振动的目的，这种施加于振源的方法通常称为积极隔振（也称为主动隔振），如风机、水泵、压缩机及冲床的隔振一般采用积极隔振；隔振技术有时也应用在需要保护的物体附近，把需要低振动的物体同振动环境隔开，避免物体受到振动的影响，这种施加于防振对象的方法通常称为消极隔振（也称为被动隔振），仪器与精密设备的隔振都是消极隔振，在房屋下安装隔振器防止地震破坏也属此类。

采用大型基础来减少振动的影响是最常用、最原始的方法。根据工程振动学原理合理地设计机器的基础，可以减少基础（和机器）的振动和振动向周围的传递。根据经验，一般的切削机床的基础是本身质量的 $1 \sim 2$ 倍，冲锻设备要达到本身的 $2 \sim 5$ 倍，有时达到 10 倍以上。

利用防振沟也是一种常见的隔振措施，即在振动机械基础的四周开挖具有一定深度和宽度的沟槽，里面可填充松软的物质（如木屑）来隔离振动的传递。一般来说，防振沟越深，隔振效果就越好，而沟的宽度对隔振效果几乎没有影响。

4. 采用阻尼减振技术

阻尼是指阻碍物体的相对运动，并把运动能量转变为系统损耗能量的能力。阻尼减振就是通过黏滞效应或摩擦作用，把机械振动能量转换成热能或其他可以损耗的能量而耗散的措施。

阻尼的作用主要体现在以下几个方面。

（1）阻尼能抑制振动物体产生共振和降低振动物体在共振频率区的振幅，从而避免结构因动应力达到极限所造成的破坏。

（2）阻尼有助于机械系统受到瞬态冲击后，很快恢复到稳定状态。

（3）阻尼可以提高各类机床、仪器等的加工精度、测量精度和工作精度。各类机器尤其是精密机床，在动态环境下工作需要有较高的抗振性和动态稳定性，通过各种阻尼处理可以大大提高其动态性能。

（4）阻尼有助于降低结构传递振动的能力。在机械系统的隔振结构设计中，合理地运用阻尼技术可以使隔振、减振效果显著提高。

（5）阻尼有助于减少因机械振动所产生的声辐射，降低机械噪声。许多机械构件，如交通运输工具的壳体、锯片等的噪声，主要是共振引起的，采用阻尼能有效地抑制共振，从而降低噪声。此外，阻尼还可以使脉冲噪声的脉冲持续时间延长，降低峰值噪声强度。

对于薄板类结构的振动及其辐射噪声，如管道、机械外壳、车船体外壳等，在其结构或部件表面涂贴阻尼材料也能达到明显的减振降噪效果。常用的阻尼减振方法有自由阻尼层处理和约束阻尼层处理两种。自由阻尼层处理是在结构表面直接黏贴阻尼材料。当结构振动时，黏贴在表面的阻尼材料产生拉伸压缩变形，将振动能转化为热能，实现减振效果。约束阻尼层处理是在结构的基板表面黏贴阻尼材料后，再贴上一层刚度较大的约束板，当结构振动时，处于约束板和基板之间的阻尼材料产生拉伸压缩变形，将部分振动能量转化为热能，达到减小结构振动的目的。

另外，在振源上安装动力吸振器，对某些振动源也是降低振动的有效措施。对冲击性振动，吸振措施也能有效地降低冲击激发引起的振动响应。电子吸振器是另一类型的吸振设备。它的吸振原理与上述隔振、阻尼不同，它是利用电子设备产生一个与原来振幅相等、相位相反的振动，以抵消原来振动而达到降低振动的目的。

在某些振动环境中，采取若干振动防护措施，更能有效地消除或减轻振动对人的危害。

5. 传播途径的减振

若振源振动难以消除时，需要考虑采取措施阻断振动的传播途径，以减轻振动。振动随距离的衰减是振动传播阻断措施之一，另外还可采用防振沟和隔墙的方法。

增大距离，使受影响对象远离振源，当距离为 4～20m 左右时，使距离增大一倍，则振动衰减 3～6dB；当距离大于 20m 时，使距离增大一倍，则振动衰减 6dB 以上。一般情况下不提倡防振沟，为使振动下降 6dB 以下，沟的深度要达 5～10m，且施工困难，维护也困难，一旦积水，效果就受影响。

振源产生的沿地面传播的波动，有振动方向与波动传播方向一致的纵波，振动方向与传播方向垂直的横波，以及在包括波的前进方向在内的垂直面内做椭圆运动且振幅随表面向内加深而明显减小的表面波等。

一般在坚硬的基础上存在表面层时，瑞利波的速度受到频率的影响，这种现象称为频散。频率增高时，该速度与表面层的横波速度接近；频率降低时，则与基底层的横波速度接近。乐甫波只限于在基础上有比较柔软的表面层的情况下存在。振动仅在与波的前进方向成直角的水平面内产生，也具有频散性。

另有一种必须引起重视的地基的特征振动，即地基经常性微动，是具有固有特殊周期的振动。这种振动不像一般有感振动那样强烈，而是微弱地振动。根据不同地区的地基特性，经常存在这种周期的固有振动。若以接近这种振动的频率激振，则波动随距离的衰减不大，会引起振动污染。此外，若地面建筑物的固有频率与该频率相近，则建筑物容易因共振而受到激励。与地基种类相对应，地基越硬，微弱振动的频率越高，固有周期越短。

第五节　隔振技术

从上节可以知道振动控制的基本方法就是围绕振动产生以及振动能量传输过程的三个基本环节（振源、传输途径以及受保护对象）入手，分别采取控制振源（或受保护对象）以及阻隔振动能量传输途径等措施来实施。振动控制技术主要包含两大类，即隔振技术、减振技术与吸振技术。本节及以后两节主要对隔振、减振、吸振理论和技术加以介绍，并给出工程应用实例。

一、隔振原理

隔振就是在振源与需要防振的设备之间，安放若干具有一定弹性和阻尼性能的隔振装置（隔振器），将振源与基础之间或基础与防振设备之间的刚性连接改成柔性连接，以阻隔并减弱振动能量的传递，如图 3-10 所示。

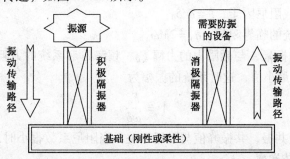

图 3-10　隔振示意图

根据隔振目的的不同，一般可将其分为两种性质不同的隔振：一种称为积极隔振技术，另一种称为消极隔振技术。所谓积极隔振就是为了减少动力设备产生的扰动力向外的传递，对动力设备所采取的措施，目的是减少振动的输出。所谓消极隔振，就是为了减少外来振动对防振对象的影响，对受振物体采取的隔振措施，目的是减少振动的输入。

（一）振动的传递和隔离

图 3 – 11 是一个单自由度受迫振动系统模型。振动系统的主要参量是质量 M、弹簧 K、阻尼 δ、外激励力 F，振动在 y 方向的位移，根据牛顿第二定律，系统的振动方程为：

$$M\frac{\mathrm{d}^2 y}{\mathrm{d}t^2} + \delta\frac{\mathrm{d}y}{\mathrm{d}t} + Ky = F \tag{3-7}$$

式中，第一项为惯性力，第二项为黏滞阻力（δ 为阻尼系数），第三项为弹性力（K 为弹性系数）。设外激力为简谐力，即 $F = F_0\cos\omega t$；定义 $\beta = \delta/2M$，为衰减系数；$\omega_0 = \sqrt{\dfrac{K}{M}}$，$\omega_0$ 为振动系统的固有角频率。上式改写为：

$$\frac{\mathrm{d}^2 y}{\mathrm{d}t^2} + 2\beta\frac{\mathrm{d}y}{\mathrm{d}t} + \omega_0^2 y = \frac{F_0}{M}\cos\omega t \tag{3-8}$$

上式的解为：

$$y = A_0 e^{-\beta t}\cos(\omega_0 t + \varphi') + \frac{F_0}{\omega Z_m}\cos(\omega t + \varphi) \tag{3-9}$$

式中 Z_m——力阻抗，其值为：

$$Z_m = \sqrt{\delta^2 + \left(\omega M - \frac{K}{\omega}\right)^2} \tag{3-10}$$

式（3 – 9）的第一部分为瞬态解，它表明由于激励力作用而激发起的按系统固有频率振动的部分，这一部分由于阻尼的作用很快按指数规律衰减掉。第二项是稳态解，振动频率就是激励力的频率，且振幅保持恒定，故当有阻尼的振动系统，在简谐策动力的作用下，振动持续一个很短的时间后，即成为稳态形式的简谐振动，即

$$y = \frac{F_0}{\omega Z_m}\cos(\omega t + \varphi) \tag{3-11}$$

受迫振动的振幅为

$$A = \frac{F_0}{\omega Z_m} = \frac{F_0/K}{\sqrt{[2\xi(\omega/\omega_0)]^2 + [(\omega/\omega_0)^2 - 1]^2}} \tag{3-12}$$

式中 ξ——阻尼比或阻尼因子，$\xi = \delta/\delta_0$；

δ_0——隔振系统的临界阻尼，$\delta_0 = 2M\omega_0$。

可见受迫振动的振幅 A 与激励力的力幅 F_0、频率 ω 和系统的力阻抗 Z_m 有关。当 $\omega = \omega_0$ 时，有 $Z_m = \delta$ 为最小值，这时系统的振幅为

$$A = \frac{F_0}{\omega\delta} \tag{3-13}$$

可见，系统发生共振，共振峰值与阻尼有关，当阻尼系数很小时，振幅可以很大。

（二）隔振的力传递率

在研究振动隔离问题时，隔振效果的好坏通常用力传递率 T_f 来表示，它定义为通过

隔振装置传递到基础上的力的幅值 F_{f0} 与作用于振动系统上的激振力幅值 F_0 之比。一般情况下，基础的力阻抗比较大，振动位移很小，在忽略基础影响的情况下，通过弹簧和阻尼传递给基础的力 F_f 应为：

$$F_f = Ky + \delta \frac{dy}{dt} \tag{3-14}$$

其幅值为：

$$F_{f0} = A\sqrt{(\omega\delta)^2 + K^2} = KA\sqrt{1 + \left(\frac{\omega\delta}{K}\right)^2} \tag{3-15}$$

$$T_f = \frac{F_{f0}}{F_0} = \frac{\sqrt{1 + \left(2\xi\frac{\omega}{\omega_0}\right)^2}}{\sqrt{\left[1 - \left(\frac{\omega}{\omega_0}\right)^2\right]^2 + \left(2\xi\frac{\omega}{\omega_0}\right)^2}} = \sqrt{\frac{1 + 4\xi^2\left(\frac{f}{f_0}\right)^2}{\left[1 - \left(\frac{f}{f_0}\right)^2\right]^2 + 4\xi^2\left(\frac{f}{f_0}\right)^2}} \tag{3-16}$$

当系统为单自由度无阻尼振动时，即 $\xi = 0$，上式简化为

$$T_f = \left| \frac{1}{1 - \left(\frac{f}{f_0}\right)^2} \right| \tag{3-17}$$

由式(3-16)可绘出 T_f 与 f/f_0 及阻尼比 ξ 之间的关系，如图 3-11 所示。

由图 3-11 可以看出：

（1）当 $f/f_0 \ll 1$ 时，即图中 AB 段，此时 $T_f \approx 1$，说明激振力通过隔振装置全部传给基础，不起隔振作用；

（2）当 $f/f_0 = 1$ 时，即图中 BC 段，此时 $T_f > 1$，这说明隔振措施极不合理，不仅不起隔振作用，反而放大了振动的干扰，乃至发生共振，这是隔振设计时应绝对避免的；

（3）当 $f/f_0 > \sqrt{2}$ 时，即图中的 CD 段，此时 $T_f < 1$，系统起到隔振作用，且 f/f_0 值越大，隔振效果越明显，工程中一般取为 2.5~4.5；

（4）在 $f/f_0 < \sqrt{2}$ 的范围，即不起隔振作用乃至发生共振的范围，ξ 值越大 T_f 值就越小，这说明增大阻尼对控制振动有好的作用，特别是当发生共振时，阻尼的好作用就更明显；

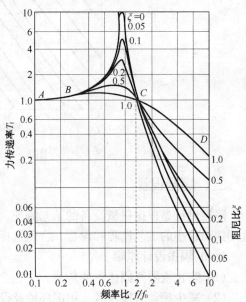

图 3-11 振动传递率

（5）在 $f/f_0 > \sqrt{2}$ 的范围，这是设计减振器时常常考虑的范围，ξ 值越小，T_f 值就越小，这说明阻尼小对控制振动有利，工程中 ξ 值一般选用 0.02~0.1 范围。

在工程中常使用振动级的概念。对于隔振处理而降低的力的振动级差为：

$$\Delta L = 20\lg\frac{F_0}{F_{f0}} = 20\lg\frac{1}{T_f} \tag{3-18}$$

例如，采用某种隔振措施后，使机器振动系统传递到基础的力的振幅减弱为原来的 $1/10$，即 $T_f = 0.1$，则传递到基础的力的振动级降低了 20dB。

在隔振设计中，有时也使用隔振效率（η）的概念，定义为：

$$\eta = (1 - T_f) \times 100\% \qquad (3-19)$$

显然，当 $T_f = 1$，$\eta = 0$，激振力全部传给基础，没有隔振作用。当 $T_f = 0$，$\eta = 100\%$，激振力完全被隔离，隔振效果最高。为便于设计，在忽略阻尼的情况下，将式（3-17）绘制成图 3-12。

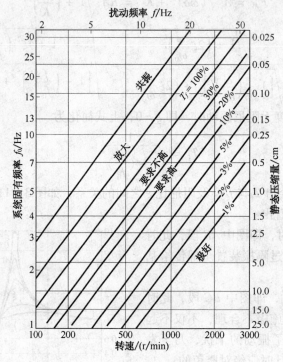

图 3-12　隔振设计图

二、隔振设计

隔振设计是根据机械设备的工艺特征、振动强弱、扰动频率及环境要求等因素，尽量选用振动较小的工艺流程和设备，合理选择隔振器并确定隔振装置的安装部位等。

（一）隔振设计原则

（1）防止或隔离固体声的传播。

（2）减少振动对操作者、周围环境及设备运行的影响和干扰。

在隔振设计及选择隔振器时，首先应根据激振频率 f 确定隔振系统的固有频率 f_0，必须满足 $f/f_0 > \sqrt{2}$，否则隔振设计是失败的。

（3）考虑阻尼对隔振效果的影响。为了减小设备在启动和停止过程中经过共振区的最大振幅，阻尼比越大越好，但在隔振区内的阻尼比越大，隔振效果反而越小，因此阻尼值的选择应兼顾共振区和隔振区两方面的利弊予以考虑。

（4）为保证在隔振区内稳定工作，在隔振设计中，一般需使 $f/f_0 = 2.5 \sim 5$。为满足这一要求，必须以降低系统固有频率 f_0 来实现。而为了降低 f_0，常用减小弹簧弹性系数和增大隔振基础来实现。

（5）在振源四周挖隔振沟，防止振动传出或避免外来振动干扰，对以地面传播表面波为主的振动，效果明显。通常隔振沟越深，隔振效果越好，而沟的宽度对隔振效果影响不大。

（二）隔振设计方法

1. 隔振设计程序

（1）根据设计原则及有关资料（设备技术参数、使用工况、环境条件等），选定所需的振动传递率，确定隔振系统。

（2）根据设备（包括机组和机座）的重量、动态力的影响等情况，确定隔振元件承受的负载。

（3）确定隔振元件的型号、大小和重量，隔振元件一般选用 4~6 个。

（4）确定设备最低扰动频率 f 和隔振系统固有频率 f_0 之比 f/f_0，$f/f_0 > \sqrt{2}$，一般取 2~5。为防止发生共振，绝对不能采用 $f/f_0 \approx 1$。

2. 隔振器的选择

根据计算结果和工作环境的要求，选择隔振器的尺寸和类型。

3. 隔振器的布置

隔振器的布置主要考虑以下几点：

（1）隔振器的布置应对称于系统的主惯性轴（或对称于系统重心），将复杂的振动简化为单自由度的振动系统。对于倾斜式振动系统，应使隔振器的中心尽可能与设备中心重合。

（2）机组（如风机、泵、柴油发动机等）不组成整体时，必须安装在具有足够刚度的公用机座上，再由隔振器来支撑机座。

（3）隔振系统应尽量降低重心，以保证系统有足够的稳定性。

三、隔振材料和元件

（一）隔振材料和元件

机械设备和基础之间选择合适的隔振材料和隔振装置，以防止振动的能量以噪声的形式向外传递。作为隔振材料和隔振装置必须有良好的弹性恢复性能，从降低传递系数这方面考虑，希望其静态压缩量大些，而对许多弹性材料与隔振装置来说，往往承受大负荷的其静态压缩较小，而承受小负荷的压缩量大。因此，在实际应用中必须根据工程的设计要求适当的选择。一般地讲，作为隔振材料和隔振装置应该符合下列要求：材料的弹性模量低；承载能力大，强度高，耐久性好，不易疲劳破坏；阻尼性能好；无毒、无放射性，抗酸、碱、油等环境条件；取材方便、价格稳定，易于加工、制作。

隔振元件通常可以分为隔振器和隔振垫两大类。前者有金属弹簧隔振器、橡胶隔振器、空气弹簧等；后者有橡胶隔振垫、软木、乳胶海绵、玻璃纤维、毛毡、矿棉毡等。表 3-8 列出了常见的隔振材料和元件的性能比较。

表 3 – 8　常见的隔振材料和元件的性能

隔振材料和元件	频率范围	最佳工作频率	阻尼	缺点	备注
金属螺旋弹簧	宽频	低频	很低，仅为临界阻尼的 0.1%	容易传递高频振动	广泛应用
金属板弹簧	低频	低频	很低		特殊情况使用
空气弹簧	取决于空气容积		低	结构复杂	
橡胶	取决于成分和硬度	高频	随硬度增加而增加	载荷容易受影响	
软木	取决于密度	高频	较低，一般为临界阻尼的 6%		
毛毡	取决于密度和厚度	高频（40Hz 以上）	高		通常采用厚度 1～3cm

1. 金属弹簧隔振器

金属弹簧隔振器广泛的应用于工业振动控制中，其优点是：能承受各种环境因素，在很宽的温度范围内和不同的环境条件下都可以保持稳定的弹性，耐腐蚀、耐老化；设计加工简单、易于控制，可以大规模地生产，且能保持稳定的性能；允许位移大，在低频可以保持较好的隔振性能。它的缺点是阻尼系数很小，因此在共振频率附近有较高的传递率；在高频区域，隔振效果差，使用中常需要在弹簧和基础之间加橡皮、毛毡等内阻较大的衬垫。

在实际中，常见的有圆柱螺旋弹簧、圆锥螺旋弹簧和板弹簧等，如图 3 – 13 所示，其中应用较多的是圆柱弹簧和板弹簧。螺旋弹簧在各类风机、空压机、球磨机、粉碎机等大中、小型的机械设备中都有使用。板弹簧是由几块钢板叠合而成的，利用钢板间的摩擦可以获得适宜的阻尼比，这种减振器只有一个方向上的隔振作用，一般用于火车、汽车的车体减振和只有垂直冲击的锻锤基础隔振。隔振器常用的材料为锰钢、硅锰钢、铬钒钢等。

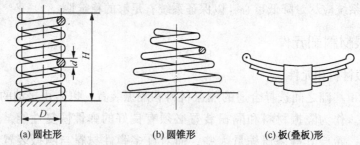

(a) 圆柱形　　　　　　　(b) 圆锥形　　　　　　　(c) 板(叠板)形

图 3 – 13　金属弹簧隔振器

通常应用最广泛的金属弹簧隔振器是螺旋弹簧隔振器。因此，这里仅介绍最为常用的圆柱形螺旋弹簧隔振器的使用和设计程序。

（1）首先根据机器设备的质量、可能的最低激振力频率、预期的隔振效率确定弹簧的安装数目。

（2）根据图 3 – 11，由激振力频率和按设计所要求的隔振效率可查得钢弹簧的静态压缩量 x。

（3）由机器设备总负荷 W 和安装支点数 N，确定选用弹簧的劲度系数 k。

$$k = \frac{W}{Nx} \tag{3-20}$$

（4）确定弹簧的有效工作圈数 n_0 和弹簧条的直径 d。

$$n_0 = \frac{Gd^4}{8kD^3} \tag{3-21}$$

式中　G——弹簧的剪切弹性系数，对于钢弹簧，常取 $8 \times 10^6 \mathrm{N/cm^2}$；

　　　D——弹簧圈平均直径，cm；

　　　d——弹簧条直径，cm。

其中

$$d = 1.6\sqrt{\frac{KW_0C}{\tau}} \tag{3-22}$$

式中　K——系数，$K = (4C+2)/(4C-3)$；

　　　C——弹簧圈直径与弹簧条直径之比值，即 D/d，一般取 $4 \sim 10$；

　　　W_0——单个弹簧上的荷载，N；

　　　τ——弹簧材料的容许扭应力，对于金属弹簧，取值为 $4 \times 10^4 \mathrm{N/cm^2}$。

（5）确定弹簧未受荷载时的高度 H 和弹簧条的长度 L。

$$H = nd + (n-1)\frac{d}{4} + x \tag{3-23}$$

弹簧的全部圈数 n 应包括有效工作圈数 n_0 和不工作圈数 n'，即 $n = n_0 + n'$。

弹簧条的长度为

$$L = \pi Dn \tag{3-24}$$

2. 空气弹簧隔振器

空气弹簧隔振器也称"气垫"，其组成原理如图 3-14 所示。当负荷振动时，空气在空气室与贮气室间流动，可通过阀门调节压力。橡胶空腔内充入的带压气体使隔振器具有一定弹性，从而达到隔振目的。空气弹簧隔振器一般附设有自动调节机构，每当负荷改变时，可调节橡胶腔内的气体压力，使之保持恒定的静态压缩量。

空气弹簧隔振器的隔振效率高，固有

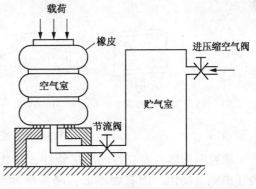

图 3-14　空气弹簧隔振器的构造原理

频率低（小于 1Hz），且具有黏性阻尼，因此，隔振性能良好，多用于火车、汽车和一些消极隔振的场合。工业用消声室，在数百吨混凝土结构下垫上空气弹簧，向内充气压力达 10 个大气压，固有频率接近 1Hz。

空气弹簧隔振器的缺点是需要有压缩气源及一套复杂的辅助系统，造价昂贵，并且荷重只限于单一方向，故工程上很少采用。

3. 液体弹簧隔振器

图 3-15 所示为利用水的浮力和空气的弹性支承的液体弹簧隔振机构。锻造机安装在下部有空腔的台架上，空腔朝下开放，整个机身浮在水槽内，水槽则设在地坪上。由于空

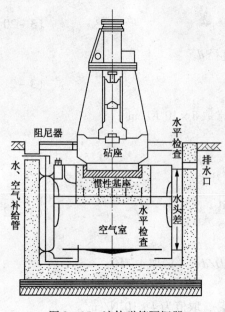

图 3－15　液体弹簧隔振器

腔内外的水头差而产生的水压通过空腔内的空气层，作用于台架的底部，台架上将承受与其排水量相等的上浮力。在构成惯性基座且有激振力作用时，台架可上下自由运动，导辊可控制倾斜和回转，叠板簧则作为辅助部分的浮力。

良好的隔振装置须满足支承机械设备动力负载和良好的弹性恢复性能的要求，从降低传递系数考虑，希望其静态压缩量大。然而，多数隔振装置往往承受大负载的压缩量较小，而承受小负载的压缩量大。在实际应用中，必须适当选择隔振装置，同时也应考虑经久耐用、维护方便等因素。工程应用中也常将几种隔振装置结合使用，综合不同材料的优点，如钢弹簧－橡胶复合式隔振器、软木－弹簧隔振装置、毡类－弹簧隔振装置等。

4. 橡胶隔振器

橡胶隔振器是使用最为广泛的一种隔振元件。它具有良好的隔振缓冲和隔声性能，加工容易，形状、面积和高度均根据受力情况进行设计。图 3－16 所示为橡胶隔振器的结构示意图，根据受力情况分为压缩型、剪切型、压缩－剪切复合型。橡胶隔振器适于压缩、剪切和切压状态，不宜用于拉伸状态，受剪切的隔振效果一般比受压缩的隔振效果好。

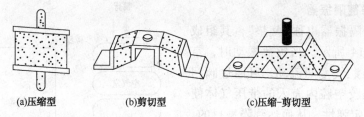

(a)压缩型　　　　　(b)剪切型　　　　　(c)压缩-剪切型

图 3－16　橡胶隔振器型式

橡胶隔振器具有良好的阻尼特性，在共振区时不致造成过大的振动，甚至接近共振点还能完全适用；固有频率低，隔振缓冲和隔声性能好，对吸收机械高频振动的能量较突出；橡胶隔振器可以设计成各种形状和不同刚度，适应工程实际需要。但橡胶不耐高温，易老化，导致弹性劣化，在高温下使用性能不好，低温下弹性系数也会改变。天然橡胶隔振器使用温度为 30～60℃。一般橡胶忌油污，若须在油中使用时应改用丁腈橡胶。

制造隔振材料的橡胶主要有以下几种。

① 天然橡胶。具有较好的综合物理机械性能，如强度、延伸性、耐寒、耐磨性均较好，可与金属牢固地黏接，但耐热、耐油性较差。

② 氯丁橡胶。主要用于防老化、防臭氧较高的地方，具有良好的耐气候性，但容易发热。

③ 丁基橡胶。具有阻尼大、隔振性能好、耐酸、耐寒等优点，但与金属结合性较差。

④ 丁腈橡胶。具有较好的耐油性而且耐热性好、阻尼较大可与金属牢固的连接。

橡胶隔振器设计主要是选用硬度合适的橡胶材料，根据需要确定一定的形状、面积和高度等。分析计算中，就是根据所需要的最大静态压缩量 x，计算材料厚度和所需压缩或剪切面积。

材料的厚度可用下式计算

$$h = xE_d/\sigma \tag{3-25}$$

式中 h——材料厚度，cm；

x——橡胶的最大静态压缩量，cm；

E_d——橡胶的动态弹性模量，Pa；

σ——橡胶的允许负荷，Pa。

所需要面积用下式计算：

$$S = P/\sigma \tag{3-26}$$

式中 P——设备重量，N。

橡胶隔振与金属弹簧隔振相比，有以下特点。

（1）可以做成各种复杂形状，有效地利用有限的空间。

（2）橡胶有内摩擦，阻尼比较大，因此不会产生像钢弹簧那样的强烈共振，也不至于形成螺旋弹簧所特有的共振激增现象。另外，橡胶隔振器都是由橡胶和金属接合而成的，金属与橡胶的声阻抗差别较大，也可以有效地起到隔声作用。

（3）橡胶隔振器的弹性系数可借助改变橡胶成分和结构而在相当大的范围内变动。

（4）橡胶隔振器对太低的固有频率 f_0（如低于 5Hz）不适用，其静态压缩量也不能过大（一般不应大于 1cm）。因此，对具有较低的干扰频率机组和质量特别大的设备不适用。

（5）橡胶隔振器的性能易受到温度影响。在高温下使用，性能不好；在低温下使用，弹性系数也会改变。如用天然橡胶制成的橡胶隔振器，使用温度为 $-30 \sim 60℃$。

5. 橡胶隔振垫

利用橡胶本身的自然弹性而设计出来的橡胶隔振垫是近几年发展起来的一种隔振材料，常见的有五大类型。

（1）平板橡胶垫。平板橡胶垫可以承受较重的荷载，一般厚度较大。但由于其横向变形受到很大的限制，橡胶的压缩量非常有限，故固有频率较高隔振性能较差。

（2）肋形橡胶垫。就是把平板橡胶垫上下两面做成肋形的橡胶垫。这种橡胶垫固有频率比平板橡胶垫低，隔振性能有所提高。但抗剪切性能差，在长期的荷载作用下容易疲劳破坏。

（3）凸台橡胶垫。它是在平板橡胶垫的一面或两面做成许多横纵交叉排列的圆形凸台而形成的。当其在承受荷载时，由于基板本身产生的局部弯曲并承受剪切应力，使得橡胶的压缩量压缩增加。

（4）三角槽橡胶垫。把平板的上下两面做成三角槽而制成。这种形状在受荷载时，应力比较集中容易产生疲劳。

（5）剪切型橡胶垫。在平板橡胶垫的两面做成圆弧状的形槽。这种橡胶垫在受应力作用时，以剪切应变为主，可以增加橡胶的压缩量，固有频率较低。

隔振垫的设计中，隔振垫的固有频率可以用下式计算：

$$f_0 = 0.5 \frac{1}{\sqrt{x_d}} \qquad (3-27)$$

式中　x_d——隔振垫在机器质量的作用下所产生的压缩量，m，它可表示为：

$$x_d = \frac{hW}{E_d S} \qquad (3-28)$$

隔振垫的总面积可由下式算出：

$$S = \frac{W}{\sigma} \qquad (3-29)$$

式中　σ——隔振垫材料的允许应力，Pa。

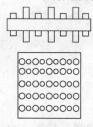

图 3-17　WJ 型橡胶隔振垫

WJ 型橡胶隔振垫（图 3-17）是一种新型橡胶隔振垫，它在橡胶垫的两面有四个不同直径和不同高度的圆台，分别交叉配置。在荷载的作用下，较高的凸圆台受压变形，较低的圆台尚为受压时，其中间部分受载而弯成波浪形，振动能量通过交叉凸台和中间弯曲波来传递，它能较好地分散并吸收任意方向的振动。由于圆凸面斜向地被压缩，便起到制动作用，在使用中无须紧固措施，即可以防止机器滑动，载荷越大，越不易滑动。

6. 软木

隔振用的软木与天然的软木不同，它是用天然的软木经过高温、高压、蒸汽烘干和压缩成的块状和板状物。软木常用作重型机器基础和高频隔振，常见的有大型空调通风机、印刷机等机械的隔振。软木有一定的弹性，但动态弹性模量与静态弹性模量不同，一般软木的静态弹性模量约为 1.3×10^6 Pa，动态弹性模量约为静态模量的 2~3 倍。软木可以压缩，当压缩量达到 30% 时也不会出现横向伸展。软木受压应力超过 40~50kPa 时，发生破坏，设计时取软木受压荷载为 5~20kPa，阻尼比约为 0.04~0.05。软木的固有频率一般可控制在 20~30Hz，常用的厚度为 5~15cm。作为隔振基础的软木，由于厚度不宜太厚，固有频率较高，所以不宜于低频隔振。目前国内并无专用的隔振软木产品，通常用保温软木代替。在实际工程中，人们常把软木切成小块，均匀布置在机器基座或混凝土座下面。一般将软木切成 100mm × 100mm 的小块，然后根据机器的总荷载求出所需要的块数。如果机组的总荷载大，而软木承受压力一定会造成基座面小于所设计的软木面积，此时，可在机器底座下面附设混凝土板或钢板以增大它的面积。为使软木隔振，保证效果必须采用防腐措施。

7. 玻璃纤维

酚醛树脂或聚醋酸乙烯胶合的玻璃纤维板是一种新型的隔振材料，适用于机器或建筑物基础的隔振。它具有隔振效果好、防水、防腐、施工方便、价格低廉、施工方便、材料来源广泛等优点，在工程中日益广泛的应用。在应力为 1~2kPa 时，其最佳厚度为 10~15cm。采用玻璃纤维板时，最好使用预制混凝土机座，将玻璃纤维板均匀地垫在机座底部，使荷载得以均匀分布，同时需要采用防水措施，以免玻璃纤维板丧失弹性。

8. 毛毡、沥青毡

对于负荷很小而隔振要求不高的设备，使用毛毡既经济又方便。工业毛毡是用粗羊毛制成的，在振动受压时，毛毡的压缩量等于或小于厚度的 25%，则其刚度是线性的；大于 25% 后，则呈现非线性，这时刚度剧增，可达前者的 10 倍。毛毡的固有频率取决于它的厚度，一般情况，30Hz 是毛毡的最低固有频率，因此毛毡垫对于 40Hz 以上的激振频率才能起到隔振作用。毛毡的可压缩量一般不超过厚度的 1/4。当压缩量增大，弹性失效，隔振效果变差。毛毡的防水、防火性能差，使用时应该注意防潮防腐。沥青毡是用沥青黏接羊毛加压制成，它主要用于垫衬锻锤的隔振。

9. 软连接管

在工程建筑和生产设备中，管道是普遍存在的，它担负着气体、液体、粒状固体的输送任务。由于气体、液体、粒状固体对管道的冲击和摩擦使管道振动并辐射出噪声。由于管道常与机械设备相连接，因而在机械设备运转时，管道便伴随着振动。由于管道的长度往往很可观，振动的危害很严重，因此隔振处理是不容忽视的。此外，当机械设备的基础采取了隔振措施后，与机械设备相连接的管道便会在原来振动的基础上增加颤动，这时管道的隔振问题更急切需要解决。

管道隔振通常是将机械设备与管道的刚性连接改为软连接而实现的。如果需降低振动管道的辐射噪声，需对管道实行包扎处理。就其软连接的材料，根据设备和要求的不同，大体常用的有如下三种。

（1）帆布软接管。帆布软接管常用在风机与风管的连接处，长度一般取 200～300mm。实践证明，这种软连接对降低风机沿管道传递的振动是有利的。

（2）橡胶软接管。对于流速大、压力高的输送管道，特别是具有酸性或有毒污染气体时，可使用橡胶软接管（橡胶软接管常用在泵的输入和输出、冷凝器循环管道、冷冻管道、化学品防腐管道、循环水管道和通风管道等）。实践证明，橡胶软接管能有效地减弱刚性管道的振动传递，不但如此，由于橡胶软接管的减振，对改善机械设备的运行工况，保证设备安全生产、减弱噪声污染，以及减弱建筑结构共振等都有很大的好处。

（3）耐高温、耐高压的不锈钢金属纹软管。

10. 防振沟

在振动波传播的路径上挖沟，以隔绝振动的传播。这种措施早就有人用实验研究过，我们把这种以防振为目的而设计的沟叫做"防振沟"。如果振动主要是地面传播的表面波的话，这种防振沟的方法是很有效的。一般来说，防振沟越深隔振效果越好，沟的宽度对隔振效果的影响不大。防振沟中间以不填材料为佳，若为了防止其他物体落入沟内，填充些松散的锯末、膨胀珍珠岩等材料也是可以的。值得指出的是，振动在地面传播速度与噪声在空气中传播的速度是不同的。

防振沟可用在积极防振上，即在振动的机械设备周围挖掘防振沟，防止振动由振源向四周传播扩散；也可以用在消极防振上，即在怕受振动的精密仪器附近，在垂直干扰振动传来的方向上，挖掘防振沟。

（二）隔振材料和元件的选择要点

（1）隔振器和隔振材料的选择，应首先考虑其静荷载和动态特性，使激振频率（或驱动频率）f 与整个隔振系统的固有振动频率 f_0 的比值 $f/f_0 > \sqrt{2}$，保证传递比 $T_f < 1$，工作在

隔振区域内。机器实际振动常含有许多不同的频率。选择隔振器时，应考虑将其低频振动充分地予以减弱，更高频率的振动会被隔振器在更大的程度上予以减弱。

（2）隔振器一般应具有低于 5~7Hz 的共振频率。对于隔绝能听到撞击声（30~50Hz）的机器振动，隔振器的共振频率应低于 15~20Hz。低频振动隔绝困难比较大，一般只能采用金属弹簧隔振器，频率越高隔振器的效能越好。对于高频振动，一般选用橡皮、软木、毛毡、酚醛树脂玻璃纤维板比较好。为了在较宽的频率范围内减弱振动，可采用弹簧隔振器与弹性垫组合隔振器。

（3）隔振材料的使用寿命差别很大。金属弹簧寿命最长，橡胶一般为 4~6 年，软木为 10~30 年。超过年限，一般应考虑予以更换。

（4）安装隔振器不会明显降低车间内部的噪声，但能使噪声限制在局部范围内，使机组传到邻近房内的噪声大为减弱，即起到隔声作用。

（三）隔振器布置形式

隔振器的布置形式，工程中常采用支承式和悬挂式两种，如图 3-18 和图 3-19 所示。

对于支承式来说，当振动设备重心较低时，采用图 3-18(a)形式；当振动设备重心较高时，采用图 3-18(b)形式。

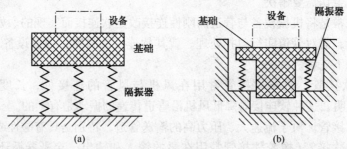

图 3-18　支承式布置

对于悬挂式来说，根据隔振器受力情况的不同，又分为承拉式[图 3-19(a)]和承压式[图 3-19(b)]两种。由于悬挂式布置水平方向刚度较小，因此常用在具有低速运动部件的精密设备的隔振上。

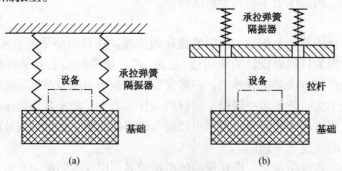

图 3-19　悬挂式布置

四、隔振技术工程应用实例

[例1]　航天飞船的隔振

航天飞船一般是以固支形式与运载火箭对接的，飞船如果不装隔振装置，它的振动环境将是非常恶劣的，直接影响其上的各个有效载荷，尤其是光学检测仪器仪表的正常工作。因此有效采取隔振技术，不仅可以降低发射风险，而且延长飞船的工作寿命，还极大地节省了设计和鉴定飞行的试验费用。

图 3 - 20 为某飞船隔振装置输入、输出端的瞬态冲击试验曲线，可以看出该隔振装置具有非常好的抗冲击隔振效果。

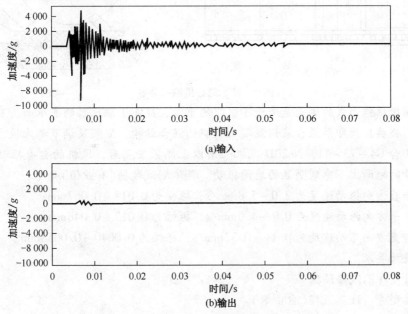

图 3 - 20　飞船隔振系统瞬态响应时间历程

[例 2]　大型离心风机隔振

风机型号：G4 - 73 - 11，No20D。

使用场合：某钢厂电炉车间，电炉排烟除尘系统共 3 台。

机组技术参数：风机轴功率 550kW，风量 175000 ~ 326000m³/h，风压 419 ~ 580Pa，转速 600 ~ 960r/min，风机总质量 7800kg，叶轮直径 2000mm，叶轮质量 1568kg；电动机型号 JSQ158 - 6，功率 550kW，转速 986r/min；风机与电动机之间采用 YDT - 100/10 型液力耦合器连接调速，耦合器质量 1470kg；机组总质量 12.75t，平面尺寸约 7000mm × 3500mm。

风机的扰动力估算：当转速为 960r/min 时，总扰力为 2180N；当转速为 600r/min 时，总扰力为 10240N。

风机组隔振要求如下。

（1）采用金属螺旋弹簧为隔振元件，固有频率 2.4Hz，转速 600r/min 时，隔振效率要求 90% 以上。

（2）为确保风机机组的正常运转及使用寿命，要求把风机机组隔振后的允许振动速度控制在 10mm/s 以内。

该风机的设计方案如图 3 - 21 所示，为了保证风机机组自身振动达到以上指标，风机隔振系统公共底座的质量设计为机组质量的 3 倍左右。

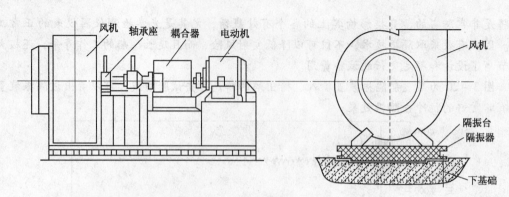

图 3-21 离心机隔振装置

这一隔振结构形式的优点是降低了机组的重心,提高了隔振器的支承面,有利于机组的稳定性,公共底座即隔振台采用混凝土及钢的混合结构,安装及调节都比较方便。

该厂 3 台 G4-73-11,No20D 风机采用以上隔振安装后,风机的自身振动较小,人站在风机旁的地面上不感到明显的地面振动。具体测试数据(有效值)如下:

机组垂直方向振动速度为 2.0~5.8mm/s,振幅为 0.018~0.067mm;

机组水平方向振动速度为 0.7~4.0mm/s,振幅为 0.012~0.048mm;

基础垂直方向振动速度为 0.11~0.32mm/s,振幅为 0.0040~0.0058mm。

满足设计要求。

[例3]　1t 蒸汽锤隔振

蒸汽锤型号:1t 蒸汽锤(自由锻)。

使用场合:某钢厂一锻工车间,蒸汽锤离居民住宅仅 30m,蒸汽锤运转锤击时对居民生活影响较大。

蒸汽锤动力参数:锤头质量 1250kg,活塞直径 80mm,活塞最大行程 900mm,使用蒸汽压力 4~6kPa,最大打击能量约 30kN·m,锤的机架质量 13t,砧座质量 15.5t。

未采取隔振措施前锤击时,蒸汽锤基础、车间地面、车间办公室及居民住宅处的振动测定值见表 3-9。

表 3-9　蒸汽锤隔振前后各处振动比较

	隔振前			隔振后		
	$a/(m/s^2)$	$v/(mm/s)$	S/m^2	$a/(m/s^2)$	$v/(mm/s)$	S/m^2
内基础	92	103	2.0	4	10.0	0.5
外基础(6m)	8.0	6.0	0.5	0.15	0.65	0.012
车间休息室(24m)	0.43	4.0	0.032	0.03		
居民住宅区(30m)	0.25	2.5	0.055	0.03	0.2	0.0045

隔振形式为基础下支承金属螺旋弹簧隔振器,如图 3-22 所示,整个设计方案如下。

(1)系统的固有频率为 5Hz 左右,内基础下支承了 100 支隔振器,金属螺旋弹簧硫化在橡胶之中,阻尼比提高到 0.06 左右,以控制锤击时内基础的自振振动。

(2)为了控制内基础的振动,内基础的质量设计为 175t,并设置了 8 组限位阻尼器,可控制内基础的水平位移及弹跳。

(3)内外基础均采用钢筋混凝土结构,内基础用钢板制成外壳,既可代替浇灌模板,又可以增大内基础的强度与刚度。在砧座下支承了 3 层橡胶运输带，既可增加一些隔振效果，又可保护砧座下的混凝土结构在强冲击力下的强度。

1t 蒸汽锤采取以上隔振形式后隔振效果显著。经有关部门测定，蒸汽锤运转时居民住宅处已不再感到明显振动，车间内地面振动也较隔振前有很大改善，已经达到城市环境振动标准。

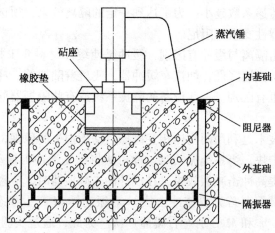

图 3 - 22   1t 蒸汽锤隔振示意图

第六节   减振技术

减振技术在振动污染控制中也被广泛应用，常用的减振方法主要有冲击减振和阻尼减振。

一、冲击减振

与周期性激励力的振动隔离相似，对脉冲冲击的隔离减振也分为积极冲击隔离和消极冲击隔离两类。积极冲击隔离是隔离锻压机、冲床及其他具有脉冲冲击力的机械，以减少其对环境的影响；消极冲击隔离是隔离基础的脉冲冲击，使安装在基础上的电子仪器及精密设备能正常工作。

图 3 - 23 为单自由度冲击隔离系统示意图。冲击传递系数按下式计算：

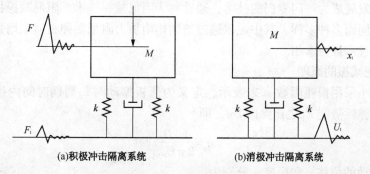

(a)积极冲击隔离系统   (b)消极冲击隔离系统

图 3 - 23   冲击减振系统

$$\tau_a = \tau_p \approx \frac{\omega_0}{e^{\xi \omega_0 t}} \qquad (3-30)$$

式中 τ_a、τ_p——分别为积极冲击传递系数和消极冲击传递系数。

由上式可知，积极冲击隔离和消极冲击隔离的传递系数估算相同，即隔离原理是相同的。冲击传递系数与系统的固有频率成正比，即系统的固有频率越小，传递系数越小；隔离支承的阻尼越大，传递系数越小。为了达到一定的隔离效果，须选择较软的刚度低的弹性支承，并设法增大弹性支承的阻尼。

需要指出的是冲击隔离与缓冲有区别，缓冲是使缓冲材料介于相互碰撞的物体之间，使碰撞的冲击力比直接碰撞降低，如汽车缓冲器、飞机着陆架等。冲击隔离与振动隔离的性质既有相似之处，也有区别。一些设备的隔振系统或有些隔振器同时具有隔振和防冲击的作用。

单冲体冲击减振技术是利用两物体相互碰撞后动能损失的原理，在振动体上安装一个起冲击作用的刚性冲击块，当系统振动时，冲击块将反复地冲击振动体，消耗振动能量，达到减振的目的。为提高冲击减振效果，在设计冲击减振器时，应遵循以下准则。

（1）要实现冲击减振，首先要使冲击块 m 对振动体 M 产生稳态的周期性冲击运动，即在每个振动周期内，m 和 M 分别左右碰撞一次。为此，通过实验选择合适的间隙 δ 是关键，因为 δ 在某些特定范围内才能实现稳态周期性冲击运动。同时，希望 m 和 M 都在以最大速度运动时进行碰撞，以获得有利的碰撞条件，造成最大的能量损失。

（2）冲击块 m 质量越大，碰撞时消耗的能量就越大。因此，在结构空间尺寸允许的前提下，要选用质量比 $\mu = m/M$ 尽可能大的冲击块。若空间尺寸受限制，可在冲击块内部注入密度大的材料（如铅、钨等），以增加冲击质量。

（3）冲击块的刚度越大，减振效果越好，通常选用淬硬钢或硬质合金钢制造冲击块。

（4）将冲击块安装在振动体振幅最大的位置，可以提高减振效果。

二、阻尼减振

阻尼是结构损耗振动能量的能力，与惯性和弹性一起均属于结构的固有特性。它不但可以降低结构的共振振幅，避免结构因动应力达到极限所造成的破坏，提高结构的动态稳定性，而且还有助于减少结构振动所产生的声辐射，降低结构噪声。因此适当增加结构的固有阻尼（或称内阻尼）是抑制工程结构特别是薄板或薄壁类壳体结构振动的一种重要手段，目前这已发展成为一门专门的技术，通常称为阻尼减振技术。阻尼减振技术根据增加阻尼方式的不同而多种多样，其中尤以通过给结构附加大阻尼黏弹材料来增加结构阻尼的黏弹阻尼减振技术最为常用。

（一）阻尼减振的原理

阻尼的大小采用损耗因数 η 来表示，定义为薄板振动时每周期时间内损耗的能量 D 与系统的最大弹性势能 E_p 之比除以 2π，即

$$\eta = \frac{1}{2\pi} \frac{D}{E_p} \qquad (3-31)$$

板受迫振动的位移 y 和振速 u 分别为

$$y = y_0 \cos(\omega t + \varphi) \qquad (3-32)$$

$$u = \frac{dy}{dt} = -\omega y_0 \sin(\omega t + \varphi) \tag{3-33}$$

阻尼力在位移 dy 上所消耗的能量为

$$\delta u dy = \delta u \frac{dy}{dt} dt = \delta u^2 dt \tag{3-34}$$

因此，阻尼力在一个周期内耗损的能量为

$$D = \delta \omega^2 y_0^2 \int_0^{2\pi} \sin^2(\omega t + \varphi) d\omega t = \pi \delta \omega y_0^2 \tag{3-35}$$

系统的最大势能为

$$E_P = \frac{1}{2} k y_0^2 \tag{3-36}$$

所以

$$\eta = 2\xi \frac{f}{f_0} \tag{3-37}$$

可以看出损耗因数 η 除与材料的临界阻尼系数 R_c 有关外，还与系统的固有频率 f_0 及激振力频率 f 有关。对同一系统激振力频率越高，η 则越大，即阻尼效果越好。材料的损耗因数 η 是通过实际测定求得的。根据共振原理，将涂有阻尼材料的试件（通常做成狭长板条）用一个外加振源强迫它做弯曲振动，调节振源频率使之产生共振，然后测得有关参量即可计算求得损耗因数，常用的测量方法有频率响应法和混响法两种。

大多数材料的损耗因数在 $10^{-2} \sim 10^{-5}$ 之间，其中金属为 $10^{-5} \sim 10^{-4}$，木材为 10^{-2}，软橡胶为 $10^{-2} \sim 10^{-1}$。

（二）阻尼材料

一般情况下，阻尼材料应有较高的损耗因子和较好的黏结性能，在强烈的振动下不脱落、不老化。在某些特殊环境下使用还要求耐高温、高湿和油污。阻尼材料广泛用于各种机械设备和运输工具的噪声和振动控制。

1. 阻尼材料的组成

根据不同的用途，可配制多种阻尼材料，主要由基料、填料和溶剂三部分组成。

（1）基料。基料是阻尼材料的主要成分，作用是将构成阻尼材料的各种成分进行黏合，并黏结于金属板上。阻尼效果由基料性能的好坏来决定。沥青、橡胶、树脂等是常用的基料。

（2）填料。作用是减少基料的用量和增加阻尼材料的内损耗能力以降低成本。珍珠岩粉、石棉绒、石墨、碳酸钙、硅石等是常用的填料。一般情况下，填料占阻尼材料的 $30\% \sim 60\%$。

（3）溶剂。作用是溶解基料，汽油、乙酸乙酯、乙酸丁醇等是常见的溶剂。

2. 阻尼材料的分类

现有的阻尼材料可以分为 3 类：①黏弹性阻尼材料，如橡胶类、沥青类和塑料类；②阻尼合金，基体包括铁基、铝基等；③附加阻尼结构。

（1）黏弹性阻尼材料

目前在工程上应用较多的是黏弹性阻尼材料，包括沥青、软橡胶和各种高分子涂料等。黏弹性阻尼材料是兼有黏性液体可以耗损能量但不能贮存能量，和弹性固体能贮存而不能耗损能量的特性的材料。最常用的黏弹性阻尼材料是高分子聚合物。在受到外力时，聚合物的分子可以变形，另一方面会产生分子间链段的滑移。当外力除去后，变形的分子链恢复原位，释放外力所做的功，这是黏弹体的弹性。链段间的滑移不能完全恢复原位，使外力做功的一部分转变为热能，这是黏弹体的黏性。

黏弹性材料主要包括橡胶类和塑料类，如氯丁橡胶、有机硅橡胶、聚氯乙烯、环氧树脂类胶、聚氨酯泡沫塑料、压敏阻尼胶以及由塑料、压敏胶和泡沫塑料构成的复合阻尼材料，另外还有玻璃状陶瓷、细粒玻璃等阻性材料。各种黏弹性阻尼材料的主要缺点是模量过低，不能作为结构材料，只能作为附加材料，或者用作各种隔振器弹簧上的阻尼材料。具有阻尼特性的陶瓷、玻璃虽然模量比黏弹性材料约高三个数量级，但强度差，只能作附加材料，当它附着在金属材料上时，需采用特殊的工艺方法。

金属薄板如果涂敷上黏弹性阻尼材料就减弱了金属板弯曲振动的强度。当金属发生弯曲振动时，其振动能量迅速传给紧密涂贴在薄板上的阻尼材料，引起阻尼材料内部的摩擦和互相错动。由于阻尼材料的内损耗、内摩擦大，使相当部分的金属板振动能量被损耗而变成热能散掉，减弱了薄板的弯曲振动，并且能缩短薄板被激振后的振动时间，在金属薄板受撞击而辐射噪声时（如敲锣）更为明显。原来不涂敷阻尼材料时，金属薄板撞击后，比如说要振动2s才停止，而涂上阻尼材料后再受到同样大小的撞击力，振动的时间要缩短很多，比如说只有0.1s就停止了。许多心理声学专家指出，50ms是听觉的综合时间，如果发声的时间小于50ms，人耳要感觉这声音是困难的。金属薄板上涂贴阻尼材料而缩短了激振后的振动时间，从而也就降低金属板辐射噪声的能量，达到了控制噪声的目的。

弹性阻尼材料具有很大的阻尼损耗因子和良好的减振性能，但温度适应性较窄，温度的微小变化会引起阻尼特性的较大改变。由于弹性阻尼材料的热性能不够稳定，故不能作为机器本身的结构件，同时不适用于一些高温场合。

（2）阻尼合金

阻尼合金具有足够强度和刚度的高阻尼合金，能作为结构材料使用。按阻尼机理可分为复合型（如片状石墨铸铁、Al – Zn 合金）、铁磁性型（如 Fe – Cr – Al 合金、Fe – M$_o$ 合金）、位错型（Mg – Zr 合金）和双晶型（Mn – Cu 合金、Mn – Cu – Al 合金、Ni – Ti 合金）等四类。它们的机械性能、使用温度范围不尽相同，甚至同一类型而组成不同的每一种合金都具有各自独特的性质。应用时要全面考虑其综合特点，以期优选材料，达到最佳应用效果。

阻尼合金的开发弥补了弹性阻尼材料的不足。大阻尼合金具有比一般金属材料大得多的阻尼值，具有良好的导热性，耐高温，可直接用作机器的零部件，但价格贵。复合阻尼材料是一种由多种材料组成的阻尼板材，通常做成自黏性的，可由铝质约束层、阻尼层和防黏纸组成。这种材料施工工艺简单，有较好的控制结构振动和降低噪声的效果。阻尼层与金属面的结合有自由阻尼层和约束阻尼层两种形式。另外在机器空穴或砖墙的空隙中填充干砂，可以提高结构的损耗因子，增加结构内振动噪声的减弱，且比较经济。

（3）附加阻尼结构

附加阻尼结构是通过外加阻尼材料抑制结构振动达到提高抗振性、稳定性和降低噪声目的的结构。就阻尼耗能的结构来区分，附加阻尼结构可分为自由阻尼结构、约束阻尼结构和阻尼插入结构三类。

① 自由阻尼结构

a. 自由阻尼结构是将黏弹性阻尼材料，牢固地粘贴或涂抹在作为振动构件的金属薄板的一面或两面。金属薄板为基层板，阻尼材料形成阻尼层，如图3-24所示。从图3-24看出，当基层板作弯曲振动时，板和阻尼层自由压缩和拉伸，阻尼层将损耗较大的振动能量，从而使振动减弱。研究发现，对于薄金属板，厚度在3mm以下，可收到明显的减振降噪效果；对于厚度在5mm以上的金属板，减振降噪效果则不够明显，还造成阻尼材料的浪费。因此，阻尼减振降噪措施一般仅适用降低薄板的振动与发声结构。这种阻尼结构措施，涂层工艺简单，取材方便，但阻尼层较厚，外观不够理想。一般用于管道包扎、消声器及隔声设备易振动的结构上。

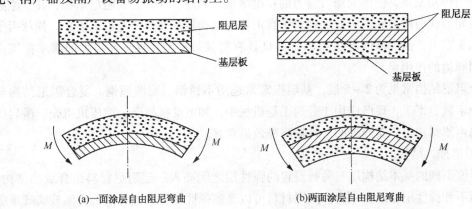

(a)一面涂层自由阻尼弯曲　　　　(b)两面涂层自由阻尼弯曲

图3-24　自由阻尼层结构

b. 具有间隔层的自由阻尼结构。为了进一步增加阻尼层的拉伸与压缩、可在基层板与阻尼层之间再增加一层能承受较大剪切力的间隔层。增加层通常设计成蜂窝结构，它可以是黏弹性材料，也可以是类似玻璃纤维那样依靠库仑摩擦产生阻尼的纤维材料。增加层的底部与基层板牢固结合，而顶部与阻尼层牢固黏合。其结构如图3-25所示。

② 约束阻尼结构

a. 若将阻尼层牢固地粘贴在基层金属板后，再在阻尼层上部牢固地黏合刚度较大的约束层(通常是金属板)，这种结构称为约束阻尼层结构，如图3-26所示。当结构基层板发生弯曲变形时，约束层相应弯曲与基层板保持平行，它的长度几乎保持不变。此时阻尼层下部将受压缩，而上部受到拉伸，即相当于基层板相对于约束层产生滑移运动，阻尼层产生剪应力不断往复变化，从而消耗机械振动能量。

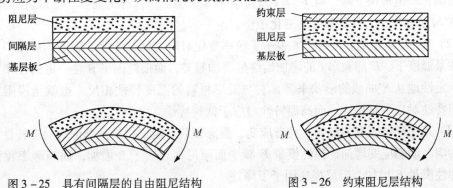

图3-25　具有间隔层的自由阻尼结构　　　　图3-26　约束阻尼层结构

约束阻尼结构与自由阻尼结构不同，它们的运动形式不同，约束阻尼结构可以提高机械振动的能量消耗。

一般选用的约束层是与基层板的材料相同、厚度相等的对称型结构，也可选择约束层厚度仅为基层板的 1/2 ~ 1/4 的结构。

b. 复合阻尼结构。除了上述介绍的几种阻尼结构外，复合阻尼结构也在减振降噪工程结构中开始应用，它是用薄黏弹性材料将几层金属板黏结在一起的具有高阻尼特性，并保持金属板强度的约束阻尼结构。阻尼层厚度约为 0.1mm，在常温和高温（80 ~ 100℃）下具有良好的阻尼特性。它对振动能量的耗散，从一般普通弹性形变作功的损耗，提高为高弹性形变的作功损耗，使形变滞后应力的程度增加。另外，这种约束阻尼结构，在受激振时，其层间形成剪应力和剪应变远远大于自由阻尼结构拉压变形所耗散的能量，损耗因子一般在 0.3 以上，最大峰值可达 0.85，并且具有宽频带控制特性，在很大的频率范围内起到抑制峰值的作用。

复合阻尼结构常见为 2 ~ 5 层，基层板常常选用不锈钢、耐摩擦钢。复合阻尼结构早期应用于宇航、军工，现已应用于普通工程机械中，如电动机机壳、空压机机壳、凿岩机内衬及隔声罩结构等。实践证明，减振降噪效果良好。

③ 阻尼插入结构

在厚度不同的基本结构层与另行设置的弹性层之间插入一层阻尼材料组合成的结构。阻尼材料不和弹性层粘贴在一边。阻尼材料可以是黏弹性材料，也可以是类似玻璃纤维那样依靠库仑摩擦产生阻尼的纤维材料。当结构振动时，上下两层金属板产生不同模态的振动，使阻尼材料层产生横向拉压应变，从而耗损能量。

上述几种阻尼结构的实施，要充分保证阻尼层与基层板的牢固黏结，防止开裂、脱皮等。如形成"两层皮"，再好的阻尼材料，也不会收到好的减振降噪效果。同时，还应考虑阻尼结构的使用条件，如防燃、防油、防腐蚀、隔热等方面的要求。

3. 阻尼材料的性能影响因素

（1）温度的影响。温度是影响阻尼材料特性的重要的一个因素。图 3 - 27 表示了在某一个频率下阻尼材料的弹性模量 E' 和阻尼损耗因子 β 随温度 T^w 变化的曲线。在这个图中可以看到三个明显的区域。Ⅰ区称为玻璃态区，这时材料的 E' 值有最大值，且随 T^w 的变化其值变化缓慢，而 β 值最小，但上升速率较大。Ⅱ区称为玻璃态转变区，其特点是随温度的增加，E' 值很快下降，当 $T^w = T_g^w$ 时，β 有最大值。Ⅲ区称为高弹态区或类橡胶态区，这时 E' 与 β 都很小，且随温度的变化很小。

（2）频率 f 的影响。图 3 - 28 表示了频率变化对阻尼材料特性的影响，从图中可以看出，在某温度下，E' 随频率 f 的增加始终呈增加趋势，而损耗因子 β 在一定的频率下有最大值。定性地从 E' 曲线的形状来看，它与阻尼材料的温度特性相反。也就是说阻尼材料的低温特性对应高频特性，而高温特性对应于低频特性。

（3）其他环境因素的影响。动态应变、静态预载对阻尼材料高弹区的动态特性亦具有重要影响，动态应变增加，弹性模量 E' 减少而阻尼损耗因子 β 增加，而当静态预载增加时，弹性模量 E' 增加，阻尼损耗因子下降。

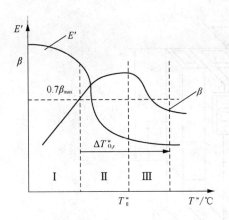

图3-27 某一频率下，E'、β随温度变化曲线

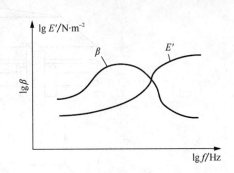

图3-28 E'、β随频率f变化的曲线

三、减振技术工程应用实例

[例1] 印刷板滚筒的冲击振动控制

印刷机的印刷板滚筒是用于固定印刷板的，为此必须在滚筒上开出锁紧印刷板的锁紧槽，这样就造成印刷板滚筒表面的不连续，使得印刷时印刷板滚筒与胶皮滚筒之间的接触压力在每一转中有一次突变，进而使相联的机械结构受激励而产生振动，影响印刷质量。

为了消除这种不连续干扰，在印刷板滚筒内部装入如图3-29所示的旋转式单冲体冲击减振器。减振器壳体中心与印刷板滚筒中心有一偏心量e，偏心方向朝向滚筒表面的锁紧槽处。滚筒旋转时，减振器的冲击质量因离心力作用朝向不连续的干扰位置，干扰处的脉冲激励响应能量由减振器吸收。这种冲击减振器是一种巧妙的具有方向性的减振器。

当印刷板滚筒装入冲击阻尼减振器后，锁紧槽处的最大瞬态干扰幅值显著下降，印刷板滚筒与胶皮滚筒对滚时的接触压力更加均匀，消除了印刷过程中出现的深浅不均匀条纹，提高了印刷机的印刷质量。

图3-29 旋转式冲击减振器示意图

1—滚筒锁紧槽；2—冲击块；

3—减振器壳体；4—滚筒体；

O—滚筒中心；O'—减振器壳体中心；

s—间隙；e—偏心距

[例2] 16m立式车床的振动控制

某16m立式车床是一种重型机床，其立柱用22mm厚的钢板焊接，高度为13m，是板厚的近600倍。由于钢材的阻尼只有铸铁的1/3，因此该立柱结构抗振性能较差。为此，采用黏弹阻尼技术来增加立柱的结构阻尼，从而改善机床的抗振性能。

图3-30所示为16m立车的立柱—横梁(1:5.5)模型，结构虽经某些简化，但几何尺寸严格按比例缩小，材料保持相同。

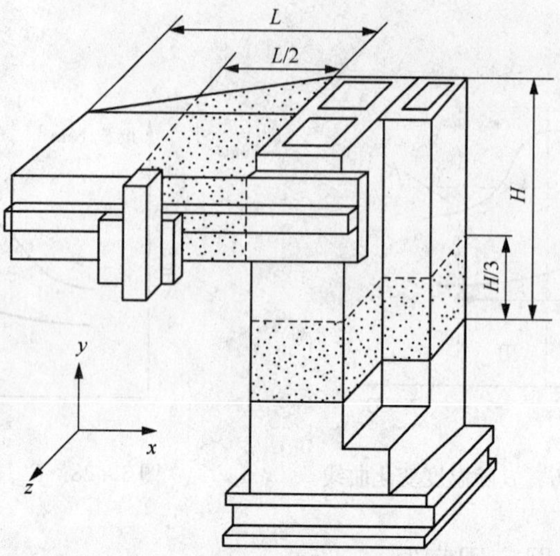

图 3-30　16m 立式车床立柱–横梁模型

立柱—横梁模型采用局部约束阻尼处理，处理位置如图 3-30 所示，立柱仅在 1/3 高度内的外表面，横梁在靠近固定端 1/2 长度内的外表面。阻尼层为厚度 1mm 的 ZN05 型阻尼材料，约束层采用 1.2mm 厚的钢板，实验结果表明这种阻尼处理是有效的。因此对于实际的机床结构，处理位置与上述模型保持一致，只不过阻尼层厚度变为 3mm，约束层厚度变为 2mm。

表 3-10 列出了阻尼处理前后立柱的前 7 阶固有频率和模态阻尼比。可见，经阻尼处理后，立柱的固有频率略有降低，模态阻尼比均有所提高（第 3 阶模态除外），对于一个超重型结构而言，表 3-10 中所列各阶阻尼比的提高效果是显著的。

表 3-10　立柱局部约束阻尼处理前后的固有频率和模态阻尼比

模态阶数		1	2	3	4	5	6	7
固有频率/Hz	处理前	25.7	58.7	124.2	155.2	233.4	248.1	339.5
	处理后	25.3	57.8	120.9	153.6	228.8	248.0	337.6
模态阻尼比/%	处理前	2.70	0.80	0.39	0.33	0.26	0.18	0.14
	处理后	3.20	1.64	0.39	0.74	0.36	0.25	0.20

[例3]　锻造机重锤冲击振动控制

锻造机重锤端部高速锤打工件，会产生很强的冲击振动，经常用空气弹簧隔振。但像锻造机这类产生强烈冲击的机械，仅用空气弹簧，其阻尼不够，一般要以叠板簧的滞后进行补偿。因此在用空气弹簧时，要用惯性基座，并配合使用能兼作支承部件的叠板簧。图 3-31 所示为采用空气弹簧的锻造机防振装置。

采用空气弹簧隔振时要注意保护空气弹簧的气室不受物理损伤，避免锻造作业时灼热的铁屑和油滴飞溅落入空气弹簧的气室内，通常在沟槽部位都设有罩盖，防止减振效果受到影响。

锻造机常用叠板簧直接支承防振装置。利用叠板簧的弹性和滞后产生的阻尼，在锻造机周围安装叠板簧，用起吊螺栓悬挂台架，再将锻造机置于台架上。需要惯性基座时，就将台架和惯性基座合为一体。悬挂基础由于在靠近底部处安装弹簧，不仅检修弹簧方便，还可通过调整起吊螺栓，使弹簧均匀承载同时可以调节高度。但由于部件密集、基础加深造成土建成本高等原因，近年来仅限用于大型锻造机。

在锻造机下直接安装叠板簧的直接支承防振装置可消除悬挂基础的上述缺点，已用于4t以内的空气锤。最近采用的叠板簧为跨距大、片数少的叠板，能保持较低的动态固有频率。另外，在伸长侧还采用单向效用的油压减振器，以减小振幅；用

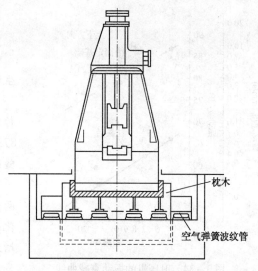

图 3-31　锻造机的空气弹簧防振装置

叠板簧的直接支承形式，由于叠板簧的横向刚度大，即使不使用导辊，锻造机本体的横向摆动也小。

自由锻造的锻造机也可用同样的方法，但一般需要设置惯性基座。图3-32所示为单支架锻锤的防振装置。在砧座上附加惯性基座进行防振，锻锤的本体固定在基础的模梁上。图3-33所示为双支架锻锤防振机构的示例。锻锤安装在砧座与锻锤为一体的惯性基座上，用弹性支承整个机体，防止了锻造效果的降低。附加惯性基座时，由于弹簧安装在距重心位置很低的位置，故即使采用叠板簧，往往也要用导辊。

上述各种形式适用于新设备的安装和搬迁，但对已有设备作防振处理，则停机时间长，基础改造费用高。解决的对策是利用现有基础，设置能在狭窄空间使用的碟簧方式。这仍属直接支承形式，只是将叠板簧换成碟簧，通过碟簧的不同组合，能使弹簧常数和阻尼与预期值相符合。不过，碟簧与叠板簧不同，本身没有承受砧座横向位移的功能，故需要采用导辊。

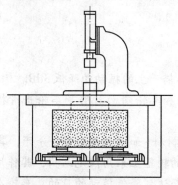

图 3-32　单支架锻锤防振装置

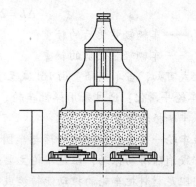

图 3-33　双支架锻锤防振装置

图3-34所示的锻压机的振动衰减曲线表明，经防振处理锻压机的强冲击振动污染得到良好的控制。

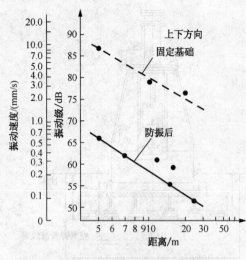

图 3-34　锻压机的振动衰减曲线

[例4]　地铁列车运行振动污染防治

(1) 地铁减振措施

地铁由于采用地下线路，地铁列车运行产生的振动成为其最主要的污染。

根据国内主要城市地铁振动监测结果，在标准线路条件下的地铁振动源强为 87.0 ~ 87.4dB。地铁振动轨下峰值频率在 40 ~ 100Hz，隧道振动速度级峰值一般出现在 40 ~ 80Hz。

地铁振动在土壤介质传播中获得的衰减由两部分组成，一部分是由于土壤内部结构的变化而引起阻尼衰减，另一部分则是由于距离的增加而引发的辐射衰减。其中辐射衰减是传播衰减的主要贡献者，其简单定量计算目前国内主要是采用经验公式进行。阻尼衰减相对较小，在地铁影响范围内，衰减量一般小于5dB。不同建筑物对振动的响应是不同的。一般而言，质量大、基础好的建筑物对振动有较大的衰减；而质量轻、基础差的建筑物对振动产生放大作用。

为防止地铁振动污染，选线与城市规划时应注意防振对策。

① 线路走向尽量与城市高速路、主干道或次干道相重合。这样一方面地铁线路在道路下面选线布局有较大的余地，能尽量减少对地表敏感建筑物的影响；另一方面，上述道路两侧商业、公共建筑较多，基础好的建筑多，不易产生振动环境影响问题。

② 合理控制地铁线路两侧建筑物类型和建设距离，同时按项目环境影响评价的要求预留相应的防护距离，并加强建筑物的抗振性能。

③ 在轨道交通规划布局中，应充分利用振动波的天然屏障，如河流、高大建筑物等，来阻隔振动的影响。

(2) 车辆减振措施

① 车辆轻型化：根据日本轨道交通的研究成果，车辆轴重与振动加速度级存在以下关系：

$$\Delta L = 20\lg(W_1/W_0) \tag{3-38}$$

式中　W_1——车辆轻量化后的轴重；

W_0——车辆轻量化前的轴重。

由上式可知，当车辆轴重由16t减至11t时，车辆产生的振动约降低3dB。

② 车轮平滑化：通过采用弹性车轮、阻尼车轮和车轮踏面打磨等车轮平滑措施，可有效降低车辆振动强度。

弹性车轮一般是在车轮的轮箍与车圈间用弹性材料(如天然橡胶块)分开，其主要作用是减少或消除滑动振动；阻尼车轮主要是在车轮的轮箍上采用阻尼结构，其作用原理主要是利用阻尼材料把车轮的振动能转换成热能，从而达到降低振动的目的；车轮在运营一段时间后，踏面就会出现不同程度的粗糙面。当踏面出现长度大于18mm的一系列粗糙点时，就应对车轮进行修整。试验表明打磨后的光滑车轮可降低振动10dB。

(3) 轨道结构减振措施

① 采用重型钢轨和无缝线路重型钢轨不仅能增强轨道的稳定性，减少养护维修工作

量和降低车辆运行能耗，而且能减少列车的冲击荷载。资料表明，车辆在 60kg/m 钢轨上运行产生的振动较 50kg/m 钢轨降低 10%。

车辆在钢轨接头处产生的振动是非接头的 3 倍，因而铺设无缝线路，减少钢轨接头，可大大减少地铁振动源强。

② 扣件减振措施：扣件除能固定钢轨，阻止钢轨的纵向和横向位移，防止钢轨倾覆外，还能提供适量的弹性，具有较好的减振效果。

③ 道床减振措施：地铁工程受隧道净空和维修作业的要求，普遍采用整体道床。其中一般减振地段采用短枕式或长枕式整体道床结构形式，较高减振地段采用弹性整体道床，特殊减振地段采用浮置板道床。

弹性整体道床因在轨枕与道床间设有橡胶减振套，提高了道床的减振性能。其减振效果能较一般整体道床增加 8～10dB。

浮置板道床目前主要有橡胶浮置板道床和钢弹簧浮置板道床两种。橡胶浮置板道床是通过设置在道床下面及两侧的橡胶支座来吸收列车动荷载，从而达到减振的目的。根据广州地铁一号线体育馆-体育馆西区间的测量结果，橡胶浮置板道床的减振效果较普通整体道床增加 13～15dB，但对 50Hz 以下频率的振动的隔振效果不明显。

钢弹簧浮置板道床是把整体道床块置放在由柔性弹簧构成的隔振器上，从而组成弹簧—质量隔振系统。钢弹簧浮置板道床的减振效果为 20～30dB，尤其对低频振动具有良好的隔振效果。

第七节　吸振技术

当机器设备受到激励而产生振动时，可以在该设备上附加一个辅助系统（由辅助质量、弹性元件和阻尼元件组成）。当原有主系统振动时，这个辅助系统也随之振动，利用辅助系统的动力作用，使其加到主系统上的动力（或力矩）与激振力（或力矩）互相抵消，使得主系统的振动得到抑制，这种振动控制技术叫做动力吸振技术，所附加的辅助系统叫做动力吸振器。

仅由辅助质量和弹性元件组成的辅助系统，称为无阻尼动力吸振器；仅由辅助质量和阻尼元件组成的辅助系统称为摩擦吸振器；既有弹性元件又有阻尼元件组成的包含辅助质量的辅助系统称为有阻尼动力减吸器。各种减振器有不同的特性，适用于不同的情况。

一、无阻尼动力吸振器

（一）基本原理

如图 3 - 35 所示的单自由度系统，质量为 M，劲度为 K，在一个频率为 ω、幅值为 F_A 的简谐外力激励下，系统将做强迫振动。

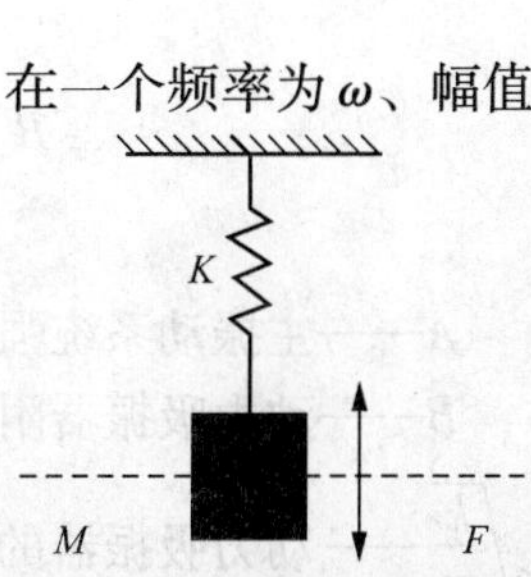

对于无阻尼系统，可以得到质量块 M 的强迫振动振幅为

$$A_0 = \frac{X_{st}}{1 - \left(\dfrac{\omega}{\omega_0}\right)^2} \qquad (3-39)$$

式中，$\omega_0 = \left(\dfrac{K}{M}\right)^{0.5}$ 为振动系统的固有频率；$X_{st} = \dfrac{F_A}{K}$

图 3 - 35　单自由度强迫振动系统

表示质量块在非简谐外力 F_A 作用下发生的静位移。由上式可见：当激励频率 ω 接近或等于系统固有频率 ω_0 时，其振幅就变得很大。实际振动系统总是具有一定阻尼，因此振幅不可能为无穷大。在考虑系统的黏性阻尼。之后，其强迫振动的振幅则为

$$A = \frac{X_{st}}{\sqrt{\left[1 - \left(\frac{\omega}{\omega_0}\right)^2\right]^2 + \left[2 \times \left(\frac{c}{c_0}\right) \times \left(\frac{\omega}{\omega_0}\right)\right]^2}} \tag{3-40}$$

式中，$c_0 = 2(MK)^{0.5}$ 为临界阻尼系数。对于自由衰减振动系统，只有当系统阻尼小于临界阻尼时，才能够得到衰减振动解；而当系统阻尼大于临界阻尼时，就得到非振动状态的解。

图 3-36 给出了式（3-39）和式（3-40）代表的一簇曲线。由图可见，由于阻尼的存在，使得强迫振动的振幅降低了，阻尼比 c/c_0 越大，振幅的降低越明显，特别是在 $\frac{\omega}{\omega_0} = 1$ 的附近，阻尼的减振作用尤其明显。因此，当系统存在相当数量的黏性阻尼时，一般可以不考虑附加措施减振或吸振。

当系统阻尼很小时，动力吸振将是一个有效的办法。如图 3-37 所示，在主系统上附加一个动力吸振器，动力吸振器的质量为 m，劲度为 k。

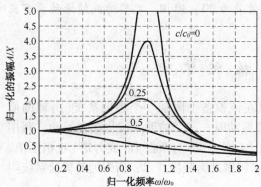 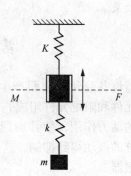

图 3-36　单自由度系统的强迫振动振幅　　图 3-37　附加动力吸振器的强迫振动系统

由主系统和动力吸振器构成的无阻尼二自由度系统强迫振动方程的解为

$$A = \frac{X_{st}\left[1 - \left(\frac{\omega}{\omega_b}\right)^2\right]}{\left[1 - \left(\frac{\omega}{\omega_b}\right)^2\right]\left[1 + \frac{k}{K} - \left(\frac{\omega}{\omega_0}\right)^2\right] - \frac{k}{K}}$$

$$B = \frac{X_{st}}{\left[1 - \left(\frac{\omega}{\omega_b}\right)^2\right]\left[1 + \frac{k}{K} - \left(\frac{\omega}{\omega_0}\right)^2\right] - \frac{k}{K}} \tag{3-41}$$

式中　A——主振动系统强迫振动振幅；

　　　B——动力吸振器附加质量块的强迫振动振幅；

$\omega_b = \sqrt{\frac{k}{m}}$——动力吸振器的固有频率。

这个二自由度系统的固有频率可以通过令上式的分母为零得到

$$\omega_{1,2} = \frac{1}{2}\left[\left(\frac{K+k}{M} + \frac{k}{m}\right) \pm \sqrt{\left(\frac{K}{M} - \frac{k}{m}\right)^2 + 2\frac{k}{M}\left(\frac{k}{m} + \frac{K}{M}\right) + \left(\frac{k}{M}\right)^2}\right]$$

$$= \frac{\omega_0^2}{2}\left[1 + \lambda^2 + \mu\lambda^2 \pm \sqrt{(1-\lambda^2)^2 + \mu^2\lambda^4 + 2\mu\lambda^2(1+\lambda^2)}\right] \tag{3-42}$$

式中 $\omega_0 = \sqrt{\dfrac{K}{M}}$ ——主振动系统的固有频率;

$\mu = \dfrac{m}{M}$ ——吸振器与主振系的质量比;

$\lambda = \dfrac{\omega_b}{\omega_0}$ ——吸振器与主振系的固有频率之比。

如果激振力的频率恰好等于吸振器的固有频率,则主振系质量块的振幅将变为零,而吸振器质量块的振幅为

$$B = -\frac{K}{k}X_{st} = -\frac{F_A}{k} \tag{3-43}$$

此时,激振力激起动力吸振器的共振,而主振动系统保持不动,这就是动力吸振器名称的来由。

(二)设计要点

在设计无阻尼动力吸振器时,应注意考虑以下问题。

(1)为了消除主系统的共振振幅,应使吸振器的固有频率等于主系统的固有频率,则可知主系统的共振振幅 $A_1 = 0$,即达到减振的目的。

(2)注意扩大吸振器的减振频带。由图 3-38 可以看到,按(1)设计的吸振器,虽然消除了主系统原有的共振振幅,但在原共振点附近的 λ_1 和 λ_2 处,又出现了两个新的共振点。由(3-41)式很容易求得 λ_1 和 λ_2 的值,它们只与质量比 μ 有关。考虑到外部激励频率往往有一定的变化范围,为了使主系统能够安全地运转在远离新共振点的范围内,要求这两个新共振点相距越远越好,一般要求 $\mu > 0.1$。若主系统上还作用有其他不同频率的激励力,还需校核这些激励力是否在新的共振点处发生共振。

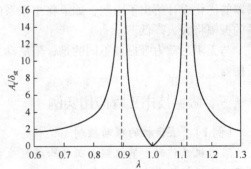

图 3-38 安装无阻尼动力吸振器后
主系统的幅频响应

综上所述,无阻尼动力吸振器结构简单、元件少、减振效果好,但减振频带窄,主要适用于激振频率变化不大的情况。

二、阻尼动力吸振器

如果在动力吸振器中设计一定的阻尼,可以有效拓宽起吸振频带,如图 3-34 所示。在主振系上附加一阻尼动力吸振器,吸振器的阻尼系数为 c,则主振系的质量块和吸振器的质量块分别对应的振幅为

$$A = X_{st} \cdot \sqrt{\frac{(2\beta f)^2 + (f - \lambda)^2}{(2\beta f)^2 [(1+\mu)f^2 - 1]^2 + [\mu\lambda^2 f^2 - (f^2 - 1)(f^2 - \lambda^2)]^2}}$$

$$\qquad\qquad\qquad\qquad\qquad (3-44)$$

$$B = X_{st} \cdot \sqrt{\frac{(2\beta f)^2 + \lambda^2}{(2\beta f)^2 [(1+\mu)f^2 - 1]^2 + [\mu\lambda^2 f^2 - (f^2 - 1)(f^2 - \lambda^2)]^2}}$$

式中，A 为主振动系统强迫振动振幅，而 B 为动力吸振器附加质量块的强迫振动振幅。式中各主要参数为归一化频率 $f = \dfrac{\omega}{\omega_0}$；固有频率比 $\lambda = \dfrac{\omega_b}{\omega_0}$；临界阻尼比 $\beta = \dfrac{c}{2\sqrt{mk}}$；质量比 $\mu = \dfrac{m}{M}$。

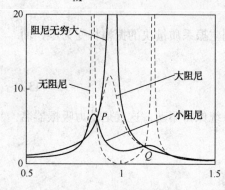

图 3-39 吸振器阻尼与
主系统振幅的关系曲线

吸振器阻尼对主系统振幅具有影响，这种影响可以从图 3-39 看出。图中给出的调谐系统主要参数为 $\mu = 0.1$，$\lambda = 1$，阻尼比 β 变化范围从 0 到 ∞。

由图 3-39 可见，当吸振器无阻尼时，主振系的共振峰为无穷大；当吸振器阻尼无穷大时，主振系的共振峰同样也为无穷大；只有当吸振器具有一定阻尼时，共振峰才不至于为无穷大。因此，必然存在个合适阻尼值，使得主振系的共振峰最小，这个合适的阻尼值就是阻尼动力吸振器设计的一项重要任务。

由图 3-39 还可以发现，无论阻尼取什么样的值，曲线都通过 P、Q 两点。这一特点为阻尼动力吸振器的优化设计给出了限制，如果将主振系的两个共振峰设计到 P、Q 两点附近，则主振系的振幅将大大降低。

与无阻尼动力吸振器不同的是，阻尼动力吸振器受频带的影响较小，因此被称为宽带吸振器。

三、吸振技术工程应用实例

[例1]　滚齿机的振动控制

滚齿机工作时，其机架和工作台将发生扭转振动，对加工质量造成严重影响，为此可采用动力吸振技术来抑制其振动。

图 3-40 是应用于该滚齿机的有阻尼动力吸振器结构示意图。其中图 3-40(a) 的吸振器安装在滚齿机立柱的顶面，以抑制机架的扭转振动；图 3-40(b) 的吸振器安装在滚齿机工作台的下方，并与工作台一起旋转，以抑制工作台的扭转振动。图中阻尼元件 5 放在两个金属盘 1 和 2 之间，金属盘通过螺钉 3 固定在机架 6 上，辅助质量 4 既可以正装[图 3-40(a)]又可以反装[图 3-40(b)]。

实际的滚齿机重约 10t，立柱顶面和工作台下方分别安装 180kg 和 380kg 的吸振器后，机架的扭转振动模态阻尼比增加了 20 倍，工作台的扭转振动模态阻尼比增加了 5 倍。该滚齿机无吸振器时稳定加工的工件最大直径只有 1100mm，而安装吸振器后稳定加工的工件最大直径达到 1800mm。

[例2]　轻型客车动力传动系统的振动控制

汽车在行驶过程中，发动机变速箱中的动力传动系统在路面的宽带随机激励作用下往

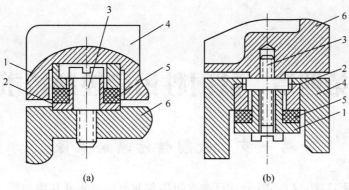

图 3-40　用于滚齿机的有阻尼动力吸振器

1，2—金属盘；3—螺钉；4—辅助质量；5—阻尼元件；6—机架

往引发弯曲共振问题，容易引起车辆零部件的疲劳损坏，威胁车辆行驶的安全，并容易诱发整车振动和噪声辐射，为此有必要安装减振器对其进行振动控制。安装点位于变速箱伸出端尾部，分别通过台架和跑车实验来考察吸振器的减振效果。图 3-41 为安装动力吸振器（以下简称 DVA）前后安装点处（即变速箱伸出端尾部）加速度传递函数的台架实验曲线，图 3-42 和图 3-43 为实际跑车实验条件下安装 DVA 前后安装点处的加速度频谱以及离合器易开裂处的应力谱。

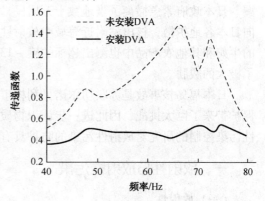

图 3-41　台架实验安装点处的加速度传递函数

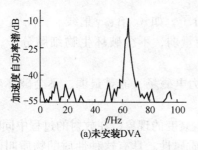

(a)未安装DVA

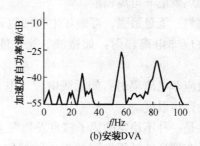

(b)安装DVA

图 3-42　跑车实验安装点处的加速度频谱

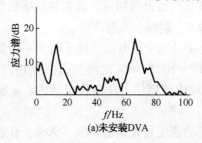

(a)未安装DVA

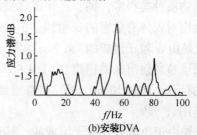

(b)安装DVA

图 3-43　跑车实验离合器开裂处的应力谱

由以上谱图可以看出，所设计的 DVA 具有良好的减振效果，离合器易开裂点处的平面应力谱峰值均明显下降。

第四章　放射性污染控制技术

第一节　放射性污染的来源

2011年3月11日14时46分，日本本州岛东北海岸发生9.0级地震。地震导致福岛县两座核电站反应堆发生故障，其中第一核电站中一座反应堆震后发生异常导致核蒸气泄漏。日本政府紧急撤离了当地数十万居民，并将半径20km内列为禁区。放射性物质随风向日本各地扩散，核电站附近海域中放射性物质碘－131超标750万倍，福岛县周围生产的牛奶和其他农产品中也测出超标的碘－131，泄漏的放射性物质对人们的身心健康构成了极大的威胁。

日本福岛核事故是苏联切尔诺贝利核事故之后的又一大核灾难，它给人类安全、环境保护带来了巨大挑战，因此进一步认识物质的放射性，加强对辐射源、转移规律以及放射性污染控制的研究对放射性污染的防护具有非常重要的意义。

一、放射性与放射性污染

(一) 放射性

辐射是能量传递的一种方式，辐射依能量的强弱分为三种：电离辐射、有热效应非电离辐射和无热效应非电离辐射。

电离辐射：能量最强，可破坏生物细胞分子，如α、β、γ射线。

有热效应非电离辐射：如微波、光，能量弱，不会破坏生物细胞分子，但会产生温度。

无热效应非电离辐射：如无线电波、电力电磁场，能量最弱，不会破坏生物细胞分子，也不会产生温度。

放射性是一种不稳定的原子核自发地发生衰变的现象，在放射的过程中同时释放出射线，即原子在裂变的过程中释放出射线的物质属性。具有这种性质的物质叫做放射性物质。放射性物质种类很多，铀、钍和镭就是常见的放射性物质。放射性物质衰变时可从原子核中释放出对人体有危害的α射线、β射线、γ射线、X射线等。

α射线是由α粒子组成的，α粒子实际上是带两个正电荷、质子数为4的氦离子。尽管它们从原子核发射出来的速度在 $(1.4 \sim 2.0) \times 10^{-11}$ cm/s 之间变化。但它们在室温时，在空气中的行程不超过10cm，用一张普通纸就能够挡住。在射程范围内，α粒子具有极强的电离作用。

β射线是由带负电的β粒子组成的，其运动速度是光速的30%～90%。β粒子实际上是电子，通常，在空气中能够飞行上百米。用几毫米的铝片屏蔽就可以挡住β射线。β粒子的穿透能力随着它们的运动速度而变化。由于β粒子质量轻，所以其电离能比α粒子弱得多。

γ 射线实际上就是光子，是真正的电磁辐射，速度与光速相同，它与 X 射线都具有很强的穿透力，对人的危害最大，往往用铁、铅和混凝土屏蔽。γ 射线的应用越来越广，但人们应当看到它们的另一面，过量的 γ 射线的照射会对红骨髓造血功能有明显的损伤，也会对人体产生危害性的生物效应，并可能影响下一代的生长，产生遗传效应。

X 射线也称"伦琴射线"。其波长介于紫外线和 γ 射线之间的电磁波。具有可见光的一般特性，如光的直线传播、反射、折射、散射和绕射等，速度也与光速相同。它的能量一般为千 MeV（百万电子伏）至百万 MeV，比几个 MeV 的可见光的光子高得多。X 射线与 γ 射线在电磁能谱上相互重叠。X 射线与 γ 射线的基本作用或效应无本质的区别。但两者的产生机制不同，X 射线是由核外发射的连续能谱辐射；γ 射线则由原子核衰变时的能量发射产生，由核内发射。

（二）放射性污染及其危害

放射性污染主要是指因人类的生产、生活活动排放的放射性物质所产生的电离辐射超过放射环境标准时，产生放射性污染而危害人体健康的一种现象，主要指对人体健康带来危害的人工放射性污染。第二次世界大战后，随着原子能工业的发展，核武器试验频繁，核能和放射性同位素的应用日益增多，使得放射性物质大量增加，因此放射性污染愈来愈受到人们的重视。

最典型的放射性污染是核泄漏事故所导致的污染，历史上曾发生过的核泄漏事故，都造成了相当大的危害。1986 年 4 月 26 日，位于乌克兰境内的切尔诺贝利核电站发生的核事故由燃烧爆炸引起，又因为没有安全壳，大量放射性物质释放到环境中，在这次事故中死亡 31 人，200 多人遭受严重的放射性辐射。两三年后，核电站周围地区癌症患者、儿童甲状腺患者和畸形家畜急剧增多。成人癌症患者成倍增加，包括皮肤癌、舌癌和口腔癌患者。

放射性污染带给人们健康的危害主要体现在辐射损伤、躯体效应和遗传效应。

1. 辐射损伤

核辐射与物质相互作用的主要效应是使其原子发生电离和激发。细胞主要由水组成，辐射作用于人体细胞将使水分子发生电离，形成一种对染色体有害的物质，产生染色体畸变。这种损伤使细胞的结构和功能发生变化，使人体呈现放射病、眼晶体白内障或晚发性癌等临床症状。

2. 躯体效应和遗传效应

（1）躯体效应。放射线对生物的危害是十分严重的。放射性损伤有急性损伤和慢性损伤。如果人在短时间内受到大剂量的 X 射线、γ 射线和中子的全身照射，就会产生急性损伤。在人体的器官或组织内，由于辐射致细胞死亡或阻碍细胞分裂等原因，使细胞严重减少，就会发生这种效应。

（2）遗传效应。放射线与人体相互作用会导致某些特有的生物效应。核辐射可以引起细胞基因突变，而基因对细胞的生长发育及细胞分裂的规则性和方向性起着决定作用，如果基因的结构发生了变化，必将在生物体上产生某种全新的特征，一般基因的突变对人体是有害的。如果突变发生在生殖细胞上，就会在后代产生某种特殊的变化，通常称为核辐射的遗传效应。核辐射还具有潜伏性，主要表现为白血病和癌症。辐射只是增加突变的可能性，即使在受到大剂量的照射下，遗传特征改变的概率也是不大的，这样就给研究辐射的效应带来了很多困难，需要大量的研究对象，并且要观察许多代才能得到一定的规律。

二、环境中放射性的来源

地球上存在各种放射性辐射源，主要分为天然放射性辐射源和人工放射性辐射源。随着科学技术的发展，人们对各种放射性辐射源的认识逐渐深入。核能的大量开发和利用给人类带来了巨大的物质利益和社会效益，但同时也对环境造成了新的污染。

（一）天然放射性辐射源

在人类历史过程中，生存环境射线照射持续不断地对人们产生影响，天然本底的辐射主要来源有：宇宙辐射，地球表面的放射性物质，空气中存在的放射性物质，地面水系中含有的放射性物质和人体内的放射性物质。研究天然本底辐射水平具有重要的实用价值和重要的科学意义。其一，核工业及辐射应用的发展均有改变本底辐射水平的可能。因此有必要以天然本底辐射水平作为基线，以区别天然本底与人工放射性污染，及时发现污染并采取相应的环境保护措施。其二是对制定辐射防护标准有较大的参考价值。最后是人类所接受的辐射剂量的80%来自天然本底照射，研究本底辐射与人体健康之间的关系，揭示辐射对人危害的实质性问题有重大的意义。

1. 宇宙射线

宇宙射线是一种从宇宙太空中辐射到地球上的射线。在地球大气层以外的宇宙射线称为初级宇宙线射。进入大气层后和空气中的原子核发生碰撞，即产生次级宇宙射线。其中部分射线的穿透本领很大，能透入深水和地下，另一部分穿透本领较小。

宇宙射线是人类始终长期受到照射的一种天然辐射源。不同时间、不同纬度、不同高度，宇宙射线的强度也不相同。由于地球的磁场的屏蔽作用和大气的吸收作用，到达地面的宇宙射线的强度很弱，对人体并无危害。由于高空超音速飞机和宇航技术的发展，研究宇宙射线的性质和作用才日益被重视。

2. 地球表面的放射性物质

地层中的岩石和土壤中均含有少量的放射性核素，地表表面的放射性物质来自地球表面的各种介质（土壤、岩石，大气及水）中的放射性元素，它可分为中等质量（原子系数小于83）和重天然放射性同位素（铀镭系和钍系）两种。

3. 空气中存在的放射性

空气中的天然放射性主要是由于地壳中铀系和钍系的子代产物氡和钍射气的扩散，其他天然放射性核素的含量甚微。这些放射性气体的子体很容易附着空气溶胶颗粒上，而形成放射性气溶胶。

空气中的天然放射性浓度受季节和空气中含尘量的影响较大。在冬季或含尘量较大的工业城市往往空气中的放射性浓度较高，在夏季最低。当然山洞，地下矿穴、铀和钍矿中的放射性浓度都高。

室内空气中的放射性浓度比室外高，这主要和建筑材料及室内通风情况有关。

4. 地表水系含有的放射性

地面水系含有的放射性往往由水流类型决定。海水中含有大量的^{40}K，天然泉水中则有相当数量的铀、钍和镭。水中天然放射性的浓度与水所接触的岩石、土壤中该元素的含量有关。据报道，各种内陆河中天然铀的浓度范围在$0.3\sim10\mu g/L$，平均为$0.5\mu g/L$。地球上任何一个地方的水或多或少都含有一定量的放射性，并通过饮用对人体构成内照射。

5. 人体内的放射性

由于大气、土壤和水中都含有一定量的放射性核素，通过人的呼吸、饮水和食物不断地把放射性核素摄入到体内，进入人体的微量放射性核素分布在全身各个器官和组织，对人体产生内照射剂量。

天然铀、钍和其子体也是人体内照剂量的重要来源。它们进入人体的主要途径是食物。在肌肉中天然铀钍的平均浓度分别是 $0.19\mu g/kg$ 和 $0.9\mu g/kg$，在骨骼中的平均浓度为 $7\mu g/kg$ 和 $3.1\mu g/kg$。

镭进入人体的主要途径是食物，混合食物中的^{226}Ra 的放射性活度约为每千克数十毫贝克勒，70% ~90% 的镭沉积在骨中，其余部分大体均匀分配在软组织中。根据 26 个国家人体骨骼^{226}Ra 含量的测量结果，按人口加权平均，每千克干骨中^{226}Ra 的放射性活度中值为 0.85Bq。

氡及其短寿命子体对人体产生内照剂量的主要途径是吸入。氡气对人的内照射剂量贡献很小，主要是吸入短寿命子体并沉积在呼吸道内，由它发射的 α 粒子对气管支气管上皮基底细胞产生很大的照射剂量。^{210}Po 和^{210}Pb 通过食物进入人的体内，在正常地区，^{210}Po 和^{210}Pb 的每天摄入量为 0.1Bq。

（二）人工放射性辐射源

引起外环境人工放射性污染的主要来源是核武器爆炸及生产、使用放射性物质的单位排出的放射性废弃物等产生的射性物质，如图 4 - 1 所示。

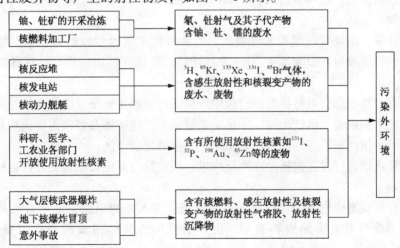

图 4 - 1 　环境放射性污染的主要来源

1. 核爆炸对环境的污染

核武器是利用重核裂变或轻核聚变时急剧释放出巨大能量产生杀伤和破坏作用的武器。核爆炸对环境产生放射性污染的程度和武器威力、装药中裂变材料所占的比例、爆炸方式及环境条件有关。一般来说，威力越大所含的裂变材料越多，对环境污染也越严重。地上试验比地下试验对环境的污染严重；地面爆炸比空中爆炸要污染严重。

从 1945 ~1980 年，全世界共进行了 800 多次核试验，世界环境受人工放射性污染的主要来源是各国在大气层进行一系列核武器试验所产生的裂变产物。此外各国多次进行地下核爆炸除"冒顶"和泄漏事故外,对地下水造成污染。核爆炸可导致产生大量的放射性沉降物。核爆炸后形成高温火球,使其中存在的裂变碎片、弹体物质以及卷入火球的尘土等变为蒸气,随着火球的膨胀和上升,与空气混合;又由于热辐射的损失,温度逐渐下降,蒸气便凝结成微粒或附着在其他尘粒上形成放射性烟云。烟云中的放射性物质由于重力作用和所在高度的气象条件而扩散到大气层中或降落到地面上,降落的部分称为沉降物(或称为放射性落下灰)。

沉降物的放射性主要来源于裂变产物,其次是核爆炸时放出的中子所造成的感生放射性物质,而残余的核装料在总的放射性中比例较小。根据放射性沉降物的运行和沉降的不同可分为三种类型,即局部(近区或初期)沉降物,对流层(中间距离或带状)沉降物,平流层(延迟、晚期或全球性)沉降物。一般地,热核武器爆炸所产生的裂变碎片大部分进入平流层,而原子弹爆炸所产生的裂变产物则主要分布在对流层,局部沉降约为全球沉降的 $1/5 \sim 1/3$。

放射性沉降物的沉降过程,主要受重力、大气垂直运动以及降水等因素的影响。其中降水对放射性物质的冲刷具有重要作用。降水量为 10mm 左右,就能把放射性物质基本冲刷下来,而降雪捕获放射性物质的能力比降雨更大。

2. 核工业的"三废"排放

原子能工业在核燃料的生产、使用与回收的核燃料循环过程中均会产生"三废",对周围环境带来污染,对环境造成的影响如下。

(1)核燃料的生产过程包括铀矿开采、铀水法冶炼工厂、核燃料精制与加工过程产生的放射性废物。

从铀矿开采、冶炼直到燃料元件制出,所涉及的主要天然放射性核素是铀、镭、氡等。铀矿山的主要放射性影响源于 ^{222}Rn 及其子体。即使在矿山退役后,这种影响还会持续一段时间。

铀矿石在水法冶炼厂进行提取的过程中产生的污染源主要是气态的含铀粉尘、氡以及液态的含铀废水和废渣。水法冶炼厂的尾矿渣量很大,尾矿渣及浆液占地面积和对环境造成的污染是一个很严重的问题。目前,尚缺乏妥善的处置办法。

(2)核反应堆运行过程包括生产性反应堆、核电站与其他核动力装置的运行过程产生的放射性废物。

核燃料在反应堆中燃烧,反应堆属封闭系统。对人体的辐照主要来自气载核素,如碘、氪、氙等惰性物质。实测资料表明,由放射性惰性气体造成的剂量当量为 0.05 ~ 0.10mSv;压水堆排出的废水中含有一定量的氚及中子活化产物,如 ^{60}Co、^{51}Cr、^{54}Mn 等。另外还可能含有由于燃料元件外壳破损逸出,或因外壳表面被少量铀沾染通过核反应而产生的裂变产物。

(3)核燃料处理过程包括废燃料元件的切割、脱壳、酸溶与燃料的分离与净化过程产生的放射性废物。

经反应堆辐照一定时间后的乏燃料仍具极高的放射性活度。通常乏燃料被储存在冷却池中以待其大部分核素衰变。但当其被送往后处理厂时,仍含有大量半衰期长的裂变产物,如锶、铯和锕系核素,其活度在 10^{17}Bq 级。因此,在乏燃料的存放、运输、处理、转化及回收处置等过程中均需特别重视其防护工作,以免造成危害。

自核燃料后处理厂排出的氚和氪，在环境中将产生积累，成为潜在的污染源。

核动力舰艇和核潜艇的迅速发展，对海洋的污染又增加了一个新的污染源。核潜艇产生的放射性废物有净化器上的活化产物，如^{50}Fe、^{60}Co、^{51}Cr等。此外，在启动和一次回路以及辅助系统中排出和泄漏的水中都含有一定的放射性物质。

3. 其他放射性污染

（1）医疗照射引起的放射性污染。由于辐射在医学上的广泛应用，医用射线源已成为主要的人工辐射污染源。辐射在医学上主要用于对癌症的诊断和治疗方面。在诊断检查过程中，各个患者所受的局部剂量差别较大，大约比天然辐射源的年平均剂量高50倍；而在辐射治疗中，个人所受剂量又比诊断时高出数千倍，并且通常是在几周内集中施加于人体的某一部分。

诊断与治疗所用的辐射绝大多数为外照射，而服用带有放射性的药物则造成了内照射。近几十年来，由于人们逐渐认识到医疗照射的潜在危险，已把更多的注意力放在既能满足诊断放射学的要求，又使患者所受的剂量最小，甚至免受辐射的方法上，并取得了一定的研究进展。

（2）一般居民消费用品。一般居民消费用品包括含有天然或人工放射性核素的产品，如放射性发光表盘、夜光表及彩电等。虽然它们对环境造成的污染很小，但也有研究的必要。

三、放射性污染在自然环境中的动态

核工业和核试验所产生的放射性物质通过各种途径释放到自然环境中。因此，环境中放射性物质的种类和数量取决于核爆炸和核设施的规模和性质。放射性物质在大气和水体中的迁移以扩散为主，由大气圈和水圈进入土壤以后将参加更复杂的迁移和变化过程。

进入环境中的放射性物质不能用化学、物理和生物方法使之减少或消除，只能使它们从一种环境介质转移到另一种环境介质中。所以，放射性物质从环境中的消除只能随着时间的推移自行衰变而消失。

1. 放射性污染在大气中的动态

核试验和核设施的生产过程中向大气释放了大量的放射性气体及放射性气溶胶，造成了地球大气圈的局部或全球性污染。根据联合国原子辐射效应委员会1982年提交联合国大会的报告指出，从1945~1980年底全世界共进行了800多次核试验，对全球所有居民造成的总的集体有效剂量当量约$3 \times 10^7 Sv/人$，其中外照射为$2.5 \times 10^6 Sv/人$，内照射为$2.7 \times 10^6 Sv/人$。

放射性核素在大气中的动态与相应的稳定同位素相同，只是前者具有衰变特性，随着时间的推移，从环境中逐渐消失。一些放射性核素半衰期虽短，但它的子体寿命很长，其危险性不可低估。如^{90}Kr的半衰期只有33s，但它的第二代子体^{90}Kr却具有较大的危害。

放射性污染在大气中的稀释与扩散和许多气象因素有关，如风向、风速、温度和温度梯度等。特别是温度梯度对局部地区的大气污染有直接的关系。

放射性气体或气溶胶除了随空气流动扩散稀释外，放射性气溶胶的沉降也能使其浓度降低。例如，一些大颗粒的气溶胶粒子能在较短的时间内沉降到地球表面。

大气对氩、氪等惰性气体几乎没有净化作用，它们主要靠自行衰变而减少。^{14}C和^3H

可以通过生物循环进入人体，参与生物的基础代谢过程。

2. 放射性污染在水中的动态

放射性物质可以通过各种途径污染江、河、湖、海等地面水。其主要来源有核设施排放的放射性废水、大气中的放射性粒子的沉降、地面上的放射性物质被冲洗到地面水源等。而地下水的污染主要是由被污染的地面水向地下的渗透造成的。

放射性物质在水中以两种形式存在：溶解状态（离子形式）和悬浮状态。两者在水中的动态有各自的规律。水中的放射性污染物，一部分吸附在悬浮物中而下沉至水底，形成被污染的淤泥，另一部分则在水中逐渐地扩散。

排入河流中的污染液与整个水体混合需要一定的时间，而且取决于完全混合前所经流程的具体条件。研究表明，进入地面水的放射性物质，大部分沉降在距排放口几公里的范围内，并保持在沉渣中，当水系中有湖泊或水库时，这种现象更为明显。

沉积在水底的放射性物质，在洪水期间被波浪急流搅动有再悬浮和溶解的可能，或当水介质酸碱度变化时它们再被溶解，形成对水源的再污染。

当放射性污水排入海洋时，同时向水平和垂直两个方向扩散，一般水平方向扩散较快，排出物随海流向广阔的水域扩展并得到稀释。在河流入海时，因咸淡水的混合界面处有悬浮物的凝聚和沉淀，故河口附近的海底沉积物中放射性物质浓度较大。

溶解和悬浮状态的放射性物质，还可以被微生物吸收和吸附，然后作为食物转移到比较高级的生物体。这些生物死亡后，又携带着放射性物质沉积在水底。

放射性物质在地下水的迁移和扩散主要受到下列因素的影响：放射性同位素的半衰期、地下水流动方向和流速、地下水中的放射性核素向含水岩层间的渗透。从放射性卫生学的观点来看，长寿命放射性核素污染地下水是相当危险的。

在地下水流动过程中，水中含有的化学元素（包括放射性元素）与岩层发生化学作用，地下水溶解岩层中的无机盐，而岩层又吸附地下水中的某些元素。被岩层吸附的某些放射性核素仍有解除吸附再污染的可能。

放射性物质不仅在水体内转移扩散，还可以转移到水体以外的环境中去。如用污染水灌溉农田时会造成土壤和农作物的污染。用取水设备汲取居民生活用水或工业用水，也会造成放射性污染的转移和扩散。

3. 放射性污染在土壤中的动态

大气中放射性尘埃的沉降、放射性废水的排放和放射性固体废物的地下埋藏，都会使土壤遭到污染。存在于岩石和土壤中的放射性物质，由于地下水的浸滤作用而受损失，地下水中的天然放射性核素主要来源于此途径。此外，黏附于地表颗粒土壤上的放射性核素，在风力的作用下，可转变成尘埃或气溶胶，进而转入到大气圈，并进一步迁移到植物或动物体内。土壤中的某些可溶性放射性核素被植物根部吸收后，继而输送到可食部分，接着再被食草动物采食，然后转移到食肉动物，最终成为食品和人体中放射性核素的重要来源之一。土壤中放射性水平增高会使外照射剂量提高。因此土壤的污染给人类带来了多方面的危害。

放射性物质在土壤中以三种状态存在。

（1）固定型：比较牢固地吸附在黏土矿物质表面或包藏在晶格内层，既不能被植物根部吸收，又不能在土壤中迁移。

（2）离子代换型：以离子形态被吸附在带有阴性电荷的土壤胶体表面上，在一定条件下，可被其他阳离子取代解吸下来。

（3）溶解型：以游离状态溶解在土壤溶液里，它最活泼也容易被植物吸收，在雨水的冲淋下或农田灌溉水冲刷下渗入土壤下层，或向水平方向扩散。

沉降并保留在土壤中的放射性污染物绝大部分集中在 6cm 深的表土层内。土壤主要由岩石的侵蚀和风化作用而产生，其中的放射性污染物是从岩石转移而来的。由于岩石的种类很多，受到自然条件的作用程度也不尽一致，因此土壤中天然放射性核素的浓度变化范围是很大的。土壤的地理位置、地质来源、水文条件、气候以及农业历史等都是影响土壤中天然放射性核素含量的重要因素。

放射性核素在不同植被层覆盖的土壤中分布有很大不同。农业耕作措施可以改变放射性物质在土壤中的分布。降雨量的多少和降雨强度的大小影响到放射性核素从土壤中流失和转移。土壤中的生物能够分解有机物，改变土壤的机械结构功能，对其中放射性物质的动态有一定的影响。

4. 我国核辐射环境现状

各地陆地的 γ 辐射空气吸收剂量率仍为当地天然辐射本底水平，环境介质中的放射性核素含量保持在天然本底涨落范围。我国整体环境未受到放射性污染，辐射环境质量仍保持在原有水平。

在辐射污染源周围地区，环境 γ 辐射空气吸收剂量率、气溶胶或沉降物总 β 放射性比活度、水和动植物样品的放射性核素浓度均在天然本底涨落范围。广东大亚湾核电站和浙江秦山核电厂周围地区放射监测结果表明，辐射水平无变化，饮水中总 α、总 β 放射性水平符合国家生活饮用水水质标准。

第二节 放射性评价标准

一、放射性污染的基本量

（一）描述放射性辐射的基本量

1. 放射性活度

放射性活度（A）是度量放射性强度的物理量。"放射性"现象或特性用单位时间内发生的核跃迁数定量描述。早期，由于镭是当时最重要的放射性物质，那时放射性是用质量的多少，通常用毫克镭来定量描述。随后，人们又定义了一个新的量——"居里"，当一定量放射性物质每秒有 3.700×10^{10} 个原子发生衰变时，则它的放射性活度就规定为 1 居里（Ci）。

在当前最为通用的国际单位制（International System of Units，SI）中，活度被重新定义为"每秒 1 次"（s^{-1}），这个单位的专用名称是贝克勒尔（Bq）。由于在核医学的实践中广泛使用各种放射性药物，并且几乎全世界都采用"居里"或"毫居里"对放射性药物进行计量，第十一届国际计量大会（CGPM）已暂时将"居里"这个单位保留下来。单位换算为：$1Bq = 1s^{-1}$，$1Ci = 3.7 \times 10^{10}Bq$。

放射性活度作为度量放射性的一个量，其定义如下：处在某一特定能态的一定量的某种核素在一定时刻得到的放射性活度，是该时刻单位时间内从该能态发生自发核跃迁数的平均值。根据这一定义,活度为零与核素稳定是等同的。这个定义也考虑到了放射性是一个涉及整个核素(或原子)的过程,而不仅仅与原子核有关。

2. 半衰期

半衰期($T_{1/2}$)是指当放射性的核素因衰变而减少到原来的一半时所需的时间。

$$T_{1/2} = \frac{0.693}{\lambda} \tag{4-1}$$

3. 照射量

(1)照射量

照射量(X)是表示 γ 射线或 X 射线在空气中产生电离能力大小的辐射量。照射量定义为

$$X = \frac{\mathrm{d}Q}{\mathrm{d}m} \tag{4-2}$$

式中　X——照射量,C/kg。曾用单位是 R(伦琴),$1R = 2.58 \times 10^{-4}C/kg$;

　　$\mathrm{d}Q$——射线在质量为 $\mathrm{d}m$ 的空气中释放出来的全部电子(正电子和负电子)被空气完全阻止时,在空气中产生的一种符号离子的总电荷绝对值,C;

　　$\mathrm{d}m$——受照空气的质量,kg。

照射量只用于量度,射线或 X 射线在空气介质中产生的照射效能。

(2)照射量率

照射量率 $\dot{X}$ 定义为

$$\dot{X} = \frac{\mathrm{d}X}{\mathrm{d}t} \tag{4-3}$$

式中　$\dot{X}$——照射量率,C/(kg·s);

　　$\mathrm{d}X$——时间间隔 $\mathrm{d}t$ 照射量的增量,C/kg;

　　$\mathrm{d}t$——时间间隔,s。

4. 吸收剂量

(1)吸收剂量

吸收剂量(D)是单位质量受照物质中所吸收的平均辐射能量。其定义式为

$$D = \frac{\mathrm{d}\overline{\varepsilon}}{\mathrm{d}m} \tag{4-4}$$

式中　D——吸收剂量,Gy(戈瑞);曾用单位是 rad(拉德),$1rad = 0.01Gy$;

　　$\mathrm{d}\overline{\varepsilon}$——电离辐射授予质量为 $\mathrm{d}m$ 的物质的平均能量,J;

　　$\mathrm{d}m$——受照空气的质量,kg。

吸收剂量在剂量学的实际应用中是一个非常重要的物理量,它适用于任何类型的辐射和受照物质,并且是与一无限小体积相联系的辐射量,即受照物质中每一点都有特定的吸收剂量数值。因此,在给出吸收剂量数值时,必须指明辐射类型、介质种类和所在位置。

(2)吸收剂量率

吸收剂量率 $\dot{D}$ 是单位时间内的吸收剂量,定义为

$$\dot{D} = \frac{\mathrm{d}D}{\mathrm{d}t} \tag{4-5}$$

式中　$\dot{D}$——吸收剂量率,Gy/s;

dD——时间间隔 dt 吸收剂量的增量，Gy；

dt——时间间隔，s。

5. 剂量当量

生物效应受辐射类型与能量、剂量与剂量率大小、照射条件及个体差异等因素的影响，故相同的吸收剂量未必产生同等程度的生物效应。为了用同一尺度表示不同类型和能量的辐射照射对人体造成的生物效应的严重程度或发生概率的大小，辐射防护上采用剂量当量这一辐射量。组织内某一点的剂量当量为

$$H = DQN \qquad (4-6)$$

式中　H——剂量当量，Sv；曾用单位是 rem（雷姆），$1\,rem = 0.01Sv$；

　　　Q——品质因数，用以计量剂量的微观分布对危害的影响；

　　　D——在该点所接受的吸收剂量，Gy；

　　　N——国际放射防护委员会（ICRP）规定的其他修正系数，目前规定 $N = 1$。

6. 有效剂量当量

为了计算受到照射的有关器官和组织带来的总的危险，相对随机性效应而言，在辐射防护中引进有效剂量当量 H_E，表示为

$$H_E = \sum W_T H_T \qquad (4-7)$$

式中　H_E——有效剂量当量，Sv；

　　　H_T——器官或组织 T 所接受的剂量当量，Sv；

　　　W_T——该器官的相对危险度系数。

7. 待积剂量当量

待积剂量当量 $H_{50,T}$ 是指单次摄入某种放射性核素后，在 50 年期间该组织或器官所接受的总剂量当量，即

$$H_{50,T} = U_S SEE(S \rightarrow T) \qquad (4-8)$$

式中　$H_{50,T}$——待积剂量当量，Sv；

　　　U_S——源器官 S 摄入放射性核素后 50 年内发生的总衰变数；

$SEE(S \rightarrow T)$——源器官中的放射性粒子传输给单位质量靶器官的有效能量，（S→T）表示由源器官 S 传输给靶器官 T。

（二）放射性环境保护有关的量和概念

1. 集体剂量当量和集体有效剂量

一次大的放射性实践或放射性事故，会涉及许多人，因此采用集体剂量当量定量表示一次放射性实践对社会总的危害。

（1）集体剂量当量

集体剂量当量的定义是以各组内人均所接受的剂量当量 $\overline{H}_{Ti}$（全身的有效剂量当量或任一器官的剂量当量）与该组人数相乘，然后相加即得总的剂量当量数，即

$$S_T = \sum_i \overline{H}_{Ti} \cdot N_i \qquad (4-9)$$

式中　S_T——集体剂量当量，人·Sv；

　　　$\overline{H}_{Ti}$——所考虑的群体中，第 i 人群组中每个人的器官或组织 T 平均所受到的剂量当量，Sv；

　　　N_i——第 i 人群组的人数。

（2）集体有效剂量

如果要求量度某一人群所受的辐射照射，则可以计算其集体有效剂量，即

$$S = \sum_i \overline{E}_i \cdot N_i \qquad (4-10)$$

式中　S——集体有效剂量，人·Sv；

　　　$\overline{E}_i$——是第 i 人群组接受的平均有效剂量，人·Sv；

　　　N_i——第 i 人群组的人数。

2. 剂量当量负担和集体剂量当量负担

在某种情况下，群体由于某种辐射源受到长时间的持续照射。为了评价现时的辐射实践在未来造成的照射，故引入剂量当量负荷 H_c。群体所受的剂量当量率是随时间变化的，对某一指定的群体受某一实践的剂量当量负荷，是按平均每人的某个器官或组织所受的剂量当量率 H_t 在无限长的时间内的积分，即

$$H_c = \int_0^\infty H_t \mathrm{d}t \qquad (4-11)$$

受照射的人群数不一定保持恒定，其中也包括实行这种实践以后所生的人。

同样，对于特定的群体，只要将集体剂量当量率进行积分，可以定义出一个集体剂量当量负担。

3. 关键居民组

关键居民组是从群体中选出的具有某些特征的组，他们从某一辐射实践中受到的照射水平高于受照群体中其他成员。因此，在放射性环境保护中以关键居民组的照射剂量衡量该实践对群体产生的照射水平。

4. 关键照射途径

关键照射途径指某种辐射实践对人产生照射剂量的各种途径（例如，食入、吸入和外照射等），其中某一种照射途径比其他途径有更为重要的意义。

5. 关键核素

某种辐射实践可能向环境中释放几种放射性核素，对受照人体或人体若干个器官或组织而言，其中一种核素比其他核素有更为重要的意义时，称该核素为关键核素。

（三）辐射效应的有关概念

1. 危险度和危害

（1）危险度：危险度 r_i 是指某个组织或器官接受单位剂量照射后引起第 i 种有害效应的概率。ICRP 规定全身均匀受照时的危险度为 $10^{-2}/Sv$，表 4-1 给出了几种辐射敏感度较高的组织诱发致死性癌症的危险度。

表 4-1　几种对辐射敏感器官的危险度

器官或组织	危险度/(10^{-4}/Sv)	器官或组织	危险度/(10^{-4}/Sv)
性腺	40	甲状腺	5
乳腺	25	骨	5
红骨髓	20	其余五个组织的总和	50
肺	20	总计	165

（2）危害：危害是指有害效应的发生频数与效应的严重程度的乘积，即

$$G = \sum_i h_i r_i g_i \qquad\qquad (4-12)$$

式中　G——危害；

h_i——第 i 组人群接受的平均剂量当量，Sv；

r_i——该组发生有害效应的频数；

g_i——严重程度，对可治愈的癌症，$g_i = 0$；对致死癌症，$g_i = 1$。

2. 剂量与效应的关系

根据辐射效应的发生与剂量之间的关系，可以把辐射对人体的危害分为随机性效应和确定性效应两类。

（1）随机性效应

随机性效应是指发生概率（而非其严重程度）与剂量大小有关的效应。随机性效应发生概率极低，在一般辐射防护所遇到的剂量水平下，随机性效应发生的概率与剂量之间的关系尚未完全肯定，辐射防护中把随机性效应与剂量的关系简化地假设为"线性"、"无阈"。线性是指随机性效应的发生概率与所受剂量之间呈线性关系。这一假设是从大剂量和高剂量率情况下的结果外推得到的。无阈意味着任何微小的剂量都可能诱发随机性效应。

辐射防护剂量评价中，在通常的照射条件下，可假定随机性效应的发生概率 P 与剂量 D 之间存在着线性无阈关系，即 $P = \alpha D$，α 是根据观察和实验结果定出的常数。据此，可将一个器官或组织受到的若干次照射的剂量简单地求和，用以量度该器官或组织受到的总的辐射影响。

（2）确定性效应

辐射的确定性效应是一种有"阈值"的效应。受照剂量大于阈值，就会发生确定性效应，其严重程度与所受的剂量大小有关，剂量越大后果越严重。具体的阈值大小与个体情况有关。

确定性效应的剂量阈值是相当大的，在正常情况下一般不可能达到，只有在大的放射性事故下才有可能发生。

3. 剂量限制体系

（1）辐射防护原则

为了达到辐射防护目的，国际放射防护委员会（ICRP）提出了辐射实践正当性、辐射防护最优化和限制个人剂量当量三项基本原则。

① 辐射实践正当性：在施行伴有辐射照射的任何实践之前，必须经过正当性判断，确认这种实践具有正当的理由，获得的利益大于代价（包括健康损害和非健康损害的代价）。

② 辐射防护最优化：应该避免一切不必要的照射，在考虑到经济和社会因素的条件下，所有辐照都应保持在可合理达到的尽量低的水平。

③ 个人剂量当量的限值：用剂量当量限值对个人所受的照射加以限制。

（2）基本限值

个人受到由可控制的源和实践产生的辐射照射（包括内外照射），不得超过有关权威

标准中规定的剂量当量限值。基本限值分为两类，一类适用于辐射工作人员的职业照射，另一类适用于公众成员的公众照射。剂量当量限值不包括医疗照射和天然本底照射。

① 职业照射：为了将随机性效应发生概率限制到可接受的水平，ICRP 推荐按 5 年平均，每年 20mSv 的有效剂量限值，同时规定这 5 年中任一年中的有效剂量不得超过 50mSv。《辐射防护规定》（GB 8703—88）规定：为了限制随机性效应，职业工作人员的年有效剂量当量限值为 50mSv。为了防止非随机性效应，眼晶体的年剂量当量限值为 150mSv；其他单个器官或组织的年剂量当量限值为 500mSv。

② 公众照射：ICRP 建议公众的有效剂量当量年限值为 1mSv，但在特殊情况下，只要按 5 年平均不超过 1mSv/a，在单独的一年里可以有较高的有效剂量当量。《辐射防护规定》（GB 8703—88）规定：公众成员的年有效剂量当量不超过 1mSv。如果按终生剂量平均的年有效剂量当量不超过 1mSv，则在某些年份里允许以每年 5mSv 作为剂量限制。公众成员的皮肤和眼晶体的年剂量当量限制为 50mSv。

（3）导出限值

辐射防护监测中，测量结果很少能直接用剂量当量来表示。但是，可以根据基本限值，通过一定的模式导出一个供辐射监测结果比较用的限值，这种限值称为导出限值。

气载放射性浓度的导出限值用导出空气浓度 DAC 表示，为年摄入量限值 ALI 除以参考人在一年工作时间中吸入的空气体积 V 所得的商，即

$$DAC = ALI/V \qquad (4-13)$$

式中　DAC——导出空气浓度，Bq/m^3，可用于评价工作场所空气污染状况时的参考；

　　　ALI——年摄入量限值，Bq/a；

　　　V——人在一年工作时间内吸入的标准空气体积，m^3/a。

（4）管理限值

为了管理目的，主管部门或企业负责人可以根据最优化原则，对辐射防护有关的任何量制定管理限值，但它们必须严于基本限值或导出限值。

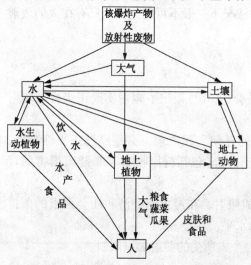

图 4-2　放射性物质进入人体的途径

二、辐射对人体的总剂量

（一）环境放射性物质进入人体的途径

外环境中的放射性物质，可以通过呼吸道、消化道和皮肤三个途径进入人体。

核爆炸裂变产物和放射性废物在自然界循环过程中，一部分放射性核素进入生物循环，并经食物链进入人体。循环过程如图 4-2 所示。

各种放射性核素由外环境进入生物循环，再经食物链进入人体，这一过程受许多复杂因素的影响。如放射性核素的理化性质、地质和气象等环境因素，在动植物体内的代谢情况，人们的膳食习惯等都对其转移的速度和数量有影响。

对人体危害较大的长寿命放射性核素有^{90}Sr、U 和^{137}Cs。锶与钙的化学性质相似，和钙一起参与骨组织的生长。进入人体内的^{90}Sr 有 90% 积集在骨骼中。铯和钾的化学性质相似，在体内分布大致是均匀的，人体内的^{137}Cs 约有 75% 集中于肌肉组织。

锶和铯虽然在化学性质上分别与钙和钾类似，但它们在食物链各个环节上的转移是不同的。^{137}Cs 在土壤中被植物吸收的量略少于^{90}Sr。当土壤中含有较多的有机物时，^{137}Cs 较易被植物吸收，土壤中钾离子浓度低时，^{137}Cs 被吸收的量反而增加。

食物中^{137}Cs 的含量与土壤因素、植物保存^{137}Cs 的程度及本地区^{137}Cs 的沉积量有关。由于各地沉积量和人们的膳食习惯不同，人体内^{137}Cs 的含量也有较大的波动。

（二）环境放射性对人群所致的辐射剂量

1. 天然辐射源的正常照射

天然辐射源是由自然界存在的宇宙射线和地球上的放射性元素构成的。世界上的全体居民都受到照射，而且每个人终生都将以相对恒定的比率受到照射。但实际上某一地区、某一局部因情况不同又有差异。由于天然辐射是全世界居民都受到的一种照射，集体剂量贡献最大。因此了解所受照射剂量，认识随地区和生活习惯的不同，天然辐射剂量的变化情况具有很大的现实意义。

在地球上的任何一点，来自宇宙射线的剂量率是相对稳定的。但它随纬度和海拔高度而变化。在海平面中纬度通常每年受到 28mrem（1rem = 10mSv）的照射。高度每增加 1.5km，剂量率增加约 1 倍。

高空飞行的飞机，比低空飞行受到宇宙射线的照射剂量率增加很多。当太阳闪光时，高能粒子的发射突然增加，使高空飞行人员受到的照射剂量率更大。

地球表面的辐射来自土壤、岩石、大气及水中的放射性核素，也受到经食物链、呼吸道进入人体而蓄积在身体组织内的天然放射性核素的照射。

近年来，人们对天然放射性照射又有进一步的认识，对地面和建筑材料的 γ 辐射，吸入^{22}Rn 及其子体产物在肺内的剂量都有新的探讨。如肺组织剂量比其他组织所受的剂量要高出 20% ~45%，并且 α 辐射占主要部分，其他器官主要为 β 和 γ 辐射。

2. 由于技术发展使天然辐射源的照射增加

现代科学技术的迅速发展，使人们所受的天然辐射源的照射剂量增加了。例如，高空飞行的机上人员受宇宙射线的辐射，磷酸盐工业引起的辐射，燃煤动力工业释放的天然放射性核素所致的辐射等。

（1）建筑材料

有些建筑材料含有较高的天然放射性核素或伴生放射性核素，使用这些建筑材料可导致室内辐射剂量水平的升高，像浮石、花岗石、明矾页岩制成的轻水泥等。经轻工业加工制成的建筑材料，如磷酸盐矿制成的建筑材料，可使室内 γ 辐射的空气吸收剂量率比正常的地表辐射剂量率高，氡的浓度也明显增加。

（2）与燃料燃烧有关

在煤动力工业中，煤炭含有一定量的铀、钍和镭，通过燃烧可使放射性核素浓缩而散布于环境中。不同来源的煤、煤渣、飘尘（灰）的放射性核素的浓度是不同的。据统计，年生产能力为百万千瓦的电厂，由沉降下来的煤灰造成的集体剂量负荷贡献很小，为 0.002 ~0.02 人·rad/（MW·a）。但用煤灰、煤渣和煤矿石做建筑材料，不同程度地增加了房屋的辐射剂量率。

另外，天然气是从地下开发出来的，其中也含有氡。但是天然气经过输送或储存后氡浓度将会降低，一般在 $10 \sim 3 \times 10^4 Bq/m^3$ 范围内。用天然气取暖和做饭对室内氡浓度的贡献与自来水的差不多，是建筑物中氡的来源之一，也应引起重视。

（3）磷酸盐肥料的使用

人们在探求农作物增产途径的过程中，广泛地开发天然肥源，其中磷肥的开发量最大。磷矿通常与铀共生，因此随着磷矿的开采、磷肥的生产和使用，一部分铀系的放射性核素就从矿层中转入到环境中来，通过生物链进入人体。每吨市售磷矿石的集体剂量负荷大约是 3×10^{-6} 人·Gy。全世界每年用 $10^8 t$ 磷酸盐肥料，每年由于使用磷肥造成的集体剂量负荷是 3×10^2 人·Gy。

化肥原料中携带放射性核素，化肥的施用将放射性元素扩散到广大农田环境。研究显示，在美国一些州施用磷肥 80 年的土壤中，^{238}U 的浓度提高了 1 倍。钾肥中含有放射性核素 ^{40}K，钾是动、植物必需的营养元素，很容易通过食物链在人体内积累。我国 20 世纪 90 年代初的钾肥（K_2O）消耗量约 1500kt/a，估计进入农田的 ^{40}K 放射性总强度达 $3.7 \times 10^{13} Bq/a$。粉煤灰作为土壤改良剂施用，亦会将放射性污染物质带进土壤。

（4）飞行乘客

每年世界上大约有 10^9 旅客在空中旅行 1h。在平均日照条件下，由于空中旅行所致的年集体剂量为 3kGy，高空飞行的超音速飞机驾驶员应注意在大的太阳闪光发生时，减少宇宙射线的危害。

3. 消费品的辐射

含有各种放射性核素的消费品是为满足人们的各种需要而添加的。应用最广泛的具有辐射的消费品有夜光钟表、罗盘、发光标志、烟雾检测器和电视等。在消费品中应用最广泛的放射性核素有 ^3H、^{85}Kr、^{147}Pm 和 ^{226}Ra 等。用镭作涂料的夜光手表对性腺的辐射平均为每年几毫拉德。虽然近年来改用 ^3H 作发光涂料，使外照射有所减少，但有些 ^3H 可以从表中逸出并引起全年 0.5mrad（1rad = 10mGy）的全身内照射剂量。由手表工业中应用的发光涂料可引起全世界人群的集体剂量负荷为每年 10^6 人·rad。同时，它还将引起某些职业性照射。

4. 核工业造成的辐射

在核工业中，生产的各个环节都会向环境释放少量的放射性物质。它们的半衰期都较短，很快就会衰变消失。只有少数半衰期较长的核素，才能扩散到较远的地区，甚至全球。

气态放射性废物的释放，主要有 ^{85}Kr 和 ^{133}Xe。此外还有氚和 ^{131}I。在液体废物中主要有 ^3H、^{90}Sr 和 ^{137}Cs 等。

特殊的核素是 ^{238}U 和 ^{129}I，它们的半衰期都相当长，然而这些核素不会在生物界累积相当的量以至造成大于 1mrad/a 的剂量。

核动力造成的辐射剂量，国家有具体规定。同时，国际放射性辐射防护委员会（ICRP）亦有相应的标准，如职业照射全年全身剂量最大值不得超过 5rad，对居民的最高辐射年剂量的限值为 0.5rad。这是 ICRP 建议的除了天然辐射源和病人的医疗照射外的总辐射量。

联合国原子辐射影响科学委员会估算了除去职业照射以外的，由于核动力生产所造成的集体剂量负担，全世界居民中 50% 的集体剂量负担是由于核动力生产中长寿命放射性核素 ^{14}C、^{85}Kr 和 ^{3}H 的全球扩散所造成的。在一些国家中对这些核素和 ^{129}I 向环境中的排放严加限制，以减少全球的集体剂量负担。

核工业的生产过程造成的辐射剂量的情况见表 4－2。

表 4－2　核工业生产过程中所致辐射剂量

核燃料流程的阶段	集体剂量负荷/ [人·rad/(MW·a)]	核燃料流程的阶段	集体剂量负荷/ [人·rad/(MW·a)]
采矿、选矿和核燃料制造职业照射	0.2～0.3	局部和区域性居民照射	0.1～0.6
反应堆运转职业照射	1.0	全球居民照射	1.1～3.4
局部和区域性居民照射	0.2～0.4	研究和发展职业照射	1.4
后处理职业照射	1.2	整个工业	5.2～8.2

5. 核爆炸沉降物对人造成的辐射

核试验后，沉降物在全球范围内的沉降对人造成的内外辐射，作过不少估计。1972 年和 1977 年联合国原子辐射影响科学委员会对其辐射剂量发表过报告书。据该委员会的估计，由于 1971～1975 年间进行的大气层核试验，使北半球和南半球居民对其剂量负担分别增加了 2% 和 6%。

1976 年以前所有核爆炸造成全球总的剂量负担，约为 100mrad（性腺）到 200mrad（骨衬细胞）。北半球（温带）比此值要高出 50%，南半球约低于该值的 50%。由 ^{137}Cs 和短寿命核素的 γ 辐射所致的外照射，对所有组织的全球剂量负担约为 70mrad。内照射占有支配地位的是长寿命核素 ^{90}Sr 和 ^{137}Cs，它们的半衰期约为 30 年。寿命短一些的有 ^{106}Sm 和 ^{144}Ce。与核动力的情况下一样，^{14}C 给出了最高的剂量负担，对性腺和肺为 120mrad，对骨衬细胞和红骨髓为 450mrad。这些剂量将在几千年的时间内释放。

来自核爆炸试验的对不同组织的总的全球集体剂量负担是 $(4～8)×10^8$ 人·rad（不包括 ^{14}C）。

在核爆炸的几周之内，短寿命的 ^{131}I 是对甲状腺辐射的重要核素之一。对饮用鲜牛奶的婴儿造成的最高年剂量，甲状腺可高达几毫拉德至 200rad，而成人甲状腺的最高年剂量约为婴儿的 1/10。

6. 医疗照射

发达国家有充分的放射诊断治疗条件，可对人造成有遗传作用的剂量。来自医疗辐射的集体年剂量是每百万人为 $5×10^4～5×10^5$ 人·rad。对只有有限放射设施的国家估计为每 1 亿人为 10^3 人·rad。

从来自医疗辐射的集体剂量来看，职业照射与病人所受的照射相比是无意义的。来自医疗辐射的集体年剂量负担，放射设备发达的国家为 $5×10^7$ 人·rad，而设施有限的国家约为 $2×10^6$ 人·rad。

7. 来自不同辐射源的全球剂量负担的总结

全球集体辐射最高剂量是来自医疗辐射，特别是诊断用的 X 射线。但在许多国家中，医用辐射设备还在不断增加，甚至有的国家规定不设核医学的医院不许开诊。

核动力生产受到国家和国际上有关规定的限制。1990 年，核发电量一年为 $3×10^4MW(e)$，核能造成的全球剂量负担相当于天然辐射的 0.6d。2000 年，核发电量已超过 $4 \times 10^6 MW(e)$，每年核电站造成的全球剂量负担相当于 30d 的天然辐射照射。1976 年核爆炸造成的集体剂量相当于两年的天然辐射照射（不包括 ^{14}C），若包括 ^{14}C 在内，则集体剂量负担将高出 2 倍。

三、环境放射性防护标准

（一）辐射防护的基本原则

辐射防护的目的是防止有害的非随机效应发生，并限制随机效应的发生率，使之合理地达到尽可能低的水平。目前国际上公认的一次性全身辐射对人体产生的生物效应见表 4 - 3。

表 4 - 3 辐射对人体产生的生物效应

剂量当量率/(Sv/次)	生 物 效 应
<0.1	无影响
0.1 ~ 0.25	未观察到临床效应
0.25 ~ 0.5	可引起血液变化，但无严重伤害
0.5 ~ 1	血液发生变化且有一定损伤，但无倦怠感
1 ~ 2	有损伤，可能感到全身无力
2 ~ 4	有损伤，全身无力，体弱的人可能因此死亡
4.5	50% 受照射 30 天内死亡，其余 50% 能恢复，但有永久性损伤
>6	可能因此死亡

在进行与辐射防护有关的设计、监督与管理时，必须遵守上文所提到的辐射防护三项基本原则，即实践的正当性、剂量限制和潜在照射危险限制、防护与安全的最优化。

（1）实践的正当性。在施行伴有辐射照射的任何实践前，都必须经过正当性判断，确认这种实践具有正当的理由，获得的利益大于代价（包括健康损害和非健康损害的代价）。也就是说，进行任何一项有辐射的工作都应具有正当的理由，即通过代价—利益分析，在全面考虑社会、经济和其他有关因素，以及与作为替代的其他方案相比较的基础上，其对受照个人或社会所带来的利益足以弥补其可能引起的辐射危害时，才可以认为实践是正当的，合乎实践的正当性原则。这里所说的利益包括对于全社会的一切利益（当前利益和长远利益），而不仅仅是某些集团或个人所得的利益。因此，判断是否具有正当性，必须由上级辐射防护审管部门作出认定。

（2）剂量限制和潜在照射危险限制。用剂量限值对个人所受到的照射和潜在照射危险加以限制，该限值是不允许接受的剂量范围的下限，而不是允许接受的剂量范围的上限，是最优化过程的约束条件，不能直接作为设计和工作安排的目的。也就是说，剂量限值不是安全与不安全的界限，而是一种限制，不但不能超过，而且应合理地达到尽可能低的水平。

（3）防护与安全的最优化。应避免一切不必要的照射，在考虑到经济和社会因素的条件下，个人受照剂量的大小、受照人数以及受照的可能性都应保持在可合理达到的尽量低的水平。这是辐射防护的重要原则，即对符合正当原则的辐射工作，仍然需要进行辐射防护，并贯穿于选址、设计、运行和退役的全过程。也就是说，在防护设计中，对各项防护方案通过代价－利益分析，选择出一个最优方案；这个方案考虑了现实经济和社会因素，使照射合理达到尽可能低的水平，给出最优纯利益。

什么叫合理达到，即如果再进一步改善防护条件所增加的防护代价，会使总的利益减少；反之，如果降低一些防护要求，则增加了危害的代价，同样是使总的利益减少。根据最优化原则，既不能降低辐射防护的要求，也不能一味追求尽可能低的辐射水平，而脱离现实情况在防护上花太多的财力，这都是不合理的。正确执行这一原则，既可最大限度地降低各类人员的辐射危害，又可避免浪费，合理使用资金。因此，各单位都应制定辐射防护最优化纲要，各级领导和所有辐射工作人员都应有所了解，在工作中加以贯彻和体现，并定期评审，承担各自的责任。

（二）辐射的防护标准

为了有效地进行核安全与辐射环境监督管理，我国在学习和借鉴世界核先进国家的经验，并参照 IAEA 制定的核安全与辐射防护法规、标准的基础上，结合我国国情，在较短的时间内组织制定发布了一批核安全与辐射环境监督管理的条例、规定、导则和标准，初步建立了一套具有较高起点，并与国际接轨的核安全与辐射环境管理法规体系、标准。

1960 年 2 月，我国发布了第一个放射卫生法规《放射性工作卫生防护暂行规定》。依据此法规同时发布了《电离辐射的最大容许标准》、《放射性同位素工作的卫生防护细则》和《放射工作人员的健康检查须知》三个执行细则。1964 年 1 月，发布的《放射性同位素工作卫生防护管理办法》规定了放射性同位素实验室基建工程的预防监督、放射性同位素工作的申请及许可和登记、放射工作单位的卫生防护组织和计量监督、放射性事故的处理等办法。1974 年 5 月，发布的《放射防护规定》（GBJ 8—74）集管理法规和标准为一体，规定了有关人体器官分类和剂量当量限值，对眼晶体采取了较为严格的限制。1984 年 9 月 5 日发布的《核电站基本建设环境保护管理办法》将电离辐射的防护工作从建设开始做起。为了保护放射性工作者和公众免受过量的辐射危害，国家环境保护局 1988 年 3 月 11 日发布的《辐射防护规定》（GB 8703—1988）给出了各种受照射情况下的安全剂量限值（表 4－4）。1989 年 10 月施行《放射性同位素与射线装置放射防护条例》，2003 年 10 月 1 日施行的《放射性污染防治法》是防止放射性污染，加强辐射环境监督管理的重要法律。

表 4－4　不同人员的有效剂量当量限值[①]

受照射部位	辐射工作人员年有效剂量当量限值/mSv[②]			公众成员的年有效剂量当量限值/mSv[③]
	正常照射	特殊照射	终身照射	正常照射
全身	50	100	<250	1
皮肤、眼晶体	150			50
其他单个器官	500			50

注：① 表中所列剂量当量限值不包括医疗照射和天然本底照射；
② 辐射工作人员中孕妇、16～18 周岁人员年有效剂量当量限值为 15mSv 以下；
③ 公众成员按平均的年有效剂量当量不超过 1mSv，则在某些年份里允许以每年 5mSv 作为剂量限制。

我国现已发布实施的辐射环境管理的专项法规、标准等计 50 多项。对于核设施（军、民）、核技术应用和伴生矿物资源开发，除遵守环境保护法规的基本原则外，着重强调了辐射环境管理的特殊要求。我国强制性执行的关于辐射防护国家标准及规定可参见有关标准。

四、放射性评价

（一）辐射环境评价的指标

环境质量评价按时间顺序分为回顾性评价、现状评价和预测评价。

环境质量的评价是环境保护工作一项重要的内容，同时也是环境管理工作的重要手段。只有对环境质量作出科学的评价，指出环境的发展趋势及存在的问题，才能制定有效的环境保护规划和措施。因此辐射环境质量评价在环境保护工作中具有非常重要的地位。

评价辐射环境的指标归纳如下。

（1）关键居民组所接受的平均有效剂量当量。在广大群体中选择出具有某些特征的组，这一特征使得他们从某一给定的实践中受到的照射剂量高于群体中其他成员。所以，一般以关键居民组的平均有效剂量当量进行辐射环境评价，因为用关键组成员接受的照射剂量作为辐射实践对公众辐射影响的上限值，安全可靠程度较高。

（2）集体剂量当量。是描述某个给定的辐射实践施加给整个群体的剂量当量总和，用于评价群体可能因辐射产生的附加危害，并评价防护水平是否达到最优化。

（3）剂量当量负担和集体剂量当量负担。剂量当量负担和集体剂量当量负担用于评价放射性环境污染在将来对人群可能产生的危害。这两个量是把整个受照群体所接受的平均剂量当量率或群体的集体剂量当量率对全部时间进行积分求得的。两种平均剂量当量都是在规定的时间内（一般在一年内）进行某一实践造成的。假定一切有关的因素都保持恒定不变，那么年平均剂量当量和集体剂量当量分别等于一年实践所给出的剂量当量负担和集体剂量当量负担并会达到平衡值。需要保持恒定的条件包括进行实践的速率，环境条件，受照射群体中的人数以及人们接触环境的方式。在某些情况下，不可能使这一实践保持足够长时间恒定不变，即年剂量当量率达不到平衡值。采用时剂量当量率积分就可求出负担量。

（4）每基本单元所用的集体剂量当量。以核动力电站为例，通常以每兆瓦年（电）所产生的集体剂量当量来比较和衡量获得一定经济利益所产生的危害。

（二）辐射环境质量评价的整体模式

评价放射性核素排放到环境后对环境质量的影响，其主要内容就是估算关键居民组中个人平均接受的有效剂量当量和剂量当量负担，并与相应的剂量限值作比较。这就需要把放射性核素进入环境后使人受到照射的各种途径用一些由合理假定构成的模式近似的表征来。整个模式要求能表征出待排入环境放射性核素的物理化学性质、状态、载带介质输运和弥散能力、照射途径及食物链的特征以及人对放射性核素摄入和代谢等方面的资料。通过模式进行计算得到剂量当量值（或集体剂量当量）和由模式参数的不确定性造成预示剂量离散程度两个结果。

为满足以上要求，整体模式应包括三部分：①载带介质对放射性核素的输运和弥散。其次，可根据排放资料计算载带介质的放射性比活度和外照射水平；②生物链的转移，可由载带介质中的比活度推算出进入人体的摄入量；③人体代谢模式，可根据摄入量计算出各器官或组织受到的剂量。

确定评价整体模式的全过程由下述五个步骤组成。

（1）确定制定模式的目的。要达到这个目的必须考虑三种途径：①污染空气和土壤使人直接受到的外照剂量；②吸入污染空气受到的内照剂量；③食入污染的粮食和动植物使人接受的内照剂量。

（2）绘制方框图。把放射性核素在环境中转移的动态过程中涉及的环境体系及生态体系简化成均匀的、分立的单元，然后把这些单元用有标记的方框来表示，方框和方框间的箭头表示位移方向和途径。

（3）鉴别和确定位移参数。这些参数（包括转移参数和消费参数）要根据野外调查及实验资料来确定。

（4）预示体系的响应。预示体系的响应有两种方法，即浓集因子法和系统分析方法。

① 浓集因子法。该法适用于缓慢连续排放的情况。它假定从核设施向环境排放的比活度与原来环境中的放射性比活度之间存在着平衡关系，于是，各库室间的比活度和时间无关，相邻库室间放射性活度之比为常数，称为浓集因子。根据各库室的比活度，公众暴露于该核素和介质的时间，对该核素的摄入率，估算出公众对该核素的年摄入量和年剂量当量。

② 系统分析方法。系统分析方法是用一组相连的库室模拟放射性核素在特定环境中的动力学行为。

（5）模式和参数的检验。可采用参数的灵敏度分析和模式的坚稳度分析两种方法。

① 参数灵敏度分析。在确定模式的每一步中都应当对参数的灵敏度进行分析。由于把灵敏度分析技术用于最初选定的那些途径的初步数据，所以可以推论出各种照射途径的相对重要性。而后可以从理论上确定真实系统中那些途径需要优先进行实验研究。

② 模式的坚稳度分析。坚稳度分析是定量的说明模式的所有参数不确定度联合造成总的结果的离散程度。分析结果的定量表示采用坚稳度指数 $R_{s,n}$，$R_{s,n}$ 由 0 变化到 1，而 $1/R_{s,n}$ 表示了预示剂量的离散范围。

第三节　放射性监测与测量

放射性监测主要是对放射性物质所存在的人体、空气、水体、土壤、生物等的放射性污染程度进行的监督和观察；放射性测量是利用科学仪器详细地对放射性物质的具体指标进行检测。

一、放射性监测

1. 监测内容

放射性监测是为放射性防护乃至环境保护提供科学依据的重要工作。放射性监测的范围和内容大致分为工作场所和环境中的辐射剂量监测。

（1）工作场所的监测。工作场所的放射性监测包括监测工作场所辐射场的分布和各种放射性物质；监测操作、贮存、运输和使用过程中放射性活度和辐射剂量；测定空气中放射性物质的浓度以及表面污染程度和工作人员的内、外照射剂量；测定"三废"处理装置和有关防护措施的效能；配合检修及事故处理的监测。

（2）环境监测。主要测定的放射性核素为：①α 放射性核素，即 ^{239}Pu、^{226}Ra、^{224}Ra、

^{222}Rn、^{210}Po、^{222}Th、^{234}U 和^{235}U；②β 放射性核素，即^{3}H、^{90}Sr、^{89}Sr、^{134}Cs、^{137}Cs、^{131}I 和^{60}Co。这些核素在环境中出现的可能性较大，其毒性也较大。在环境监测中，首先要监测该地区的天然本底辐射。根据情况测量 α、β、γ 等射线的天然本底数据，收集空气、水、土壤和动植物体中放射性物质含量的资料，并将空气中天然辐射所产生的 α、β 放射性气溶胶的浓度随气候等条件变化的涨落范围数据建立档案。

根据地理和气候等情况合理布置监测点，对核设施周围或居民区附近进行长期或定期或随机的、固定或机动的、有所侧重的监测。例如，空气、水、土壤及动植物的总 α、总 β、总 γ 强度等进行监测。

2. 监测方法

（1）外照射监测

① 辐射场监测。可用各类环境辐射监测仪表测定工作场所的辐射剂量，以了解放射性工作场所辐射剂量的分布。使用的仪表事先必须经过国家计量部门认可的标准放射源标定。监测可以定点或随机抽样进行，有些项目（如 γ 辐射剂量）也可连续监测。

② 个人剂量监测。个人剂量监测是控制公众，尤其是放射性工作者受辐射照射量最重要的手段。长期从事放射性工作的人员必须佩戴个人剂量笔或热释光剂量片，并建立个人辐射剂量档案。

（2）内照射监测。内照射剂量的监测通常是对排泄物中所含放射性物质进行测定。但由于放射性物质很难从人体内部器官被排出，所以以测量精度很差。

（3）表面污染监测。表面污染监测主要是测定射线在单位面积内的强度。操作放射性物质的工作人员的体表、衣服及工作场所的设备、墙壁、地面等的表面污染水平，可用表面污染监测仪（目前主要是半导体式表面活度监测仪）直接测量，或用"擦拭法"间接测量。所谓"擦拭法"是用微孔滤纸擦拭污染物表面，然后测定纸上的放射性活度，经过修正后推算出物体表面被放射性污染的程度。

（4）放射性气溶胶监测。一般采用抽气方法，取样口在人体鼻子的高度。将空气中的气溶胶吸附在高效过滤器上，然后将进行测量，最后计算出气溶胶浓度。

（5）放射性气体监测。放射性气体的监测方法主要是采样测量，即将放射性气体吸附在滤纸或某种材料上，然后根据所要测量的射线性质（如种类、能量等）选择不同的探测器进行测量，例如，X 或 γ 射线可用 X 或 γ 探测器测量；α 或 β 射线常用塑料闪烁计数器或半导体探测器以及谱仪系统进行测量。

（6）水的监测。放射性工作场所排出的废水包括一般工业废水和放射性废水，都要进行水中放射性物质含量的测量，以确定是否符合国家规定的排放标准。

根据放射性污染环境水的途径和监测目的，对环境水样的种类和取样点作出选择。一般按一定体积取 3 个平行样品加热蒸干，然后将样品放在低本底装置上进行测量，最后标出每升体积所含放射性活度（Bq/L）。在有条件的单位可对样品进行能谱分析，或用各种物理、化学或放化方法测定所含核素的种类及含量。如果水中含盐量太高，应先进行分离处理。

（7）土壤监测。土壤监测是为了了解放射性工作场所附近地区沉降物以及其他方式对土壤的放射性污染情况。首先在一定面积的土地上在取样深度 0～5cm 用对角法或梅花印法取 4～5 个点的土壤混合。然后将样品称重、晾干后过筛，在炉中灰化，然后冷却，称重并搅拌均匀，放于样品盒中。最后根据所要测量的射线种类不同选用不同的低本底测量装置测量。

（8）植物和动物样品的放射性监测。制样及测量方法与土壤样品基本相同。将新鲜动、植物样品称量、晾干，在炉中灰化，然后冷却、称量、研磨并混合均匀，取适量部分放于样品盒中并用低本底测量装置进行测量。

3. 环境中放射性监测

生活中常见的辐射来源有以下几种：

① 环境中的土壤、岩石、水中的天然放射性核素的辐射；

② 大气中放射性核素的辐射；

③ 建筑物中天然放射性核素的辐射；

④ 宇宙射线；

⑤ 人工放射性核素的辐射。

环境放射性辐射剂量率的监测，对于发现环境是否受到放射性污染，了解人群所受辐射剂量及其变化具有非常重要的意义。

（1）水样的总 α 放射性活度的测定

水体中常见辐射 α 粒子的核素有 ^{226}Ra、^{222}Rn 及其衰变产物等。目前公认的水样总 α 放射性浓度是 0.1Bq/L，当大于此值时，就应对放射 α 粒子的核素进行鉴定和测量，确定主要的放射性核素，判断水质污染情况。

测定水样总 α 放射性活度的方法是：取一定体积水样，过滤除去固体物质，滤液加硫酸酸化，蒸发至干，在不超过 350℃ 温度下灰化。将灰化后的样品移入测量盘中并铺成均匀薄层，用闪烁检测器测量。在测量样品之前，先测量空测量盘的本底值和已知活度的标准样品。测定标准样品（标准源）的目的是确定探测器的计数效率，以计算样品源的相对放射性活度，即比放射性活度。标准源最好是欲测核素，并且二者强度相差不大。如果没有相同核素的标准源，可选用放射同一种粒子而能量相近的其他核素。测量总 α 放射性活度的标准源常选择硝酸铀酰。水样的总 α 比放射性活度（Q_α）用下式计算

$$Q_\alpha = \frac{n_c - n_b}{n_s \cdot V} \qquad (4-14)$$

式中　Q_α——总 α 放射性活度，Bq/L；

　　　n_c——用闪烁检测器测量水样得到的计数率，计数/min；

　　　n_b——空测量盘的本底计数率，计数/min；

　　　n_s——根据标准源的活度计数率计算出的检测器的计数率，计数/（Bq·min）；

　　　V——所取水样体积，L。

（2）水样的总 β 放射性活度测定

水样总 β 放射性活度测量步骤基本上与总 α 放射性活度测量相同，但检测器用低本底的盖革计数管，且以含 ^{40}K 的化合物作标准源。

水样中的 β 射线常来自 ^{40}K、^{90}Sr、^{129}I 等核素的衰变，其目前公认的安全水平为 1Bq/L。^{40}K 标准源可用天然钾的化合物（如氯化钾或碳酸钾）制备。天然钾化合物中含 0.0119% 的 ^{40}K，比放射性活度约为 1×10^7Bq/g，发射率为 28.3β 粒子/（g·s）和 3.3γ 射线/（g·s）。用 KCl 制备标准源的方法是：取经研细过筛的分析纯 KCl 试剂于 120~130℃ 烘干 2h，置于

干燥器内冷却。准确称取与样品源同样重量的 KCl 标准源，在测量盘中铺成中等厚度层，用计数管测定。

（3）土壤中总 α、β 放射性活度的测量

土壤中 α、β 总放射性活度的测量方法是：在采样点选定的范围内，沿直线每隔一定距离采集一份土壤样品，共采集 4~5 份。采样时用取土器或小刀取 $10 \times 10 cm^2$、深 1cm 的表土。除去土壤中的石块、草类等杂物，在实验室内晾干或烘干，移至干净的平板上压碎，铺成 1~2cm 厚方块，用四分法反复缩分，直到剩余 200~300g 土样，再于 500℃ 灼烧，待冷却后研细、过筛备用。称取适量制备好的土样放于测量盘中，铺成均匀的样品层，用相应的探测器分别测量 α 和 β 比放射性活度（测 β 放射性的样品层应厚于测 α 放射性的样品层）。α 比放射性活度（Q_α）和 β 比放射性活度（Q_β）分别用以下两式计算

$$Q_\alpha = \frac{(n_c - n_b) \times 10^6}{60 \cdot \varepsilon \cdot S \cdot l \cdot F} \qquad (4-15)$$

$$Q_\beta = 1.48 \times 10^4 \frac{n_\beta}{n_{KCl}} \qquad (4-16)$$

式中　Q_α——α 比放射性活度，Bq/kg 干土；

　　　Q_β——β 比放射性活度，Bq/kg 干土；

　　　n_c——样品 α 放射性总计数率，计数/min；

　　　n_b——本底计数率，计数/min；

　　　ε——检测器计数效率，计数/（Bq · min）；

　　　S——样品面积，cm^2；

　　　l——样品厚度，mg/cm^2；

　　　F——自吸收校正因子，对较厚的样品一般取 0.5；

　　　n_β——样品 β 放射性总计数率，计数/min；

　　　n_{KCl}——氯化钾标准源的计数率，计数/min；

1.48×10^4——1kg 氯化钾所含 ^{40}K 的 β 放射性的贝可勒尔数。

（4）大气中氡的测定

^{222}Rn 是 ^{226}Ra 的衰变产物，为一种放射性惰性气体。它与空气作用时，能使之电离，因而可用电离型探测器通过测量电离电流测定其浓度；也可用闪烁探测器记录由氡衰变时所放出的 α 粒子计算其含量。

前一种方法要点是：用由干燥管、活性炭吸附管及抽气动力组成的采样器以一定流量采集空气样品，则气样中的 ^{222}Rn 被活性炭吸附浓集。将吸附氡的活性炭吸附管置于解吸炉中，于 350℃ 进行解吸，并将解吸出来的氡导入电离室，因 ^{222}Rn 与空气分子作用而使其电离，用经过 ^{226}Ra 标准源校准的静电计测量产生的电离电流（格），按下式计算空气中 ^{222}Rn 的含量（A_{Rn}）

$$A_{Rn} = \frac{K \times (J_c - J_b)}{V} \cdot f \qquad (4-17)$$

式中　A_{Rn}——空气中 ^{222}Rn 的含量，Bq/L；

　　　J_b——电离室本底电离电流，格/min；

　　　J_c——引入 ^{222}Rn 后的总电离电流，格/min；

V——采气体积，L；

K——检测仪器格值，Bq·min/格；

f——换算系数，据^{222}Rn 导入电离室后静置时间而定，可查表得知。

（5）大气中各种形态^{131}I 的测定

碘的同位素很多，除^{127}I 是天然存在的稳定性同位素外，其余都是放射性同位素。^{131}I 是裂变产物之一，它的裂变产额较高、半衰期较短，可作为反应堆中核燃料元件包壳是否保持完整状态的环境监测指标，也可以作为核爆炸后有无新鲜裂变产物的信号。

大气中的^{131}I 以元素、化合物等各种化学形态和蒸气、气溶胶等不同状态，因此采样方法各不相同。该采样器由粒子过滤器、元素碘吸附器、次碘酸吸附器、甲基碘吸附器核炭吸附床组成。对例行环境监测，可在低流速下连续采样一周或一周以上，然后用 γ 谱仪定量测定各种化学形态的^{131}I。

二、放射性测量

由于放射性监测的对象是放射性物质，为保证操作人员的安全，防止污染环境，对实验室有特殊的设计要求，并需要制订严格的操作规程。测量放射性需要使用专门仪器。下文将对放射性测量室和检测仪器两方面内容作简单介绍。

1. 放射性测量实验室

放射性测量实验室分为两个部分，一是放射性化学实验室，二是放射性计测实验室。

（1）放射性化学实验室

放射性样品的处理一般应在放射化学实验室内进行。为得到准确的监测结果和考虑操作安全问题，该实验室内应符合以下要求：①墙壁、门窗、天花板等要涂刷耐酸油漆，电灯和电线应装在墙壁内；②有良好的通风设施，大多数处理样品操作应在通风橱内进行，通风马达应装在管道外；③地面及各种家具面要用光平材料制作，操作台面上应铺塑料布；④洗涤池最好不要有尖角，放水用足踏式龙头，下水管道尽量少用弯头和接头等。此外，实验室工作人员应养成整洁、小心的优良工作习惯，工作时穿戴防护服、手套、口罩，佩戴个人剂量监测仪等；操作放射性物质时用夹子、镊子、盘子、铅玻璃屏等器具，工作完毕后立即清洗所用器具并放在固定地点，还需洗手和淋浴；实验室必须经常打扫和整理，配置有专用放射性废物桶和废液缸。对放射源要有严格管理制度，实验室工作人员要定期进行体格检查。

上述要求的宽严程度也随实际操作放射性水平的高低而异。对操作具有微量放射性的环境类样品的实验室，上列各项措施中有些可以省略或修改。

（2）放射性计测实验室

放射性计测实验室装备有灵敏度高、选择性和稳定性好的放射性计量仪器和装置。设计实验室时，特别要考虑放射性本底问题。实验室内放射性本底来源于宇宙射线、地面和建筑材料甚至测量用屏蔽材料中所含的微量放射性物质，以及邻近放射化学实验室的放射性沾污等。对于消除或降低本底的影响，常采用两种措施，一是根据其来源采取相应措施，使之降到最小程度，二是通过数据处理，对测量结果进行修正。此外，对实验室供电电压和频率要求十分稳定，各种电子仪器应有良好接地线和进行有效的电磁屏蔽；室内最好保持恒温。

2. 放射性检测仪器

放射性检测仪器种类多，需根据监测目的、试样形态、射线类型、强度及能量等因素进行选择。表4－5列举了不同类型的常用放射性检测器。

表4－5　各种常用放射性检测器

射线种类	检测器	特　点
α	闪烁检测器	检测灵敏度低，探测面积大
	正比计数器	检测效率高，技术要求高
	半导体检测器	本底小，灵敏度高，探测面积小
	电流电离室	测较大放射性活度
β	正比计数器	检测效率较高，装置体积较大
	盖革计数器	检测效率较高，装置体积较大
	闪烁检测器	检测效率较低，本底小
	半导体检测器	探测面积小，装置体积小
γ	闪烁检测器	检测效率高，能量分辨能力强
	半导体检测器	能量分辨能力强，装置体积小

放射性测量仪器检测放射性的基本原理基于射线与物质间相互作用所产生的各种效应，包括电离、发光、热效应、化学效应和能产生次级粒子的核反应等。最常用的检测器有三类，即电离型检测器、闪烁检测器和半导体检测器。

（1）电离型检测器

电离型检测器是利用射线通过气体介质时，使气体发生电离的原理制成的探测器。应用气体电离原理的检测器有电流电离室、正比计数管和盖革计数管（GM管）三种。电流电离室是测量由于电离作用而产生的电离电流，适用于测量强放射性；正比计数管和盖革计数管则是测量由每一入射粒子引起电离作用而产生的脉冲式电压变化，从而对入射粒子逐个计数，适于测量弱放射性。以上三种检测器之所以有不同的工作状态和不同的功能，主要是因为对它们施加的工作电压不同，从而引起电离过程不同。

① 电流电离室

这种检测器用来研究由带电粒子所引起的总电离效应，也就是测量辐射强度及其随时间的变化。由于这种检测器对任何电离都有响应，所以不能用于甄别射线类型。

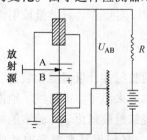

图4－3　电离室示意图

图4－3是电离室工作原理示意图。A、B是两块平行的金属板，加于两板间的电压为U_{AB}（可变），室内充空气或其他气体。当有射线进入电离室时，则气体电离产生的正离子和电子在外加电场作用下，分别向异极移动，电阻（R）上即有电流通过。电流与电压的关系：开始时，随电压增大电流不断上升，待电离产生的离子全部被收集后，相应的电流达饱和值，如进一步有限地增加电压，则电流不再增加，达饱和电流时对应的电压称为饱和电压，饱和电压范围（BC段）称为电流电离室的工作区。

由于电离电流很微小（通常在10^{-12}A左右或更小），所以需要用高倍数的电流放大器放大后才能测量。

② 正比计数管

这种检测器在图 4-4 所示的电流-电压关系曲线中的正比区(CD 段)工作。在此，电离电流突破饱和值，随电压增加继续增大。这是由于在这样的工作电压下，能使初级电离产生的电子在收集极附近高度加速，并在前进中与气体碰撞，使之发生次级电离，而次级电子又可能再发生三级电离，如此形成"电子雪崩"，使电流放大倍数达 10^4 左右。由于输出脉冲大小正比于入射粒子的初始电离能，故定名为正比计数管。

正比计数管内充甲烷（或氩气）和碳氢化合物气体，充气压力同大气压；两极间电压根据充气的性质选定。这种计数管普遍用于 α 和 β 粒子计数，具有性能稳定、本底响应低等优点。因为给出的脉冲幅度正比于初级致电离粒子在管中所消耗的能量，所以还可用于能谱测定，但要求的条件是初级粒子必须将它的全部能量损耗在计数管的气体之内。由于这个原因，它大多用于低能 γ 射线的能谱测量和鉴定放射性核素用的 α 射线的能谱测定。

③ 盖革（GM）计数管

盖革计数管是目前应用最广泛的放射性检测器，它被普遍地用于检测 β 射线和 γ 射线强度。这种计数器对进入灵敏区域的粒子有效计数率接近 100%。它的另一个特点是，对不同射线都给出大小相同的脉冲，因此不能用于区别不同的射线。

常见的盖革计数管如图 4-5 所示。在一密闭玻璃管中间固定一条细丝作为阳极，管内壁涂一层导电物质或另放进一金属圆筒作为阴极，管内充约 1/5 大气压的惰性气体和少量猝灭气体（如乙醇、二乙醚、溴等），猝灭气体的作用是防止计数管在一次放电后发生连续放电。

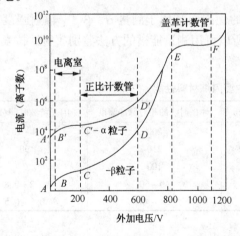
图 4-4　α、β 粒子的电离作用与外加电压的关系曲线

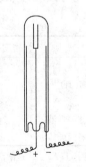
图 4-5　盖革计数管

图 4-6 是用盖革计数管测量射线强度的装置示意图。为减小本底计数和达到防护目的，一般将计数管放在铅或生铁制成的屏蔽室中，其他部件装配在一个仪器外壳内，合称定标器。

（2）闪烁检测器

闪烁检测器是利用射线与物质作用发生闪光的仪器。它具有一个受带电粒子作用后其内部原子或分子被激发而发射光子的闪烁体。当射线照在闪光体上时，便发射出荧光光

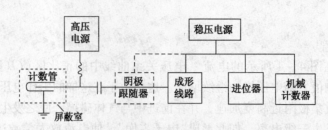

图 4-6　射线强度测量装置

子，并且利用光导和反光材料等将大部分光子收集在光电倍增管的光阴极上。光子在灵敏阴极上打出光电子，经过倍增放大后在阳极上产生电压脉冲，此脉冲还是很小的，需再经电子线路放大和处理后记录下来。图 4-7 是这种检测器测量装置的工作原理。

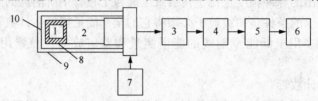

图 4-7　闪烁检测器测量装置

1—闪烁体；2—光电倍增管；3—前置放大器；4—主放大器；5—脉冲幅度分析器；

6—定标器；7—高压电源；8—光导材料；9—暗盒；10—反光材料

闪烁体的材料可用 ZnS、NaI、蒽、芘等无机和有机物质，其性能列于表 4-6 中。探测 α 粒子时，通常用 ZnS 粉末；探测 γ 射线时，可选用密度大、能量转化率高，可做成体积较大并且透明的 NaI(Tl) 晶体；蒽等有机材料发光持续时间短，可用于高速计数和测量短寿命核素的半衰期。

闪烁检测器以其高灵敏度和高计数率的优点而被用于测量 α、β、γ 辐射强度。由于它对不同能量的射线具有很高的分辨率，所以可用测量能谱的方法鉴别放射性核素。这种仪器还可以测量照射量和吸收剂量。

表 4-6　主要闪烁材料性能

物　　　质	密度/(g/cm³)	最大发光波长/nm	对 β 射线的相对脉冲高度	闪光持续时间/10^{-8} s
ZnS(Ag)粉[①]	<4.10	450	200	4~10
NaI(Tl)[①]	<3.67	420	210	30
蒽	<1.25	440	100	3
液体闪烁液	<0.86	350~450	40~60	0.2~0.8
塑料闪烁体	<1.06	350~450	28~48	0.3~0.5

注：① Ag、Tl 是激活剂。

（3）半导体检测器

半导体检测器的工作原理与电离型检测器相似，但其检测元件是固态半导体。当放射性粒子射入这种元件后，产生电子-空穴对，电子和空穴受外加电场的作用，分别向两极运动，并被电极所收集，从而产生脉冲电流，再经放大后，由多道分析器或计数器记录，如图 4-8 所示。

半导体检测器可用作测量 α、β 和 γ 辐射。与前两类检测器相比，在半导体元件中产生电子-空穴所需能量要小得多。例如，对硅型半导体是 3.6eV，对锗型半导体是

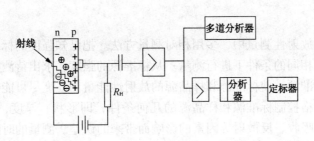

图 4 - 8　半导体检测器工作原理

2.8eV，而对 NaI 闪烁探测器来说，从其中发出一个光电子平均需能量 3000eV，也就是说，在同样外加能量下，半导体中生成电子 - 空穴对数比闪烁探测器中生成的光电子数多近 1000 倍。因此，前者输出脉冲电流大小的统计涨落比较小，对外来射线有很好的分辨率，适于做能谱分析。其缺点是由于制造工艺等方面的原因，检测灵敏区范围较小。但因为元件体积很小，较容易实现对组织中某点进行吸收剂量测定。

硅半导体检测器可用于 α 计数和测定 α 能谱及 β 能谱。对 γ 射线一般采用锗半导体作检测元件，因为它的原子序较大，对 γ 射线吸收效果更好。在锗半导体单晶中渗入锂制成锂漂移型锗半导体元件，具有更优良的检测性能。因渗入的锂不取代晶格中的原有原子，而是夹杂其间，从而大大增大了锗的电阻率，使其在探测 γ 射线时有较大的灵敏区域。应用锂漂移型半导体元件时，因为锂在室温下容易逃逸，所以要在液氮致冷（-196℃）条件下工作。

在环境放射性监测中，总放射性测量是对环境样品中总放射性活度有一个相对的了解，以利于判断样品是否受到污染，它可以简单、快速地得到测量结果。环境样品中的放射性活度很低，因此，要求测定仪器的稳定性好、本底低、灵敏度高和计数效率高，最好采用低本底测量装置。

3. 探测器的坪曲线

（1）坪曲线

凡是应用计数管探测器，均应对计数管的特性曲线进行测量。

计数管的计数效率随电压的增高而增高，当电压增高到一定程度时，计数率不再随电压的增加而改变。在电压 - 计数率曲线上呈水平直线的那一段，称为坪，如图 4 - 9 所示。这段直线的长度称为坪长。一般选择坪长的 1/3 处作为计数管的工作电压。曲线的斜率称为坪斜。好的计数管应有较宽的坪长。

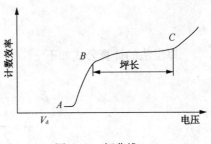

图 4 - 9　坪曲线

（2）计数率

一个粒子通过计数管的灵敏体积，而引起输出脉冲的概率称为计数率。对任何探测器均应用标准源进行仪器计数效率的测定。其计算公式如下

$$\eta = N_0 / A_0 \times 100\% \qquad (4 - 18)$$

式中　η——测量装置的计数效率；

　　　N_0——标准源的计数率；

　　　A_0——标准源的衰变数。

4. 测量方法

在环境样品的放射性测量中，多用相对测量方法。把已知强度的标准源与经过预处理后制备的样品源在相同的条件下进行测量。从标准源的强度，求出待测样品的强度。在测量中应正确选择标准源，使标准源和样品源的放射性能量和强度尽可能接近。

测量中，应严格控制标准源和样品源的几何条件，即形状、厚度、测量盘的材料等。减少因立体角、自吸收、反散射等因素的影响而带来的误差。测量的时间取决于样品中放射性强度和对误差的要求。通常所测样品的相对标准误差不得大于30%。如果样品中的放射性强度太低，不能满足此要求时，样品的测量时间不应少于30min，本底测量时间不应少于20min。测量的时间可由下式来确定

$$\frac{t_c}{t_b} = \sqrt{\frac{I_c}{I_b}} \tag{4-19}$$

$$t_c = \frac{I_c + \sqrt{I_c \times I_b}}{(I_c - I_b)^2 \times E^2} \tag{4-20}$$

式中　t_c——样品的测量时间（包括本底，min）；

　　　t_b——本底的测量时间，min；

　　　I_c——样品计数率，计数/min；

　　　I_b——本底计数率，计数/min；

　　　E——相对标准误差。

如果给定标准误差，根据上式就可以求出所需样品和本底的测量时间。

5. 计算公式和数据处理

（1）计算公式

薄层法的计算公式如下

$$A = \frac{(I_c - I_b) \times W \times 60}{\eta \times W_a} \tag{4-21}$$

$$A = \frac{(I_c - I_b) \times W}{2.22 \times 10^{12} \times \eta \times W_a} \tag{4-22}$$

厚层法的计算公式如下

$$A = \frac{(I_c - I_b) \times W \times 60}{S \times \eta \times \delta \times W_a} \tag{4-23}$$

$$A = \frac{(I_c - I_b) \times W}{2.22 \times 10^{12} \times S \times \eta \times \delta \times W_a} \tag{4-24}$$

式中　A——样品的放射性强度，Bq/(kg·L)或Bq/(Ci·L)；

　　　I_c——样品加本底的计数率，计数/min；

　　　I_b——本底的计数率，计数/min；

　　　W——样品总重，kg；

　　　W_a——样品测重，g；

　　　η——仪器的计数效率，%；

　　　S——测量盘的面积，cm^2；

　　　δ——吸收厚度，mg/cm^2。

吸收厚度 δ，当 α 粒子通过厚度层物质时，其能量减弱到不能被 α 测量装置记录的厚度，其值可由下式确定

$$\delta = d \times \frac{n_0}{n_0 - n_d} \qquad (4-25)$$

式中　n_0——标准源的计数率，计数/min；

　　　n_d——标准源加盖厚度为 d 的铝箔后的计数率（计数/min）；

　　　d——加盖铝箔的厚度，mg/cm^2，一般采用 $1 \sim 2mg/cm^2$ 的铝箔。

（2）统计误差

在环境放射性测量的实际工作中，不可能对一个样品进行多次测量。通常，在测量一次时，其计数为 N，设想这个计数 N 就是其理论值分布曲线的平均值，其离散情况用可标准误差来表示，即

$$\delta = \pm \sqrt{N} \qquad (4-26)$$

式中　δ——标准误差；

　　　N——多次测量的计数，计数/min。

相对标准误差为

$$E = \pm \frac{\sqrt{N}}{N} \qquad (4-27)$$

当 N 大时，相对标准误差小，精确度高。为了得到足够的计数 N，以保证精确度，就需要延长测量时间 t。若计数 N 是 t 时间内测量的，则单位时间计数的标准误差应为

$$\delta = \pm \frac{\sqrt{N}}{t} \qquad (4-28)$$

若令 n 为单位时间内的平均计数，$N = nt$，则上式可改为

$$\delta = \pm \sqrt{\frac{nt}{t}} = \pm \sqrt{\frac{nt}{t^2}} = \pm \sqrt{\frac{n}{t}} \qquad (4-29)$$

式中 δ 为标准误差，其意义是指在完全相同的条件下，重复一次测量时，计数结果有 68.3% 的概率处在 $n \pm \delta$ 之间，有 31.7% 的概率处在 $n \pm \delta$ 之外，有 95% 的概率处在 $n \pm 2\delta$ 之间，有 99% 的概率处在 $n \pm 3\delta$ 之间。

单位时间内计数的相对标准误差为

$$E = \pm \frac{\delta}{n} = \pm \frac{\sqrt{\frac{n}{t}}}{n} = \pm \frac{1}{\sqrt{nt}} \qquad (4-30)$$

标准误差的形式简单，运算方便。但在多次长时间测量中，不能看出每次测量的重复性及与平均值的偏离情况。在统计学中计算平均值时，还可以用均方根误差来表示，其计算公式为

$$\delta_n = \pm \sqrt{\frac{\sum_{i=1}^{n} (\overline{N} - N_i)^2}{n}} \qquad (4-31)$$

测量次数 n 小于 30 时，则可采用下式

$$\delta_n = \pm \sqrt{\frac{\sum\limits_{i=1}^{n} (\overline{N} - N_i)^2}{n - 1}} \qquad (4-32)$$

$$\overline{N} = \sum\limits_{i=1}^{n} N_i/n \qquad (4-33)$$

式中　$\overline{N}$——平均计数率，脉冲/min；

N_i——多次测量的计数，脉冲/min；

N——总的测量次数。

这样，就可以检查个别值与平均值的偏离情况。（当 $|N - N_i| > 3\delta$ 时 N_i 应舍去；当 $|N - N_i| \leqslant 3\delta$ 时 N_i 可用。）

平均平方误差为

$$\delta_{\overline{N}} = \pm \sqrt{\frac{\sum\limits_{i=1}^{n} (\overline{N} - N_i)^2}{n(n - 1)}} \qquad (4-34)$$

平均平方误差常用以检验标准误差的精确性。当标准误差小，平均平方误差也小时，则结果可以认为是精确的。

第四节　放射性污染控制技术

一、人体的放射性辐射控制技术

随着社会的发展和人民生活水平的提高，放射性辐射控制和防护问题已经不仅仅局限于核工业、医疗卫生、核物理实验研究等领域，在农业、冶金、建材、建筑、地质勘探、环境保护等涉及民生的许多领域都引起了重视。因此，为了工作人员和广大居民的身体健康，必须掌握一定的放射性辐射防护知识和技术。

1. 外照射防护

外照射的防护方法主要包括时间防护、距离防护和屏蔽防护。

时间防护是指通过缩短受照时间，以达到防护目的的方法。基于人体所受的辐射剂量与受照射的时间成正比，熟练掌握操作技能，缩短受照时间，是实现防护的有效办法。

距离防护是指通过远离放射源，以达到防护目的的方法。点状放射源周围的辐射剂量与离源的距离平方成反比。因此，尽可能远离放射源是减少吸收剂量的有效方法。

屏蔽防护是指在放射源和人体之间放置能够吸收或减弱射线强度的材料，以达到防护目的的方法。屏蔽材料的选择及厚度与射线的性质和强度有关。几种射线的屏蔽防护方法为：

（1）α 射线的屏蔽。由于 α 粒子质量大，它的穿透能力弱，在空气中经过 3 ~ 8cm 距离就被吸收了。几乎不用考虑对其进行外照射屏蔽。但在操作强度较大的 α 源时需要戴上封闭式手套。

（2）β 射线的屏蔽。β 射线在物质中的穿透能力比 α 射线强，在空气中可穿过几米至十几米距离。一般采用低原子序数的材料如铝、塑料、有机玻璃等屏蔽 β 射线，外面再加高原子序数的材料如铁、铅等减弱和吸收韧致辐射。

（3）X 射线和 γ 射线的屏蔽。X 射线和 γ 射线都有很强的穿透能力，屏蔽材料的密度越大，屏蔽效果越好。常用的屏蔽材料有水、水泥、铁、铅等。

（4）n(中子)的屏蔽。n 的穿透力也很强。对于快中子，可用含氢多的水和石蜡作减速剂；对于热中子，常用镉、锂和硼作吸收剂。屏蔽层的厚度要随着中子通量和能量的增加而增加。

上述屏蔽方法只是针对单一射线的防护。在放射源不止放出一种射线时必须综合考虑。但对于外照射，按 γ 和 n 设计的屏蔽层用于防护 α 和 β 射线是足够的了。而对于内照射防护，α 射线和 β 射线就成了主要防护对象。

2. 内照射防护

工作场所或环境中的放射性物质一旦进入人体，它就会长期沉积在某些组织或器官中，既难以探测或准确监测，又难以排出体外，从而造成终生伤害。因此，必须严格防止内照射的发生。内照射防护的基本原则和措施是切断放射性物质进入体内的各个途径，具体方法有：制定各种必要的规章制度；工作场所通风换气；在放射性工作场所严禁吸烟、吃东西和饮水；在操作放射性物质时要戴上个人防护用具；加强放射性物质的管理；严密监视放射性物质的污染情况，发现情况，尽早采取去污措施，防止污染范围扩大；布局设计要合理，防止交叉污染等。

二、放射性废物的处理技术

（一）放射性废物的特性与分类

1. 放射性废物的特性

（1）放射性废物中含有的放射性物质，一般采用物理、化学和生物的方法不能使其含量减少，只能通过自然衰变使它们消耗掉。因此，放射性三废的处理方法是：稀释分散、减容贮存和回收利用。

（2）放射性废物中的放射性物质不但会对人体产生内外照射的危害，同时放射性的热效应使废物温度升高。所以处理放射性废物必须采取复杂的屏蔽和封闭措施并应采取远距离操作及通风冷却措施。

（3）某些放射性核素的毒性比非放射性核素大许多倍，因此放射性废物处理比非放射性废物处理要严格困难得多。

（4）废物中放射性核素含量非常小，一般都处在高度稀释状态，因此要采取极其复杂的处理手段进行多次处理才能达到要求。

（5）放射性和非放射性有害废物同时兼容，所以在处理放射性废物的同时必须兼顾非放射性废物的处理。

对于具体的放射性废物，则要涉及净化系数、减容比等指标。

2. 放射性废物的分类

根据我国《辐射防护规定》(GB 8703—1988)，把放射性核素含量超过国家规定限位的固体、液体和气体废弃物，统称为放射性废物。从处理和处置的角度，按比活度和半衰期将放射性废物分为高放长寿命、中放长寿命、低放长寿命、中放短寿命和低放短寿命五类。寿命长短的区分按半衰期30年为限。我国的分类系统与它们要求的屏蔽措施及处置方法以及这些废物的来源列于表 4-7。表 4-8 列出了国际原子能机构(LAEA)推荐的分类标准。

表 4 – 7　我国推荐的分类标准

按物理状态分类	分级类别		特　征
废气	高放	工业废气	需要分离、衰变贮存、过滤等方法综合处理
	低放	放射性厂房或放化实验室排风	需要过滤和(或)稀释处理
废液	高放	β，γ $> 3.7 \times 10^5$ Bq/L α 高于或低于超铀废物标准	需要厚屏蔽、冷却、特殊处理
	中放	β，γ $> 3.7 \times 10^3 \sim 3.7 \times 10^5$ Bq/L α 低于超铀废物标准	需要适当屏蔽和处理
	低放	β，γ $> 3.7 \sim 3.7 \times 10^3$ Bq/L α 低于超铀废物标准	不需屏蔽或只要简单屏蔽，处理较简单
	一般超铀废液	β，γ 中/低，α 超标	不需要屏蔽或只要简单屏蔽，要特殊处理
固体废物	高放	显著 α	深地层处置
	长寿命	高毒性、高发热量	例如高放固化体、乏燃料元件、超铀废物等
	中放	显著 α	深地层处置(也可能矿坑、岩穴处理)
	长寿命	中等毒性、低发热量	例如包壳废物、超铀废物等
	低放	显著 α	深地层处置(也可能矿坑、岩穴处理)
	长寿命	低/中毒性、微发热量	例如超铀废物等
	中放	微量 α	浅地层埋藏、矿坑、岩穴处置
	短寿命	中等毒性、低发热量	例如核电站废物等
	低放	微量 α	浅地层埋藏、矿坑岩穴处置、海洋投弃
	短寿命	低毒性、微发热量	例如城市放射性废物等

表 4 – 8　国际原子能机构(LAEA)推荐的分类标准

废物种类	类　别	放射性浓度	说　明	
液体废物	1	$\leq 10^{-9}$	一般可不处理，可直接排入环境	
	2	$10^{-9} \sim 10^{-6}$	处理设备不用屏蔽	可用一般的蒸发、离子交换或化学方法处理
	3	$10^{-6} \sim 10^{-4}$	部分处理设备需加屏蔽	
	4	$10^{-4} \sim 10$	处理设备必须屏蔽	
	5	> 10	必须在冷却下贮存	
气体废物		Ci/m³		
	1	$\leq 10^{-10}$	一般可不处理	
	2	$10^{-10} \sim 10^{-6}$	一般要用过滤方法处理	
	3	$> 10^{-6}$	一般要用综合方法处理	
固体废物		表面照射量率/(R·h)		
	1	≤ 0.2	不必采用特殊防护	主要为 β、γ 发射体，α 放射性可忽略不计
	2	$0.2 \sim 2$	需薄层混凝土或铝屏蔽防护	
	3	> 2	需特殊的防护装置	
	4	α 放射性固体废物，以 Ci/m³ 为单位	主要为 α 发射体，要防止超临界问题	

（二）放射性废物的处理技术

使放射性废物变成适合于最终处置的形式的过程叫放射性废物处理。处理一般要经过净化和减容以及固化包装两个阶段，如图 4 – 10 所示。

处理的目标是减少放射性废物随流出物排入环境的数量，同时把废物中绝大部分放射性物质集中到体积尽量小的稳定的固体中以待处置。

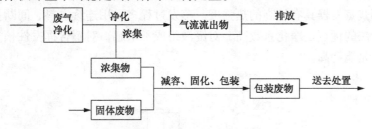

图 4 – 10　放射性废物处理过程

1. 放射性废气处理技术

从其来源讲，放射性废气可以分成通风排气与工艺废气两种。其中的放射性物质可以以放射性气溶胶或气态放射性成分的形式存在。废气经过净化后，通过烟囱排入大气。

（1）空气净化

所有操作放射性物质的工作场所，都可能有放射性物质逸散出来，进入通风系统。

① 放射性气溶胶。气溶胶粒子的粒径大致在 $10^{-3} \sim 10^{-2} \mu m$ 的范围。在空气净化系统中一般使用预过滤器与高效过滤器组成的净化系统来滤除气溶胶粒子。高效过滤器也称绝对过滤器，它的过滤效率要求不低于 99.97%（对于 $0.3\mu m$ 粒径的粒子）。所用的过滤材料为合成纤维滤纸或玻璃纤维滤纸。随着滤材中粉尘的积累，过滤效率逐渐提高，阻力也逐渐增大。当阻力增大到影响通风系统正常工作时，即须更换过滤器。过滤器在使用前应进行效率检验。我国国家标准规定，钠焰法是标准的检验方法。

② 放射性气体。对于短寿命的气态放射性核素，可经过一定时间的贮留，使其衰减至无害水平。对于寿命不很短的核素，通常用吸附或吸收过程来脱除。

在反应堆厂房的排风中，危害最大的核素是半衰期为 8.04d 的 ^{131}I。它在空气中的存在形式有单质碘和有机碘两种。浸渍活性炭对这两种形式的碘都有很好的脱除效率。常用的浸渍剂有无机碘化合物（如 KI_3）以及三乙醇二胺等有机物，国内制造的除碘吸附器样机有折叠式和抽屉式两种，都属于薄炭层吸附器。目前国外的趋势是发展厚炭层吸附器。

（2）工艺废气

在后处理厂少数元件浸取过程的工艺废气中含有半衰期极长（1.57×10^7 年）的 ^{129}I。工艺废气中含有大量氮氧化物，所以不能用活性炭除碘。工业生产防毒的对策中的净化方法有溶液吸收法（如使用超共沸硝酸、汞盐溶液、碱液等）和固体吸附法（如使用浸渍银或其他金属的沸石等）。由于 ^{129}I 寿命极长，必须将吸收或吸附的碘转变成某种适于做最终处置的稳定的固体形式。

2. 放射性废液的处理技术

放射性废液的处理一般都要经过净化浓集与固化包装两步。

（1）净化浓集过程

常用的净化浓集过程有蒸发、离子交换和化学沉淀等。净化浓集的指标有：

净化系数 = 原废液的比活度/净化后废液的比活度

减容比 = 原废液体积/浓集物体积

① 蒸发法。在蒸发过程中，大量的水分经汽化冷凝得到净化，非挥发性的放射性成分和盐类被留在少量的蒸残液中。净化系数一般为 $10^3 \sim 10^4$，最高有达到 10^7 的。减容比取决于原废液的含盐量。蒸发设备，最简单的是釜式蒸发器，如图 4-11 所示。自然循环式或强制循环式蒸发器具有较高的热强度。蒸发过程多采用连续进料、间断排出残液的操作方式。蒸发法的优点是净化系数高，对废液组成不敏感，对不含挥发性核素的各种废液都适用。缺点是能耗高。

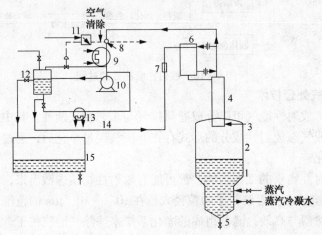

图 4-11 釜式蒸发器流程示意图

1—蒸发段；2—蒸汽空间；3—除雾器；4—除雾段；5—浓缩液排泄管；6—回流槽；7—流量计；
8—控制点(连至操纵盘)；9—冷凝器；10—真空泵；11—压力记录控制器；
12—密封容器；13—冷却器；14—回流管路；15—蒸馏液接收池

② 离子交换法。废液的放射性离子可与离子交换剂上的可交换离子发生交换而被除去，从而达到净化的目的。最常用的离子交换设备是固定床或交换柱。交换剂先用酸液或碱液处理转型。废液以一定流速流过床层，放射性离子被吸着在交换剂上，出水即得到净化。当出水质量不合格时即须进行再生：用酸液或碱液逆向流过床层把留在交换剂上的放射性离子交换下来。这样原废液中的放射性成分就被集中在少量再生液中。再生后的交换柱可重复使用。离子交换法不能用于含盐量较大的废水的净化。最常用的交换剂是有机离子交换树脂，它具有很好的交换性能，但价格贵、辐照稳定性差。在某些情况下可以使用天然无机交换剂，如沸石等，它们价格低廉、辐照稳定性好，并且对某些核素有较高的选择性。

③ 化学沉淀法。化学沉淀法也叫做凝聚法。它的原理是在废液中加入凝聚剂使生成絮状沉淀，通过沉淀或吸附的机制把放射性核素载带下来，上面的清液即得到净化。常用的凝聚剂有铁盐 + 氢氧化钠，碳酸钠 + 石灰水等。它的净化系数一般只有 10 左右，对 α 核素可能达到 10^2，通常多是作为预处理过程使用。化学沉淀处理通常在沉淀池中进行，操作方便、费用低，但生成的放射性淤泥体积大而且黏稠，过滤困难，这个缺点限制了它的工业应用，但对于数量不多而成分多变的实验室废水，则是一种方便适用的净化方法。

（2）固化过程

在净化浓集过程中产生的浓集物，如蒸残液、再生液和淤泥等，都必须转变成稳定的固体形式。为了适应处置的要求，固化产物应具有良好的抗浸出性、化学稳定性、辐照稳定性和机械强度。为了减少运输、处置费用，还要求其体积应尽量小。低、中放废液的固化方法有水泥固化、沥青固化和塑料固化。高放废液的固化方法，目前比较成熟的是玻璃固化。

① 水泥固化。水泥固化是最简单的也是最早应用的固化方法。将废液与水泥按适当比例混合均匀，凝固后的产物就是水泥固化物。水泥固化不是简单的物理包容，它的本质比较复杂，基本上属于化学结合的性质。因此必须根据废液的组成与水泥的种类，通过实验来选择合适的配方。水泥固化的优点是过程在常温进行，工艺及设备简单。但水泥固化物的体积比原废液体积大，并且浸出率比较高。尽管有这些缺点，水泥固化仍是目前应用最广的固化过程。

② 沥青固化。沥青固化就是把废物成分分散在沥青中。它的性质属于物理包容。沥青固化的工艺和设备比水泥固化复杂。固化工艺有一步法和两步法两种。一步法是将废液与熔化的沥青混合，通过加热将废液中的水分蒸出。混合蒸发可以在反应釜、薄膜蒸发器或螺杆挤压机中完成。两步法是先将废液蒸干，再把得到的盐粉与热沥青混合。沥青固化的优点是固化物体积比原废液小，浸出率比水泥固化物低。但某些废液，为含有硝酸盐的废液，在固化过程中以及在其固化物的储存中，有发生燃爆的危险。这一情况限制了沥青固化的广泛应用。

③ 塑料固化。塑料固化技术发展较晚，目前实际应用的还不多。塑料固化也属于物理包容。热塑性和热固性塑料都可用作固化介质。热塑性塑料固化工艺与设备同沥青固化基本相同。热固性塑料固化工艺是将废物与树脂浆或单体混合，加入催化剂或引发剂使其聚合。塑料固化物（除脲醛塑料固化物外）浸出率都比较低。与水泥、沥青相比，塑料本身的价格较高，这是塑料固化的缺点。

④ 玻璃固化。高放废液产生于后处理阶段。它的比活度和释热率极高，并且含有长寿命核素。因此高放废液的固化物除了浸出率低的要求以外，还须具有极好的耐辐照、耐热性质和长期稳定性。玻璃固化物是可以满足这些要求的。固化过程是先将废液蒸干并燃烧成氧化物然后与玻璃料混熔，浇铸入处置容器中。固化装置十分复杂，并且要求极高的自控程度与可靠性。

3. 放射性固体废物的处理技术

放射性固体废物种类繁多，可分为湿固体（蒸发残渣、沉淀泥浆、废树脂等）和干固体（污染劳保用品、工具、设备、废过滤器芯、活性炭等）两大类。为了减容和适于运输、贮存和最终处置，要对固体废物进行焚烧、压缩、固化或固定等处理。

（1）固化技术

放射性废液处理产生的泥浆、蒸发残渣和废树脂等湿固体和焚烧炉灰等干固体，都是弥散性物质，需要固化处理。固化是在放射性废物中添加固化剂，使其转变为不易向环境扩散的固体的过程，固化产物是结构完整的整块密实固体。

通常，固化的途径是将放射性核素通过化学转变，引入到某种稳定固体物质的晶格中去；或者通过物理过程把放射性核素直接掺入到惰性基材中。此外，沾污的废过滤器芯

217

子、切割解体的沾污设备装在钢桶或箱中，用水泥沙浆或熔融态沥青灌注填充空隙，进行固定处理。

① 固化的一般要求

固化的目标是使废物转变成适宜于最终处置的稳定的废物体，固化材料及固化工艺的选择应保证固化体的质量，应能满足长期安全处置的要求和进行工业规模生产的需要，对废物的包容量要大，工艺过程及设备应简单、可靠、安全、经济。对固化工艺的一般要求，高放废物的固化应能进行远距离控制和维修；低、中放废物的固化操作过程应简单，处理费用应低廉。理想的废物固化体要具有阻止所含放射性核素释放的特性，其主要特性指标如下：

a. 低浸出率：浸出率为确定固化产品中放射性核素在水或其他溶液中析出情况的指标。低浸出率使放射性污染的扩散减至最小，固化体可长时间存放在地下处置库或水中。IAEA1969 年定义的浸出率计算公式为

$$R_n^i = \frac{a_n^i / A_0^i}{F/Vt_n} \qquad (4-35)$$

$$P_t^i = \frac{\sum a_n^i / A_0^i}{F/V} \qquad (4-36)$$

式中　R_n^i——在第 n 浸出周期中第 i 组分的浸出率，cm/d；

　　　a_n^i——在第 n 浸出周期中浸出的第 i 组分的活度，Bq 或 g；

　　　A_0^i——在浸出实验样品中第 i 组分的初始活度，Bq 或 g；

　　　F——样品与浸出剂接触的几何表面积，cm^2；

　　　V——样品的体积，cm^3；

　　　t_n——第 n 浸出周期的持续天数，d；

　　　P_t^i——在时间为 t 时第 i 组分的累积浸出分数，cm；

　　　t——累积的浸出天数，d，$t = \sum t_n$。

b. 高热导率：高热导率特性使得整个固化体因内部温度过高而损坏的可能性减至最小，因而容许固化高浓度的放射性废物，又不致产生过高的内部温度。

c. 高耐辐射性：这种特性保证固化体不致由于放射性废物产生的辐射而损坏。

d. 高生化稳定性和耐腐蚀性：这种特性保证了固化体不致由于周围环境介质的腐蚀或本身所含有的化学物质的腐蚀而损坏。

e. 高机械强度：具有足够的机械强度。这种特性保证了固化体在装卸、运输、处置期间的结构完整性，而不致出现破裂或粉碎。

f. 高减容比：最终的固化物体积应尽可能小于掺入的废物体积，减容比的大小实际上取决于能嵌入固体中的废物和可以接受的水平。减容比是鉴别固化方法和衡量最终处置成本的一项重要指标。其定义为

$$C_R = V_1 / V_2 \qquad (4-37)$$

式中　C_R——固化减容比；

　　　V_1——固化前废物体积；

　　　V_2——固化后产品体积。

② 常用固化方法

拟固化或固定的废物包括中、高放射性浓缩废液，中、低放射性泥浆，废树脂，水过滤器芯子，焚烧炉灰渣等。

a. 水泥固化

水泥固化原理：水泥固化是基于水泥的水合和水硬胶凝作用而对废物进行固化处理的一种方法。

水泥固化适用于中、低放废水浓缩物的固化。泥浆、废树脂等均可拌入水泥搅拌均匀，待凝固后即成为固化体。目前进行水泥固化的放射性废物主要是轻水堆核电站的浓缩废液、废离子交换树脂和滤渣等及核燃料处理厂或其他核设施产生的各种放射性废物。

水泥固化的最佳配方由实验确定。影响水泥固化配方的因素主要有废物种类、pH 值、水泥类型、添加剂、废物比、水灰比（水与水泥重量比）、盐灰比（废物干盐分与水泥重量比）及固化体要求等。水泥固化时由于废物组成的特殊性，会出现混合不均、过早或过迟凝固、产品的浸出率较高、固化产物强度较低等问题，为改善固化性质，需在固化时加适宜的添加剂。

水泥固化的优点是工艺、设备简单，投资费用少，既可连续操作，又可直接在贮存容器中固化。缺点是增容大（所得到的固化物体积约为掺入废物体积的 1.67 倍），放射性核素的浸出率较高。

b. 沥青固化

适宜于处理低、中放射性蒸发残液、化学沉淀物、焚烧炉灰分等。沥青固化的产物具有很低的渗透性以及在水中很低的溶解度，与绝大多数环境条件兼容，核素浸出率低，减容大，经济代价较小。但沥青中不能加入强氧化剂，如硝酸盐及亚硝酸盐，沥青固化温度不应超过 180~230℃，否则固化体可能燃烧。

沥青固化原理：在一定的碱度、配料比、温度和搅拌速度下，放射性废液与沥青发生皂化反应，冷却后得含盐量可高达 60% 的均匀混合物。

沥青固化工艺主要包括废物的预处理、废物与沥青的热混合以及二次蒸汽的净化处理。放射性废物沥青固化的基本方法有高温熔化混合蒸发法和乳化法两种。

c. 塑料固化

塑料固化是将放射性废物浓缩物（如树脂、泥浆、蒸残液、焚烧灰等）掺入有机聚合物而固化的方法。用于废物处理的聚合物有脲甲醛、聚乙烯、苯乙烯 - 二乙烯苯共聚物（用于蒸残液）、环氧树脂（用于废离子交换树脂）、聚酯、聚氯乙烯、聚氨基甲酸乙酯等。

与沥青固化相比，塑料固化的优点是处理过程在室温下进行，水可与放射性组分一同掺和入聚合物；对硝酸盐、硫酸盐等可溶性盐有很高的掺和效率；固化体浸出率低，并与可溶性盐的组分关系不大；最终固体产品的体积小，密度小，不可燃。缺点是某些有机聚合物能被生物降解；固化物老化破碎后，可能造成二次污染；固化材料价格昂贵等。

d. 玻璃固化

高放废液的比活度高、释热量大和放射毒性大，其处理和处置难度极大。玻璃固化已经成为处理高放废液的标准工艺流程，有一步法和两步法。一步法是将废液直接注入熔融的硼硅酸盐玻璃中，称为液体进料的陶瓷（或金属）熔炉法；两步法是先使高放废液蒸发和锻烧，然后将烧结后的残渣熔入硼硅酸盐玻璃中，称为锻烧 - 熔融法。

与玻璃固化类似的高放固化工艺还有陶瓷固化和人工合成岩固化。陶瓷固化添加的是黏土页岩，人工合成岩固化添加的是锆、钛、钡、铝的氧化物。

玻璃固化的原理是以玻璃原料为固化剂与高放废物以一定配料比混合后，在高温（900～1200℃）下蒸发、锻烧、熔融、烧结，废液中的所有固体组分都在高温下结合入硼硅酸盐玻璃基质中，装桶后经退火处理就成为稳定的玻璃固化体。由于放射废物成为玻璃的组成部分，故放射性浸出率很低。但由于高放废液玻璃固化温度高，放射性核素挥发量大，设备腐蚀极为严重，需要特殊的耐高温、耐腐蚀材料和高效的尾气净化系统。高放玻璃固化是在极高的辐射条件下工作，必须进行高度自动化控制和维修，技术难度大，处理成本较高。

（2）减容技术

固体废物减容的目的是减少体积，降低废物包装、贮存、运输和处置的费用。处理方法主要有两种：压缩或焚烧。松散的固体废物可采用压缩减容，废弃设备则经切割、破碎后再行压缩减容，并用标准容器加以包装。可燃性废物常用焚烧法减容，多达90%的可压缩废物也是可燃的，焚烧灰渣必须固化处理后装入密封容器作最终处置。

① 压缩

压缩是依靠机械力作用，使废物密实化，减少废物体积。虽然压缩处理可获得的减容倍数比较低（2～10），但与焚烧处理相比，压缩处理操作简单，设备投资和运行成本低，所以压缩处理在核电厂应用相当普遍。

a. 常规压缩：压缩一般用圆筒式压缩机来实现。将装满可压缩固体废物的钢制运输桶（一般为220L）的标准金属圆桶放置在挤压机平台上，然后由液压将挤压机圆盘压进金属桶，重复多次直到金属桶装满为止。液压挤压机的工作压力在1～100MPa之间，所达到的体积减缩因子约为5。在此体积缩减情况下，每个金属桶约可装100kg的固体废物。

b. 超级压缩：超级压缩机的高端压力大于100MPa。超级压缩的减容情况见表4-9，对金属、混凝土、橡胶制品和玻璃等重的废物用超级压缩机可将废物压至密度约为2500kg/m³。

表4-9　超级压缩的减容情况

废物类型	减容因子	压块密度/（kg/m³）
金属废屑	4～5	3200～4000
重废物的混合物	3.5～5	1600～2400
轻废物的混合物①	2.5～3.5	800～1280
塑料制品	2～3	800～1120

注：① 在超级压缩前已用桶内压缩机包装过。

② 焚烧

焚烧是将可燃性废物氧化处理成灰烬（或残渣）的过程。焚烧可获得很大减容比（10～100倍），可使废物向无机化转变，免除热分解、腐烂、发酵和着火等危险，还可以回收钚、铀等有用物质。

焚烧分为干法焚烧和湿法焚烧两大类，前者如过剩空气焚烧、控制空气焚烧、裂解、流化床、熔盐炉等；后者如酸煮解、过氧化氢分解等。对放射性废物焚烧，要求采用专门设计的焚烧炉，炉内维持一定负压，配置完善的排气净化系统，经焚烧70%以上放射性物质进入炉灰渣中，对焚烧灰渣应进行固化处理或直接装入高度整体性容器中进行处置。图 4 - 12 所示为典型的焚烧炉及其废气净化系统的示意图。

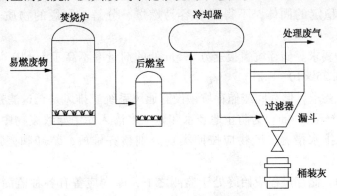

图 4 - 12　典型的焚烧炉及其废气净化系统示意图

4. 放射性废物的储存技术

储存是放射性废物管理中重要的中间环节。不同形式、性质的废物，储存的要求与具体形式是不同的，但都须满足两个条件：一是不得有放射性物质漏入环境，因此必须有必要的监测与维护管理措施；二是储存结束后，废物能安全地取出，转入下一处理步骤，或转运至处置场。

（1）核工厂、核电厂中废物的厂内储存

① 放射性废液的储存。放射性废液在净化前和固化前都须经过一定的储存期间。不同水平、性质的废液须分别储存。储罐须用耐腐蚀材料制作，要有液位报警、取样监测设施，以防止泄漏发生。还应设有通风及排气净化系统，并且须设置必要的辐射屏蔽措施。高效废液的储存还必须有冷却及搅拌装置。考虑到维修和事故应急的需要，储罐的储存容量一定要留有足够的余量。

② 固体废物的储存。低、中放固体废物应装入密闭容器中。容器须耐腐蚀，以保证日后能完整地回取。废物容器可整齐堆放在地上储存间中或放入地下储存坑中。库的四壁和屋顶须有足够的屏蔽厚度。库内要有通风和排气净化系统以及防火和监测设施。废物的搬送堆放操作须由专用的机械完成。高放玻璃固化物的储存库须提供足够的辐射屏蔽能力与散热能力。玻璃固化物通常放在一个单独的厚壁储存井中，并通过强制通风进行冷却。

（2）城市放射性废物储存库

根据国务院环境保护办公室的规定，各省市都须建立城市放射性废物储存库，以集中储存本地的研究所、医院和其他部门产生的放射性固体废物和废放射源。

① 建库的总则。废物库一般应按 20 年运行期和 100 年储存期的要求设计。大部分废物和废源应能在储存期限内衰变至无害水平。已衰变至无害的废物和废源可在库区内做浅地层埋藏处置。在储存期限内不能衰变至无害水平的，在一定时期须转运到国家处置场进行处置。对于这类废物，在包装和储存条件方面必须保证有回取和转运的可能。

② 储存库的选址。选址的基本原则是：布局合理，满足环境保护要求，运输方便，施工容易等。具体的要求，库址必须远离城市并避开居民集中区，但能方便地与交通干线相连，有供电供水能力。库址应位于不会被水淹没的位置，并且地下水位低的地区库底须高于地下最高水位。库址边界距露天水源不得近于 500m，距供水干线不得近于 50m。

③ 储存库的主要设计原则与标准

a. 废物的接收标准。按照储存的要求，废物须装入标准的铁皮废物桶(容积200L)。废物必须是性能稳定的固体，不得混有容易燃爆、分解、腐烂的物质。游离水分不大于1%。

b. 辐射防护要求。储存坑盖板上方0.5m处的剂量率不高于5×10^{-5}Sv/h。库房外壁0.2m处应小于0.25×10^{-5}Sv/h。

c. 工程设计要求。储存间或储存坑须设有通风系统。排风是否过滤视具体情况而定。排风口须高出屋脊至少4m。为防止地表水和地下水渗入库中导致废物中核素的迁移，应采取有效的防水排水措施。废物应按照类别分别整齐堆放，装卸和搬运操作应力求机械化。

d. 安全监测。储存过程应始终处于监测之下，库内应备有各种监测仪表。库的外围须设置必要数量的监测井，以监视地下水是否被污染。

5. 放射性废物的处置技术

放射性废物的处置是放射性废物管理中最后一个环节，处置有排放与隔离两种形式。排放处置是将净化后的废气或废液排入环境，使其在大气或水体中进一步得到稀释分散。隔离处置是将浓集固化后的废物放到与人类生活环境隔离的场所。通常说的处置，多是指隔离处置。废物的产生单位，包括核工厂、核电厂以及研究所等，应负责自身废物的处理，但不允许自己进行处置。处置必须在国家建立的放射性废物处置设施中进行。

(1) 低、中放废物的处置

低、中放废物的比活度低，并且不含长寿命核素，所以隔离比较容易实现，但这类废物数量很大。一座1MW(发电量)的压水堆核电站每年将产生$600m^3$的固体废物。目前国外实际采用的处置方式有浅地层埋藏、废矿井和岩洞处置、水力压裂处置和深井注入等。其中前两种用得较普遍。

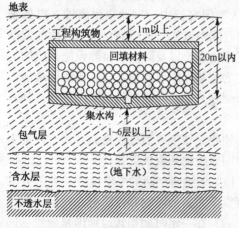

图4-13 浅地层埋藏处置示意图

浅地层埋藏，即在地表开掘或修筑沟槽，把废物容器放入，上面覆盖一定厚度土层。典型的浅地层处置库如图4-13所示。对埋藏的基本要求是使废物中的放射性核素尽量限制在处置场范围内，使通过各种途径释入环境的核素对公众造成的照射低于国家规定的限值。放射性核素进入环境的最可能途径是通过地下水的传送。因此在埋藏场的选址和设计中都应把防止地表水渗入(以减少废物与水的接触)与阻滞核素在土层中的迁移作为主要原则。

最理想的场址是在地下水位很深的干旱地区。作为实际的选址条件，埋藏场应选在地质构造稳定、交通方便、人口较少和无经济发展前途的地区。场区边界与露天水源的距离不宜小于500m。埋藏层距地下水位需有一定距离。埋藏层的土壤应具有较大的吸附和离子交换容量。

最简单的埋藏形式是将废物容器直接埋入土中。为了提高隔离能力，可以增加一些工程措施。如可以在土沟壁上衬垫沥青防水层，沟底铺垫沙砾渗水层，也有修筑成混凝土沟槽形式的。覆盖的土层上可以再覆盖黏土层，以减少渗水。地表应种植植被，以抵抗风雨冲刷。埋藏场地周围应设排水渠。

每个埋藏场都应规定允许处置的废物数量和性质以及允许处置的放射性核素的限量。在处置运行中必须按照要求对所接受的废物及其包装严格进行检查。废物埋藏区要设立永久性标志。在埋藏场关闭后仍需进行有效的监督，内容包括环境监测、限制出入、设施维修以及必要的应急行动。经确认所处置的废物已衰变到无害水平，即可撤销监督，场区可不受限制地改作其他用途。

（2）高放废物的处置

高放废物的数量远远少于低、中放废物。但高放废物具有很高的比活度和释热率，并且含有一些寿命极长的核素，因此要求极好的隔离效果和极长的隔离时间（几十万年甚至更长）。目前最现实的处置形式是深地层处置，即把废物放入地下几百米甚至千余米深的地层中，凭借深厚的地层使废物与人类生活环境隔绝。处置库必须建在地质构造稳定的区域，岩体应具有优异的隔水能力以及良好的导热性、热稳定性、辐照稳定性和机械强度。库外围的地质介质应具有良好的吸留能力，以阻滞核素的迁移。适于作处置库的地质介质有盐岩、花岗岩、黏土等。

地层处置技术涉及地质、水文地质、地球化学、岩石力学等多种学科。高放废物处置是一项安全要求极高、难度极大的任务，目前仍处于研究的试验阶段。

三、放射性污染去污技术

（一）概述

放射性污染是指沉积在材料、结构物或设备表面的放射性物质。大致可分为机械沾污、物理吸附和化学吸附。对放射性污染的去除即放射性去污技术是 21 世纪放射性废物管理和核设施退役的关键技术。

1. 去污的定义

放射性去污定义为用化学或物理方法除去沉积在核设施结构、材料或设备内外表面上的放射性物质。对放射性污染的去除效果通常用去污系数 DF 和去污率 DE 来评价，表达为

$$DF = \frac{A_0}{A_i} \tag{4-38}$$

$$DE = \frac{A_0 - A_i}{A_0} \times 100\% \tag{4-39}$$

式中　A_0——去污前放射性核素的活度，Bq；

　　　A_i——i 次去污后放射性核素的活度，Bq。

2. 去污的目的

去污总的目的是去除放射性污染物，降低残留的放射性水平。但因不同的目标和技术要求，去污的目的一般分为：①为运行管理和检修的去污：目的是在合理的范围内，降低运行和检修工作人员总的放射性照射；②为退役进行的去污：目的是便于手动拆卸技术的使用；③为废物治理进行的去污：目的是降低污染水平，使产生的废物能作为放射性较低的废物进行处理和处置；④为长期监护进行的去污：目的是减少监护贮存方式中残余放射

源的数量，或缩短监护贮存周期；⑤为环境整治进行的去污：出于政治或公众健康和安全的原因，使场地和设施恢复到不受限制使用的状态；⑥为其他目的进行的去污，如经济目的(回收利用设备和材料)、事故处理等。

3. 核设施去污技术的选择原则

核设施去污通常需要联合使用几种去污技术，当选择用于系统或设备去污的一项具体技术时，需要考虑效益和技术两方面的问题。

（1）效益方面

① 辐射安全：去污方法的应用不应引起由于操作人员的外部污染或是吸入放射性尘埃和气溶胶而导致辐射危害的增加。

② 去污效率：去污方法应使表面污染去除到预期的水平，以便手工操作或者允许材料再循环或再利用，或至少使废物的等级下降。

③ 经济效益：如果可能，设备应经去污和维修后再利用。但这样的方法不应使费用的增加超过材料的回收价值，或超过所节省的放射性废物的处理、处置费用。

④ 废物的最少化：去污方法不应产生更多数量的二次废物，而使处理和处置需要更多的能源、费用和存在更多的辐射危害。

（2）技术方面

去污技术一般分为腐蚀性的和温和的两种。腐蚀性方法去污后，设备材料受损，可以回收，但往往不能重复使用；温和的技术只是将表面的污染物除去，多数达不到清洁解控水平。两者要根据去污目的和要求进行选择。

去污技术有四种基本工艺类型：化学去污、人工和机械去污、电抛光去污和超声去污。每种工艺对要去污的特定系统、结构及装置的适用范围和去污效率各不相同，应在制定去污技术方案时反复比较，仔细推敲确定。

（二）化学去污技术

化学去污原理是用化学溶剂去除污染部件带有的放射性核素污染物、油漆涂层或氧化膜层，达到去污目的。化学冲洗用于对无损伤管道系统的远距离去污。化学去污还可有效地降低大面积区域(如地面和墙壁)的放射性活度。

1. 化学去污的优缺点

化学去污的优点是：化学试剂易得，适用于难以接近的表面的去污，所需工作时间少，且通常可遥控操作，产生放射性废气较少，一般清洗液经处理可回收再用。因其简单可靠，去污效率能满足要求，目前是主要的去污方法。

化学去污的缺点是：对粗糙、多孔的表面去污效率低，清洗废液体积较大，产生组分复杂的混合废水。化学去污使用不当时会产生腐蚀和安全方面的问题，大型核设施的去污，一般需要建有化学药品贮存和收集设施，去污成本较高。

2. 化学去污常用试剂

按照化学去污试剂的性质和类型可分为水(水蒸气)、酸、碱、盐或络合剂、氧化剂和还原剂、去垢剂和表面活性剂等；按照对去污对象的腐蚀性可分为非腐蚀性、低腐蚀性和强腐蚀性化学去污剂等。

（1）水(水蒸气)

水是一种广泛使用的去污剂，能用于所有的无孔表面。提高水的温度、在水中添加润湿剂和清洁剂或采用水射流都可提高其去污效果。由于水蒸气气流可快速冲击物体表面，对平面覆盖层或抛光表面，水蒸气的去污系数要比水更高。

用水作去污剂的优点是价廉、易得、无毒、无腐蚀性，与大多数放射性废物系统相容。缺点是水去污易使放射性污染物扩散而难以控制。

（2）无机酸及酸盐

① 强酸：其去污作用是破坏和溶解金属表面的氧化膜，降低溶液的 pH 值以增加溶解度或金属离子的交换能力。用强酸去污快而有效，这种去污可有控制地用于工厂运行阶段，主要用于退役活动中。常用于去污的强无机酸包括硝酸（HNO_3）、盐酸（HCl）、磷酸（H_3PO_4）等。硝酸广泛用于溶解不锈钢体系的金属氧化膜（层），因强腐蚀性，不能用于碳钢去污；盐酸是对电力锅炉去污的首选化学清洗剂之一；退役工程中使用的强酸性化学去污剂 $25\% HCl + 20\% HNO_3 + 3\% HF$ 去污效率高，但具有强腐蚀性；磷酸通常用于碳钢的去污。

② 酸盐：用各种不同的弱酸和强酸的盐来代替酸本身，或与不同的酸相混合而成为更为有效的混合物。盐与酸的去污方式一样，都是溶解或络合金属表面的氧化物，也可提供游离的钠或铵离子，以离子交换的方式置换污染物，其去污系数比单用酸更高。$NaHSO_4$ 常用于碳钢和铝材的适度去污。

最常用的盐类有：硫酸氢钠（$NaHSO_4$），硫酸钠（Na_2SO_4），草酸铵$[(NH_4)_2C_2O_4]$，柠檬酸铵$[(NH_4)_2HC_6H_5O_7]$和氟化钠（NaF）。

（3）有机酸及络合剂

有机酸及络合剂具有溶解金属氧化膜和分离金属污染物的双重作用，常与洗涤剂、酸或氧化剂的溶液混合使用，可大幅度提高去污系数，主要用于工厂运行阶段，较少用于退役活动中。有机酸及络合剂的优点是腐蚀性弱，安全性较高，缺点是价格昂贵，反应速度较慢。常用于去污的有机酸及络合剂包括柠檬酸、草酸及草酸过氧化物、乙二胺四乙酸等。

（4）碱和含碱盐

苛性碱或与其他化合物的溶液可用于去除油腻、油膜、油漆和其他涂层，去除碳钢的铁锈以及中和酸，作为表面钝化剂等。还可作为一种溶剂在高 pH 值溶液中溶解某些物质，作为一种手段为其他化学试剂（主要是氧化剂）提供良好的化学环境。碱性溶液的优点是价廉、易贮存，比用酸的材料问题少；缺点是反应时间长、对铝有破坏作用。常用于去污的碱性试剂有氢氧化钾（KOH）、氢氧化钠（NaOH）、碳酸钠（Na_2CO_3）、磷酸钠（Na_3PO_4）和碳酸铵$[(NH_4)_2CO_3]$等。

（5）氧化剂和还原剂

在去污中，氧化剂被广泛用于处理金属氧化膜，溶解裂变产物、各种化学物质，对金属表面进行氧化处理。许多金属或其他化合物在高氧化态下易碎裂或溶解，碱金属被氧化后方能溶解。碱性高锰酸盐被广泛应用于处理金属氧化膜，特别是不锈钢。有机酸和过氧化氢溶液往往比强氧化性酸的去污系数更高，且不存在腐蚀和安全问题。

使用氧化剂的优点是补充了各种酸性溶液的去污，允许使用腐蚀性不强的酸和盐，在许多化合物的溶解液中起独特的作用。其缺点是对某些金属具有腐蚀作用，与一些化合物产生剧烈反应，在放射性废物处理前需要进行中和。常用于去污的氧化和还原剂包括高锰酸钾（$KMnO_4$）、重铬酸钾（$K_2Cr_2O_7$）和过氧化氢（H_2O_2）等。

（6）去垢剂和有机溶剂

去垢剂是处理各种设施表面、设备、衣物和玻璃制品等有效而柔和的通用型清洁剂，但在有金属腐蚀和持久性污染物时效果并不好。有机溶剂可被用于去除物体表面的有机物质、油脂、石蜡、油和油漆。

（7）缓蚀剂和表面活性剂

缓蚀剂用来抑制腐蚀反应和基体金属的损失。表面活性剂可以降低液体表面张力，使液体与表面更好地接触，常用作润湿剂和乳化剂。洗涤剂价廉、易得、安全，几乎无材料处理问题。缺点是作用有限，可能会在放射性废物系统中释放出泡沫或氨气。

3. 化学去污常用工艺

通常的化学去污工艺有浸泡法、循环冲洗法、可剥离膜去污法、泡沫去污法和化学凝胶去污法等。

（1）浸泡法

通常是使去污剂充满系统浸泡而不进行循环。这一过程可重复进行数次，每次浸泡时间和更换试剂次数要根据实际情况而定，原则是用尽可能少的试剂达到最好的去污效果。本法适用于系统的循环泵不能用时，当某段回路没有被污染而必须与污染溶剂隔离时，或如果部分系统必须同某种特殊的腐蚀性溶剂隔离时。浸泡时辅以搅拌和加热，可提高去污效果，但提高温度导致设备腐蚀加剧，试剂分解也会加快，须综合考虑。

（2）循环冲洗法

通常用水和去污试剂的混合物充满系统，或将化学试剂直接加入充满水的系统并在规定的时间内使该混合物强制循环，对金属表面尤其是不锈钢有很高的去污效果。此法已用于系统管道和设备的去污，尤其对后处理厂系统和部件的去污取得了很大成功。

（3）可剥离膜去污法

可剥离膜是把聚合物的混合物涂到已污染的表面上，使污染物被包含在聚合物中并固化，再将污染的聚合物层剥离下来送去处置的新型去污工艺。可剥离膜成膜前是一种溶液或水性分散乳液，去污时，用喷雾法或抹刷法将其涂于沾污表面，干燥成膜（约1mm厚）。可剥离膜去污法用在光滑的塑料或金属表面，可得到高的去污系数（约100）；若用在粗糙的混凝土表面以及放射性核素渗入内层的情况，去污效果很差。可剥离膜工艺只产生固体废物，用过的可剥离膜可以焚烧处理，二次废物量只是一般去污的1/3，节省工时1/2，节约费用1/3。这种涂层也可以用作保护膜防止新的污染，或者用来封闭污染核素防止扩散。

（4）泡沫去污法

泡沫去污法是利用诸如洗涤剂和润湿剂产生的泡沫作为化学去污剂的载体来去污，特别适用于金属表面和复杂形状的大体积核部件的去污。在退役拆卸前，可很好地除去大设备内部的污染物，且只产生少量的最终废物，容易远程操作，工艺成熟且使用广泛，可循环运行以提高其有效性。缺点是单次处理不能获得好的去污系数，不适用于有深的或错综复杂的裂隙表面。

（5）化学凝胶去污法

化学凝胶用作化学去污剂的载体，可喷或刷涂在部件表面，待凝固后即可进行洗涤、擦拭、冲洗或剥离。典型的试剂配方是硝酸－氢氟酸－草酸的混合物、非离子型洗涤剂与羧甲基纤维素凝胶剂相混合，再加硝酸铝作为氟化物螯合剂。此法特别适于去污剂需要与污染表面长时间接触的情况，能有效地去除大部件内表面上可擦去的污染物，*DF* 高达100，且废物量最小；缺点是技术和操作比较复杂。

（三）机械去污技术

机械去污是以物理方法作用于污染表面且达到一定的去污效果。机械去污技术大致可分为表面清洗法和表面去除法两大类。

1. 表面清洗法

一般是非破坏性去污方法，适用于去污物体的材质表面比较光洁，污染物比较松散的情况，常用的有水冲洗、擦洗和刷洗、蒸汽清洗和高压水喷洗等方法。

（1）水冲洗

水冲洗可用于大面积的去污，对去除疏松沉淀微粒（如树脂）和易溶污染物很有效，也常作为第一步给力度更强的去污做表面准备工作。该法可与洗涤剂或其他能提高去污效果的化学试剂一起使用。该工艺不适用于固定的、不溶污染物。

（2）擦洗和刷洗

擦洗和刷洗方法是利用普通的清洁技术对建筑物和设备表面上的灰尘、气溶胶、粒子进行物理去除。污染不严重时，可用湿布进行擦洗；污染较严重时，先用吸水纸小心吸起污物，用适量去污剂浸泡污染表面一定时间，再用毛刷、棉纱进行擦洗，注意要从外向内进行，不要反方向，以免污染扩大。刷洗不适用于多孔或具吸收性的物体，也不适用于不溶污染物。

（3）蒸汽清洗

蒸汽清洗将热水的溶解作用与蒸汽的冲击动能结合起来，用物理方法从建筑物和设备的表面上去除污染物。水蒸气清扫适用于各种污染物和结构材料，特别适合去除复杂形状和大面积的污染物，可与刷洗同时使用，作为预处理或作为刷洗工艺中的一部分，该法产生的废水较少，但仍需备有污水坑和废水贮存容器。

（4）高压水喷洗

高压水喷洗是利用加压水喷射的冲刷作用进行工件表面的去污。在喷射液中加入化学试剂，使冲刷作用和化学作用相结合，可提高喷洗去污的效果。高压水喷洗的压力和流量可调节，一般在 5~70MPa 之间，*DF* 在 2~100 左右。此法使用方便、省时（小于10min）、二次废液少，但不适用塑料表面的去污，有时去污系数较低，去污产生的废水和污染物需要一套分离和循环的系统。图 4-14 所示为典型的高压水喷洗去污流程。

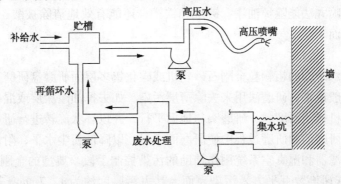

图 4-14　高压水喷洗去污流程示意图

2. 表面去除法

是破坏性去污方法，适用于污染物体的材质表面粗糙有孔，污染物渗入表层以下的情况，常用的有喷射磨料、研磨、破碎剥离等方法。

（1）喷泡沫塑料法

将带水的氨基甲酸乙酯泡沫材料喷射到污染物表面时，泡沫塑料的膨胀和收缩产生洗涤和剥离效应。可以产生两种类型的泡沫塑料：一种是清洗敏感的或关键性的表面污染的非侵蚀性级别泡沫塑料，另一种是浸渍了磨蚀物的"侵蚀"级泡沫材料。后者可以用于剥蚀诸如油漆、保护涂层和铁锈，也能用于粗糙混凝土和金属表面的去污。泡沫塑料具有吸收性、能与各种净化剂和表面活性剂一起进行干洗或湿洗，以吸附、吸收和除掉表面上的沾污物，如腐蚀产物、铁锈、油类、油脂、铅的化合物、油漆、化学物品和低放射核素。泡沫塑料去污介质一般能循环使用 8～10 次，使用过的泡沫塑料可采用真空法加以收集，然后作适当处置。将清洗水中的泡沫塑料收集、过滤后返回清洗装置复用。

（2）干冰喷洗法

干冰喷洗法是用二氧化碳固态小丸作为清洁去污介质，用压缩空气（0.35～1.05MPa）加速小干冰丸使其经过喷嘴冲撞到基体表面上时，小干冰丸破碎渗入基体材料并分散开，干冰立刻升华加速污染物的去除。此法对塑料、陶瓷、合成物以及不锈钢的去污有效，对木材和一些较软塑料有损坏作用，脆性材料可能破碎。一般情况下最好在室内喷射干冰，以便收集去污后松散的污染物和隔绝施工产生的高达 125dB 的噪声。

（3）喷砂法和喷丸法

喷砂法是利用离心力或高速流体（压缩空气或水）的喷射力，使磨料冲刷物体表面以达到去污目的，清除下来的表面物质及磨料收集后放置在合适的容器内，以便进行处理或处置。喷砂技术可应用于大多数材料表面的去污，但不能用于可被磨料打碎的，如玻璃、石棉水泥板或有机玻璃的去污。由于喷砂时磨料被分散，因此，对平的表面喷砂去污效果最好。喷砂磨料有砂、金刚砂、玻璃微珠、塑料球、氧化铝或氧化硼粒、天然产物（如稻谷皮或花生壳）等。

喷丸法是一种真空去污技术，喷丸（磨料）抛到污染表面上，又和去除下来的碎屑弹回分离设备，污染表面的剥落、净化和侵蚀作用同时发生，因此去污过程实际上是无尘作业过程，产生气载污染物的可能性小，去污后表面是干燥的，没有化学物质，故不需另外进行废物处理。喷丸常用于清除地面和墙壁等混凝土表面的去污，但也能用于金属部件的去污，如贮槽。喷丸法能除掉油漆、镀层和铁锈，还能有效地清除被酸、苛性碱、溶剂、油和脂污染的表面。

（4）研磨法

研磨法使用水冷却的粗颗粒金刚石砂轮机或碳化钨多层面研磨盘研磨待磨面，以磨除表面污染层。一般说来，研磨法用来去除薄层污染，如去掉油漆涂层或混凝土保护层。地面式研磨机采用机械给研磨料，研磨头与地面平行，并以环状旋转进行研磨，冷却水注入研磨头中心。在研磨前和研磨过程中使研磨面潮湿，以降低粉尘水平，附设在设备附近的高效粒子空气过滤器和湿真空系统用作辅助的污染控制手段。典型的金刚石砂轮（用于地面研磨机）每天能研磨数百平方米污染表面，其去污厚度约为 12.7mm，若污染层厚，砂轮或研磨盘会很快磨损，使总去污效率下降。

（5）破碎剥离法

破碎法是一种用于去除混凝土表层的磨划工艺。一般将几个能同时冲击混凝土表层的气动活塞头（即凿子）组合在一起，因破碎会产生交叉污染，因此，少量的破碎设备上安装了真空装置和屏蔽结构。

微波破碎是将微波能对准污染混凝土表面以加热基体中的水分，连续加热产生的蒸汽使混凝土内部产生机械应力和热应力，使表面污染的混凝土破碎成屑。大碎屑用人工真空设备吸拾，小碎屑被装有 HEPA 过滤器的真空系统收集。

（四）其他去污新技术

1. 电抛光去污技术

电抛光是一种电化学过程，在电解槽中待去污的物体作为阳极，电流通过时发生阳极材料表面溶解，逐步形成平滑的表面。表面上的任何放射性污染或夹带在表面内的缺陷都可通过该表面的溶解过程清除并释放到电解液中。电抛光去污原理如图 4-15 所示。电抛光去污后导电体表面的放射性水平可降低到接近本底水平，能对形状比较复杂的部件和大表面的导电体进行去污。

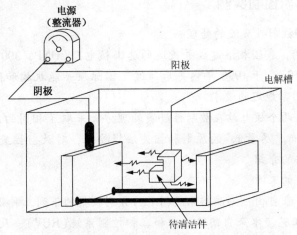

图 4-15　电抛光去污原理图

2. 超声波去污技术

超声清洗的原理是将超声波（约 20kHz）能量转变为低振幅机械能，使清洗液对污染部件产生空化效应和机械冲击作用，从而达到洗涤去污的目的。超声清洗受槽尺寸和换能器功率的限制，适用于小型物体的去污，如工具和小型装置（阀、泵的部件等）。混凝土、塑料和橡胶制品等能吸收超声波能的物质不适用。

3. 光烧蚀去污技术

光烧蚀法是利用光的吸收及其转变为热能来有选择地清除物体表面上的涂层或污物。光烧蚀法选择使用的光源有激光、氙闪光灯和等离子体灯。针对污染物和被污染基体的性质，选用合适频率的光，在光强足够大时，在微秒或更短时间内可将污染层加热到 1000～2000℃，而对基体材料实际上无影响。随着每次光脉冲，物体表面的污物等离子体化而从物体表面上喷发出来。去污过程不用化学试剂和磨料，所以不增加二次废物体积。

4. 高温火焰去污技术

高温火焰去污是用可控高温火焰来热裂解掉不易燃烧表面上的有机污物。这种热分解反应是放热的和自催化的，由火焰产生的自由基的作用和给定热量在接近焰锋处可实现残留污物的完全分解。由于高温火焰去污温度高，火焰停留时间应尽量短，以使材料的破坏减少到最低程度。高温火焰去污主要用于有涂层和无涂层的混凝土、水泥、砖和金属表面的去污。有机污物的热分解有产生气态污物的危险，因此需要洗涤，以防止污染物释放到大气中去。

5. 熔炼去污技术

熔炼是一种冶金方法，依靠熔融使污染的金属中的放射性核素在钢锭、炉渣和过滤灰尘之间重新分配，因此原来的材料得到了去污，熔炼特别适合于有复杂几何形状的设备的去污和减容。熔炼尾气经净化系统处理，炉渣也要做适当处理。

6. 其他新技术

近十年来正在开发研究中的放射性去污新技术主要有光风化（光蚀）去污技术、微生物降解（生物去污）技术、超临界液体萃取去污技术、电迁移（或电动力学）去污技术、蒸汽相传输分离去污技术、气体法去污技术、溶剂洗涤去污技术和爆炸去除技术等。

四、放射性污染控制实例

[例1] 核电厂放射性废液的处理

1992～1993 年间，我国相继建成并投运的秦山核电厂（QNP，300MW）和大亚湾核电站（GNPS，900MW×2），于 1996 年内先后通过了国际原子能机构和国家的检查和验收，"三废"处理达到了国家规定的要求。

目前，我国上述两个核电站在放射性废液处理方面采取了相同的方法和相似的流程，在此按照"合理、可行、尽量低"的原则和相关法规要求，对放射性废液处理系统（TEU）的防治实例进行简要的介绍。

（1）放射性废液的来源

放射性废液主要来自由核岛疏排系统（RPE）分别收集的下列三种废水。

① 工艺废水。工艺废水来自回路化学和容积控制系统（RCV）、反应堆水池和乏燃料水池的冷却和处理系统（PTR）、硼回收系统（TEP），TEU 各系统除盐器和过滤器的泄漏、冲洗与疏排及固体废物处理系统（TES）废树脂箱，燃料运输通道、乏燃料容器，TEP 中间储存箱和浓缩液箱的疏排。这种废水含有少量可溶化学杂质（例如硼、钠、锂等），放射性浓度较高，约为 $5 \times 10^8 Bq/m^3$。

② 化学废水。化学废水来自核取样系统（REN），SRE 系统与热实验室的疏排，核岛设备与乏燃料容器的清洗，反应堆厂房地坑与 TEU 浓缩液储槽的疏排。这种废水含有较高浓度的化学产物，放射性浓度也较高，约为 $1.4 \times 10^8 Bq/m^3$。

③ 地面废水。地面废水来自设备泄漏、核岛厂房地面冲洗、设备冷却水系统（RRI）与热实验室的疏排、蒸汽发生器排污系统（APG）除盐器的冲洗与树脂再生。这种废水含有各种化学产物，放射性浓度较低，约为 $6 \times 10^6 Bq/m^3$。

另外，还有洗衣房的服务废水，放射性浓度和化学产物含量均很低。

（2）处理方法

放射性废液处理流程如图 4-16 所示。根据各类废水中的放射性浓度和化学产物含量选择各自所需的处理工艺，如表 4-10 所示。

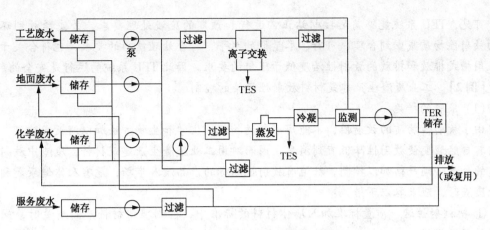

图 4 – 16　放射性废液处理示意流程图

表 4 – 10　各类废水的处理工艺

化学产物含量	处理工艺	
	$< 1.85 \times 10^7 \mathrm{Bq/m^3}$	$> 1.85 \times 10^7 \mathrm{Bq/m^3}$
低	过滤	除盐(离子交换)
高	过滤	蒸发

因此，上述三种待处理的废水被疏排系统选择分装于各自的储槽中，以便使每种废水得到各自的处理。工艺废水带有较高放射性，含有少量化学产物，宜采用离子交换除盐法处理；化学废水带有较高放射性，含有较高浓度的化学产物，主要采用蒸发法处理；地面废水带有较低放射性(通常，放射性浓度低于排放阈值)，主要采用过滤法处理。各类废水的处理方法在流程配置上具有灵活性，可互相补充。

服务废水可不经处理直接排放(有监测)，但当放射性浓度和化学产物含量较高时，也可采用上述方法处理。

各类废水在处理前均要在储槽内进行一次放射性浓度和化学组分的监测，处理后的废水经监测槽监测合格后排放或复用，不合格废液由 TER 储槽接纳，供返回再处理。在排放总管上设有累计活度监测仪。蒸发浓缩液送往 TES 进行水泥固化。

(3) 运行结果

① 处理后废液满足排放要求。经过滤除盐后的废水和经蒸发后的馏出液中放射性浓度低于 $1.85 \times 10^7 \mathrm{Bq/m^3}$，通过废液排放的放射比年活度均低于国家环保局规定的限值，仅占很小的份额。

② 系统设计容量基本上满足预期运行要求。在大亚湾核电站试运行期间，由于设备暴露问题多、停堆检修多、地面污染冲洗多，加上运行管理不严，废水产生量较多。按照我国《辐射防护规定》，低放废液必须采用槽式排放，则原设计的 $2 \times 30 \mathrm{m^3}$ 监测槽显得太小，使监测人员来不及测量。为此，于 1993 年年底大亚湾核电站增设了 $3 \times 500 \mathrm{m^3}$ 储槽作为 TER 排放槽，利用原 $3 \times 500 \mathrm{m^3}$ TER 槽作为监测槽，解决了此问题。另外，由于通风系统进风除湿产生的大量凝结水(无放射性)误排入地面废水前置储槽，使该储槽容量不足，经常满槽，将这股凝结水直接排放后，这个问题也得到了解决。

可见，TEU 系统能够满足核电站正常运行和预期的废液处理要求，并使释放到环境去的放射性物质减少到合理、可行、尽量低的水平，符合处理能力的要求，也符合关于废液采用槽式排放和排放的放射性活度低于限值的要求。因此 TEU 系统的运行是安全的。

[例2]　工业废渣生产建筑材料放射性污染的控制

(1) 采取的措施

由于放射性物质的放射性，不能用一般的物理、化学和生物方法加以消灭或破坏，只能靠其自然衰变使放射性降低直到消失，因而对用工业废渣生产建筑材料，废渣中放射性物质的含量必须严格加以控制，杜绝有放射性超标的产品流入市场，危害人体健康。利用工业废渣时，应采取以下措施：

① 把放射性这一质量标准加入墙体材料的标准中，检测墙体材料产品质量时，同时监测放射性指标；

② 各企业用工业废渣前必须掌握废渣的放射性含量，禁止使用放射性超标的废渣，对产品的天然放射性比活度每年必须进行一次例行检测，更换原料来源或配比时，必须预先进行放射性监测；

③ 产品放射性比活度超过标准规定时，应停止该产品的生产和销售；

④ 新建生产掺渣建材产品的企业，建厂前必须对厂址、原料进行放射性评价，试产时要按规定抽样送检。

(2) 建议

建筑物内放射性水平是小剂量辐射，其对人体的毒害作用(特别是致癌性)在短时间内难以表现，具有一定的潜伏期，因而易被人忽视。为了保护生态环境，保障人民健康，提出以下建议：

① 加强放射性知识的宣传，提高人们的放射性防护意识，同时居室住房应常开窗通风，以减少 ^{226}Ra 的衰变产物氡及其子体在建筑物内的聚积；

② 建材企业在利用工业废渣前，预先将工业废渣按规定抽样送权威机关检测，做到心中有数，以取得主动权；

③ 对煤渣砖建筑物的放射性水平需权威监测部门加强监测，以便为生态环境的管理和生活环境的保护提供更科学、更全面的技术资料；

④ 建筑物内壁涂防氡涂料。目前，国内外主要靠通风降低室内氡浓度，但受到能源、经济条件和环境的制约，与通风法相比，在建筑物内壁涂装防氡涂料，阻止氡的逸出，是更加经济实用的方法。国内研制的防氡涂料具有较强的防氡能力，用密封法测得的防氡效率为 82.2%，用局部静态法测得防氡涂料的防氡效率为 90.3%；

⑤ 使用防氡净化仪。如氡气超标可以选购防氡净化仪，不但可以降低氡气浓度，还可释放负氧离子，有利于人体健康。

第五章 电磁辐射污染控制技术

第一节 电磁辐射污染的来源

人类认识电磁现象已有 200 多年的历史，19 世纪 60 年代，麦克斯韦尔在前人的基础上预言了电磁波的存在，20 年后德国物理学家赫兹首先实现了电磁波传播，从此人类逐步进入信息时代。在电气化高度发展的今天，在地球上，各式各样的电磁波充满人类生活的空间，无线电广播、电视、无线通信、卫星通信、无线电导航、雷达、微波中继站、电子计算机、高频淬火、焊接、熔炼、塑料热合、微波加热与干燥、短波与微波治疗、高压、超高压输电网、变电站等的广泛应用，对于促进社会进步与改善人类物质文化生活带来了极大的便利，并作出了巨大贡献。目前与人们日常生活密切相关的手机、对讲机、家庭计算机、电热毯、微波炉等家用电器等相继进入千家万户，通信事业的崛起，又使手机成为这个时代的"宠物"，给人们的学习、经济生活带来极大的方便。但随之而来的电磁污染日趋严重，不仅危害人体健康，产生多方面的严重负面效应，而且阻碍与影响了正当发射功能设施的应用与发展。当您与家人围坐电视旁欣赏节目，驾驶计算机在世界信息交互网络上遨游时，你可能不会想到，家用电器、电子设备在使用过程中都会不同程度地产生不同波长和频率的电磁波，这些电磁波无色无味、看不见、摸不着、穿透力强，且充斥整个空间，令人防不胜防，成为一种新的污染源，正悄悄地侵蚀着你的躯体，影响着你的健康，引发了各种社会文明病。电磁辐射已成为当今危害人类健康的致病源之一。

一、电磁场与电磁辐射

带电粒子及其电磁场是物质的一种特殊形态。所以物质存在有四态，即固态、气态、液态与场态。控制电磁污染，首先必须了解电磁场一种基本的场物质形态的特殊性。

（一）电场与磁场

物体间相互作用的力一般分为两大类：一类是通过物体的直接接触发生的，叫做接触力。例如，碰撞力、摩擦力、振动力、推拉力等。另一类是不需要接触就可以发生的力，这种力称为场力。例如，电力、磁力、重力等。

电荷的周围存在着一种特殊的物质，叫做电场。两个电荷之间的相互作用并不是电荷之间的直接作用，而是一个电荷的电场对另一个电荷所发生的作用。也就是说，在电荷周围的空间里，总是有电力在作用。因此，我们将有电力存在的空间称为电场。

场是物质的一种特殊形态，电荷和电场是同一存在的两个方面，是永远不可分割的整体。

电荷和电场静止不变的电场称为静电场。电荷和电场变化的电场称为动电场。起电的过程，也是电场建立的过程。电场所以具有能量是在起电时须用外力作功。

电场强度（E）是单位正电荷在电场中某点所受到的电场作用力。电场强度是表示一种电场属性的一个物理量，是一个矢量。电场强度的单位有 V/m、mV/m 和 μV/m。

磁场就是电流在其所通过的导体周围产生的具有磁力的一定空间。如果导体流通的是直流电，那么电场便是恒定不变的，如果导体流通的是交流电，那么磁场也是变化的。电流频率越大，磁场变化的频率也就越大。

磁场强度（H）指在任何磁介质中，磁场中某点处的磁感应强度与该点磁导率的比值。磁场强度的单位是安培/米（A/m）或奥斯特（Oe），$1A/m = 4\pi \times 10^{-3}Oe$。

（二）电磁场与电磁辐射

电场（E）和磁场（H）是互相联系，互相作用，同时并存的。由于交变电场的存在，就会在其周围产生交变的磁场；磁场的变化，又会在其周围产生新的电场。它们的运动方向是互相垂直的，并与自己的运动方向垂直。这种交变的电场与磁场的总和，就是我们所说的电磁场。

电磁场是一种基本的场物质形态，是一种特殊的物质，与实物相比：实物具有一定的形状和体积，而电磁场弥漫整个空间，没有固定的形状和体积；实物具有不可入性，而电磁场具有叠加性，在同一个空间范围内，可以同时容纳若干种不同的电磁场；实物可以作用于人的各种感官，而电磁场则看不见，摸不着，嗅不到；实物的速度远远小于光速，而电磁波在真空中的速度等于光速；实物的密度、质量较大，而电磁场的密度、质量较小；实物在外力作用下可以被加速，具有加速度，而电磁场没有加速度；实物可以选作参考系，而电磁场则不能作为参考系。研究电磁场，首先就要了解它的物质性，把它作为一种特殊的物质来看待，它也具有一定的能量、动量、动量矩，并遵守能量、动量、动量矩守恒定律，电磁场也能从一种形式转化为另一种形式，但也不能创生或消灭。

变化的电场与磁场交替地产生，由近及远，互相垂直（亦与自己的运动方向垂直），并以一定速度在空间传播的过程中不断地向周围空间辐射能量，这种辐射的能量称为电磁辐射，亦称为电磁波。图 5－1 绘出了电磁波传播示意图。电场与磁场交替产生的过程，就形成了在电偶极子周围的空间内所产生的电磁场。某一时刻电偶极子周围的空间电场电力线的分布如图 5－2 所示，而磁场磁力线是以电偶极子的轴线为中心的众多同心圆（图中未画出）。

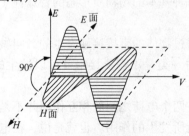
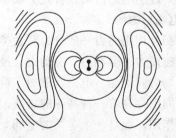

图 5－1　电磁波传播示意图　　　　图 5－2　振荡电偶极子周围的 E 线形状

当振荡电偶极子所辐射的电磁波离电偶极子极远处时，可视为平面波，其电磁波方程可表述为：

$$E = E_0 cos\omega\left(t - \frac{r}{c}\right)$$

　　　　　　　　　　　　　　　　　　　　　　　　　（5－1）

$$H = H\cos\omega\left(t - \frac{r}{c}\right) \qquad (5-2)$$

式中　t——时间；

　　　r——以电偶极子为中心的间距；

　　　c——电磁波波速。

$$c = \frac{1}{\sqrt{\varepsilon\mu}} \qquad (5-3)$$

式中　ε——电路中感应电动势；

　　　μ——磁偶极矩。

综上所述，电磁波有如下性质。

（1）在远离电偶极子的地方，E 和 H 均做正弦或余弦函数的周期性变化，它们的周期相同，而且在量值上有下列关系：

$$\sqrt{\varepsilon}E = \sqrt{\mu}H \qquad (5-4)$$

（2）E 和 H 互相垂直，而且都垂直于传播方向；

（3）沿已定方向传播的电磁波，E 和 H 将分别在各自的平面上振动，即具有偏振性；

（4）电磁波在真空中的传播速度为：

$$c = \frac{1}{\sqrt{\varepsilon_0\mu_0}} \approx 3 \times 10^8 \mathrm{m/s} \qquad (5-5)$$

（5）E 和 H 的振幅都与频率的二次方成正比。

由此可见，电磁场是一种物质，电磁波是一个振荡过程，它本身具有能量，因而能在空间里运动，会辐射到空间中去。

（三）电磁辐射作用场区分类

任何交流电路都会向其周围的空间放射电磁能量，形成交变电磁场。按着麦克斯韦建立的电磁场理论，对场源与电磁辐射关系进行研究，可分为下述两部分讨论。其一，在场源或与场源相连接的导体附近，存在着束缚电磁波。它的特点是，这种电磁波的能量不仅在电场分量与磁场分量之间相互转化，交替作用，而且它还受着场源与导体上的电荷和电流的控制，从而使电磁能与场源发生相互交换；换言之，就是说从场源发射出的电磁能量将有一部分会不断地返回场源。其二，在相当远离场源或与场源连接的导体的空间，存在着自由电磁波。它的电磁能量基本上不受场源的控制，从而使前一定速度不断地向远方传播，传播方式完全是辐射的。

一切电源和磁场都来自于电荷及其运动。一切电磁场同样来源于电荷及其运动。做匀速直线运动的电荷所产生的电场、磁场或电磁场都停留在电荷附近，而不能向远处辐射。做加速运动的电荷，可以产生一个向远方传播的电场、磁场或电磁场。

电磁波中，长波、中波段的电磁波的传播，当遇到任何大小的物体时会发生绕射；但随着频率的增加，电磁波的性质就越来越和光相似，沿直线传播，且具有反射与折射性质。电磁波波谱如图5-3所示。无线电波的分类如表5-1所示。

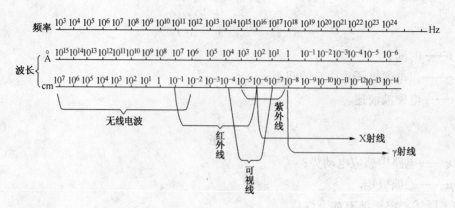

图 5 - 3　电磁波波谱图

表 5 - 1　无线电波分类表

名　称		波　长	频率/Hz
长波		>3000m	< 10^5
中波		200～3000m	$1.5 \times 10^6 \sim 1 \times 10^5$
短波	中短波	50～200m	$6 \times 10^6 \sim 1.5 \times 10^6$
	短波	10～50m	$3 \times 10^7 \sim 6 \times 10^6$
	超短波	1～10m	$3 \times 10^8 \sim 3 \times 10^7$
微波	分米波	0.1～1m	$3 \times 10^9 \sim 3 \times 10^8$
	厘米波	1～10cm	$3 \times 10^{10} \sim 3 \times 10^9$
	毫米波	1cm 以下	> 3×10^{10}

从上面的叙述中可以知道,在电磁场发生的周围空间里均存在着两个作用场,即近区场与远区场,现分析如下。

1. 近区场

以场源为中心,在一个波长范围的区域,统称为近区场。由于作用方式为电磁感应,故又称为感应场。它受场源的限制,比波长小得多。在感应场内,一方面在电荷和电流的周围集中这大部分电磁能,这种电磁能量将随着与场源间的距离增大而比较快地衰减;另一方面又出现了一种新的电磁场成分,称为辐射场,它是脱离了电荷电流并以波的形式向外传播着的电磁波。

近区场具有以下特点。

(1)在近区场内,电场强度 E 和磁场强度 H 的大小没有确定的比例关系,即 E 不等于 $377H$。在这个场内,有些情况下可能 E 很大而 H 很小;而有些情况下可能 H 很大而 E 很小,这要看场源的具体情况而定。一般情况下,对于电压高电流小的场源(如发射天线、馈线等),电场要比磁场强得多;对电压低电流大的场源(如某些电流圈),磁场要比电场强得多。

(2)近区场的电场强度一般比远区场要大得多,其原因是由于远区场离开场源远,而近区场靠近场源的缘故。

(3)近区场随距离的变化比较快,也就是说它在空间的不均匀度比较大。

2. 远区场

在以场源为中心，半径为一个波长之外的空间范围称为远区场。由于其作用方式为辐射，所以又称之为辐射场。在此场内，感应场逐渐变小，以致使所有电磁能量都集中以电磁波的形式传播到另一个场内。这种场辐射强度的衰减要比感应场慢得多，与场源距离的一次幂成反比，这种以辐射波形式为主的场就被人们称为辐射场或远区场了。

对于远区场，由于它是由场源产生，但在产生之后又脱离了场源，并且按照电场与磁场互相感生的规律进行运动。所以，电场与磁场之间具有某种内在的联系，在实用制单位中，$E = \sqrt{\mu_0/\varepsilon_0}\,H = 120\pi H \approx 377H$，除此关系之外，电场与磁场的运动方向还互相垂直，并都垂直于电磁波的传播方向。远区场为弱场，其电磁场强度均很小。

3. 远场作用和近场作用

由于生物体在电磁波照射区所处位置不同，电磁波对生物体作用的规律也不同。通常人们把电磁波照射区域分成远场区和近场区两部分。在远场区，电磁波总是以辐射的形式传播的，电磁波的电场与磁场相互垂直同时与传播方向垂直。电场强度与磁场强度有固定的比例关系，其比例常称为媒质波阻抗，空气的波阻抗为 377Ω。在近场区或电磁波频率较低时，电磁波通常以准静态电磁波或驻波的形态存在，电磁波的电场与磁场的关系无普遍规律性，与周围环境和物体形状关系极大。因此，电场和磁场必须分别测量或计算，相应的标准也要分别制定。近场区的等效平面波功率密度可以按电场和磁场分别定义为：

$$S_E = \frac{E^2}{Z_0} \tag{5-6}$$

$$S_H = H^2 Z_0 \tag{5-7}$$

式中　E——研究或测量点的电场强度；

　　　H——该点的磁场强度；

　　　Z_0——媒质的波阻抗。

近场区还可以细分为近区辐射场和近区感应场。

通常可以按下式计算的范围划分各个不同的场区。

远区辐射区：

$$R \geqslant \frac{2D^2}{\lambda} \tag{5-8}$$

近区辐射区：

$$\frac{\lambda}{2\pi} \leqslant R \leqslant \frac{2D^2}{\lambda} \tag{5-9}$$

近区感应区：

$$R \leqslant \frac{\lambda}{2\pi} \tag{5-10}$$

式中　R——电磁辐射源到人体或生物体的距离，m；

　　　D——天线或其他辐射体的最大线度，m；

　　　λ——辐射电磁波的波长。

4. 连续波与脉冲波

连续波辐射的总能量随时间不断增长但是其辐射的功率为有限值，因此，可以称连续波的源为功率源。但是，单个脉冲波辐射的总能量是有限数值，可以称脉冲波的源为能量源。脉冲波通常包含几乎由零到无穷的全部频谱。

5. 电磁辐射的方向性

电磁辐射可以由专门的天线产生，电磁辐射的方向性就由天线的辐射方向图决定。天线辐射增益在各方向上相同与否跟天线结构和安装环境有关。但是，许多电磁辐射并不是由专门天线产生的，例如，微波设备的电磁泄漏、微波传输线接头、计算机和电视机的电磁辐射等。在这种情况下，电磁波辐射的方向性是十分复杂的，必须针对具体情况进行具体分析。但是，当考虑安全问题时可以按最大增益方向考虑，对争议较大的情况应当以实际测量为准。

（四）电磁辐射场强影响参数

电磁辐射的强度与许多因素有关，将这些因素称之为场强影响参数。它们构成了场强的变化规律，对于研究屏蔽技术有指导意义。场强影响参数主要有以下几种。

1. 功率

对于同一设备或其他条件相同而功率不同的设备进行场强测试表明，设备的功率越大场强越大；反之则小。功率与场强成正比变化关系。

2. 频率

当设备的工作频率发生变化时，直接影响到设备功率输出，使电流改变。一般情况下，工作频率提高，电流增大，由此而影响到辐射场强的增大；反之则减少。

比如，某台设备所进行的试验表明，当工作频率为 6.5MHz 时，距场源 2.5m 处的场强值为 8V/m（电场强）；当频率提高到 17.49MHz 时，同一点处的场强则等于 18V/m。

3. 与场源的间距

一般而言，与场源间距加大，场强变小，而且场强的衰减比较厉害，间距与场源呈反比关系。

通过实验证明了上述关系。例如，在设备操作台 10cm 处场强为 170～240V/m；距操作台 0.5m 时，场强衰减为 53～65V/m；距操作台 1m 时，场强衰减为 24～31V/m；距操作台 2m 时，场强衰减到极小值。

实验表明，屏蔽重点必须是设备近区。

4. 屏蔽与接地

屏蔽与接地好坏，是造成射频电磁场场强大小及其在空间分布不均匀的直接原因。加强屏蔽与接地，就能大幅度地降低射频辐射场强；否则，辐射问题必然严重。

（1）屏蔽与场强的关系。实验表明，对场源及与场源有电气连接的金属体的屏蔽程度如何，对辐射场强有极大的影响。例如，某台高频焊接设备因屏蔽不完善，它的近区场电场强度高达 400V/m。做了屏蔽实验，同一电场强度值衰减到 10V/m 以下。由此可知，在设备的功率和频率等参数已定的情况下，决定辐射强度的最大影响参数就是屏蔽状态。所以实施屏蔽是防止电磁泄漏的主要手段。

（2）接地与场强的关系。所谓接地，是指高频专用接地，而不是保护接地。在高频率即中波与短波等频段，高频专用接地非常重要。有了良好的屏蔽，还必须辅以良好的接地，以便将感应电流迅速导入大地，防止高频辐射。

5. 空间内有无金属天线或反射电磁波的物品及金属结构

由于金属物体是良导体，所以在电磁场的作用下，金属体内便感应产生高频涡流。由于感应电流的作用，便产生新的电磁辐射，在金属体周围形成又一新的高频电感应场，这就是一般所说的二次辐射。有了二次辐射，往往造成某些空间场强的增大。例如，某设备的附近因有暖气片，由于二次辐射，所造成的电磁场强度竟高达220V/m。所以，在高频作业环境中要尽量减少金属天线以及金属物体，严防形成二次辐射。

二、电磁辐射污染的来源

所谓电磁环境是指某个存在电磁辐射的空间范围。电磁辐射以电磁波的形式在空间环境中传播，不能静止地存在于空间某处。人类工作和生活的环境充满了电磁辐射。

电磁辐射污染是指人类使用产生电磁辐射的器具而泄漏的电磁能量传播到室内外空间中，其量超出环境本底值，且其性质、频率、强度和持续时间等综合影响引起周围受辐射影响人群的不适感，并使人体健康和生态环境受到损坏。

影响人类生活环境的电磁辐射污染源可分为天然电磁辐射污染源和人工电磁辐射污染源两大类。

（一）天然电磁辐射污染源

天然的电磁辐射来自于地球的热辐射、太阳热辐射、宇宙射线、雷电等，是自然界某些自然现象引起的，所以又称为宇宙射线。

天然电磁辐射中，以天电所产生的辐射为主，最常见的是雷电。雷电除了对电气设备、飞机、建筑物等可能造成直接破坏外，还会在广大地区产生严重的电磁干扰。雷电辐射的频带分布极宽，可从几千赫兹到几百兆赫兹。另外，如火山喷发、地震和太阳黑子活动都会产生电磁干扰，天然电磁辐射对短波通信干扰特别严重，普通收音机收听短波效果差，天然电磁辐射的干扰是部分原因。图5-4给出了天然电磁辐射污染源的分类及来源。

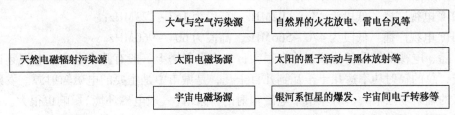

图5-4　天然电磁辐射污染源的分类及来源

（二）人为电磁辐射

人为电磁辐射是电子仪器和电气设备产生的，主要来自于广播、电视、雷达、通信基站及电磁能在工业、科学、医疗和生活中的应用设备。主要有以下几种。

（1）脉冲放电。例如，切断大电流电路时产生的火花放电，由于电流强度的瞬时变化很大，产生很强的电磁干扰。它在本质上与雷电相同，只是影响区域较小。

（2）工频交变电磁场（数十赫兹到数百赫兹）。例如，在大功率电机、变压器以及输电线附近的电磁场，对近场区产生电磁干扰。

（3）射频电磁辐射（0.1~3000MHz）。例如，无线电（广播、电视、微波通信）设备、射频加热（焊接、淬火、熔炼）设备和介质干燥（塑料热合、木材纸张干燥）设备等产生的辐射。射频电磁辐射频率范围宽，影响区域大，对近场区的工作人员能产生危害，是目前电磁污染环境的主要因素。

人为电磁辐射污染源归纳为表5-2。

表5-2 人为电磁辐射污染源

污染源类别		产生污染源设备名称	污染来源
放电所致的污染源	电晕放电	电力线（送配电线）	由于高电压、大电流而引起静电感应、电磁感应、大地泄漏电流所造成
	辉光放电	放电管	白炽灯、高压汞灯及其放电管
	弧光放电	开关、电气铁道、放电管	整流器、发电机、放电管、点火系统等
	火花放电	电气设备、发动机、冷藏车、汽车等	整流器、发电机、放电管、点火系统等
工频辐射场源		大功率输电线、电气设备、电气铁路	污染来自高电压、大电流的电力线、电气设备
射频辐射场源		无线电发射机、雷达等	广播、电视与通风设备的振荡与发射系统
		高频加热设备、热合机、微波干燥机	工业用射频利用设备的电路与振荡系统
		理疗机、治疗仪	医学用射频利用设备的工作电路与振荡系统
建筑物反射		高层楼群以及大的金属构件	墙壁、钢筋、吊车等

在环境保护、电磁兼容测量中常见的一些主要电磁辐射源分述如下：

1. 广播、电视发射设备

包括调幅广播、调频广播和电视广播，频率覆盖范围如下：

中波调幅广播　535~1605kHz；

短波调幅广播　1.6~26MHz；

调频广播　88~108MHz；

VHF电视广播　低段为48.5~92MHz，高段为167~223MHz；

UHF电视广播　低段为470~566MHz，高段为604~960MHz。

广播、电视发射设备的辐射功率很大，一个发射塔上一般有几个电台或电视频道的发射天线，总的辐射功率达几十千瓦到几百千瓦，是城市中是主要的电磁辐射源。发射塔附近地区的辐射场强很大，对城市中电磁辐射的背景值（一般电磁环境）影响也很大。

2. 通信、雷达设备

这类辐射源数量很多，包括高频电话电报、移动通信、天线传真、遥控遥测、无线电接力通信、导航和各种雷达设备等。频率范围很宽，从几十千赫到十几吉赫。通信设备功率比较小，有些方向性又很强，对环境影响的范围不大。雷达的脉冲峰值功率很大，频谱很宽，有多次谐波，对附近地区电磁环境的影响比较大。

3. ISM射频设备

工业、科技、医疗射频设备数量多、功率大，增长得又很快（据统计，世界范围内的ISM射频设备以每年5%的速度递增），常见的可分为以下几大类：

（1）高频感应加热设备，如高频电焊机、高频淬火设备、高频熔炼设备等；

（2）高频介质加热设备，如塑料热合机，木材、纸张干燥设备等；

（3）微波加热设备；

（4）射频溅射设备、高频外延炉等；

（5）电火花设备，如塑印火花处理机、射频引弧的弧焊机等；

（6）工业超声设备，如超声波焊接、洗涤设备等；

（7）电气设备，如电动机、电器开关等的火花放电和弧光放电；

（8）射频医疗设备，如高频理疗机、微波理疗机、超声波医疗器械等；

（9）计算机、电子仪器的电磁辐射。

国际电信联盟（ITU）分配给 ISM 设备的频率范围（自由辐射频率）如表 5 - 3 所示。

表 5 - 3 ISM 设备分配的频率和容差

频 率	频率容差	频 率	频率容差	频 率	频率容差
13.56MHz	±6.78kHz	40.68MHz	±20.34kHz	5.80GHz	±75MHz
27.12MHz	±162.72kHz	2.45GHz	±50MHz	24.125GHz	±125MHz

4. 机动车辆的点火系统

机动车辆点火系统的火花放电辐射是窄脉冲，放电持续时间在微秒数量级以下，放电时峰值电压可达 10^4V 左右，峰值电流约为 200A，所产生的辐射干扰频带很宽，从几百千赫到 1GHz 以上。

5. 高压输电系统

目前，我国采用 220kV、500kV 的高压线路输电，国外有的已升至 750kV。高压输电系统周围有高压工频电场，也有射频电磁辐射。

（1）高压工频电场。高压输电线下的工频电场，在离地面 2m 以内的区域，场强的垂直分量基本上是均匀的，水平分量可以忽略不计，场强的最大值在距线路中心 20m 以内，场强一般可达几千伏每米，变电站母线下的场强可达十几千伏每米。

（2）射频电磁辐射。高压输电设备产生射频电磁辐射主要是由以下两个原因引起的。

① 电晕放电。电晕放电是由于高压输电线表面附近电场很不均匀，电场强度很大，引起空气电离而发生的放电现象。电晕放电产生的辐射干扰场强随空气湿度的增大而增大。

② 间隙火花放电。高压输电线路上由于接触不良或线路受侵蚀而发生的弧光放电和火花放电。

高压输电设备的射频电磁辐射都是脉冲干扰，电晕放电的脉冲密度大，幅值较低，干扰信号的低频分量多；火花放电的脉冲重复频率低，幅值大，干扰信号的高频分量多。

高压输电设备射频电磁辐射的频率范围从几十千赫到几十兆赫，干扰信号的幅值随频率的增大而减小。

6. 电力牵引系统

电力机车和电车的供电母线与导电弓架之间，由于振动或接触不光滑，经常出现部分接触不良，甚至形成小的放电间隙，都可能引起火花放电和弧光放电，产生电磁噪声。辐射频率通常小于 30MHz，也可能达到 VHF 频段，对广播、电视、通信都会产生干扰。

7. 家用电器

微波炉、电磁灶、日光灯、家用电动工具都会产生电磁辐射干扰，对小范围内的电磁环境有一定的影响。

家用微波炉电磁泄漏的频率是 2.45GHz，在距微波炉 1m 处，辐射场强约 1V/m 左右（120dB），20cm 处接近 4V/m 左右（132dB）。

（三）电磁辐射污染的传播途径

电磁辐射所造成的环境污染，大体上可分为空间辐射、导线传播和复合污染三种途径。

（1）空间辐射。当电子设备或电气装置工作时，设备本身就是一个多型发射天线，会不断地向空间辐射电磁能量。以场源为中心，半径为 1/6 波长的范围之内的电磁能量传播是以电磁感应方式为主，将能量施加于附近的仪器仪表、电子设备和人体上。在半径为 1/6 波长的范围之外的电磁能量传播，是以空间放射方式将能量施加的。

（2）导线传播。当射频设备与其他设备共用一个电源供电时，或者它们之间有电气连接时，那么电磁能量（信号）就会通过导线进行传播。此外，信号的输出输入电路和控制电路等也能在强电磁场之中"拾取"信号，并将所"拾取"的信号再进行传播。

（3）复合污染。同时存在空间辐射与导线传播时所造成的电磁污染称为复合污染。电磁污染的传播途径如图 5-5 所示。

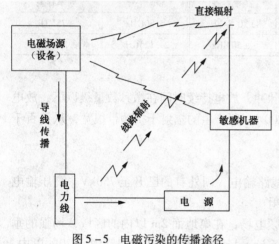

图 5-5 电磁污染的传播途径

第二节 电磁辐射评价标准

一、电磁辐射标准制定的原则与依据

制定电磁辐射标准的目的是为了保护生态环境、保护人体处在身体、精神和社会行为都良好的状态，使人体能够克服电磁干扰、电磁污染和危害。为了达到这一目的，就必须有切实可行的原则和先进的科学依据。

（一）电磁辐射标准制定的原则

根据《环境保护法》第一条，"为保护和改善生活环境与生态环境，防治污染和其他公害，保障人民身体健康"，对环境中电场、磁场和电磁场的防护，其标准的制定是建立在以下原则的基础上。

（1）既要对产生已知的对健康有害影响的暴露加以限制，又考虑对电磁场长期暴露的潜在影响采取预防性措施。

（2）防止电磁场暴露引起人体主要生理指标变化，从而导致生理功能异常，即使是离开该环境后可逐步恢复正常。

（3）根据目前可信的电磁场对人体（或动物）各系统产生的不良健康效应，确定出最小阈值。

（二）电磁辐射标准制定的依据

（1）基本出发点。主要依据暴露于射频电磁场的群体的健康调研，以用于建立标准的健康危害评价。动物实验和理论推算结果都可作为人群调研结果的补充。根据上述资料，可以评价人体的真实暴露水平是否有害，并制定暴露限值。

（2）理论依据。电磁辐射生物效应是指对人的生物学效应，主要是致热效应和非致热效应。两种热效应的机制还不太清楚，国内外正在探索之中，因此在制定标准时两者都要重视。目前，以热平衡理论计算为基础发展成以比吸收率（SAR）为依据制定卫生标准。

（3）动物实验依据。可以通过动物实验来印证在人身上难以表现出的影响或损害，再和人体的变化相结合，使结果升华。

（4）以现场调查和人群流行病学为主要依据。在制定职业和公众卫生标准时，应该有具代表性的现场调查和一定数量的人群流行病学调查资料，即指职业人群和公众人群的健康检查资料，以及现场的电磁场、微波功率密度分布情况等材料。我国这方面的工作做得最为完善，其次是前苏联及某些东欧国家，美国等国家的有关工作相对较少。另外，我国已经做了一些关于职业和环境暴露于不同频率电磁场的人群健康效应调查。调查结果表明，慢性暴露于电磁场与多种非特异性症状有关。这些效应似乎与一些动物实验和别国的人群调查结果相一致。

总而言之，就是以理论为基础，对实际暴露人员进行定期体检，以人体和现场调查为主，辅以动物实验作为制定标准的依据。

（5）各国标准的差异。由于制定标准的依据不同，同样都是保护人群健康的卫生标准，各国的限值却相差很大。我国的电磁辐射卫生标准与国外标准存在很大差异，尤其与欧美的标准之间差异更大。我国的标准自颁布以来很少修订，欧美等国的标准经过几次修订，越来越严格。

二、电磁辐射污染的评价参数

（一）电磁辐射污染的量度单位

度量电磁污染的单位很多，大体可分为两大类，分别用于度量辐射强度和辐射剂量。

1. 辐射强度

辐射强度主要用于度量辐射源在空间某点产生的电磁场强度或者能量密度。依据电磁场的频段，采用不同的度量单位。通常，对大于 300MHz 的频段（特高频，微波频段），采用能量通量密度度量，其单位为 W/cm^2、mW/cm^2、$\mu W/cm^2$。对于小于 300MHz 的频段（高频，100kHz ~ 30MHz；超高频，30 ~ 300MHz），采用电场强度和磁场强度作为度量单位。电场强度常用 V/m、mV/m、$\mu V/m$ 或分贝表示，磁场强度常用 A/m、mA/m、$\mu A/m$。在进行电磁环境测量时，干扰场强国家计量标准采用单位为 mV/m，用分贝表示时，$1mV/m = 0dB$。

2. 辐射剂量

辐射剂量用于度量受体实际吸收电磁辐射程度。SAR 是较为有名的辐射剂量度量指标。SAR 是英文 Specific Absorption Rate 的缩写，用于计量多少无线电频率辐射能量被身体所实际吸收，称作特殊吸收比率或比吸收率简称 SAR，以瓦特/每千克（W/kg）或毫瓦/每克（mW/g）来表示。其直接物理含义是单位时间内单位质量的有机体吸收的电磁辐射能量。

SAR 的准确定义是：给定物质密度(ρ)下的一体积单元(dV)中单位物质(dm)吸收（耗损）的单位电磁能量(dW)相对于时间的导数。

$$SAR = \frac{d}{dt}\left(\frac{dW}{dm}\right) = \frac{d}{dt}\left(\frac{dW}{\rho dV}\right) \qquad (5-11)$$

如果界定有机体吸收的电磁辐射能量全部转化为热能，从而引起有机体组织温度升高，这样就可以根据有机体组织温度升高的情况推算 SAR，计算公式如下：

$$SAR = \frac{\sigma E_i^2}{\rho} = c_i \left.\frac{dT}{dt}\right|_{t=0} \qquad (5-12)$$

式中　E_i——细胞组织中的电场强度有效值，以 V/m 表示；

　　　σ——人体组织的电导率，S/m；

　　　ρ——人体组织密度，kg/m³；

　　　c_i——人体组织的热容量，J/kg；

　　dT/dt——组织细胞的起始温度时间导数，K/s。

目前，美国、欧洲均采用 SAR 值作为度量手机辐射的指标，国际电联、国际卫生组织等国际组织也推荐采用 SAR 值，我国正在制定的电磁辐射防护标准，也将采用 SAR 值。

（二）电磁场的暴露限值

国际非电离辐射防护委员会（International Commissionon Non – ionizing Radiation Protection，ICNIRP）制定了一个标准《限制时变电场、磁场和电磁场暴露限值（300GHz 以下）的导则》。该标准通过人体过电磁波的比吸收能的限值导出了人体暴露于电磁波中时，对于电磁场的导出限值。导则把暴露限值分为基本限值和导出限值两类。

基本限值是直接依据设定的健康效应而制定的暴露于时变电场、磁场和电磁场的限值。根据场的频率，用电流密度(J)、比吸收率(SAR)、功率密度(S)物理量作为基本限值，其中功率密度可在空气中测量。

导出限值是用以决定在实际暴露条件下是否超出基本限值。即通过测出的信号强度经过一定的换算，可推导出信号是否超出了基本限值。物理量为：电场强度(E)、磁场强度(H)、磁通量密度(B)、功率密度(S)和肢体电流(I_L)。按比例和暴露时间危害作用导出的物理量为接触电流(I_c)，用于脉冲场的为比吸收能(SA)。

暴露的方式分为职业暴露和公众暴露两种。

职业暴露是对处于控制条件下的成人和受过训练能意识到潜在危险并采取了相应措施的人的暴露。一般指机房的工作人员暴露于电磁辐射中。持续时间限定为 8h/d。

公众暴露是对处于非控制条件下的各种年龄阶段及不同健康状况，并且不会意识到暴露的发生和对其身体造成的危害，不能有效地采取防护措施的个人的暴露。持续时间为 24h/d。

（1）基本限值。基本限值范围，采用不同的基本限值参数：①在 <1Hz ~ 10MHz 范围，基本限值为电流密度；②在 100Hz ~ 10GHz 范围，基本限值为 SAR，在 100Hz ~ 10MHz 范围内，基本限值为 SAR 和电流密度；③在 10GHz ~ 300GHz 范围内，基本限值为功率密度。频率为 10GHz 及以下范围内的基本限值见表 5 – 4，频率为 10GHz ~ 300GHz 范围的基本限值见表 5 – 5。

表 5 - 4　频率为 10GHz 及以下范围内的时变电场和磁场基本限值

暴露特点	频　　率	头和躯干电流密度/ (mA/m², rms)	全身平均 SAR/(W/kg)	头和躯干 SAR/(W/kg)	四肢 SAR/ (W/kg)
职业暴露	≤1Hz	40			
	1~4Hz	40/f			
	4Hz~1kHz	10			
	1~100kHz	f/100			
	100kHz~10MHz	f/100	0.4	10	20
	10MHz~10GHz		0.4	10	20
公众暴露	≤1Hz	8			
	1~4Hz	8/f			
	4Hz~1kHz	2			
	1~100kHz	f/500			
	100kHz~10MHz	f/500	0.08	2	4
	10MHz~10GHz		0.08	0	4

注：1. f 为频率，以 Hz 为单位；

2. 由于身体的电特性不均匀，电流密度应在垂直电流方向 1cm² 的横截面上平均分布。

表 5 - 5　频率为 10GHz~300GHz 范围内功率密度的基本限值

暴　露　特　性	功率密度/(W/m²)
职业暴露	50
公众暴露	10

注：1. 功率密度采用暴露位置任一 20cm² 面积和任一 $68/f^{1.05}$（f 单位为 GHz）作用时间（min）的平均值，后者是为了补偿随频率增加而引起的透入深度的减少；

2. 1cm² 区域内的平均空间最大功率密度不超过以上数据的 20 倍。

（2）导出限值。表 5 - 6 和表 5 - 7 给出了职业和公众暴露的导出限值。导出限值是暴露体全身的空间平均值，但条件是不超过局部暴露的基本限值。

表 5 - 6　时变电场和磁场的职业暴露导出限值（未受干扰的均方根值）

频率范围	电场强度 E/(V/m)	磁场强度 H/(A/m)	磁通密度 B/μT	等效平面波功率密度 S_{eq}/(W/m²)
<1Hz		$1.63×10^5$	$2×10^5$	
1~8Hz	20000	$1.63×10^5/f$	$2×10^5/f^2$	
8~25Hz	20000	$2×10^4/f^2$	$2.5×10^4/f^2$	
0.025~0.82kHz	500/f	20/f	25/f	
0.82~65kHz	610	24.4	30.7	
0.065~1MHz	610	1.6/f	2.0/f	
1~10MHz	610/f	1.6/f	2.0/f	
10~400MHz	61	0.16	0.2	10
400~2000MHz	$3f^{1/2}$	$0.008f^{1/2}$	$0.01f^{1/2}$	f/40
2~300GHz	137	0.36	0.45	50

注：1. f 取表中各栏所示频率范围；

2. 假若符合基本限值且有害间接影响可以排除时，场强值可以超过。

表5-7 时变电场和磁场的公众暴露导出限值(未受干扰的均方根值)

频率范围	电场强度 $E/(V/m)$	磁场强度 $H/(A/m)$	磁通密度 $B/\mu T$	等效平面波功率密度 $S_{eq}/(W/m^2)$
<1Hz		3.2×10^4	4×10^4	
1~8Hz	10000	$3.2 \times 10^4/f^2$	$4 \times 10^4/f^2$	
8~25Hz	10000	$4000/f$	$5000/f^2$	
0.025~0.8kHz	$250/f$	$4/f$	$5/f$	
0.8~3kHz	$250/f$	5	6.25	
3~150kHz	87	5	6.25	
0.15~1MHz	87	$0.73/f$	$0.92/f$	
1~10MHz	$87/f^{1/2}$	$0.73/f$	$0.92/f$	10
10~400MHz	28	0.073	0.092	2
400~2000MHz	$1.375/f^{1/2}$	$0.0037/f^{1/2}$	$0.0046/f^{1/2}$	$f/200$
2~300GHz	61	0.16	0.20	10

注:1. f 取表中各栏所示频率范围;

2. 假若符合基本限值且有害间接影响可以排除时,场强值可以超过。

(3)接触和感应电流的导出限值。在频率在110MHz及以下,给出了接触电流的导出限值(表5-8)。当超过该水平时,应该采取措施以避免电击和烧伤的危害。

对于10MHz~110MHz频段,四肢电流的导出限值应在局部 SAR 基本限值以下,见表5-9。

表5-8 时变接触电流的导出限值

暴露特性	频率范围	最大接触电流/mA
职业暴露	<2.5Hz	1.0
	2.5~100kHz	$0.4f$
	100~110kHz	40
公众暴露	<2.5Hz	0.5
	2.5~100kHz	$0.2f$
	100~110kHz	20

注:1. f 为频率,单位 kHz。

表5-9 频率为10GHz~300GHz范围内功率密度的基本限值

暴露特性	电流/mA
职业暴露	100
公众暴露	45

注:1. 公众暴露等于职业暴露除以 $\sqrt{5}$;

2. 为与局部 SAR 基本限值相一致,用6min内感应电流平方的时间平均值的平方根作为导出限值的基础。

三、电磁辐射评价标准及相关计算方法

(一)我国电磁辐射标准

我国自20世纪80年代以来先后制定了作业场所电磁辐射安全卫生标准、电磁辐射环境安全卫生标准和干扰控制标准三类标准。

1. 电磁辐射防护规定(GB 8702—88)

《电磁辐射防护规定》是由国家环保部和国家技术监督局联合发布的,增加了 SAR(比

吸收率)剂量的内容,规定在 24h 以内任意连续 6min 的平均 SAR 应小于 0.02W/kg。

对于一个辐射体发射几种频率或存在多个辐射体时,其电磁辐射场的场量参数在任意连续 6min 内的平均值之和,应满足下式

$$\sum_i \sum_j \frac{A_{ij}}{B_{ij}} \leqslant 1 \qquad\qquad (5-13)$$

式中 A_{ij}——第 i 个辐射体受 j 频段辐射的辐射水平;

B_{ij}——对应于 j 频段的电磁辐射所规定的照射限值。

2. 环境电磁波卫生标准(GB 9175—88)

《环境电磁波卫生标准》适用于一切人群经常居住和活动场所的环境电磁辐射,不包括职业辐射和射频、微波治疗需要的辐射。此标准在制定时,参考了职业卫生标准,同时又扩大了人群流行病学调查范围,其中对青少年、儿童进行了神经行为功能和某些临床化验指标的观察;并做了动物实验。鉴于上述工作基础,在制定的标准中列出二级容许限值(参见表 5-10)。Ⅰ级标准安全区:指老弱病残孕婴儿公众在此区环境中长期居住生活,不受电磁辐射影响的区域;Ⅱ级中间区:长期居住生活在此区,有可能对易感人群引起某些不良反应或影响,故必须加以限制。

表 5-10 《环境电磁波卫生标准》(GB 9175—88)

频率/MHz	强度单位	容 许 限 值	
		Ⅰ级(安全区)	Ⅱ级(中间区)
0.1~30	V/m	10	25
>30~300	V/m	5	12
>300~300000	μV/cm²	10	40
混合	V/m	按主要波段场强,若各波段场强分散,则按复合场强加权确定	

3. 作业场所电磁辐射安全卫生标准

为了有效地保护作业人员与高场强作用下居民的身体健康,防止电磁辐射对生产和生活环境的污染,制定电磁辐射控制标准是非常必要的。

关于标准的制定,目前国际上约有几十个国家和相关组织做出了标准限值与测量方法的规定。具体到标准限值,各国家相差甚为悬殊,主要是由于对于不同频段的电磁辐射生物学作用机理、实验内容与方法、现场卫生学调查的方法与对象、统计处理方法等不同而导致结果的不一致,致使限值有很大差异。此外,随着人们实践和认识的不断深化,实验与统计处理方法的不断完善与科学化,标准的限值也在不断修改与调整,使之更加合理、科学,更具实践意义和可操作性。

射频辐射与工频场作业场所安全卫生标准,是用于保护从事各种高频设备、微波加热设备、理疗医用设备、科学实验用电子电气装备、各种发射系统与高压系统等作业人员及高场强环境内的相关人员的身体健康。

由于不同频段电磁辐射在作业人员工作地点形成不同的作用场,而且不同频段电磁辐射的生物学作用的活性也不一致,因此需要根据不同频段的特征,分别制定容许辐射的限量。

此类标准按工作频率可划分为:作业场所工频辐射卫生标准、作业场所高频辐射卫生

标准、作业场所甚高频辐射卫生标准与作业场所微波辐射卫生标准等四种。这里仅简单介绍作业场所微波辐射卫生标准、作业场所超短波辐射卫生标准和作业场所工频辐射卫生标准。

（1）作业场所微波辐射卫生标准（GB 10436—89）

《作业场所微波辐射卫生标准》规定了作业场所微波辐射卫生标准及测试方法，适用于接触微波辐射的各类作业（除居民所受环境辐射及接受微波诊断或治疗的辐射外）。此标准规定的内容相对较多，详细可参见标准原件。标准主要内容见表 5 – 11。

表 5 – 11 《作业场所微波辐射卫生标准》（GB 10436—89）

辐 射 条 件	8 小时/日容许功率密度/($\mu W/cm^2$)	剂量限值/($\mu W \cdot h/cm^2$)	<8 小时/日的容许功率密度/($\mu W/cm^2$)
连续波或脉冲波非固定辐射	50	400	400/t
脉冲波固定辐射	25	200	200/t
仅肢体辐射	500	4000	4000/t

（2）作业场所超短波辐射卫生标准（GB 10437—89）

《作业场所超短波辐射卫生标准》规定了作业场所超高频辐射（30 ~ 300MHz）的容许限值及测试方法，分为连续波和脉冲波，暴露时间分为二级，具体见表 5 – 12。

表 5 – 12 《作业场所超短波辐射卫生标准》（GB 10437—89）

辐射条件	辐射时间	容许功率密度/(MW/cm^2)	相应电场强度/(V/m)
连续波	8 小时/日	0.05	14
	4 小时/日	0.1	19
脉冲波	8 小时/日	0.025	10
	8 小时/日	0.05	14

（3）作业场所工频电场卫生标准（GB 16203—1996）

本标准规定了作业场所工频电场 8h 最高容许量为 5kV/m。因工作需要必须进入超过最高容许量的地点或延长接触时间时，应采取有效防护措施。带电作业人员应该在"全封闭式"的屏蔽装置中操作，或应穿包括面部的屏蔽服。

4. 工业企业设计卫生标准（GBZ 1—2002）

我国卫生部 2002 年 6 月 1 日颁布实施的《工业企业设计卫生标准》中关于电磁辐射的标准内容摘要如下：

（1）防非电离辐射（射频辐射）

① 生产工艺过程有可能产生微波或高频电磁场的设备应采取有效地防止电磁辐射能的泄漏措施；

② 工作地点微波（300MHz ~ 300GHz）电磁辐射强度不允许超过表 5 – 13 规定的限值。

表 5 – 13 工作地点微波辐射强度卫生限值

波 型		平均功率密度/($\mu W/cm^2$)	日总计量/($\mu W/cm^2$)
连续波		50	400
脉冲波	固定辐射	25	200
	非固定辐射	500	4000

工作日接触连续波时间小于 8h 可按下式计算

$$P_d = 400/t \qquad (5-14)$$

式中　P_d——容许辐射的平均功率密度，$\mu W/cm^2$；

　　　t——接触辐射时间，h。

工作日接触脉冲波时间小于 8h，容许辐射的平均功率密度按下式计算：

$$P_d = 200/t \qquad (5-15)$$

③ 短时间接触时卫生限值不得大于 $5mW/cm^2$，同时需要使用个体防护用具。

④ 高频电磁辐射（频率 30MHz ~ 300MHz）工作地点辐射强度卫生限值不应超过表 5 – 14 的规定。

表 5 – 14　高频辐射强度卫生限值

波　　型	日接触时间/h	功率密度/(W/cm^2)	电场强度/(V/m)
连续波	8	0.05	14
	4	0.10	19
脉冲波	8	0.025	10
	4	0.05	14

⑤ 产生非电离辐射的设备应有良好的屏蔽措施。

（2）工频超高压电场的防护

① 产生工频超高压电场的设备应有必要的防护措施。

② 产生工频超高压电场的设备安装地址（位置）的选择应与居住区、学校、医院、幼儿园等生活、工作区保持一定的距离。达到上述地区的电场强度不应超过 1kV/m。

③ 从事工频高压电作业场所的电场强度不应超过 5kV/m。

④ 超高压输电设备，在人通常不去的地方，应当用屏蔽网、罩等设备遮挡起来。

5. 国家军用标准

我国先后制定了《超短波辐射作业区安全限值》（GJB 1002—90）（表 5 – 15）和《水面舰艇磁场对人体作用安全限值》（GJB 2779—96）。

表 5 – 15　《超短波（30 ~ 300MHz）辐射作业区安全限值》（GJB 1002—90）

辐 射 条 件	日照射时间/h	容许平均电场强度/(V/m)	容许暴露电场强度上限/(V/m)
脉冲波	8	10	87
连续波	8	14	123

注：1. 当在脉冲条件下工作电场强度大于 10V/m，在连续波条件下工作电场强度大于 14V/m 时，都必须采取有效防护措施；

2. 如实测数据以平均功率密度表示时，须将数据按下式换算成等效值：$E = \sqrt{P_d \times 377}$，式中：$E$ 为电场强度，单位为 V/m；P_d 为功率密度，单位为 W/m^2。

（二）国际电磁辐射标准简介

1. 工频电场卫生标准

目前，大约已有 20 个国家制定了工频电场的电磁辐射标准，有的是国家标准，有的是组织和地方制定的标准，但是大多数标准还是推荐值。表 5 – 16 所列为一些国家的工频电场标准。

表 5 - 16　各国工频电场强度限值

国　　别	类　　别	容许强度/(kV/m)	暴露时间	区　　域
前苏联	国标	<5	工作日	运行区
		<25	短时	维护区
前西德	工业标准	≤20	长期	
		≤30	短期	维护工作区
捷克	国际	≤15	长期	变电所
波兰		≤15	长期	变电所
		≤20	短期	变电所
西班牙	导则	≤20		

2. 工频磁场卫生标准

目前磁场对人体健康影响问题还没有引起重视，只有少数几个国家规定了工频磁场的磁通量密度限值：美国 0.2mT(毫特斯拉)；苏联 0.3mT；西德工业标准 5mT，5min 内容许 50mT。

国际辐射防护协会所属国际非电离辐射委员会(IRPA/INIRC)于 1990 年向各国推荐频率为 50/60Hz 电场和磁场限值临时导则，见表 5 - 17。

表 5 - 17　IRPA/INIRC 50/60Hz 电磁场限值

受照群体		电场强度/(kV/m)，rms	磁通密度/mT，rms
职业群体	整工作日内	10	0.5
	短时间内①	30	5
	局限于四肢		25
公众群体	每天最多达 24h 内	5	0.1
	每天数小时内	10	1

注：1. 磁通量密度短时间是指每天不得超过 2h。

职业照射：受照射时间计算公式为

$$t \leqslant 80/E \tag{5-16}$$

式中　t——时间，h；

　　　E——电场强度，kV/m。

公众照射：容许受照射的时间仅每天数分钟，且此时体内感应电流密度不大于 2mA/m^2；如果磁通量密度大于 1mT 时，受照射时间必须限制在每天数分钟以内。

3. 射频电磁辐射标准

国际辐射防护协会(IRPA)于 1988 年对射频电磁辐射标准做了修改，具体见表 5 - 18 和表 5 - 19。

4. 无线通信标准

人们在无线通信环境中工作和生活受到长时间辐射，即使场强不高，也有可能引起人体的慢性危害，产生慢性累积效应。因此，为保护职业人群和公众人群的安全与健康，应当制定无线通信容许限值。国际非电离辐射防护委员会制定的无线通信标准被世界卫生组织和越来越多的国家、地区逐步采用。

5. 磁场标准

我国在磁场暴露卫生标准方面研究较少，国外一些国家的个人和研究机构有些研究报道，已经对恒定磁场职业暴露标准提出了一些建议或推荐限值。但尚未得到公认，仅具有参考价值。

表 5-18　IRPA 射频电磁辐射职业暴露限值

频率/MHz	电场强度/(V/m)	磁场强度/(A/m)	功率密度/(mW/cm²)
0.1～1	614	1.6	
1～10	614/f	1.6/f	
10～400	61	0.16	1
400～2000	$3 \times f^{1/2}$	$0.008 \times f^{1/2}$	5/4000
2000～30000	137	0.36	5

注：表中 f 为频率 MHz。

表 5-19　IRPA 射频电磁辐射公众暴露限值

频率/MHz	电场强度/(V/m)	磁场强度/(A/m)	功率密度/(mW/cm²)
0.1～1	87	0.23	
1～10	87/$f^{1/2}$	0.23/f	
10～400	27.5	0.073	0.2
400～2000	$1.375 \times f^{1/2}$	$0.0037 \times f^{1/2}$	f/2000
2000～30000	61	0.16	1

注：表中 f 为频率 MHz。

第三节　电磁辐射测量技术

电磁辐射测量技术对于研究射频设备在近区场内所形成的感应情况和场强分布，确定射频设备主要漏场场源，研究射频电磁场的安全卫生标准及产业执行标准，研究屏蔽技术，对漏场实行抑制措施，确保作业人员身体安全和健康，避免污染环境、引燃引爆和干扰电子设备的正常工作，是一项极其重要的任务。

一、电磁污染源的调查

（一）调查目的和内容

1. 调查目的

为了迅速开展治理工作，切实保护环境、造福人类，电磁污染的调查研究是非常必要的。

2. 调查内容

（1）污染源与射频设备使用情况的调查

为了明确该地区主要人工电磁污染源的种类、数量以及设备的使用情况。

（2）主要污染源的测试

在污染源与射频设备使用情况调查的基础上，在专门单位统一指导下，按行业系统对主要污染源的辐射强度进行测量，以了解射频设备的电磁场泄漏、感应和辐射情况，摸清工作环境场强分布与生活环境电磁污染水平及对人体的影响,进而确定频射设备的漏场等级和治理重点。

（3）电磁污染情况的调查

在调查的最初阶段,应以电磁辐射对电视信号的干扰为主,方法如下:以所测定的污染源为中心,取东、南、西、北四个方位,在每一个方位上间隔10m选取一户为调查点,深入到各户调查点,详细了解电视机接收情况,包括图像与伴音两个方面,是否受到干扰。

（二）调查的程序

（1）设计各类调查表以及进行调查;

（2）定点测量;

（3）测试数据整理以及综合分析与绘制辐射图。

将场强测试结果按强度大小、频率高低进行分类整理,通过定点距离与场强关系值,场强与频率及时间变化关系特性表（或曲线）,做出各种特性曲线和绘制辐射图。

二、电磁污染的测量方法

电磁污染的测量实际是电磁辐射强度的测量。在这方面,重点介绍工业、科研和医用射频设备辐射强度的测量方法。

基于它们所造成的污染是由于这些设备在工作过程中产生的电磁辐射,因此,对于这类设备辐射强度的测量可以一次性进行。大体测量方法如下:当设备工作时,以辐射源为中心,确定东、南、西、北、东北、东南、西北、西南八个方向（间隔45°角）做近区场与远区场的测量。

（一）电磁辐射近区场强测量技术

为了研究射频设备在工作进程中,与电磁泄漏或辐射所造成的近区场内的射频感应情况、场强分布状态以及在远区场内的污染与干扰程度的关系,首先确定射频设备的主要漏场部位与辐射场源,进而研究射频设备工作中所产生的电磁泄漏与辐射造成的危害和影响;研究提出射频电磁场的安全卫生标准、产品漏场执行标准与环境污染干扰标准;探讨研究屏蔽技术理论与技术方案,对射频漏场与射频辐射实行抑止技术措施,确保作业人员身体健康;避免环境污染和干扰电子通讯设备的正常工作;防止诸如某些武器弹药与可燃性油品等的引燃引爆,都必须进行近区场与远区场的场强测定,将别是近区场的场强测定工作,至关重要。

在近区场感应场之内射频电磁感应场强随着与场源距离的增加而急剧地减小。在比较纯一的场地,场强同距离的平方成反比。在感应场之内,人将处于相互周期更换的电场和磁场中,而且磁场强度与电场强度不成一定的比例关系,即 $E \neq 377H$。在一般情况下,应进行电场与磁场强度或能通量密度的测定。

远区场的特点是,在比波长大很多的地方,感应场逐渐减小,以致在实际上所有的电磁能量都集中在以电磁波形式传播的辐射场内。在辐射场,场源的减小是比较均匀的,场强的衰减与场源的距离成反比。在辐射场之中,人将处于同时并且平均地改变电场和磁场两个部分的作用区之内,而且电场与磁场在强度上具有一定的比例关系,即 $E = 377H$。

因此,在实测中,一般可以测定其磁场强度,有了磁场强度,我们就可以求出电场强度了。近区场强的测量技术主要包含下述几项内容。

1. 射频设备漏场水平的测量

电子技术高度发达的国家均应制定射频设备的漏场执行标准，作为评价射频设备电磁泄漏水平的恒定指标。

射频设备漏场执行标准，主要是针对产品而言，它规定在射频设备出厂前必须进行设备的漏场场强测定，并按照这个标准做出泄漏水平的评价，凡超过执行标准的设备，一律不准出厂。同时，对于投入使用的射频设备亦需进行设备漏场测定工作，以便随时发现问题及时研究解决。

（1）测定仪器与测定方法

① 测定仪器。使用近区场强测定仪进行测试。

② 测定前准备工作

a. 测定前，应按产品说明书的规定，关好机柜全部门窗，上好盖板并拧紧所有螺栓，使设备处于完好状态。

b. 被测设备应按说明书规定，要有可靠的高频接地，并正式模拟接地系统。

c. 认真检查场强仪，检查电压，调好零点，确定好测试部位。所有准备工作就绪后，即可进行测定。

③ 测定方法

a. 测定时射频设备均应处于正常工作状态，即按产品说明书规定，加额定负载作最大输出功率运行。

b. 测定的重点是设备的射频部分，如振荡柜，末级槽路，射频变压器，输出馈线，射频部分的观察窗，柜门缝隙，冷却水管以及调谐手轮等部位。

c. 测定距离指场强仪天线中心与被测点之间距。当进行电场强度测定时，测定天线（偶极子）中心与被测点距离如下。

Ⅰ. 当天线（偶极子）垂直于被测部位平面时，规定偶极子中心，距离被测面为20cm，或偶极子天线最近端距离被测面为10cm。

Ⅱ. 当天线（偶极子）平行于被测部位平面时，规定偶极子距离被测面为10cm。

Ⅲ. 当进行磁场强度测定时，磁场天线（环天线）的中心距离被测点间距做如下规定。环天线平面与被测面平行时，其间距规定为1；环天线平面与被测面垂直时，规定环天线圆心到被测点距离——直径为16cm的大环天线与被测点间距定为18cm，直径为8cm的小环天线与被测点间距为14cm。

d. 测定方位。原则上要求在规定的测定距离上，以天线中心点为轴心，全方向转动天线探头，视指示最大的方位为测定方位。然而在实测中，一般情况下可以简化，即测定电场时天线杆与被测面垂直；测定磁场时环天线平面与被测面平行。

e. 测定操作要点。考虑到泄漏场强可能很高，特别是处于设备近区场时，所以测定开始首先必须用仪器高档测试；若高档工作时指示很小，则应换成次高档，防止损坏表针或仪器零件，使指示表针多在刻度盘中间部分显示，保证测量准确度高。

鉴于设备近区某些部位场强往往很高，人体和金属体成为感应体，可能引起场的改变与场强分布状况的改变，影响测量结果。因此测定时在测定部位，特别是在测量仪器的天线附近，原则上规定仪器天线1m的范围内严禁站人，测试部位1m的范围内避免放置不必要的金属体等。测试工作必须严格执行测试规范的规定要求：测量工作人员在使用仪器进行测定时，测定方法要正确，操作务必准确；测量时，仪器天线应固定在可以旋转的支架座盘上，通过旋转支架来调整测试方位与高度，避免手持仪器天线把；工作人员不应触及天线，一定要保证偶极子天线的平衡对称；仪器的传输双绞线必须平直，且与被测面垂直（或与偶极子天线相平行，或与环天线平面相垂直）。测量过程中，应注意零点漂移现象，使用时必须及时调零。测定条件与数据必须详细记录。

（2）测定数据处理

① 测定数据由于设备在设计制造上、屏蔽技术方案与实施上以及输出功率与频率等多方面诸因素的不相同，因此各类设备漏场水平程度不一，分布状况也大有差别。

② 数据处理将全部测试数据进行妥善处理，舍去带有假象的不合理的少量数据，然后根据处理后的数据分析研究，做出对射频设备漏场水平的评价。

a. 明确设备的主要漏场场源与辐射部位。

b. 造成电磁泄漏的主要原因必须找出。

c. 确定产品是否合格。将所有数据与漏场执行标准相比较，若处理后的测试数据都不超过漏场标准，则为合格产品，予以出厂；否则不准出厂。

2. 近区场工作空间场强测定

近区场场强测定重点是工作部位。通过工作空间电磁场强度的测定，确定工作人员所处的操作部位受电磁影响程度和工作空间场强分布，以便采取措施，使场强被控制在安全卫生标准之下。

（1）测定仪器

生产现场工作空间的电磁场特点依其工作频率和生产现场大小而有所区别，因此宜作假定区域的划分来明确感应场与辐射场分布。一定条件下，射频作业的操作部位均处于感应场近区，所以作业部位场强测定用近区场强仪。而工作区若为近区场范围，同样用近区场强仪；若为远区场范围，高强度情况下用近区场强仪，低强度时用远区（干扰）场强仪。

（2）测量方法

① 工作部位的场强测定方法。原则是模拟作业人员，对所处工作部位各部分进行测定。

a. 测定前准备工作

Ⅰ. 射频设备接地检查，接地系统要良好；

Ⅱ. 场强仪工作电压与调零检查；

Ⅲ. 开机，使设备处于正常工作状态（主要是输出正常）。

b. 测定方法

Ⅰ. 以作业人员主要操作部位为基本测定区，以操作人员所在位置的垂直中心线为基本测定线。测定时，场强仪天线的中心点应与基本测定线相重合。

Ⅱ. 测定高度。考虑到射频电磁场对身体各个部位的影响和人体各个部位在感应场中所处场强的不同，参考国内外的研究和经验，确定以头、胸、腹三个部位为垂直高度。在一般现场测量中，分为两种情况：立姿操作头部、胸部与下腹部，其对应高度一般可选取 $1.5 \sim 1.7m$，$1.1 \sim 1.3m$，$0.7 \sim 0.9m$；坐姿操作对应高度可定为 $1.1 \sim 1.2m$，$0.8 \sim 1m$，$0.5 \sim 0.6m$。

Ⅲ. 测定方位。以被测定部位的中心点为轴心，将场强仪天线置于此点做全方向转动，选取指示最大的方位为测定方位。

Ⅳ. 复合场测定。现场为复合场时，即多机作业，而各机频率、布局等参数又不相同情况下，暂以定点上最强方向上的最大值为准。

c. 测定操作要点

Ⅰ. 场强仪的使用原则是先由大挡开始，往低挡过渡。考虑到实际场强分布情况，不妨可先由次大挡开始使用。

Ⅱ. 应注意避免人体对测定的影响。测试时测量天线一米之内严禁站人，测量天线宜固定在旋转支架座上。然而，在实际使用时测试者多用手握天线把。对于这种情况，测试者手应尽量离天线远一些，传输双绞线应平直。除持天线的手臂外，测试者不得靠近天线。同时，要求在测定电场时，不应站在电场天线的延伸线位置上。测定磁场时，测试者不应与环天线平面相平行。

Ⅲ. 测量过程中，不应用手摸擦表面盘，防止产生静电效应，影响测定结果。

② 工作车间的场强测定方法

对于设置射频设备的车间，除测量直接操作射频设备的作业人员的操作部位外，尚应对车间内的整个工作环境做一次全面的场强测定工作。此项测定工作一般在工作部位场强测定完毕之后立即进行。

a. 测定高度

Ⅰ. 一般情况下，选取人的头部，即 1.5~1.7m 高为测定高度。

Ⅱ. 当场源漏场强度很高时，且场源所处高度较低情况下，选取与场源所处高度做等高度的测定。

b. 测定距离

Ⅰ. 一般情况下，选择其他作业人员工作或集中休息的场所作为测量点。

Ⅱ. 取东、西、南、北四个方位，依次做间距 lm 的水平距离的场强测定。

(二) 电磁辐射环境污染场强测量技术

大功率的射频设备，由于屏蔽设计制造上的种种原因，会造成一定的环境污染；特别是由于某些高频设备的天线、馈线的高强度辐射的结果，对环境的污染污染程度是比较严重的，涉及的作用区域将更大。

为了明确电磁辐射所造成的环境污染水平，保障居民身体健康，就必须对外环境进行场强测定。

1. 测量仪器

国内已使用在环境电磁污染的测量仪器上，可以分为环境地磁污染远区场监测仪器和环境电磁污染近区场监测仪器两大类。

(1) 电磁污染远区场监测仪器。用于电磁辐射污染的测量仪器在远区场范围内主要是 1000MHz 以下频段的远场仪或干扰仪。

① RR7 型干扰场强测量仪。该仪器主要功能是通过磁性天线与鞭状天线测量频率范围为 10~150kHz 干扰场强、正弦信号场强、终端电压、谐波分析与漏场等。技术指标如下：

a. 场强测量范围，鞭状和磁性天线为 24~124dB；

b. 场强测量误差：≤3dB；

c. 检波器时间常数，充电时间常数 45ms ± 22.5ms，放电时间常数 500ms ± 100ms。

② RC11（或 RR2）场强仪。该仪器是全晶体管化的便携式的中短波场强测量仪器，它主要用来测量正弦信号的辐射场强与终端电压以及漏场等。技术指标如下：

a. 频率范围：0.5 ~ 30MHz；

b. 场强测量范围：可测 0.5 ~ 2.7MHz 为 12 ~ 110dB，2.7 ~ 15MHz 为 8 ~ 110dB，15 ~ 30MHz 为 12 ~ 110dB；

c. 场强校准误差：≤2dB。

③ RR3 场强仪。可供测量频率范围 28 ~ 500MHz 的脉冲干扰终端电压和脉冲干扰场强，也可测量正弦信号电压和场强，也可以测量漏场等。技术指标如下：

a. 场强测量范围：28MHz 为 9 ~ 110dB，500MHz 为 35 ~ 110dB；

b. 场强测量误差：±3dB；

c. 背景噪声引起的误差：不超过 1dB。

（2）电磁污染近区场监测仪器用于近区场电磁污染的场强仪，已在前面叙述，不再赘述。

2. 测量方法

环境电磁辐射场强的测量包括近区场感应强度和远区近程范围内的场强测定，场强用以评价工作现场、生活环境以及武器弹药储存场所电磁污染水平；同时，也适用于远区干扰场强的测试，干扰场强用以评价电磁辐射对信号的干扰程度。因此，电磁辐射场强的测定工作大体分为强场测定和远场测定。

强场测定为了有效地保护作业人员以及附近居民身体健康，防止强场引燃引爆危险事故的发生，必须进行近区场和远区近程空间范围内的场强监测工作。这种测量一般均采用自动监测、自动记录与自动报警的场强测量仪，在被测场所的不同地点进行测试。测试仪器见上述。

远场测定远区场电磁辐射场强的测定，美、日等国采用在工业区、商业区、住宅区以及空旷地带均匀布点的原则，进行定时测定。

采用的电磁污染测试方法如下。

（1）调查目的与内容

① 调查目的开展抑制技术的研究和治理工作，必须要做到底数清、情况明。为了迅速开展治理工作，切实保护环境、造福人类，搞好电磁污染的调查研究是非常必要的。

② 调查内容

Ⅰ. 污染源与射频设备使用情况的调查。为了明确该地区主要人工型电磁污染源的种类、数量以及设备的使用情况，要以地区所在地政府或环保主管部门的名义发出调查表，由各工厂企业与街道工厂逐项填报。

Ⅱ. 射频设备近区场强分布情况的调查与测试。一般来说，射频设备的近区主要是指工作环境，为了清楚地了解射频设备的电磁场泄漏、感应及辐射情况，摸清工作环境场强分布以及对人的影响进而确定设备电磁漏场等级和治理重点，需要在专业部门统一指导下，由各主管局按系统进行调查与场强测试，或由专门单位直接测量。

Ⅲ. 电磁污染情况的调查。为了防止居民产生不必要的思想负担，在调查的最初阶段，应以电磁辐射对电视信号的干扰为主，而不去了解对人体的影响。

基于城市规模较大，结合国外的调查方法，提出我国电磁污染情况的调查方法如下。以街道为分界，每 50 户作为一个调查点，也就是说，将全区按街道划分编好顺序号，然后在每一条街道，每间隔 50 户选一个调查点，详细了解并观察电视机接收情况，包括图像与伴音两个方面，是否受到干扰，干扰图像与伴音程度，把所有情况一一记录下来。

(2) 调查程序与方法

① 设计各类调查表。进行调查设计"污染源与射频设备使用情况调查"、"射频设备近区场场强分布情况测试调查表"、"电磁污染情况调查表"等由主管部门按系统发至工厂街道，逐项测试、调查与填报。调查表填报后按系统收回交环保部门，然后进行分类编号、立档。

② 分类整理、确定设备的漏场等级和监测布点。将调查与近区场测试结果进行分类与分析，按设备近区场强大小划分出漏场等级。漏场等级大体分为四等：第一等为电场强度在 20V/m 以下者或磁场强度在 5A/m 以下者，定为基本达标设备；第二等为电场强度在 20~40V/m 者，定为超标设备；第三等为电场强度在 50~100V/m 者，定为严重超标设备；第四等为电场强度在 100V/m 以上者，定为最劣设备。'磁场强度的等级评价，仍按这个比例考虑。确定了分类等级，即可进行监测布点，监测布点工作应与区域划分工作相结合。

③ 区域划分。根据调查分析的结果，即可着手进行区域划分。区域划分的原则如下。

Ⅰ．根据射频设备的分布情况、污染源类别、设备漏场等级和工作频率的高低进行区域的划分。

Ⅱ．区域划分不宜过细，一般可以划分为：微波强场设备集中区；微波弱场设备集中区；甚高频设备集中区；高频设备集中区；交通干线火花干扰区；干净区。

(3) 场强测试布点方法。我国在远区场测量或干扰场强的测量上，一般是采用梅花瓣法进行的，这种方法是以所测信号场源信号源为中心，在每间隔 45°角的八个方位上进行不同半径距离上的定点测量。然而，对于电磁辐射污染的测量，既有近区大强度的测量，又有远区小强度的测量。换句话说，有保护人体健康、防止引燃引爆的监测测量，又有避免信号干扰的测量。因此，电磁污染的测量应当与干扰测量有所区别。方案设计如下。

① 整个区域空间场强分布的测量。可以将全区域划分成若干个小方格子，每个小方格子各代表 0.5km×0.5km 或 1km×1km，然后在每个小方格的四角上作为测定点，从 10 点至下午 4 点监测。对于场源较少的区域，也可以以场源为零点，向东西南北划分上述面积的小方格子，进行测量，这样可以根据场强衰减情况决定测量范围，从而减少了工作量。

② 各类主要射频设备电磁辐射场强测量以设备为零点，做每间隔 45°角的八个方位的测试，每个方位上测点定在 10m、20m、40m、60m……上，间隔确定应与测试结果计算结合起来考虑。

③ 交通干线汽车火花干扰测量以干线为零点，取一个方向，做间距 10m 的测试。测量高度以 3m 为基准点。

（4）整个区域空间场强分布的测量规范

① 测量高度选为3m。

② 测量方法按仪器说明书进行。

③ 测量数据取准峰值与平均值两组。

（5）测试数据整理、综合分析与绘制辐射图将场强测试结果按强度大小、频率高低进行分类整理，列出每间隔0.5～1km测定点上的场强值、场强与频率特性表，场强与电视频道（2、6、8）干扰半径特性表，汽车火花场强与干扰半径特性表，场强与时间变化关系特性表（或曲线）。综合场强计算公式为：

$$E_{综} = \sqrt{E_1^2 + E_2^2 + \cdots + E_n^2} \qquad\qquad (5-17)$$

式中 E_1，E_2，…，E_n——不同频率在同一测量点上的场强值。

然后，做出各种特性曲线，绘制辐射图。

（三）微波漏能测试

1. 漏能测试仪的主要技术参数

微波漏能测试仪用于测定工业熔炉、加热炉、烘干炉、各种雷达以及采用微波技术的小型设备泄漏于空间的微波能量的测量，是一个携带方便，使用简单的手提直读式仪器，可供科研单位、工厂、部队测量 $\mu W/cm^2$ 及 mW/cm^2 级的微波功率密度。仪器的工作电压是由仪器内部的三节6V干电池供电，并可用仪器面板上的电表指示电压的大小。

（1）仪器的正常使用条件：环境温度为 $-10 ～ +40℃$，传感器要避免阳光直接照射，相对湿度为 $65\% \pm 15\%$，大气压力为 $(750 \pm 30)mmHg$。

（2）仪器能在 $3.3 ～ 33cm$ 波长范围内工作，其频率灵敏度的变化应不大于 $\pm 2dB$。

（3）仪器能测量的功率密度范围为 $0 ～ 30mW/cm^2$；共分6挡，即 $100\mu W/cm^2$，$30\mu W/cm^2$、$1mW/cm^2$、$3mW/cm^2$、$10mW/cm^2$、$30mW/cm^2$。

（4）仪器应能测试连续波与脉冲波两种工作状态，并能在表头上直接读出数据。探头过载，连续波不大于 $100mW/cm^2$ 时，峰值功率不超过 $3mW/cm^2$，否则要烧毁传感器。

（5）指示器的精确度在额定电压下不大于满刻度的 $\pm 10\%$。

（6）电源电压在表头指示的红线范围内仪器能正常工作。

2. 漏能测试仪的使用方法

使用本仪器前需熟悉仪器的工作原理及使用方法，任何时候都必须将传感器置于"零功率密度"模拟器内加以屏蔽。

使用时，首先检查电源电压，将传感器的插头插入指示器左下方的输入插座上，将量程开关放在第一挡 $+12V$ 上，拨面板右下方电源开关至电源电压为 $12V$。如使用一段时间后指针所指不在表头红线范围内，则表示电池电压不足，需更换电池。然后将量程开关顺时针方向转至第二挡 $-6V$ 上。如表头指针指在满刻度，则表示电源电压为 $-6V$，如经使用后指针不在表头红线范围内则需更换电池。

测量微波功率密度前，先将电源开关置于电源"通"的位置。预热约 $5min$ 后，根据实际辐射强度的量来选择量程开关的位置，如测量的功率密度大致在 $10 ～ 30mW/cm^2$ 时，则量程开关应顺时针放在第三挡即 $30mW/cm^2$ 挡，如测试的功率密度在 $100mW/cm^2$ 以内，则开关应放在顺时针第八挡位置上即 $100\mu W/cm^2$ 挡。

如场外辐射强度事先不清楚，则将量程开关放在 $30mW/cm^2$ 档（最大挡）上，然后逐步减小量程,直到能清楚地读出功率密度值为止。测试时,应先将"零功率密度"模拟器套在传感器上,使探头完全屏蔽,然后旋动零电位器使指针指零,再去掉屏蔽罩逐步将传感器移近辐射源,并沿传感器的轴向转动把手,使指示器指示最大,此时电表读数即为功率密度值。

测量结束后将电源开关向左拨向"断"的位置,切断电源避免消耗电池。如场强超过额定功率密度范围太多,容易将探头内的膜片烧毁。

在仪器正常工作时,将传感器插头插入指示器,接通电源开关,调零按钮起作用。否则,可能是插头未插好或传感器膜片被烧毁或传感器内接线断开,也可能是电源电压不足,应仔细检查。一般在 $100mW/cm^2$ 挡调零调好后,其他各档量程可以不再重新调零。

第四节 电磁辐射污染控制技术

一、电磁辐射污染概况

(一)电磁辐射污染特点

1. 有用信号与污染是共生的

水、气、声、渣等污染要素,与其产品是分开的。例如,生产合格的纸,排出污水。而电磁辐射不同,发射的就是有用信号,但其对公众健康来讲,同时具有污染的特性。在一定程度上,电磁波的有用信号和污染是共生的,其污染不能单独治理。

2. 产生的污染具有可预见性

电磁辐射设备对环境的辐射能量密度可根据其设备性能和发射方式进行估算,具有可预见性。在设计阶段,对于不同方案,可以初步估算出对环境污染的不同结果,由此可以进行方案的比较取舍。

3. 产生的污染具有可控制性

电磁辐射设备向环境发射的电磁能量,可以通过改变发射功率、改变增益等技术手段来控制。一旦断电,其污染立即消除,而且与周围建筑物的布局和人群分布有关。所以,为了最大限度地发挥电磁辐射的经济性能,减少对环境的污染,必须对电磁辐射设施的建设项目进行环境影响评价。

(二)我国电磁辐射污染现状

2007 年我国环境电磁辐射水平总体情况较好,除个别大功率发射设施局部环境综合场强略超国家标准外,其他电磁辐射设施周围电磁辐射水平满足国家标准。电磁辐射污染源增长迅猛,局部环境存在超标现象,但总体上电磁辐射环境质量仍然较好。个别电视广播塔、中波广播发射台周边环境敏感建筑物部分点位环境综合场强超过公众照射导出限值 40V/m,移动通信基站天线周围环境敏感点的电磁辐射水平低于《电磁辐射防护规定》规定的公众照射导出限值。各变电站周围环境敏感点工频电场、工频磁场测值范围均在公众照射导出限值内。

根据长期的管理和监测数据表明,目前我国环境电磁辐射污染的整体状况比较好,大部分情况都基本保持在本底水平的涨落范围内。但在一些大型电磁辐射设施周围,也有超标甚至严重超标的情况。对于这些设施,要采取相应的管理措施,消除污染。但随着经济的高速发展，电磁辐射设施急剧增加，电磁辐射环境管理的任务将越来越重。

二、电磁辐射防护基本原则

制定电磁辐射防护技术措施的基本原则是：①主动防护与治理，即抑制电磁辐射源，包括所有电子设备以及电子系统。具体做法是：设备的合理设计；加强电磁兼容性设计的审查与管理；做好模拟预测和危害分析工作等。②被动防护与治理，即从被辐射方着手进行防护，具体做法有：采用调频、编码等方法防治干扰；对特定区域和特定人群进行屏蔽保护。

根据上述电磁辐射防护技术原则，可将电磁辐射防护的形式分为两大类：①在泄漏和辐射源层面采取防护措施。其特点是着眼于减少设备的电磁漏场和电磁漏能，使泄漏到空间的电磁场强度和功率密度降低到最小程度。②在作业人员层面（包括其工作环境）所采取的防护措施。其特点是着眼于增加电磁波在介质中的传播衰减，使到达人体时的场强和能量水平降低到电磁波照射卫生标准以下。

三、电磁辐射防治的基本方法

（一）屏蔽

1. 屏蔽的分类

屏蔽是指采取一切可能的措施将电磁辐射的作用与影响限定在一个特定的区域内。

（1）按照屏蔽的方法分为主动场屏蔽与被动场屏蔽。两者的区别在于场源与屏蔽体的位置不同。前者场源位于屏蔽体之内，用来限制场源对外部空间的影响；后者场源位于屏蔽体之外，主要用于防治外界电磁场对屏蔽室内的影响。

（2）按照屏蔽的内容分为电磁屏蔽、静电屏蔽和磁屏蔽三种。电磁屏蔽是指采取一定的措施以消除电磁感应的影响；静电屏蔽则是利用静电场的特性，使电场线终止于屏蔽体的表面上，从而抑制电场的干扰；磁屏蔽则是用高磁导率材料制成的磁屏蔽体将磁场封闭在内，以防止电磁辐射的危害。实际防治工作中采用最多的是电磁屏蔽。

2. 电磁场屏蔽机理

电磁场屏蔽主要是依靠屏蔽体的反射和吸收起作用。

（1）吸收：电损耗、磁损耗及介质损耗等共同组成了屏蔽体的吸收作用。通过这些损耗在屏蔽体内转化为热消耗，从而达到阻止电磁辐射和防止电磁干扰的目的。

（2）反射：主要利用介质（空气）与金属的波阻抗不一致而产生反射作用。两者阻抗相差越大，反射作用越明显。

（3）电磁波在屏蔽体表面及屏蔽体内的吸收与反射：入射电磁波遇到屏蔽体后，由于两者波阻抗不一致而使一部分电磁波被反射回空气介质中，但仍有一部分能穿透屏蔽体。穿透的电磁波由于屏蔽体在电磁场中产生的电损耗、磁损耗及介电损耗等而消耗部分能量，即部分电磁波被吸收，吸收后剩余的电磁波在到达屏蔽体另一表面时，同样由于阻抗不匹配又会有部分电磁波反射回屏蔽体内，形成在屏蔽体内的多次反射，而剩余部分则穿透屏蔽体进入空气介质。

电磁干扰过程必须具备三要素：电磁干扰源、电磁敏感设备、传播途径。电磁场屏蔽措施主要是从电磁干扰源及传播途径两方面来防治电磁辐射：一方面抑制屏蔽室内电磁波外泄即抑制电磁干扰源；另一方面阻断电磁波的传播途径以防止外部电磁波进入室内。

电磁屏蔽作用一般可以分成三种：第一种是对静电场以及变化很慢的交变电场的屏蔽即静电屏蔽。这种屏蔽现象是由屏蔽物导体表面的电荷运动而产生的，在外界电场的作用下电荷重新分布，直到屏蔽物的内部电场均为零时停止运动。高压带电作业工人所穿的带电作业服就是利用这个原理研制的。第二种屏蔽是对静磁场以及变化很慢的交变磁场的屏蔽即磁屏蔽。它与静电屏蔽类似，也是通过一个封闭物体把磁场封闭在厚壁中而实现屏蔽的；与静电屏蔽不同的是，它使用的材料不是铜网，而是有较高磁导率的磁性材料。防磁功能手表就是基于这一原理制造的。还有一种电磁屏蔽就是对高频、微波电磁场的屏蔽。若电磁波的频率达到百万赫兹或者亿万赫兹，此时射向导体壳的电磁波就像光波射向镜面一样被反射回来，另外还有一小部分电磁波能量被消耗掉，即外部电磁波很难穿过屏蔽的封闭体进入内部，同样地，屏蔽体内部的电磁波也很难穿透出去。

（二）接地技术

1. 接地抑制电磁辐射的机理

接地有射频接地和高频接地两类。射频接地是将场源屏蔽体或屏蔽体部件内感应电流加以迅速的引流以形成等电势分布，避免屏蔽体产生二次辐射所采取的措施，是实践中常用的一种方法。高频接地是将设备屏蔽体和大地之间，或者与大地上可以看做公共点的某些构件之间，采用低电阻导体连接起来，形成电流通路，使屏蔽系统与大地之间形成一个等电势分布。

2. 接地系统的设计与实施

接地系统包括接地线、接地极。其结构如图5-6所示。

（1）接地线：射频电流存在趋肤效应，故屏蔽体的接地系统表面积要足够大，以宽为10cm的铜带为宜。

① 设备的接地：原则上要求每台设备应当有各自的接地连接，不应采用汇流排线，以避免引起干扰的祸合效应发生。

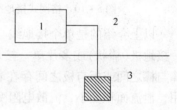

图5-6 接地系统结构组成

1—射频设备；2—接地线；3—接地极

② 屏蔽部件的接地：任何金属屏蔽部件应使用宽的金属带作为接地线并进行多点接地，且均与接地极良好连接。

③ 屏蔽电缆的接地：电缆的金属屏蔽是产生射频电磁场设备的电流回路，故要求电缆的屏蔽外皮要妥善接地。

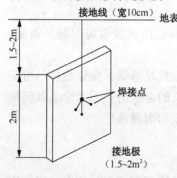

图5-7 竖立埋铜板

（2）接地极：接地极的结构设计有如下几种型式：

① 埋置接地铜板：一般是将 $2m^2$ 的铜板埋在地下土壤中，并将接地线良好地连接在接地铜板上。埋置铜板又分为竖立埋、横立埋与平埋三种，分别如图5-7、图5-8、图5-9所示。

② 埋置接地格网铜板：在一块 $2m^2$ 的铜板上立焊"#"字形铜板，使其成为格网结构，而后埋入土壤中，型式如图5-10所示。

③ 埋置嵌入接地棒：一般将长度为2m、直径为5~10cm的金属铜棒或铁棒打进土壤中，或挖坑埋置，然后将

各接地棒上端连接在一起，并与屏蔽体相连接。接地棒分布如图 5-10 所示。

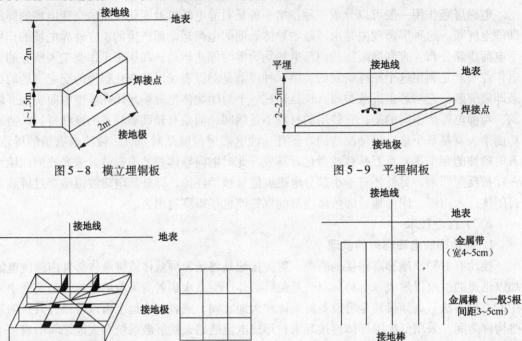

图 5-8　横立埋铜板　　　　　　　　　　　图 5-9　平埋铜板

图 5-10　格网式接地线　　　　　　　　　图 5-11　接地棒埋置示意图

以上介绍的是单个接地线与接地极的基本结构和埋置方式，在实际应用中若用多根单一接地极（棒状）或多片单一接地极（板状）时，设计时要特别注意它们之间的屏蔽问题。棒与棒之间或板与板之间存在着互相屏蔽效应，因此接地极附近的土壤都得不到充分利用，泄流面积变小，流散电阻变大，使得整个组合接地极的电阻势必大于单独埋设的单一接地极电阻的并联值。所以，复合接地极中的各个单一接地体间距要大，考虑到施工方便，一般以 3~5m 间距为宜。

（3）一点接地与多点接地：如果射频设备本身进行"接地"处理，通常情况下，最好的选择是实行单点接地；否则，当有两个以上接地点时，从这些点到外部必然构成了干扰通路，使之在屏蔽线外皮上有干扰电流通过，使得屏蔽外皮各点电位不同而产生干扰。

若对射频场源本身实行屏蔽，则要求分别用接地线与接地极相连接，即采取共用接地极而分用接地线的办法，屏蔽体可以实行多点接地。

无论采取单点接地或多点接地，都须注意接地体本身所具有的天线效应问题，否则，当接地不完善时会大量辐射电磁能量，造成干扰等危害。

射频接地系统设计时还要注意：①为了保证接地系统的阻抗足够低，接地线要尽可能短；②要保证接地系统有良好的作用，接地应当避开 1/4 波长的奇数倍；③无论采取何种接地方式，都要求有足够的厚度，以便于维持一定的机械强度和耐腐蚀性。

（三）滤波

1. 滤波的机理

滤波是抑制电磁干扰最有效手段之一。滤波即在电磁波的所有频谱中分离出一定频率范围内的有用波段。线路滤波的作用是保证有用信号通过的同时阻截无用信号通过。

2. 滤波器

滤波器是一种具有分离频带作用的无源选择性网络，所谓选择性就是它具有能够从输入端(或输出端)电流的所有频谱中分离出一定频率范围内有用电流的能力。即在一个给定的通频带范围内，滤波器具有非常小的衰减，能让电能(电流)很容易通过；而在此频带之外滤波器具有极大的衰减，能抑制电能(电流)的通过。电源网络的所有引入线在屏蔽室入口处必须装设滤波器。若导线分别引入屏蔽室，则要求对每根导线都必须进行单独滤波。在对付电磁干扰信号的传导和某些辐射干扰方面，电源电磁干扰滤波器是相当有效的器件。

3. 滤波器的设计要点

滤波器是由电阻、电容和电感组成的一种网络器件。滤波器在电路中的位置设置根据干扰侵入途径来确定。滤波器的设计需遵循如下要点：

(1) 截止频率的确定：鉴于滤波器所允许通过的电流为工频 50Hz 电流，比所要滤除的杂波电流频率低得多，为使其在衰减区域之前的衰减量尽可能地少，在衰减区域内的衰减量尽可能地大，则必须妥善地选定截止频率、K 值等参数。选定原则是：若要得到更大的衰减常数，那么截止频率一定要取低些。

(2) 阻抗的确定：基于滤波器允许通过的工频电流要比需要滤除的高频电流的频率低得多，因此在通频带中的阻抗匹配问题就显得不十分重要了，电源滤波器的阻抗匹配无须考虑；但滤波器在阻频带区域的衰减值却要认真对待，尽量提高其衰减值。

在实际应用中，当滤波器的对象阻抗与终接组抗在绝对值相等或接近时，便产生了接近共轭匹配状态，因而衰减值降低。为避免这种现象，应在保证最大衰减值的条件下，使滤波器的对象阻抗极大或极小。考虑到滤波器的对象阻抗值不能高于线圈自身的特性阻抗值，所以滤波器的对象阻抗要取最小数值。

(3) 阻频带宽的确定：为了获得比较宽的阻抗带，k 值的选择必须大一些(k 为 π 型网络的旁路电容与总分布电容的比值)。例如，当 $k=40$ 时，基波与二次谐波的抑制在 40dB 左右；而当 $k=4000$ 时，从基波到几十次高谐波均可被抑制在 40dB。

(4) 线圈 Q 值的确定：若线圈有损耗，那么其工作衰减值将维持在一个常量上。理论分析可知，通频带愈宽，工作衰减值也就愈小；口值愈大，工作衰减值同样愈低。相移系数 α 和衰减常数 β 与 Q 的关系是

$$\beta = \frac{2\alpha}{Q} \tag{5-18}$$

除此以外，设计滤波器时还应考虑线路与结构、屏蔽及接地形式等因素。

4. 滤波器的安装准则

(1) 滤波器一定要接到每一根馈入到屏蔽室内电源线的各个单独配线上。为了少用滤波器，必须科学地设计电源线系统，尽量使引入线减至最少。

(2) 各电源线的滤波器应当分别屏蔽，在可能的条件下应当对整体滤波器施行总屏蔽，且屏蔽体一定要接地良好。

(3) 为了避免滤波器置于强磁场中，应当将滤波器的主要零件放在室外，如必须将滤波器放入屏蔽室内，务必放在场强较弱的地方。

(4) 必须完全隔断滤波器输入端与输出端的杂散祸合，如可将滤波器两端头分别置在

屏蔽室内外。

（5）应在滤波器屏蔽壳下面接地，以便尽可能减少感应电磁场对电源线的影响。

（6）滤波器的屏蔽壳应与屏蔽室的壳有良好的电气接触。

（7）将电源线放置在滤波器的两侧，并装在金属导管之中，或者使用靠近地面的铅皮电缆，尽可能将之埋入一定深度的土壤中。

（8）在使用接地线的情况下，接地线应尽可能地短，并直接接到高频电源的回线上，或者在接地电阻十分低的地方接地，并且高频电源插座亦要有良好的接地。

（9）电源线必须垂直引入滤波器输入端，以减少电源线上的干扰电压与屏蔽壳体耦合。

（10）一般情况下，可将电源线中的零线接到屏蔽室的接地芯柱，而将火线通过滤波器引入到屏蔽室内。

（11）滤波器装在屏蔽的容器内，网路的分隔部分用金属板隔开，其目的是消除回路中的各部分相互耦合，用一根裸铜线穿过每一隔板，并将每一穿过的地方焊牢。

（12）滤波器最好在靠近需要滤波的部位安装。

（四）其他措施

此外，电磁辐射防治还可采用其他方法，如①采用电磁辐射阻波抑制器，通过反作用场的作用，在一定程度上抑制无用的电磁辐射；②新产品和新设备的设计制造时，尽可能使用低辐射产品；③从规划着手，对各种电磁辐射设备进行合理安排和布局，并采用机械化或自动化作业，减少作业人员直接进入强电磁辐射区的次数或工作时间。另外，加强个体防护和安排适当的饮食，也可以抵抗电磁辐射的伤害。

四、电磁辐射污染防治

（一）高频设备的电磁辐射防护

高频设备的电磁辐射防护的频率范围一般是指 0.1～300MHz，其防护技术有以下几种。

1. 屏蔽

对于高频熔炼、高频焊接、高频淬火等金属热加工和电介质、半导体等的介质加热工艺等，减少或基本消除射频辐射的关键是屏蔽辐射场源，最大限度地降低射频电磁场强度。这一类加工设备的屏蔽大体上可以采用以下措施。

（1）对辐射单元屏蔽。在明确了辐射场源和场强分布的基础上，对每一个辐射源都实施屏蔽，即单元屏蔽。在条件允许的情况下，单元屏蔽应采用六面体全屏蔽方案，并处理好射频接地，这样才能大幅度地降低射频电磁场强度。

辐射单元屏蔽，主要是对振荡回路、高频输出变压器、输出馈线、工作线圈和电容极板等场源进行屏蔽。

（2）全屏蔽。对于射频辐射机、半导体外延炉以及某些高频干燥设备，根据其工艺条件，可以实行整体屏蔽，即将振荡回路、工作电路、输出变压器等场源全部屏蔽在机箱内。考虑到通风散热和便于定期观察，必要的部位采用铜网或铝网屏蔽，其余部位可采用铝板屏蔽，板与网之间要焊接。

（3）屏蔽室。电磁屏蔽室可实现全屏蔽，它是由可以把电磁场的影响抑制在一定范围之内或一定范围之外的器材所组成的整体结构。

屏蔽室所需要的屏蔽效率因屏蔽要求而异,达到100dB屏蔽效率完全可以满足绝大多数情况下的屏蔽要求。

2. 远距离控制和自动化作业

根据射频电磁场场强随距离的加大而迅速衰减的原理,可实行远距离控制或实现自动化,例如,对高频熔炼设备的一部分进行改造,将控制部分移到屏蔽室内,实行远距离控制;对批量加工的塑料热合机进行改革,变手工操作为机械操作,实现自动化或半自动化生产。

3. 吸收

吸收材料大致可分为两类:一类为谐振型吸收材料,另一类为匹配型吸收材料。谐振型吸收材料是利用某些材料的谐振特性制成,厚度较小,对频率范围很窄的微波辐射能量有吸收作用。匹配型吸收材料是利用材料和自由空间的阻抗匹配,达到吸收微波辐射能量的目的。它与材料的谐振特性无关,适于吸收很宽频率范围的微波辐射能量。

在实际防护上,采用能量吸收材料防止微波辐射,是一项行之有效的技术措施。目前,有两种微波防护方案应用最普遍:第一种方案是仅用吸收材料吸收辐射能量;第二种方案是将吸收材料与屏蔽材料叠加在一起,既能吸收辐射能量,又能防止透射。

应用吸收材料的防护措施,一般多用在微波设备上。微波设备调试时,要求在场源附近就能把辐射能量大幅度地衰减下来,以防止对较大范围的空间产生污染,为此,可在场源周围敷设吸收材料,在主要辐射方位上使用波能吸收装置(如功率吸收器、等效天线等)。吸收材料的种类较多,例如在塑料、橡胶、胶木、陶瓷等材料中加入铁粉、石墨、木炭和水等都可制成吸收材料。

此外,设置防护板、防护屏风等均可以防止微波辐射的定向传播。防护板、防护屏风可用屏蔽材料与吸收材料叠加组合而成。

4. 个人防护

实行微波作业的工作人员必须采取个人防护措施。个人防护用品主要有金属屏蔽服、屏蔽头盔和防护眼镜等。

我国航天医学工程研究所等单位曾成功研制微波辐射防护服,此防护服由绝缘外罩、防护层和衬里3层组成,穿着柔软舒适,可以有效地防止微波辐射对人体的危害。

此外,光频电磁波也会对人体产生不利影响,它与上述微波频段以下的电磁污染都属于非电离辐射引起的污染,而由放射性物质还会引起一种放射性污染,这种污染则是由本书前几章介绍的电离辐射引起的污染。

5. 现场工作注意事项

高频源可按下列步骤采取有效措施进行防护。

① 对人们工作地区单位面积的高频辐射能量进行测试计算,确保工作在电磁辐射安全的区域。

② 在适当地方设置告警信号可以提醒人们注意。

③ 在危险区周围安置围墙。

④ 在维修设备时或需在危险区内工作时先关闭高频源。

⑤ 如高频源不能关闭时,则可穿屏蔽衣或将高频源的输出降至安全水平;为了轻便,

有时可着屏蔽裙及屏蔽头盔，以保护躯体主要部分的安全，至于眼部，则可戴防护眼镜。

⑥ 在有可能的地方，采用屏蔽措施，以减少辐射。

⑦ 有可能时就进行相关的试验。

⑧ 对在高频场作用下的工作人员进行医疗保健，定期检查观测并做出记录。

（二）射线探伤的防护技术

所谓射线探伤中的防护，就是减少射线探伤过程中射线对工作人员和其他人员的影响，也就是采用适当的措施从各方面把剂量控制在国家所规定的最大容许剂量标准以下，以避免超剂量的照射和减少射线对人体的影响。国家容许的剂量当量单位为雷姆（1 雷姆 = 1000 毫雷姆），但我们在探伤中用仪器测量到的剂量单位是伦琴（1 伦琴 = 1000 毫伦琴），虽然伦琴与雷姆的物理含义不同，但对于 X 射线或 Y 射线而言，伦琴数可以近似为雷姆数，因而用辐射仪测量伦琴数即可以计算出是否超过最大允许剂量当量。对工业探伤用 X 射线或 Y 射线外照射的防护原则一般有三种，即屏蔽防护、距离防护、时间防护。

1. 屏蔽防护

屏蔽防护就是利用各种屏蔽物体吸收射线，以减少射线对人体的伤害。如用砖墙或水泥墙建成的射线防护室，或者现场用的活动铅房，都是利用屏蔽来防护射线。不同的屏蔽材料对射线吸收能力不同，不同的 X 射线管电压所需的防护厚度也不同。防护屏的材料和厚度的确定，需要事先根据 X 射线机的基本参数及使用情况（管电压、管电流、照射方向、位置、距离和每周实际工作时间等），来计算出各种防护材料的厚度，做到既保证安全又不浪费材料。目前在工业探伤中，只能近似计算 X 射线防护屏的厚度，一般防护屏的效果究竟如何应由可靠的辐射剂量仪进行测量。

X 射线屏蔽厚度的简易计算：当知道 X 射线管的管电压、管电流和屏蔽物到靶的距离，便可从图 5 – 12 中求出铅（$\rho = 11.34\text{g/cm}^3$）的防护厚度（包括安全系数在内）。

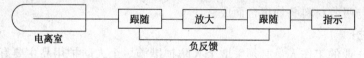

图 5 – 12　剂量仪原理

单色（波长单一）射线束强度的衰减规律可按下式计算：

$$P = P_0 e^{-\mu t} \qquad (5 - 19)$$

式中　P——射线通过厚度为 t 的防护屏后的射线束强度；

　　　P_0——射线束通过防护屏前的强度；

　　　μ——衰减系数；

　　　t——防护屏的厚度。

因为 X 射线管所发出的 X 射线束强度 P_0 与 X 射线管的阳极材料（靶材料）的原子序数 Z、管电压 V 的平方和管电流 I 成正比，与距离 R 的平方成反比，即：

$$P_0 = AZV^2 I / R^2 \qquad (5 - 20)$$

式中　A——比例系数（与射线管的结构和管电压有关）。

将式（5 – 20）代入式（5 – 19）得：

$$P = \frac{AZV^2 I}{R^2} e^{-\mu t} \qquad (5 - 21)$$

为了计算方便，令通过防护屏后的射线强度 $P = P_{最大允许}$（若每周实际工作时间以 48h 计算，则职业工作人员容许剂量当量 $P_{最大允许} = 0.21\mu rem/h$）。而管电压 V 为恒定电压（100kV、150kV、200kV、250kV、300kV、400kV）时，则防护屏厚度为管电流和距离的函数，即 $t = f(I/R^2)$。图 5-13 即为计算结果。所以只要知道 V、I 和 R 就可以从图 5-13 中查出铅防护层的厚度（其中包括两倍安全系数）。

一般不用铅做固定射线防护室，因为那样太不经济。当用其他材料时，可近似地用密度关系求出其防护层厚度：

$$t = \rho_i t_i / \rho \tag{5-22}$$

式中　ρ_i——已知铅的密度；

　　　t_i——已知铅防护层的厚度；

　　　ρ——所求防护材料的密度；

　　　t——所求材料的防护层的厚度。

上述求防护厚度的计算方法是从单色能量理论出发，而实际上 X 射线是连续能谱，再者计算时取了某些近似值和平均值，显然不很精确。按此方法与实际测量相比较，其误差在 25% 以下，在防护设计中还是有参考价值的。

2. 距离防护

在进行野外或流动性检验时，利用距离防护射线是极为经济有效的方法。

若距离 X 射线管阳极靶的距离 R_1 处的射线剂量率为 P_1，在同一径向距离 R_2 处的剂量率为 P_2，则有：

$$P_1/P_2 = R_2^2/R_1^2 \tag{5-23}$$

从上式可以看出，射线剂量率与距离平方成反比，增大距离 R_2 对该处的剂量率 P_2 的降低是十分显著的。在没有防护物或防护层厚度不够时，利用增大距离的方法同样能够达到防护目的。在实际探伤中，究竟采用多远距离安全，应当用辐射仪进行测量。

3. 时间防护

在可能的情况下，尽量减少接触射线的时间，也是防护方法之一。因为人体所接受的总剂量是与辐射源接触的时间 T 成正比的，即：

$$D = P_1 T \tag{5-24}$$

式中　D——总剂量当量；

　　　P_1——剂量率；

　　　T——时间。

如果要保证探伤工作人员每人每周实际接受剂量不大于 0.1rem，则式（5-25）成立：

$$P_1 T \leqslant 0.1 \tag{5-25}$$

显然，P_1 大则时间 T 就应该小，即在一周内实际工作时间要短。如果我们在较大的剂量情况下拍片，可以用控制拍片张数来保证探伤人员在一周内不超过国家规定的最大允许剂量当量。即：

$$N = 0.1/P_0' \tag{5-26}$$

式中　P_0'——实际测量拍每张片子人体所受的剂量当量，rem/h；

　　　N——周内允许拍片数；

　　　0.1——最大允许剂量（0.1rem/周）。

（三）广播、电视发射台的电磁辐射防护

广播、电视发射台的电磁辐射防护首先应该在项目建设前，以《电磁辐射防护规定》（GB 8702—1988）为标准，进行电磁辐射环境影响评价，实行预防性卫生监督，提出包括防护带要求等预防性防护措施。对于业已建成的发射台对周围区域造成较强场强，一般可考虑以下防护措施：

（1）在条件许可的情况下，采取措施，减少对人群密集居住方位的辐射强度，如改变发射天线的结构和方向角；

（2）在中波发射天线周围场强大约为 15V/m，短波场强为 6V/m 的范围设置绿化带；

（3）调整住房用途，将在中波发射天线周围场强大约为 10V/m，短波场源周围场强为 4V/m 的范围内的住房，改作非生活用房；

（4）利用建筑材料对电磁辐射的吸收或反射特性，在辐射频率较高的波段，使用不同的建筑材料，包括钢筋混凝土，甚至金属材料覆盖建筑物，以衰减室内场强。

（四）微波设备的电磁辐射防护

为了防止和避免微波辐射对环境的"污染"而造成公害，影响人体健康，在微波辐射的安全防护方面，主要的措施有以下几方面。

1. 减少源的辐射或泄漏

根据微波传输原理，采用合理的微波设备结构，正确设计并采用适当的措施，完全可以将设备的泄漏水平控制在安全标准以下。在合理设计和合理结构的微波设备制成之后，应对泄漏进行必要的测定。合理的使用微波设备，为了减少不必要的伤害，规定维修制度和操作规程是必要的。

在进行雷达等大功率发射设备的调整和试验时，可利用等效天线或大功率吸收负载的方法来减少从微波天线泄漏的直接辐射。利用功率吸收器（等效天线）可将电磁能转化为热能散掉。

2. 屏蔽辐射源

将微波辐射限定在一定的空间范围内，可采用反射型和吸收型两种屏蔽方法。

（1）反射微波辐射的屏蔽。使用板状、片状和网状金属组成的屏蔽壁来反射、散射微波，可较大幅度地衰减微波辐射。板、片状的屏蔽壁比网状的屏蔽壁效果好，也有人用涂银尼龙布来屏蔽，效果亦不错。

（2）吸收微波辐射的屏蔽。微波辐射也常利用吸收材料进行微波吸收加以屏蔽。微波吸收材料是一种既可有效吸收微波频段电磁波又对微波段电磁波的反射、透射和散射都极小的电子材料。目前电磁辐射吸收材料可分为谐振型和匹配型两类。谐振型吸收材料是利用某些材料的谐振特性制成的，其特点是材料厚度小，对较窄频率范围内的微波辐射有较好的吸收效果；匹配型吸收材料则是通过某些材料和自由空间的阻抗匹配以吸收微波辐射能。

微波吸收的常见方式有两种：一是仅在罩体或障板其中之一上贴附吸收材料，将辐射电磁波能吸收；二是在屏蔽材料罩体和障板上都贴附吸收材料，以进一步削弱电磁波的透射。

3. 屏蔽辐射源附近的工作地点或加大工作点与场源的距离

微波辐射能量随距离加大而衰减，且波束方向狭窄，传播集中，遇到对场源无法进行

屏蔽的情况时，就要采取对工作点进行屏蔽。也可通过加大微波场源与工作人员或生活区的距离，来达到保护人民群众身体健康的目的。

4. 微波作业人员的个体防护

对于必须进入微波辐射强度超过照射卫生标准的微波环境操作的人员，可采取下列防护措施：

（1）穿微波防护服。根据屏蔽和吸收原理设计而成的三层金属膜布防护服，其内层是牢固棉布层，可防止微波从衣缝中泄漏照射人体；中间为涂有金属的反射层，可反射从空间射来的微波能量；外层用介电绝缘材料制成，用以介电绝缘和防蚀，并采用电密性拉锁，袖口、领口、裤角口处使用松紧扣结构。也有用直径很细的钢丝、铝丝、柞蚕丝、棉线等混织金属丝布制作的防护服。现在出现了使用经化学处理的银粒，渗入化纤布或棉布的渗金属布防护服，使用方便，防护效果较好，其缺点在于银来源困难且价格昂贵。

（2）戴防护面具。面部的防护可采用佩戴防护面具的方法。面具可做成封闭型（罩上整个头部），或半边型（只罩头部的后面和面部）。

（3）戴防护眼镜：眼镜可用金属网或薄膜做成风镜式，较受欢迎的是金属膜防护镜。

（五）建筑物电波干扰及其防护

在我国的一些大、中城市，由于城市的现代化发展，不断地出现高层建筑物及大型构筑物。由此产生的电波干扰、遮蔽现象也屡有发生，而且如不采取措施，将有严重的电波干扰情况出现。

（1）干扰形态

电波干扰发生的形态，与建筑物或构筑物的种类、建筑结构与材质、建筑物附近的地形地貌、发射天线架设的高度、发射地点与建筑物距离等多种因素密切相关。图 5 – 13 为建筑物背阴干扰，图 5 – 14 所示为建筑物反射干扰。

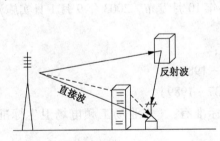

图 5 – 13　建筑物背阴干扰示意图

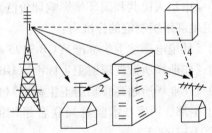

图 5 – 14　建筑物反射干扰的干扰
1—直接波；2—反射波；3—绕射波；4—反射波

（2）抑制技术方案

① 改善接收系统、提高接收效果。目前，多采用建筑物共用室外天线法或每一用户单个天线法，均有显著性效果。

② 采用曲线型结构设计或在一定建筑物壁面上设置吸收材料，防止反射波的形成。

③ 严格进行总体设计与城市规划，防止不必要的干扰发生。

（六）电磁辐射管理

人类进入了信息时代，信息传播是多渠道的，而电磁波是传播信息的最快捷方式。从传递和接受信息来讲，这些设备发出的电磁波是有用信号，但它却增加了环境中的电磁辐射水平。对人群来讲，它是一种污染；对一些电子设备来讲，它是一种干扰。根据国家环境保护总局 1997~1998 年在全国 30 个省、市、自治区进行的环境电磁辐射污染调查显示，我国目前环境中人为电磁辐射不断增加的原因，主要为五大系统造成的。

（1）广播电视系统：发射设备增多、功率加大。

（2）通信系统：设备迅速增多和普及，使用频繁。

（3）工业、科研、医疗卫生系统：设备增加。

（4）电力系统：高压输出线、送变电站等发展飞快。

（5）交通运输系统：电气化铁道、轻轨、磁悬浮列车等投入运行。

从现实出发，面临电磁辐射这一公害，必须加强环境保护工作，也只有把环境保护工作和经济发展有机地结合起来，走可持续发展道路才是上策。既支持上述五大系统的事业的正当发展，又要保护好环境、保护好人群健康，以达到可持续发展的目的。为此，必须制定一系列防治对策，加强对电磁辐射的管理，其最终目的是实现社会经济的可持续发展。

1. 健全法规、标准

对电磁辐射进行管理，必须依靠法律、法规。我国《环境保护法》在第二十四条明确提出电磁辐射对环境的污染和危害。这是我们进行电磁辐射环境管理的法律依据。这个依据是很原则的。应根据这一依据，制定电磁辐射有关法规、管理条例、标准、监测方法等。自 20 世纪 80 年代以来，我国先后制定了与电磁辐射相关的标准、法规、法律等有：

全国人大、国务院发布的有：

（1）《中华人民共和国环境保护法》（1989 年）；

（2）《中华人民共和国劳动法》（1994 年）；

（3）《国家建设项目环境保护管理条例》（1998 年）；

（4）《中华人民共和国环境影响评价法》（2002 年 10 月发布，2003 年 9 月 1 日实施）。

由卫生部组织制定的标准有：

（1）《环境电磁波卫生标准》（GB 9175—1988）；

（2）《作业场所微波辐射卫生标准》（GB 10436—1989）；

（3）《作业场所超高频辐射卫生标准》（GB 10437—1989）。

由卫生部、国家技术监督局联合组织制定的标准有：《作业场工频电场卫生标准》（GB 16203—1996）。

由国家技术监督局发布的法规有：

（1）《工频电场测量》（GB/T 12720—1991）；

（2）《短波无线电收信台（站）电磁环境要求》（GB 13617—1992）；

（3）《地球站电磁环境保护要求》（GB 13615—1992）；

（4）《微波接力站电磁环境保护要求》（GB 13616—1992）；

（5）《城市无线电噪声测量方法》（GB/T 15658—1995）；

（6）《交流电气化铁道接触网无线电辐射干扰测量方法》（GB/T 15709—1995）；

（7）《微波和超短波通信设备辐射安全要求》（GB 12638—1990）；

（8）《航空无线电导航台站电磁环境要求》（GB 6364—1986）。

2. 建设高素质专业队伍

在面临着电磁辐射污染日益明显的形势下，建立健全有较高素质的专业队伍就显得特别重要。

从过去的经验看，职业方面电磁辐射问题由卫生部门、职业病防治机构去监测管理；环境电磁辐射方面的问题由环境保护部门监测管理。各自取得了长足进展，但还很不够，队伍还比较薄弱，所应有的手段、技术、方法与仪器设备等多数较匮乏，人员素质有的较低，远不能适应实际工作的需要，所以一定要建立专业队伍进行电磁辐射监测管理。

3. 建立以监督为主的科学管理体系

电磁辐射环境管理指的是完整而有效的科学管理体系的建立与健全，要想实现科学管理，应当做到：

（1）监督管理。没有监督，只有一般公式化管理，既没有定性也没有定量的手段是达不到管理目标的，所以监督是实现科学管理的重要手段，对拥有电磁辐射设备的单位，不仅要运行环境影响评价和审批验收，更要在设备运行期间进行监督，以获得第一手材料。监督内容应包括赴现场检查环境保护设施，检查污染源运行记录，并进行定期和不定期的检查，开展实地监测等。

（2）监测管理。公众环境监测和作业环境监测为环境管理服务提供了可靠的支持。没有电磁辐射公众与作业场所的监测就不可能获得实际数据与资料，没有电磁辐射监测，管理就谈不上科学化、定量化、法制化，因此也谈不上真正的管理。

（3）建立档案和数据资料库。应把上述五大系统电磁辐射设施、设备档案完善地建立健全起来，这样既便于服务，又有利于科学管理。

（七）电磁辐射控制应用实例

[**实例**]高频感应加热设备的屏蔽防护

高频感应加热设备在工业企业中用途很广，为了防止其对环境的污染，必须采取经济有效的屏蔽防护措施。高频感应加热设备常用的屏蔽防护措施主要有局部屏蔽、整体屏蔽、远程操作三种形式。

局部屏蔽是指对高频设备主要辐射部件，如高频馈线、感应线圈等用铝板或铜网等屏蔽起来，并对屏蔽罩采取良好接地。

整体屏蔽是把整个高频设备或若干台高频设备放在一个金属网屏蔽室内，对屏蔽室采取良好接地。工作时，工作人员一般不进入屏蔽室，控制台放在屏蔽室外。

远程操作是利用电磁波随距离加大而衰减的特性，把控制台放在远离设备的低场强区域，通过远程控制进行操作。对高频设备本身只需采取简单的屏蔽措施即可。

（1）屏蔽装置构成及主要技术参数

GP－100－C3型设备是常用的国产高频感应加热设备，其输出功率为100kW，频率为200～300kHz。该屏蔽装置结构（图5－15）由以下几部分构成。

① 淬火变压器屏蔽罩。采用2mm厚铝板做屏蔽罩，其罩直径为淬火变压器直径的1.8倍以上，高度为直径的3倍，顶端宜采用圆弧曲面，屏蔽罩的几何形状尽可能采取平缓曲面的设计，以免棱角突出引起尖端辐射。

② 馈线屏蔽罩。采用2mm厚铝板，罩为圆锥桶形，大端直径为560mm，小端直径为350mm，并与直径为350mm的90°弯桶组合而成为一个整体罩。在圆锥桶的对称两侧，开

两个活动梯形检修窗(上底为220mm,下底为180mm,高为150mm)。

③ 感应器屏蔽板。采用2mm厚铝板,两面对称安装,在板上安装四个滚轮,可往返活动,行程600mm,板长900mm,宽700mm,板的安装中心距地面950mm,板上装一反光镜。工作时拉过屏蔽板即可起到屏蔽感应器的作用,又可通过反光镜观察工作的淬火状况。

④ 窥视窗及散热窗屏蔽网。两者均采用32~40目铜网,以框架的形式安装在振荡器柜内,拆装方便且不影响工作时的观察。

⑤ 屏蔽装置接地线。接地引线采用90mm宽、2mm厚的紫铜板,在避开波长整数倍的前提下尽可能缩短其长度。接地板采用埋深2m的1m²铜板,以保证接地电阻小于1Ω(实际测得电阻为0.2Ω)。

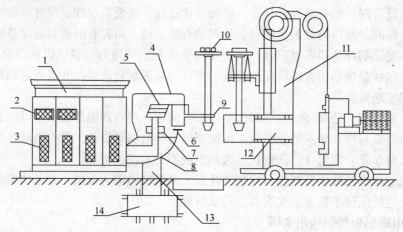

图5-15 屏蔽罩装置示意图

1—振荡器柜;2—窥视窗屏蔽网;3—散热窗屏蔽网;4—淬火变压器屏蔽罩;5—淬火变压器;
6—馈线屏蔽罩;7—馈线安装检修窗;8—输出馈线;9—感应器;10—淬火工件;
11—淬火机床;12—感应器屏蔽板;13—接地线;14—接地板

(2)屏蔽罩原理

屏蔽罩装置(见图5-15)工作原理如下:利用导电性能好、磁导率高的铝板和铜网做成所需不同几何形状的屏蔽体2、3、4、6、12,辐射源1、5、8、9辐射的电磁能量一方面引起屏蔽体2、3、4、6、12的电磁感应,生成与场源1、5、8、9相同的电荷,通过接地线13、接地板14流入大地;另一方面,由于场源1、8、9的磁场变化,使得屏蔽体2、3、4、6、12感应出涡流,产生与原来的磁通方向相反的磁通,两者方向相反引起相互抵消,从而起到屏蔽作用。

(3)屏蔽效果

屏蔽效果见表5-20。在上述高频感应加热设备未屏蔽之前工作带的电场强度为50~100V/m,这一数值比我国《作业场所辐射卫生标准》规定的20V/m值高出1.5~4倍;经屏蔽后各工作点的电场强度降为1V/m,主要部位屏蔽效率达到了98.5%。

该屏蔽装置将固定式屏蔽板改为装有滚动滑轮的活动板,便于操作,安装了反光镜,减轻操作者劳动强度,同时便于操作者观察到工作的淬火状况。高频馈线的绝缘支架必须符合高压标准以保证屏蔽效果。胶木板易被击穿,造成高频无栅流,改用高压瓶就可解决这个问题；屏蔽后振荡器柜和槽路柜之间用金属外壳隔离，以避免产生的热将柜子烧红；屏蔽以后高频输出会增加，对柜路和馈线需重新调整以保证工作。

表 5 – 20　GP – 100 – C3 型高频感应加热设备的屏蔽性能与效率

测试部位距离	测试高度	屏蔽前		屏蔽后		屏蔽效率	
		$E/(V/m)$	$H/(A/m)$	$E/(V/m)$	$H/(A/m)$	$\eta_E/\%$	$\eta_H/\%$
淬火变压器 30m 处	头部	75	0.5	1	未测出	98.6	100
	胸部	100	0.5	1	未测出	99	100
	下腹部	50	0.5	1	未测出	98	100
工人操作位	头部	40	0.5	1	未测出	97.5	100
	胸部	50	0.5	1	未测出	99	100
	下腹部	75	0.5	0.5	未测出	99	100
振荡器柜 20cm 处	头部	9	未测出	1	未测出	67	
	胸部	10	未测出	1	未测出	70	
	下腹部	8	未测出	1	未测出	75	
淬火变压器 10cm 处	上部	1500	未测出	1	未测出	99.6	
	下部	750	未测出	1	未测出	99.5	

注：1. 测试高度指工人立位姿势的头部（距地面 170cm）、胸部（距地面 130cm）、下腹部（距地面 90cm）；
2. 屏蔽效率计算公式为

$$\eta_E = \frac{E_1 - E_2}{E_1} \times 100\%$$

式中　η_E——电场屏蔽效率；
　　　E_1、E_2——屏蔽前后电场强度。

$$\eta_H = \frac{H_1 - H_2}{H_1} \times 100\%$$

式中　η_H——磁场屏蔽效率；
　　　H_1、H_2——屏蔽前后磁场强度。

第六章 热污染控制技术

第一节 热污染及其危害

一、热环境

环境热学是环境物理学的一个分支，是研究热环境及其对人体的影响以及人类活动对热环境的影响的学科。热环境又称环境热特性，是指提供给人类生产、生活及生命活动的生存空间的温度环境，它主要是指自然环境、城市环境和建筑环境的热特性。太阳能量辐射创造了人类生存空间的大的热环境，而各种能源提供的能量则对人类生存的小的热环境作进一步的调整，使之更适宜于人类的生存。热环境除太阳辐射的直接影响外，还受许多因素如相对湿度和风速等的影响，是一个反映温度、湿度和风速等条件的综合性指标如表6-1所示，热环境可以分为自然环境和人工环境。

表6-1 热环境的分类

名 称	热 源	特 性
自然热环境	主要热源是太阳	热特性取决于环境接收太阳辐射的情况，并与环境中大气同地表的热交换有关，也受气象条件的影响
人工热环境	房屋、火炉、机械、化学等设施	人类为了防御、缓和外界环境剧烈的热特性变化，创造的更适于生存的热环境。人类的各种生产、生活和生命活动都是在人类创造的人工环境中进行的

地球是人类生产、生活和生命活动的主要空间，其热量来源主要有两大类。一类是大然热源即太阳，它以电磁波的方式不断向地球辐射能量。环境的热特性不仅与太阳辐射能量的多少有关，同时也取决于环境中大气与地表的热交换状况。另一类是人为热源，即人类在生产、生活和生命过程中产生的热量。太阳表面的温度约为6000K。太阳辐射通量（或称太阳常数）是指地球大气圈外层空间垂直于太阳光线束的单位时间内接收的太阳辐射能量的大小，其值大约为8.15J/(cm² · min)。太阳辐射能量的35%被云层反射回宇宙空间，18%被大气层吸收，47%照射到地球表面。

影响地球接受太阳辐射的因素主要有两方面，一是地壳以外的大气层；二是地表形态。太阳辐射中到达地表的主要是短波辐射，其中距地表20~50km的臭氧层主要吸收对地球生命系统构成极大危害的紫外线，而较少量的长波辐射被大气下层中的水蒸气和二氧化碳所吸收。大气中的其他气体分子、尘埃和云，则对大气辐射起反射和散射作用，大的微粒主要起反射作用，小的微粒对短波辐射的散射作用较强。大气中主要物质吸收辐射能量的波长范围见表6-2。地表的形态决定了吸收和反射太阳辐射能量之间的比例关系，不同的地表类型差异较大。地表在吸收部分太阳辐射的同时，又对太阳辐射起反射作用，且吸热后温度升高的地表也同样以长波的形式向外辐射能量。

表 6 – 2　大气中主要物质吸收辐射能量的波长范围

物质种类	吸收能量的波长范围/μm		
N_2、O_2、NO	<0.1	短波	距地 100km，对紫外线完全吸收
O_2	<0.24	短波	距地 50~100km，对紫外线部分吸收
O_3	0.2~0.36	短波	在平流层中吸收绝大部分的紫外线
	0.4~0.85	长波	
	8.3~10.6	长波	对来自地表辐射少量吸收
H_2O	0.93~2.85	长波	
	4.5~80	长波	6~25km 附近，对来自地表辐射吸收能力较强
CO_2	4.3 附近	长波	
	12.9~17.1	长波	对来自地表的辐射完全吸收

热环境中的人为热量来源包括：

（1）各种大功率的电器机械装置在运转工程中，以副作用的形式向环境中释放的热能，如电动机、发电机和各种电器等；

（2）放热的化学反应过程，如化工厂的化学反应炉和核反应堆中的化学反应，太阳辐射能量实际就是化学反应氢核聚变产生的；

（3）密集人群释放的辐射能量，一个成年人对外辐射的能量相当于一个 146W 的发热器所散发的能量，例如在密闭潜水艇内，人体辐射和烹饪等所产生的能量积累可以使舱内温度达到 50℃。

二、热污染

热污染即工农业生产和人类生活中排放出的废热造成的环境热化，损害环境质量，进而又影响人类生产、生活的一种增温效应。热污染发生在城市、工厂、火电站、原子能电站等人口稠密和能源消耗大的地区。20 世纪 50 年代以来，随社会生产力的发展，能源消耗迅速增加，在能源转化和消费过程中不仅产生直接危害人类的污染物，而且还产生了对人体无直接危害的 CO_2、水蒸气和热废水等。这些成分排入环境后引起环境增温效应，达到损害环境质量的程度，便成为热污染。

（一）热污染的类型

根据污染对象的不同，可将热污染分为水体热污染和大气热污染，如表 6 – 3 所示。不同的行业冷却水的排放量如图 6 – 1 所示。

表 6 – 3　热污染的分类

分　类	污　染　源	备　注
水体热污染	热电厂、核电站、钢铁厂的循环冷却系统排放热水；石油、化工、铸造、造纸等工业排放含大量废热的废水	一般以煤为燃料的火电站热能利用率仅 40%，轻水堆核电站仅为 31%~33%，且核电站冷却水消耗量较火电站多 50% 以上。废热随冷却水或工业废水排入地表水体，导致水温急剧升高，改变水体理化性质，对水生生物造成危害
大气热污染	主要是城市大量燃料燃烧过程产生废热，高温产品、炉渣和化学反应产生的废热等	目前关于大气热污染的研究主要集中在城市热岛效应和温室效应。温室气体的排放抑制了废热向地球大气层外扩散，更加剧了大气的升温过程

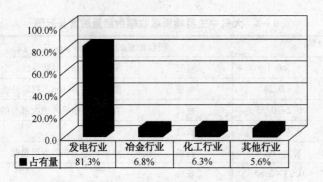

	发电行业	冶金行业	化工行业	其他行业
■占有量	81.3%	6.8%	6.3%	5.6%

图 6-1　各行业冷却水排放量对照

随着现代工业的迅速发展和人口的不断增长，环境热污染将日趋严重。目前热污染正逐渐引起人们的重视，但至今仍没有确定的指标用以衡量其污染程度，也没有关于热污染的控制标准。因此，热污染对生物的直接或潜在威胁及其长期效应，尚需进一步研究，并应加强对热污染的控制与防治。

（二）热污染的成因

环境热污染主要是由人类活动造成的，如表 6-4 所示，人类活动对热环境的改变主要通过直接向环境释放热量、改变大气的组成、改变地表形态来实现。表 6-5 列出了城市下垫面对热环境的影响。

表 6-4　热污染的成因

成　因		说　明
向环境释放热量		能源未能有效利用，余热排入环境后直接引起环境温度升高；根据热力学原理，转化成有用功的能量最终也会转化成热，而传入大气
改变大气层组成和结构	CO_2 含量剧增	CO_2 是温室效应的主要贡献者
	颗粒物大量增加	大气中颗粒物可对太阳辐射起反射作用，也有对地表长波辐时的吸收作用，对环境温度的升降效果主要取决于颗粒物的粒度、成分、停留高度、下部云层和地表的反射率等多种因素
	对流层水蒸气增多	在对流层上部亚声速喷气式飞机飞行排出的大量水蒸气积聚可存留 $1\sim3$ 年，并形成卷云，白天吸收地面辐射，抑制热量向太空扩散；夜晚又会向外辐射能量，使环境温度升高
	平流层臭氧减少	平流层的臭氧可以过滤掉大部分紫外线，现代工业向大气中释放的大量氟氯烃（CFCs）和含溴卤化烃哈龙（Halon）是造成臭氧层破坏的主要原因
改变地表形态	植被破坏	地表植被破坏，增强地的蒸发强度，提高其反射率，降低植物吸收 CO_2 和太阳辐射的能力，减弱了植被对气候的调节作用
	下垫面改变	城市化发展导致大面积钢筋混凝土构筑物取代了田野和土地等自然下垫面，地表的反射率和蓄热能力，以及地表和大气之间的换热过程改变，破坏环境热平衡
	海洋面受热性质改变	石油泄漏可显著改变海面的受热性质，冰面或水面被石油覆盖，使其对太阳辐射的反射率降低，吸收能力增加

表6-5 城市下垫面对热环境的影响

项 目	与农村比较结果	项 目	与农村比较结果
年平均温度	高 0.5~1.5℃	夏季相对湿度	低 8%
冬季平均最低气温	高 1.0~2.0℃	冬季相对湿度	低 2%
地面总辐射	少 15%~20%	云量	多 5%~10%
紫外辐射	低 5%~30%	降水	多 5%~10%
平均风速	低 20%~30%		

（三）热污染的危害

1. 水的热污染直接危害水生生物

火力发电厂、核电站、钢铁厂的循环冷却系统排出的热水以及石油、化工、铸造、造纸等工业排出的主要废水中均含有大量废热，排入地表面水体后，导致水温急剧升高，以致水中溶解氧减少，水体处于缺氧状态，同时又因水生生物代谢率增高而需要更多的氧，造成一些水生生物在热效力作用下发育受阻或死亡，从而影响环境和生态平衡。

2. 气候异常

大气中的含热量增加，还可影响到地球上天气气候的变化。按照大气热力学原理，现代社会生活中的其他能量都可转化为热能，使地表面反射太阳热能的反射率增高，吸收太阳辐射热减少，促使地表面上升的气流相应减弱，阻碍水汽的凝结和云雨的形成，导致局部地区干旱少雨，影响农作物生长。

3. 生存陆地减小

近一个世纪以来，地球大气中的 CO_2 不断增加，气候变暖，导致海水热膨胀和极地冰川融化，海平面上升，加快生物物种濒临灭绝。一些沿海地区及城市将被海水淹没，桑田变成沧海，一些本来十分炎热的城市，将变得更热。

4. 危害人类健康

热污染全面降低了人体机理的正常免疫功能，与此同时致病病毒或细菌对抗菌素的耐药性却越来越强，从而加剧各种新、老传染病的流行。热污染使温度上升，为蚊子、苍蝇、蟑螂、跳蚤和其他传染病昆虫以及病原体微生物等提供了最佳的滋生繁衍条件和传播机制，形成一种新的"互感连锁效应"，导致以疟疾、登革热、血吸虫病、恙虫病、流行性脑膜炎等病毒病原体疾病的扩大流行和反复流行。特别是以蚊子为媒介的传染病，目前已呈急剧增长的趋势。

5. 加剧了能源消耗

热污染会导致气温升高，导致电器不断地向城市的大气中排放热量，导致城市的气温更高。全美国夏季因热岛效应每小时多耗空调电费数达百万美元之巨。

第二节　水体热污染防治

当人类排向自然水域的温热水使所排放水域的温升超过一定限度时，就会破坏所排放水域的自然生态平衡，导致水质变化，威胁到水生生物的生存，并进一步影响到人类对该水域的正常利用，即为水体的热污染。

一、水体热污染的来源

水体热污染主要来源于工业冷却水，其中以电力工业为主，其次是冶金、化工、石油、造纸和机械行业。这些行业排出的主要废水中均含有大量废热，排入地表面水体后，导致水温急剧升高，从而影响环境和生态平衡。

通常核电站的热能利用率为31%～33%，火力发电站热效率是37%、38%。火力发电站产生的废热有10%～15%从烟囱排出，而核电站的废热则几乎全部从冷却水排出。所以在相同的发电能力下，核电站对水体产生的热污染问题比火力发电站更为明显。

二、水体热污染影响

（一）降低了水中的溶解氧

水体热污染导致水温急剧升高，以致水中溶解氧气减少（表6-6），使水体处于缺氧状态，同时又因水生生物代谢率增高而需要更多的氧，造成一些水生生物在热效力作用下发育受阻或死亡，从而影响环境和生态平衡。

表6-6　不同温度下氧在蒸馏水中的溶解度

温度/℃	C_s/(mg/L)	温度/℃	C_s/(mg/L)	温度/℃	C_s/(mg/L)	温度/℃	C_s/(mg/L)
0	14.64	10	11.16	20	9.08	30	7.56
1	14.22	11	11.01	21	8.90	31	7.43
2	13.82	12	10.77	22	8.73	32	7.30
3	13.44	13	10.53	23	8.57	33	7.18
4	13.09	14	10.30	24	8.41	34	7.07
5	12.74	15	10.08	25	8.25	35	6.95
6	12.42	16	9.86	26	8.11	36	6.84
7	12.11	17	9.66	27	7.96	37	6.73
8	11.81	18	9.46	28	7.82	38	6.63
9	11.53	19	9.27	29	7.69	39	6.53

注：表中第二栏给出纯水中氧的溶解度（C_s），以每升水中氧的毫克数表示，纯水中存在有被水蒸气饱和的空气，空气中含有体积分数20.94%的氧，压力为101.3kPa。

（二）导致水生生物种群的变化

任何生物种群都要有适宜的生存温度，水温升高将使适应于正常水温下生活的海洋动物发生死亡或迁徙，还可以诱使某些鱼类在错误的时间进行产卵或季节性迁移，也有可能引起生物的加速生长和过早成熟。

水体内的藻类种群也会随着温度的升高而发生改变。在20℃时，硅藻占优势，在30℃时绿藻占优势，在35～40℃时蓝藻占优势。蓝藻种群能引起生活用水有不好的味道，而且也不适合鱼类食用。水温的升高还会促使某些水生植物大量繁殖，使水流和航道受到阻碍。

（三）加快水生生物的生化反应速度

在0～40℃的温度范围内，温度每升高10℃，水生生物的生化反应速度增加1倍，这样就会加剧水中化学污染物质（如氰化物、重金属离子）对水生生物的毒性效应。根据资料报道，水温由8℃增至16℃时，KCN对鱼类的毒性增加1倍；水温由13.5℃增至21.5℃时，Zn^{2+}对虹鳟鱼的毒性增加1倍。

（四）破坏鱼类生存环境

水体温度影响水生生物的种类和数量，从而改变鱼类的吃食习性、新陈代谢和繁殖状况。不同的水生生物和鱼类都有自己适宜的生存温度范围，鱼类是冷血动物，其体温虽然在一定的温度范围内能够适应环境温度的波动，但其调节能力远不如陆生生物那么强。有游动能力的水生生物有游入水温较适宜水域的习性，例如，在秋、冬、春三季有些鱼类常常被吸引到温暖的水域中，而在夏季，当水温超过了鱼类适应水温 1 ~ 3℃时，鱼类都会回避暖水流，这就是鱼类调整自我适应环境的一种方式。表 6 - 7 为不同鱼类最适生存温度范围。

表 6 - 7　不同鱼类最适生存温度范围

鱼类名称	最适温度/℃	鱼类名称	最适温度/℃	鱼类名称	最适温度/℃
对虾	25 ~ 28	鲤鱼	25.5 ~ 28.5	沙丁鱼	11 ~ 16
海蟹	24 ~ 31	鳝鱼	20 ~ 28	墨鱼	11.5 ~ 16
牡蛎	15.5	比目鱼	3 ~ 4	金枪鱼	22 ~ 28

由表 6 - 7 可见，鱼类生存适宜的温度范围是很窄的，有时很小的温度波动都会对鱼类种群造成致命的伤害。

水温的上升可能导致水体中的鱼类种群的改变。例如，适宜于冷水生存的鱿鱼数量会逐渐减少，会被适宜于暖水生存的妒鱼、鳃鱼所取代。

温度是水生生物繁殖的基本因素，将会影响到从卵的成熟到排卵的许多环节。例如，许多无脊椎动物有在冬季达到最低水温时排卵的生理特点，水温的上升将会阻止营养物质在其生殖腺内积累，从而限制卵的成熟，降低其繁殖率。即使温升范围在产卵的温度范围内，也会导致产卵时间的改变，从而可能使得孵化的幼体因为找不到充足的食物来源，而导致其自然死亡。同时，适宜的温度范围也有可能导致某些水生生物的暴发性生长，从而导致作为其食物来源的生物群体的急剧减少，甚至种群的灭绝，反过来又会限制其自身种群的发展。鱼类的洄游规律是依据环境水温度的变化而进行的，水体的热污染必将破坏它们的洄游规律。

在热带和亚热带地区，夏季水温本来就高，废热水的稀释较为困难，且会导致水温的进一步升高；在温带区，废热水稀释导致的升温幅度相对较小，而扩散要快得多，从而热污染在热带和亚热带地区对水生生物的影响会更大些。

（五）影响人类生产和生活

水的任何物理性质，几乎无一不受温度变化的影响。水的黏度随着温度的上升而降低，水温升高会影响沉淀物在水库和流速缓慢的江河、港湾中的沉积。水温升高还会促进某些水生植物大量繁殖，使水流和航道受到阻碍，例如，美国南部的许多地区水域中，曾一度由于水体热污染而大量生长水草风信子，阻碍了水流和航道。

（六）危害人类健康

河水水温上升给一些致病微生物造成一个人工温床，使它们得以孳生、泛滥，引起疾病流行，危害人类健康。1965 年，澳大利亚曾流行过一种脑膜炎，后经科学家证实，其祸根是一种变形原虫，由于发电厂排出的热水使河水温度增高，这种变形原虫在温水中大量孳生，造成水源污染而引起了那次脑膜炎的流行。

三、水体热污染的评价与标准

废温热水的排放主要有表层排放和浸没排放两种形式，而实际设计中一般排放口的高度介于这两者之间。

表层排放的热量散逸主要是通过水面蒸发、对流、辐射作用进行的，它主要影响近岸边的水生生态系统。当温热水的水流方向和风向相反或在河流入海口处排放时，可能会发生温热水向上游推脱的现象，从而降低其稀释效果，这在工程设计上应予以充分考虑。

浸没排放的热量散逸主要是通过水流的稀释扩散作用进行的，它主要影响水体底部的生态系统。浸没排放是通过布置在水体底部的管道喷嘴或多孔扩散器进行的，它沿水流方向的热污染带的长度要比表层排放小，而在宽度和深度方向都要比表层排放大。

为了尽量降低水体热污染可能带来的对生态环境的破坏作用，通常是控制扩散后水体温升。范围和热污染带的规模两项指标。水体温升是指标的高低，需要综合考虑环保和经济合理两方面的因素。《地表水环境质量标准》（GB 3838—2002）规定，人为造成环境水温变化应限制在周平均最大温升小于等于1℃。

美国国家科学院（NAS）、美国国家工程科学院（NAE）和美国环保局（EPA）联合提出的有关水温的水质标准，具体规定了下述几个限制性指标：

（1）夏季最大周平均水温

最大周平均水温主要由生物生长受到限制时的水温来决定，关系式为：

$$最大周平均水温 \leq 主要生物生长最佳温度 +$$
$$（主要生物致死上限温度 - 主要生物生长最佳温度）/3$$

其中，生物生长最佳温度是指生物生长率最高时的温度。如果将这种水生生物从所适应的水温很快地转移到较高水温中，并在短时间内有50%死亡，则该温度即为这种种群的致死上限温度。

（2）冬季最高水温（冬季最大周平均水温）

多年的实践证明，电站的温排水并未引起大量鱼类的死亡，而在电站停止运行不再向水体中排放废热，即从鱼类所适应的较高水体温度突然降低到自然水体温度时，反而使得鱼类受到"冷冲击"作用昏迷而死亡。为防止"冷冲击"的损伤，规定了冬季最高水温。一般是将冬季自然水温作为致死下限温度；找出主要种群对应的适宜温度，再减去2℃，作为冬季最大周平均水温。

（3）短时间的极限允许温度

水生生物的热损伤程度与水温的高低和停留时间的长短密切相关。停留时间越长，所能存活的水温相应越低。反之，水温越高，所能存活的停留时间越短。具体数值因种群的不同也有差异。例如，小的大嘴鲈鱼在温度从21.1℃升高到32.2℃，停留时间为7min左右时，没有大的损伤；然而当水温迅速升高时产生的"热冲击"可能导致鱼类立即死亡。例如温度突然升高到16.7℃时，刺鱼只能存活35s，大马哈鱼于10s内即会死亡。

（4）繁殖和发育期的温度

由于水生生物繁殖和发育期对温度特别敏感，因此建议在每年的繁殖季节，对鱼类的回游、产卵孵化区域执行专门的温度标准。河流入海口处常常是海产鱼类的繁殖区域，因此温升标准应更加严格。

温排水在河流中排放形成热污染带，其中超过允许温升的部分（混合带），在NAS—

NAE—EAP标准中建议，最多只占河流宽的2/3，剩余区域作为洄游性的鱼类的通道。在有些地方要求更加严格，混合区不允许超过河流横断面面积的1/4。

四、水体热污染的防治

水体热污染的防治主要从技术、法律两个途径来进行。

（一）技术手段

1. 设计和改进冷却系统，减少温热水的排放量

产生温热水的企业，应根据自然条件，结合经济和可行性两方面的因素采取相应的防治措施却塔系统，以除去水中的废热，并且把它们返回到换热器（冷凝器）中循环使用。

冷却水池是通过水的自然蒸发达到蒸发冷却目的的。从换热器排出的温热水用泵送到冷却水池的一端，从水池的另一端抽取冷却后的水。这样，在整个系统中就只需要补充蒸发所失去的水分（通常为水流量的3%～5%左右）。采用冷却水池方案投资比较少，但是占地面积较大，一个100万千瓦的电站需要100～400hm²冷却水池。把冷却水喷射到大气中雾化冷却，可以提高蒸发冷却速率，用这种方法可减少冷却水池占地面积（减少系数大约为20）。在冷却幅度大于10℃时的要求下，使用喷水池是不适合的，并且也是不经济的。随着水池尺寸的增加，由于穿经喷淋水滴的空气被饱和，因而风向一面的喷淋效果较差。

冷却塔有干式塔、湿式塔和干湿式塔之分，干式塔是封闭系统，通过热传导和对流来达到冷却水的目的，因基建投资很贵，在电站中很少应用。湿式塔是通过水的喷淋、蒸发来进行冷却，在电站中应用较广泛。图6-2为湿式塔循环冷却系统图，图6-3为干式冷却塔、干湿式冷却塔的示意图。

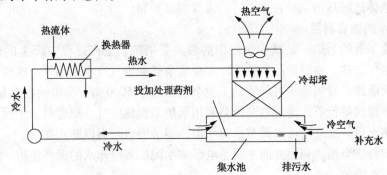

图6-2 湿式塔循环冷却系统图

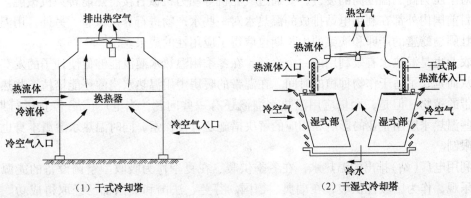

（1）干式冷却塔　　　　　　　　　（2）干湿式冷却塔

图6-3 干式冷却塔、干湿式冷却塔的示意图

根据气流产生的方式可将湿式塔分为自然通风冷却塔和机械通风冷却塔两种类型。自然通风冷却塔塔体比较庞大。例如，一座 100 万千瓦的电站就需要高 150m、底部直径 120m 的双曲线形冷却塔。塔体的高度主要是保证冷用塔的气流抽吸力，同时使所形成的水雾在经过一段距离扩散后到达地面时能够弥散开。这种塔的基建投资也比较高，估计会增加总发电成本 5% ~7%。在气温较高、湿度较大的地区需采用机械通风冷却塔，这种塔基建投资比较低，但是运行费用比较高。

机械通风冷却塔塔体比较低，但有较强烈的噪声(大于 95dB，因此常常被设置在离开电站一定距离的地方。为了防止被水汽饱和了的空气排出后重新被吸入冷却塔形成"短路"，在机械通风冷却塔上部通常再设置一定高度的排风塔。

冷却水池、冷却塔在使用过程中产生的大量水蒸气，在气温较低的冬天，下风向数百米以内区域的大气中有结雾、路面有结冰的可能。排出的水蒸气对当地的气候也有较大的影响。由于湿式冷却塔饱和的湿空气由塔顶排出并与周围空气混合后，气温急速下降，水汽形成雾滴，所以发展了一种干湿式冷却塔，亦称除雾式冷却塔。它的构造是在一般的湿塔上部设置翅管形热交换器，温热水先进入热交换器管内加热湿塔的排气，再进入湿塔喷淋、蒸发。在湿塔中空气被加温、增湿变成饱和状态，而在干塔中被进一步加热到过热状态。由于塔顶风机的抽力，在干塔内就有一部分空气和湿塔排气相混合，调节干、湿塔两段空气量的分配率，就可避免形成水雾。

在冷却水循环使用过程中，为了避免化学物质和固体颗粒过多的积累，系统中总还需要连续地或周期地"排污"，排出一部分冷却水，其量约为总循环水量的 5%，这部分冷却水同样会对水体造成热污染，在排放时仍需要加以控制。

2. 废热水的综合利用

充分利用工业的余热，是减少热污染的最主要措施。生产过程中产生的余热种类繁多，有高温烟气余热、高温产品余热、冷却介质余热和废气废水余热等。这些余热都是可以利用的二次能源。我国每年可利用的工业余热相当于 5000 万 t 标煤的发热量。在冶金、发电、化工、建材等行业，通过热交换器利用余热来预热空气、原燃料、干燥产品、生产蒸气、供应热水等。此外还可以调节水田水温，调节港口水温以防止冻结。

对于冷却介质余热的利用方面主要是电厂和水泥厂等冷却水的循环使用，改进冷却方式，减少冷却水排放。

对于压力高、温度高的废气，要通过气轮机等动力机械直接将热能转为机械能。

目前国内外都在利用电站排放的温热水对一些水产物进行养殖试验。另外，用温热水延长牡蛎、螃蟹的产卵和淡菜的生长期也取得了应用性的成果。

农业也是温热水有效利用的一个途径，在冬季用温热水灌溉能够促使种子的发芽和生长，从而延长了适于作物种植的时间。在温带的暖房中用温热水浇灌还能培植一些热带或亚热带的植物。但是，大量应用温热水灌溉还有一些问题，当电厂(站)停止运行期间，对这些温热水应用企业的影响和相应的解决措施还有待探索，同时温热水灌溉本身也有季节性限制。

利用电厂(站)排出的温热水，在冬季供暖、在夏季作为吸收型空调设备的能源前景非常乐观，作为区域性供暖，在瑞典、德国、芬兰、法国和美国都已经取得成功。电厂(站)温热水的排放，在一些地区可以防止航道和港口结冰，但在夏季会对生态系统产生不利影响。

污水处理也是废温热水利用的一个较好途径。温度是水微生物的一个重要的生理学指标，活性污泥微生物的生理活动和周围的温度密切相关，适宜的温度范围（20～30℃）可以加快其酶促反应的速率，提高其降解有机物的能力，从而增强其水处理的效果。特别是在冬天水处理系统温度较低的情况下，如果能将废温热水排放的热量引入污水处理系统中，将是一举两得的处理方案。

（二）法律途径

水体热污染控制的重要指标是废热水排入扩散后的水体温升和热污染带规模。水体温升是指热污染带向下游扩散，经过一定距离至近于完全混合时，河水温度比自然水温高出的温度。水体温升多少，应在保护环境和经济合理这两者之间作出适当的选择。

我国的相关法律法规只对水体热污染作了原则性的要求，尚需进一步进行量化和规范。例如《中华人民共和国水污染防治法》第二十七条规定："向水体排放含热废水，应当采取措施，保证水体的水温符合水环境质量标准，防止热污染危害"。《中华人民共和国海洋环境保护法》第三十六条规定："向海域排放含热废水，必须采取有效措施，保证邻近渔业水域的水温符合国家海洋环境质量标准，避免热污染对水产资源的危害"。

美国国家技术咨询委员会（NTAC）对水质标准中水温做了较为详细的规定，例如对于淡水中的温水水生生物，规定热排放要求如下：一年中的任何月份，向河水中排放的热量不得使河水温升超过 2.8℃，湖泊和水库上层升温不得超过 1.6℃，禁止温热水湖泊浸没排放；必须保持天然的日温和季温变化；水体温升不得超过主要水生生物的最高可适温度。

第三节　大气热污染防治

能源以热的形式进入大气，并且能源消耗的过程中还会释放大量的副产物如二氧化碳、水蒸气和颗粒物质等，这些物质会进一步促进大气的升温。当大气升温影响到人类的生存环境时，即为大气热污染。

一、大气热污染的来源

大气热污染主要来源于城市大量燃料燃烧过程所产生的废热，以及高温产品、炉渣和化学反应产生的废热等。具体来说，可分为以下三个方面。

（一）工业企业生产

工业企业生产是大气热污染的主要来源。各种锅炉、窑炉排放出的高温烟气，携带了大量的热量。火力发电厂、核电站和钢铁厂等的冷却系统，也向大气中释放了大量的热量。

（二）生活炉灶、采暖锅炉与空调废热

在居住区里，随着人口的集中，大量的民用生活炉灶和采暖锅炉需要耗用大量的能源，这些能源所产生的热量，在消费过之后，又被排入大气环境中。据统计，中国北方城市采暖能耗可达总能耗的1/5。近年来，空调热污染日益为人们所关注。由人工制冷机提供冷源的空调系统工作时，制冷机制冷工质在冷凝器中冷凝放出的热量，一般通过冷却塔

（水冷式冷凝器）或直接经冷凝器（空冷式冷凝器）排向周围大气，若通风条件不好及建筑楼群较密，将造成空调房间以外一定环境温度升高，即空调系统对环境造成热污染。

（三）交通运输

近几十年来，由于交通运输事业的发展，城市行驶的汽车日益增多，火车、轮船、飞机等客货运输频繁。这些交通工具通过燃烧油料以获取动力，做功之后的废能几乎全部排入大气。

二、大气热污染影响

目前有不少地区，尤其是大城市和工业区所排放的废热已经达到或超过了太阳入射能量的 1%，这些地区与周围地区的气候确实不同，已经对局部和全球气候造成了一定的影响。其中对局部气候的影响主要表现为强化了城市热岛效应，对全球气候的影响主要是加剧了温室效应。

（一）城市热岛效应

在人口稠密、工业集中的城市地区，由人类活动排放的大量热量与其他自然条件共同作用致使城区气温普遍高于周围郊区，称为城市热岛效应，其强度以城区平均气温和郊区平均气温之差表示。城市热岛效应导致城区年平均气温高出郊区农村 $0.5 \sim 1.5℃$ 左右，一般冬季城区平均最低气温比郊区高 $1 \sim 2℃$，城市中心区气温比郊区高 $2 \sim 3℃$，最大可相差 $5℃$，而夏季城市局部地区的气温有时甚至比郊区高出 $6℃$ 以上。目前我国观测到的热岛效应最大的城市是北京（$9.0℃$）和上海（$6.8℃$），而世界最大的城市热岛为德国的柏林（$13.3℃$）和加拿大的温哥华（$11℃$）。

城市热岛效应是城市化气候效应的主要特征之一，是人类在城市化进程中无意识地对局部气候产生的影响，也是人类活动对城市区域气候影响最典型的代表。

1. 城市热岛效应的成因

城市热岛效应是人类在城市化进程中无意识地对局地气候所产生的影响，是人类活动对城市区域气候影响中最为典型的特征之一，是在人口高度密集、工业高度集中的城市区域由人类活动排放的大量热量与其他自然条件因素综合作用的结果。

随着城市建设的高速发展，热岛效应也变得越来越明显。究其原因，主要有以下四个方面。

（1）城市下垫面的热属性发生改变。城市下垫面是指大气低部与地表的接触面。城市内大量的人工建筑如混凝土、柏油地面、各种建筑墙面等，改变了下垫面的热属性，这些人工构筑物吸热快、传热快，而热容量小，在相同的太阳辐射条件下，它们比自然下垫面（绿地、水面等）升温快，因而其表面的温度明显高于自然下垫面。白天，在太阳的辐射下，构筑物表面很快升温，受热构筑物面把高温迅速传给大气；日落后，受热的构筑物，仍缓慢向市区空气中辐射热量，使得近地面气温升高。比如夏天，草坪温度 $32℃$、树冠温度 $30℃$ 的时候，水泥地面的温度可以高达 $57℃$，柏油马路的温度更是高达 $63℃$。

（2）人工热源释放大量热能。工业生产、居民生活制冷、采暖等固定热源，交通运输、人群等流动热源不断向外释放废热。城市能耗越大，热岛效应越强。

（3）高大建筑物造成地表风速小且通风不良。城市的平均风速比郊区小 25%，城郊之间的热量交换弱，城市白天蓄热多，夜晚散热慢，加剧了城市热岛效应。

（4）城市地表蒸散能力下降。城市中绿地、林木、水体等自然下垫面的大量减少加上城市的建筑、广场、道路等构筑物的大量增加，导致城区下垫面不透水面积增大，雨水能很快从排水管道流失，可供蒸发的水分比郊区农田绿地少，消耗于蒸发的潜热亦少，其所获得的太阳能主要用于下垫面增温，从而极大地削弱了缓解城市热岛效应的能力。

2. 城市热岛效应的影响

城市热岛效应给人类带来的影响总体来说是利少弊多。其主要影响表现为：

（1）城市热岛效应使得城区冬季缩短，霜雪减少，有时甚至出现城外降雪城内雨的现象，从而可以降低城区冬季采暖耗能。另一方面，热岛效应导致夏季持续高温又会增加城市耗能。

（2）城市热岛效应在夏季加剧城区高温天气，不仅降低人们的工作效率，还会引起中暑和死亡人数的增加。医学研究表明，环境温度与人体的生理活动密切相关，当温度高于28℃时，人会有不舒适感；温度再高就易导致烦躁、中暑和精神紊乱等；气温高于34℃并加以热浪侵袭还可引发一系列疾病特别是心脏病、脑血管和呼吸系统疾病，使死亡率显著增加。

（3）城市热岛效应可能引起暴雨、飓风和云雾等异常天气现象，即所谓的"雨岛效应"、"雾岛效应"和"城市风"。受热岛效应的影响，夏季经常发生市郊降雨而远离市区却干燥的现象。城市云雾是由工业生产和生活中排放的污染物形成的酸雾、油雾、烟雾和光化学雾等的混合物，热岛效应阻碍了这些物质向宇宙太空逸散，从而加重它们的危害。城区中心空气受热上升，周围郊区冷空气向市区汇流补充，而城区上升的空气在向四周扩散的过程中又在郊区沉降下来，从而形成城市热岛环流，不利于污染物向外迁移扩散，会加剧城市大气污染（图6-4）。

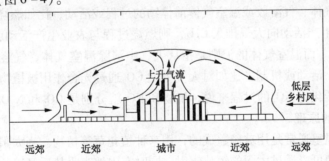

图6-4　城市热岛环流模式和尘盖

（4）城市热岛效应可能造成局部地区水灾。城市产生的上升热气流与潮湿的海陆气流相遇，会在局部地区上空形成乱积云，而后降下暴雨，每小时降水量可达100mm以上，从而在某些地区引发洪水，造成山体滑坡和道路塌陷等。

（5）城市热岛效应会导致气候、物候失常。日本大城市近年出现樱花早开、红叶迟红、气候亚热带化等现象都是热岛效应所致。

此外，城市热岛效应还会加重城市供水紧张，导致火灾多发，为细菌病毒等的滋生蔓延提供温床，甚至威胁到一些生物的生存并破坏整个城市的生态平衡。

（二）温室效应

温室效应是指透射阳光的密闭空间由于与外界缺乏热交换而形成的保温效应，就是太阳短波辐射可以透过大气射入地面，而地面增暖后放出的长波辐射却被大气中的二氧化碳等物质所吸收，从而产生大气变暖的效应。大气中的二氧化碳就像一层厚厚的玻璃，使地球变成了一个大暖房。据估计，如果没有大气，地表平均温度就会下降到 $-23℃$，而实际地表平均温度为 $15℃$，这就是说温室效应使地表温度提高 $38℃$。温室效应又称"花房效应"，是大气保温效应的俗称。大气中的二氧化碳浓度增加，阻止地球热量的散失，使地球发生可感觉到的气温升高，这就是有名的"温室效应"。破坏大气层与地面间红外线辐射正常关系，吸收地球释放出来的红外线辐射，就像"温室"一样，促使地球气温升高的气体称为"温室气体"温室效应如图 6-5 所示。

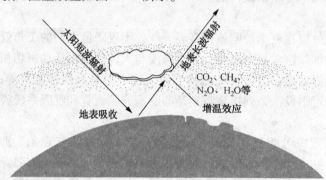

太阳短波辐射　地表长波辐射

CO_2、CH_4、
N_2O、H_2O等

地表吸收　　　　增温效应

图 6-5　温室效应示意图

大气能吸收长波辐射的物质有水蒸气、CO_2、CH_4、N_2O、SO_2、O_3、$CFCs$、微尘等。通常把 CO_2、CH_4、N_2O、SO_2、O_3、$CFCs$ 等称为温室气体。其中 CO_2 的全球变暖潜能最小，但其含量远远超过其他气体，因此是温室效应中贡献最大的。温室气体的源是指向大气排放各种温室气体、气溶胶或温室气体前体物的过程或活动，比如燃烧过程向大气排入 CO_2、SO_2，农业生产活动向大气排入 CH_4，则燃烧过程与农业生产活动就各自构成 CO_2、SO_2 以及 CH_4 的源。而温室气体的汇则是指从大气中清除温室气体、气溶胶或温室气体前体物的各种过程、活动或机制，比如对大气中的 CO_2 通过光合作用被植物吸收，以及 N_2O 在大气中被化学转化为 NO_x 的过程来说，植物和 NO_x 就分别是 CO_2 和 N_2O 的汇。

1. 温室效应的原理

农业上用的温室通常是用玻璃盖成的，用来种植花草等植物。当太阳照射在温室的玻璃上时，由于玻璃可以透过太阳的短波辐射，同时室内地表吸热后又以长波的形式向外辐射能量，而玻璃具有较好的吸收长波辐射的能力，因而在温室能够积聚能量，使温室内温度不断升高。当然由于热传导和热辐射的作用，温室内只能达到某一定的温度，而不可能持续升高。

地球大气层的长期辐射平衡状况见图 6-6。太阳总辐射能量（240W/m²）和返回太空的红外线的释放能量应该相等。其中 103W/m² 的太阳辐射会被反射，而余下的会被地球表面所吸收。此外，大气层的温室气体和云团吸收及再次释放出红外线辐射，使得地面变暖。

其实温室效应是一种自然现象，自从地球产生以后，就一直存在于地球上。大气层中的许多气体几乎不吸收可见光，但对地球放射出去的长波辐射却具有极好的吸收作用。这些气体允许约 50% 的太阳辐射穿越大气被地表吸收，但却拦截几乎所有地表及大气辐射出去的能量，减少了能量的损失，然后再将能量释放出来，使得地表及对流层温度升高。

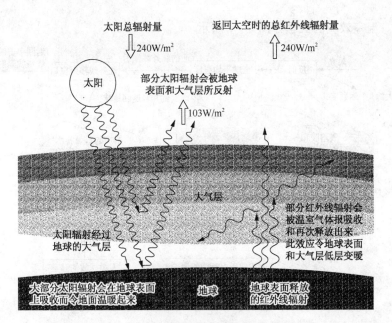

图6-6　地球大气层热量辐射平衡图

大气放射出的辐射不但使地表升温，而且在夜晚继续辐射，使地表不因缺乏太阳辐射而变得太冷。而月球没有大气层，从而无法产生温室效应，导致月球上日夜温差达几十摄氏度。其实温室效应不只发生在地球，金星及火星大气的成分主要为CO_2，金星大气的温室效应高达523℃，火星则因其大气太薄，其温室效应只有10℃。

2. 温室效应的加剧

地球大气的温室效应创造了适宜于生命存在的热环境。如果没有大气层的存在，地球也将是一个寂寞的世界。除CO_2外，能够产生温室效应的气体还有水蒸气、CH_4、N_2O、O_3、SO_2、CO以及非自然过程产生的氟氯碳化物（CFCs）、氢氟化碳（HFCs）、过氟化碳（PFCs）等。每一种温室效应气体对温室效应的贡献是不同的。HFCs与PFCs吸热能力最大；CH_4的吸热能力超过$CO_2$21倍；而N_2O的吸热能力比CO_2的吸热能力高270倍。然而空气中水蒸气的含量比CO_2和其他温室气体的总和还要高出很多，所以大气温室效应的保温效果主要还是由水蒸气产生的。但是有部分波长的红外线是水蒸气所不能吸收的，CO_2所吸收的红外线波长则刚好填补了这个空隙波长。

水蒸气在大气中的含量是相对稳定的，而CO_2的浓度却不然。自从欧洲工业革命以来，大气中CO_2的浓度持续攀升，究其原因主要有森林大火、火山爆发、发电厂、汽车排出的尾气，而由于化石类矿物燃料的燃烧排放的CO_2却占有最大的比例，全球由于此种原因产生的温室气体每天达到6000多万t。这是"温室效应"加剧的主要原因。工业革命之后大气中CO_2含量迅速增加，1950年之后，增加的速率更快，到1995年大气中CO_2浓度已达到358mL/m^3。随着大气中CO_2浓度的不断提高，更多的能量被保存到地球上，加剧了地球升温。

3. 温室效应的理论

（1）辐射对流平衡理论

大气湍流对全球变暖的抑制作用也是不能忽略的，这也是自然系统进行自我调整的一种表现形式。温室效应的机理如图 6 - 7 所示。

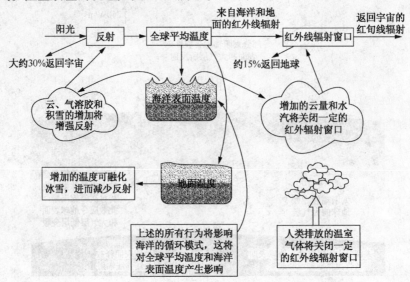

图 6 - 7　大气层中各种作用对温室效应的影响

（2）冰雪反馈理论

这一理论是由前苏联学者俱姆·布特克于 1969 年提出的。冰雪覆盖的地表对太阳辐射的反射能力要比陆地或其他的地表类型大得多。由于温室效应导致的全球变暖的结果，势必会造成一部分冰雪消融，从而减少地表冰雪的覆盖面积，降低冰雪对太阳辐射的反射作用，从而地球就会获得更多的太阳辐射，加剧大气层的温室效应，结果地表温度会继续升高，从而导致冰雪的进一步大量消融，这是一个大家谁都不愿意看到的大自然的正反馈的结果。有人曾经估算过，如果大气中 CO_2 的浓度达到 $420mL/m^3$ 时，冰雪将会从地球上消失；反之，如果大气中 CO_2 的浓度降低到 $150mL/m^3$，地球将会完全被冰雪覆盖而变成一个冰雪的世界。如果今后大气中 CO_2 的含量以每年 $0.7mL/m^3$ 的速率增加，到 21 世纪的中叶，地球上冰雪的覆盖面积将会降低一半以上，这将会对人类生存的地球环境产生不可估量的影响。

（3）反射理论

大气中 CO_2 含量的增加，将会增大大气的混浊度，这势必会加强大气对太阳辐射的反射能力，从而减少地表吸收的太阳辐射入射能量。这样大气中 CO_2 含量增加，不但不会使地表增温，反而会引起其温度下降。

4. 温室效应的影响

由于大气层温室效应的加剧，已导致了严重的全球变暖的发生，这已是一个不争的事实。全球变暖已成为目前全球环境研究的一个主要课题。已有的统计资料表明，全球温度在过去的 20 年间已经升高了 $0.3 \sim 0.6℃$。全球变暖，会对已探明的宇宙空间中唯一有生命存在的地球环境产生非常严重的后果。

（1）冰川消退

根据上面的冰川反馈理论可知，温室效应导致的气温上升和冰川消退之间是一种正反馈的关系。长期的观测结果表明，由于近百年来海温的升高，海平面已经上升了约

2～6cm。由于海洋热容量大，比较不容易增温，陆地的气温上升幅度将会大于海洋，其中又以北半球高纬度地区上升幅度最大，因为北半球陆地面积较大，从而全球变暖对北半球的影响更大。已有的统计资料表明格陵兰岛的冰雪融化已使全球海平面上升了约2.5cm。冰川的存在对维持全球的能量平衡起到至关重要的作用，对于全球液态水量的调节也起到决定性的作用。如果两极的冰川持续消融的话，其所带来的后果对地球上的生命将会是致命的，而且也是难以预知的。

（2）海平面升高

全球变暖的直接后果便是高山冰雪融化、两极冰川消融、海水受热膨胀，从而导致海平面升高，再加上近年来由于某些地区地下水的过量开采造成的地面下沉，人类将会失去更多的立足之地。有关资料表明，自19世纪以来，海平面已经上升了10cm以上。据预测，依照现在的状况，到21世纪末，海平面将会比现在上升50cm甚至更多。

（3）加剧荒漠化程度

全球变暖，会加快加大海洋的蒸发速度，同时改变全球各地的雨量分配结果。研究表明，在全球变暖的大环境下，陆地蒸发量将会增大，这样世界上缺水地区的降水和地表径流都会减少，会变得更加缺水，从而给那些地区人们的生产生活带来极大的用水困难。而雨量较大的热带地区，如东南亚一带降水量会更大，从而加剧洪涝灾害的发生。这些情况都将会直接影响到自然生态系统和农业生产活动。目前，世界土地沙化的速率是每年6万平方公里。

（4）危害地球生命系统

全球变暖将会使多种业已灭绝的病毒细菌死灰复燃，使业已控制的有害微生物和害虫得以大量繁殖，人类自身的免疫系统也将因此而降低，从而对地球生命系统构成极大的威胁。

已有的研究表明，地球演化史上曾多次发生变暖－变冷的气候波动，但都是由人类不可抗拒的自然力引起的，而这一次却是由于人类活动引起的大气温室效应加剧导致的，从而其后果也是不可预知的，但无论如何都会给地球生命系统带来灾难。

三、大气热污染的评价与标准

大气热污染环境在很大程度上受湿度和风速的影响，因其反映环境温度的性质不同，其测量方法主要有3种（见表6-8）。三种方法测定的温度值各代表一定的物理意义，其值之间存在较大差异。因此在表示环境温度时，必须注明测定时所采用的方法。

表6－8　大气热污染环境温度测量方法

测 量 方 法	说　明
干球温度（T_a）法	将水银温度计的水银球不加任何处理，直接放置到环境中进行测量，即得到大气的温度，又称为气温
湿球温度（T_w）法	将水银温度计的水银球用湿纱布包裹起来，放置到环境中进行测量，所测温度为饱和湿度下的大气温度，干球温度与湿球温度的差值则反映了环境的湿度状况
黑球温度（T_g）法	将温度计的水银球放入一个直径为15cm、外表面涂黑的空心铜球中心进行测量，所测温度可以反映出环境热辐射的状况

环境温度对于人体产生的生理效应，除与环境温度的高低有关外，还与环境湿度、风速等因素有关。环境生理学上常采用温度－湿度－风速的综合指标来表示环境温度，并称之为生理热环境指标。常用的生理热环境指标主要有以下几种：

1. 有效温度（ET）

有效温度是将干球温度、湿度、空气流速对人体温暖感或冷感的影响综合成一个单一数值的任意指标，数值上等于产生相同感觉的静止饱和空气的温度。有效温度在低温时过分强调了湿度的影响，而在高温时对湿度的影响强调得不够，现在已不再推荐使用。

其替代形式——新有效温度（或标准有效温度，SET）是 Gagge 等人根据人体热调节系统数学模型提出的，指相对湿度 50% 的假想封闭环境中相同作用的温度。该指标同时考虑了辐射、对流和蒸发三种因素的影响，将真实环境下的空气温度、相对湿度和平均辐射温度规整为一个温度参数，是一个等效的干球温度，主要用于确定人的热舒适标准，进而指导室内热环境的设计。

2. 干－湿－黑球温度

此值是干球温度法、湿球温度法和黑球温度法测得的温度值按一定比例的加权平均值，可以反映出环境温度对人体生理影响的程度。

（1）湿球黑球温度指数（Wet black globe temperature index，WBGT），计算式如下：

$$WBGT = 0.7T_{nw} + 0.2T_g + 0.1T_a（室外有太阳辐射）\qquad (6-1)$$

或

$$WBGT = 0.7T_{nw} + 0.2T（室内外无太阳辐射）\qquad (6-2)$$

式中　T_{nw}——自然湿球温度，即把湿球温度计暴露于无人工通风的热辐射环境条件下测得的湿球温度值。

WBGT 指数是综合评价人体接触作业环境热负荷的一个基本参量，用以评价人体的平均热负荷。

（2）温湿指数（Temperature humidity index，THI），计算式为

$$THI = 0.4(T_w + T_a) + 15 \qquad (6-3)$$

或

$$THI = T_a - 0.55(1 - f)(T_a - 14.47) \qquad (6-4)$$

式中　f——相对湿度，%。

根据 THI 进行的热环境评价见表 6-9。

表 6-9　温度指数（THI）的评价标准

范围/℃	感 觉 程 度	范围/℃	感 觉 程 度
>28.0	炎热	17.0~24.9	舒适
27.0~28.0	热	15.0~16.9	凉
25.0~26.9	暖	<15.0	冷

3. 操作温度（Operative temperature，OT）

操作温度是平均辐射温度和空气温度关于各自对应的换热系数的加权平均值。

$$OT = (h_\gamma T_{wa} + h_c T_a)/(h_\gamma + h_c) \qquad (6-5)$$

式中　T_{wa}——平均辐射温度（舱室墙壁温度）；

　　　h_γ——热辐射系数；

　　　h_c——热对流系数。

四、大气热污染的防治

（一）技术手段

1. 植树造林

森林是最高的植被。森林对温度、湿度、蒸发、蒸腾及雨量可起调节作用。

森林可以调节温度。根据观察研究的结果说明，森林不能降低日平均温度，但能略微增加秋冬平均温度。森林能降低每日最高温度，而提高每日最低温度，在夏季较其他季节更为显著。

森林可以显著影响湿度。林木的生命不能离开蒸腾，这是植物的生理原因。林内的相对湿度要比林外高，树木越高，则树叶的蒸腾面积越大，它的相对湿度亦越高。

森林可以影响地表蒸发量。降水到地面上，除去径流及深入土壤下层以外，有相当部分将被蒸发回天空。蒸发多少要由土壤的结构、气温与湿度的大小、风的速度决定。森林能减低地表风速，提高相对湿度，林地的枯枝败叶能阻碍土壤水分蒸发，因此光秃的土地比林地水分蒸发要大 5 倍，比雪的蒸发要大 4 倍。

森林可以调节雨量。在条件相同地区，森林地区要比无林地区降水量大。一般要大 20% ~ 30%。森林地区比较多雾，树枝和树叶的点滴降水，每次约有 1 ~ 2mm，以 1 年来计算，水量也是可观的。

2. 提高燃料燃烧的完全性

由于化石燃料是目前世界一次能源的主要部分，其开采、燃烧耗用等方面的数量都很大，从而对环境的影响也令人关注。化石燃料在利用过程中对热环境的影响，主要是燃烧时的高温热气和利用之后的余热所造成的污染。提高燃料燃烧的完全性，一方面通过提高使用效率，使更多的能量转变为产品；另一方面可以减少温室气体排放，缓解温室效应。

3. 发展清洁和可再生能源

大力开发利用清洁和可再生能源，可以减少 CO_2 排放，降低温室效应。另外，一些清洁能源和可再生能源本来就广泛存在于生物圈内，如太阳能、风能、潮汐能等，即使不加以利用，最终也会在生物圈中转变为热量。通过科学技术使这些能源为人类作贡献，使用后的废能排入环境，并没有增加地球总的热量排放。同时，由于替代了部分石化能源，相当于减少了额外的热量排放。

（二）法律途径

大气污染将危害到全人类的生存发展，所以大气治理也需要国际上的广泛合作。

1. 全球立法

（1）臭氧层保护协议

臭氧层破坏是当今全球环境问题之一。为解决此问题，国际社会在联合国环境规划署的协调下，于 1985 年签署了《保护臭氧层维也纳公约》，并于 1987 年制定了《关于消耗臭氧层物质的蒙特利尔议定书》（以下称《议定书》）。我国政府于 1991 年签署并批准了《议定书》伦敦修正案，正式参与国际保护臭氧层合作。目前，《议定书》缔约方已达到 168 个，《议定书》已被许多国际组织和国家认为是国际合作解决全球环境的成功典范。

多边基金是在《议定书》框架下为帮助发展中国家履约而设立的新的额外基金，由发达国家捐款，用于支付淘汰活动的增加费用。多边基金于 1993 年正式开始运行，至 1999

年已向超过 100 个发展中国家发放了 12 亿美元的赠款，以支持发展中国家转向对臭氧层无害的替代品、替代技术。

（2）温室气体排放协议

《京都议定书》是人类有史以来通过控制自身行动以减少对气候变化影响的第一个国际文件。1997 年 12 月，在日本京都召开的联合国《气候变化框架公约》缔约方第 3 次大会上，通过了旨在限制各国温室气体排放量的协议，这个协议就是《京都议定书》。这一具有法律效力的文件规定，39 个工业化国家在 2008～2012 年，38 个主要工业国的 CO_2 等 6 种温室气体排放量需在 1990 年的基础上平均削减 5.2%，其中美国削减 7%，欧盟削减 8%，日本和加拿大分别削减 6%，其他缔约方也各有减排比例。2012 年 12 月 8 日，在卡塔尔召开的第 18 届联合国气候变化大会上，本应于 2012 年到期的《京都议定书》被同意延长至 2020 年。

《京都议定书》需要包括所有发达国家在内的至少 55 个缔约方批准才能生效，原因是这些国家和地区的排放量占世界总排放量的 55%。美国人口仅占全球人口的 5%，CO_2 排放量占世界总排放量的 22%，是世界上 CO_2 最大的排放源，欧盟 CO_2 排放量也占世界总排放量的 1/7。

2. 区域立法

我国环境立法中，如大气污染防治、植树造林、清洁生产等很多法律法规的颁布实施，都对大气热污染的控制起到良好的作用，只是尚无针对"大气热污染"的法律规定。现行法律中惟一与热污染有联系的是《环境保护法》第 24 条："产生环境污染和其他公害的单位，……采取有效措施，防治在生产建设或者其他活动中产生的废气、废水、废渣、粉尘、恶臭气体、放射性物质以及噪声、振动、电磁波辐射等对环境的污染和危害。"其中的"等"字是立法者做的不完全列举。当时未列出的热、光等新的污染形式已经出现，并有逐步普遍的趋势。根据本条，热污染等新形式污染的排污者一样负有采取措施防治污染的义务。

第四节 热污染控制技术

一、节能技术与设备

（一）热泵

热泵即将热由低温位传输到高温位的装置，是一种高效、节能、环保技术，其理论基础起源于 19 世纪关于卡诺循环的论文。它利用机械能、热能等外部能量，通过传热工质把低温热源中无法被利用的潜热和生活生产中排放的废热，通过热泵机组集中后再传递给要加热的物质。其工作原理如图 6－8 所示。热泵设备的开发利用始于 20 世纪 20～30 年代，直到 70 年代能源危机的出现，热泵技术才得以迅速发展。目前热泵主要用于住宅取暖和提供生活热水，而且在北美洲和欧洲的应用最广。在工业中，热泵技术可用于食品加工中的干燥、木材和种子干燥及工业锅炉的蒸汽加热等。

热泵的热量来源可以是空气、水、地热和太阳能。其中以各种废水、废气为热源的余热回收型热泵不仅可以节能，同时也可以直接减少人为热的排放，减轻环境热污染。采用

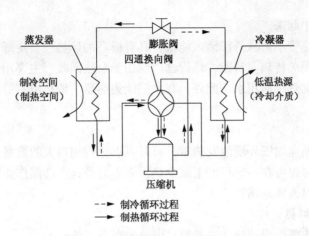

图 6 - 8　典型压缩式热泵的工作原理

热泵与直接用电加热相比，可节电 80% 以上；对于 100℃ 以下的热量，采用热泵比锅炉供热可节约燃料 50%。

图 6 - 9 是莫斯科市乌赫托姆斯基小区的电 - 热 - 冷三联供系统，整个系统的能量都来自当地的"二次能源"。该小区有一根城市污水地下干管通过，而且附近 5 个热电站产生大量冷却水，这些废水处理后可作为压缩式热泵系统的低温热源。此外，这里有两个大型天然气分配站，把天然气的压力由 2MPa 减至 0.3~0.6MPa，利用这一压降驱动涡轮机发电，既可以保证热泵使用，又能满足小区其他用电。整个系统不需消耗任何化石燃料，便可满足住宅楼、行政、文化、商业等建筑物的供电、供热，室内游泳池供热，人工滑冰场及各种冷库的制冷，同时还可用于路面下融雪装置的供热。该工程正在建设中，因为施工量巨大，全部投资预计在 3.5 年内回收。

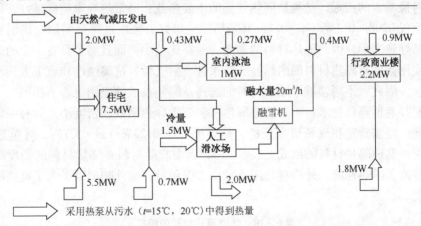

图 6 - 9　电 - 热 - 冷三联供系统的能源及功率分配

(二) 热管

美国 LosAlamos 国家实验室的 G. M. Grover 于 1963 年最先发明了热管，它是利用密闭管内工质的蒸发和冷凝进行传热的装置。常见的热管由管壳、吸液芯(毛细多孔材料构成)和工质(传递热能的液体)三部分组成。热管一端为蒸发端，另外一端为冷凝端。当一端受热时，毛细管中的液体迅速蒸发，蒸气在微小的压力差下流向另外一端，并释放出热量，重新凝结成液体，液体再沿多孔材料靠毛细作用流回蒸发段。如此循环不止，便可将

293

各种分散的热量集中起来。

与热泵相比，热管不需从外部输入能量，具有极高的导热性、良好的等温性，而且热输传量大，可以远距离传热。目前，热管已广泛用于余热回收，主要用作空气预热器、工业锅炉和利用废热加热生活用水。此外，在太阳能集热器、地热温室等方面都取得了很好的效益。

（三）隔热材料

设备及管道不断向周围环境散发热量，有时可以达到相当大的数量，所以隔热保温同样是节约能源，同时也可在一定程度上减少热污染。另外，在高温作业环境中使用隔热材料，还能显著降低对人体的伤害。

1. 隔热材料的种类

隔热材料按其内部组织和构造的差异，可分为以下三类：

（1）多孔纤维质隔热材料：由无机纤维制成的单一纤维毡或纤维布或者几种纤维复合而成的毡布。具有导热系数低、耐温性能好的特点。常见的有超细玻璃棉、石棉、矿岩棉等。

（2）多孔质颗粒类隔热材料：常见的有膨胀蛭石、膨胀珍珠岩等材料。

（3）发泡类隔热材料：包括有机类、无机类及有机无机混合类三种。无机类常见的有泡沫玻璃、泡沫水泥等；有机类如聚氯脂泡沫、聚乙烯泡沫、酚醛泡沫及聚胺酯泡沫等，具有低密度、耐水、热导率低等优点，应用较广；混合型多孔质泡沫材料是由空心玻璃微球或陶瓷微球与树脂复合热压而成的闭孔泡沫材料。

2. 隔热材料的基本性能

隔热材料的主要性能参数包括热导率、密度（表观密度和压缩密度）、强度。热导率是隔热材料最基本的指标，是衡量隔热效果的主要参数，通常热导率越低越好，例如空心微珠热导率仅 $0.08 \sim 0.1 W/(m \cdot K)$，其隔热性能极好。密度过高会增加隔热层重量，强度太低则易导致变形，因此隔热材料的密度一般都比较小，而且需要具备一定的强度。

某些使用条件对隔热材料的耐热性、防水性、耐火性、抗腐蚀性和施工方便性等也有一定的要求。因此，不同领域中隔热材料的选择及隔热技术的应用也各不相同。

（1）矿井巷道隔热技术：矿井巷道隔热材料要求导热系数和密度小，具有一定的强度和防水性能。经实验室和现场研究分析，热导率低于 $0.23 W/(m \cdot K)$ 时，才能起到较高的隔热作用。巷道隔热材料的组成见表 6-10，其中胶凝材料是隔热材料的强度组成，集料的作用是改善隔热性能，外掺料是用于减少水泥用量，而外加剂则是为了提高隔热材料的各项性能。

表 6-10 巷道隔热材料的组成

胶凝材料	集料	外掺料	外加料	水
水泥、生石灰	硅灰石、膨胀珍珠岩	粉煤灰	增强剂、发泡剂、减水剂、防水剂	自来水

（2）工业炉窑隔热技术：炉衬结构中使用的隔热材料必须耐高温，最高可达 $2000℃$ 以上。以轻质碳砖为例，其热导率低于 $1.5 W/(m \cdot K)$，有效厚度大于 $300mm$，便可将下部耐火砖砌体承受的工作温度由 $1800℃$ 以上降至 $1500℃$ 以下。轻质碳砖技术的各性能指标见表 6-11。

此外，将不同的隔热材料优化组合、配套使用，即根据炉窑的温度范围和隔热材料的性能，在不同部位或区段选择相应的隔热材料，在满足隔热节能效果的同时，也降低了生产成本。

表 6 – 11　轻质碳砖技术性能指标

种　　类	性 能 指 标						
	灰分/%	固定碳/%	气孔率/%	体积密度/ （g/cm³）	抗压强度/ MPa	导热系数/ （W/m·K）	使用温度/℃
TKQ – 1	≤15.0	≥84.0	≥30.0	≤1.25	≥22.5	≥1.5	1600～2000
TKQ – 2	≤6.0	≥93.0	≥35.0	≤1.2	≥20.0	≥1.5	≥1800

（3）建筑工程隔热技术：在建筑工程中，根据在围护结构中使用部位的不同，保温隔热材料可分为内、外墙保温隔热材料；根据节能保温材料的状态及工艺不同又可分为板块状、浆体保温隔热材料等。国外资料表明，在建筑中每使用一吨矿物棉绝热制品，一年可节约一吨石油。

（4）低温工程隔热技术：不同的隔热材料，即使具有同样的热阻和导热性能，降温所需时间也可能相差很大。隔热材料的蓄热系数越大，冷却降温速度越慢。因此不同低温工程对隔热材料的要求也有所差异。通常速冻间选择蓄热系数小的材料做隔热内层，有利于提高降温速度，减少冷负荷，节省投资和运行费用。对冻结物或冷却物的冷藏间，则应选用蓄热系数较大的隔热材料，以减少库内壁表面的温度波动，保持库内温度稳定，从而节省动力消耗。

二、生物能技术

（一）生物能的特点及开发现状

生物能即以生物质为载体的能量，是太阳能以化学能形式贮存在生物中的一种能量形式。生物质能的载体是有机物，是以实物形式存在的，也是唯一一种能够贮存和运输的可再生资源。以生物质资源替代化石燃料，不仅可以减少化石燃料的消耗，同时也可减少 CO_2、SO_2 和 NO_x 等污染物的排放量。另外，生物能分布最广，不受天气和自然条件的限制，经过转化后几乎可应用于人类工业生产和社会生活的各个方面，因此生物能的开发和利用对常规能源具有很大的替代潜力。

生物质包括植物、动物及其排泄物、有机垃圾和有机废水几大类。目前其开发利用主要集中在三方面：一是建立以沼气为中心的农村新能源；二是建立"能量林场"、"能量农场"和"海洋能量农场"，以植物为能源发电，常用的能源植物或作物有绿玉树、续随子等；三是种植甘蔗、木薯、海草、玉米、甜菜、甜高粱等，发展食品工业的同时，用残渣制造酒精来代替石油。

（二）生物质压缩成型技术

由于植物生理方面的原因，生物质原料的结构通常比较疏松，密度较小，利用各种模具，可制成不同规格尺寸的成型燃料品。成型燃料的固体排放量、对大气的污染和锅炉的腐蚀程度、使用费用及其他性能都优于煤和木屑。其工艺流程见图 6 – 10。

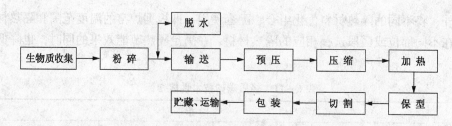

图6-10　生物质压缩成型工艺流程

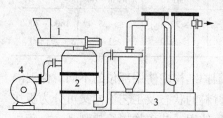

图6-11　燃气发生的工艺系统

1—加料器；2—气化器；
3—净化器；4—燃气输送机

（三）生物质气化技术

生物质气化是在一定的热力条件下，将组成生物质的碳氢化合物转化为含一氧化碳和氢气等可燃气体的过程，其工艺系统见图6-11。生物质经气化后排出的燃气中常含有一些杂质，叫做粗燃气，直接进入供气系统会影响供气、用气设施和管网的运行，因此必须进行净化。整个系统的运行和启、停均由燃气输送机控制，同时提供使燃气流动的压力。

国内采用生物质集中供气系统的投资与天然气基本相当，但其环境效益和社会效益高得多，因此更具应用前景。此外，生物质气化后还可用于发电，向且该系统具有技术灵活、环境污染少等特点，其综合发电成本已接近典型常规能源的发电水平。目前，中型气化发电系统已经成熟。

（四）生物质燃料酒精

含有木质素的生物质废弃物是生产燃料酒精的主要原料来源。燃烧酒精放出的有害气体比汽油少得多，CO_2净排放量也很少。汽油中掺入$10\% \sim 15\%$的酒精可使汽油燃烧更完全，减少 CO 的排放，因此也可以作为添加剂使用。

（五）生物质热裂解液化技术

生物质热裂解是生物质在完全缺氧或有限氧供给的条件下热降解为液体生物油、可燃气体和固体生物质炭三个组成部分的过程。控制热裂解条件（主要是反应温度、升温速率等）可以得到不同的热裂解产品。生物质热裂解液化则是在中温（$500 \sim 600℃$）、高加热速率（$10^4 \sim 10^5℃/s$）和极短气体停留时间（约2s）的条件下，将生物质直接裂解，产物经快速冷却，使中间液态产物分子在进一步断裂生成气体之前冷凝，得到高产量生物质液体油的过程，液体产率（质量比）可高达$70\% \sim 80\%$。气体产率随温度和加热速率的升高及停留时间的延长而增加，而较低的温度和加热速率会导致物料碳化，使固体生物质炭的产率增加。

快速热裂解液化对设备及反应条件的要求比较苛刻，但因产品油易存贮和运输，不存在就地消费问题，从而得到了广泛关注。下面以引流床液化工艺为例介绍其主要过程（图6-12）。物料干燥粉碎后在重力作用下进入反应器下部的混合室，与吹入的气体充分混合。丙烷和空气燃烧产生的高温气体与木屑混合向上流动穿过反应器，发生裂解反应，生成的混合物有不可冷凝的气体、水蒸气、生物油和木炭。旋风分离器分离掉大部分的炭颗粒，剩余气体进入水喷式冷凝器中快速冷凝，随后再进入空气冷凝器中冷凝，冷凝产物由水箱和接收器收集。气体则经去雾器后，燃烧排放。该工艺生物油产率60%，没有分离提纯的生物油是高度氧化的有机物，具热不稳定性，温度高于 185 ~ 195℃就会分解。

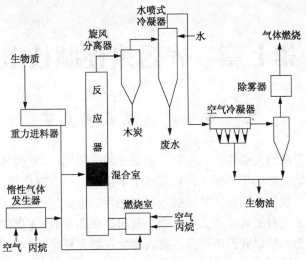

图 6 – 12　引流床反应器工艺流程

三、二氧化碳固定技术

CO$_2$ 在特殊催化体系下，可与其他化学原料发生许多化学反应，从而可固定为高分子材料。该技术的关键是利用适当的催化体系使惰性 CO$_2$ 活化，从而作为碳或碳氧资源加以利用。目前，CO$_2$ 的活化方式主要有生物活化、配位活化、光化学辐射活化、电化学还原活化、热解活化及化学还原活化等。

有研究表明，在稀土三元催化剂或多种羧酸锌类催化剂的作用下，利用 CO$_2$ 生产出的二氧化碳基塑料具有良好的阻气性、透明性和生物降解性等特点，而且生产成本比现有万吨级生产的聚乳酸低 30% ~ 50%，有望部分取代聚偏氟乙烯、聚氯乙烯等医用和食品包装材料。

第七章　光污染控制技术

第一节　光污染及其危害

现代的光源与照明给人类带来光文化，但是光源的使用不当或者灯具的配光欠佳都会对环境造成污染，给人类的生活和生产环境产生不良的影响。现代社会有将近2/3的人口生活在光污染之下。现代文明程度越高的地区，光污染也就越严重。在一些完全被现代文明覆盖的地区，几乎没有了真正意义的黑夜。对居住在那里的人们而言，璀璨星空只是一个遥远而浪漫的幻想。所以我们应研究适宜人类生存的光环境，分析光污染的类型，产生条件、危害和防治，避免光污染对人类的损害。

一、光环境

（一）人与光环境的关系

视觉是人类获取信息的主要途径，在人类的生活中有近75%以上的信息来自于视觉，在外界条件中光是与视觉直接联系的，也就是说人是通过视觉器官来反应光环境（人工光环境和天然光环境）来感觉周围世界、获取信息。光环境主要包括水平照度、亮度的分布、采光和照明的方式，光源的种类、颜色、显色性能及其空间存在状态和表面的色彩等诸多因素。

人体对外界的世界的反应是靠分布在视网膜上的感光细胞起作用的。每当外界环境发生变化视网膜上的感光细胞的化学组成也发生变化，主要体现在杆状感光细胞和锥状感光细胞的不同作用。在明亮环境和黑暗环境中适应速度是由这两种感光细胞的化学组成中出现的变化率的作用所致。杆状感光细胞只能在黑暗的环境中起作用，要达到其最大的适应程度大约需要30min左右。而锥状感光细胞只有在明亮的环境中起作用，达到其最大的适应程度只需要几分钟。在此同时在明亮的环境下锥状感光细胞能分辨出物体的细部和颜色，并能对光环境的明暗变化产生快速的反馈使视觉尽快适应。而恰恰相反，杆状感光细胞仅能看到黑暗环境中的物体，不能分辨物体的具体细部和颜色特征，对光环境的明暗变化反应比较缓慢。通过以上的理论就能正确的解释为什么人从阳光下走进昏暗的影剧院时很难辨明自己的方位，几乎处于什么也看不见的地步。而过一段时间才相对好些，但是也很难明确看到物体的细部。

由于人的身体结构的限制，人的视野范围也受到一定的限制。产生的主要原因是各种感光细饱在视网膜上的分布，人的眼眶、眉、面颊的影响。人双眼直视时的视野范围是：水平面180°，垂直面130°左右，其中上仰角度为60°左右，下倾角度为70°左右。在这个范围内存在一个最佳视觉区域，就是从人的视野范围中心向30°左右的区域，人的视觉最清楚，是观察物体总体的最佳位置。同时人的视觉具有向光性，也就是说人总是对视野范围内最明亮的、色彩最丰富的或者对比度最强的部分最敏感。

人的视觉活动和人的其他所有知觉一样，外界环境对神经系统进行刺激，更主要的是大脑对刺激进行分析同时进行判断并产生反馈，因此人们的视觉不仅是"看"的问题同时也包含"理解"的成分。所以光环境与人们工作效率的关系是对生理和心理同时作用的结果。

（二）光环境中光的效果

在光环境中以光为主体产生出下列的效果：

（1）光的方向性效果：光的方向一般有顺光、侧光、逆光、顶光、底光。在光环境中光的方向性效果主要表现在增强室内空间的可见度，增强或减弱光和阴影的对比，增强或减弱物体的立体感。在室内光环境中只要调整光源的位置和方向，就能获得所要求的方向性效果。这种效果对建筑功能、室内表面、人物形象及人们的心理反应都起着重要作用。

（2）光的造型立体感效果：物体表面上由于光的明暗变化就会产生光的造型立体感效果，简称立体感。在光环境中室内外表面的细部、浮雕、雕塑等都会体现光的这种效果。在室内光环境中人物形象、表面材料等受光照射后都能表现出立体感来，会使人们获得美好的感受。

（3）光的表面效果：在室内空间中光在各表面上的亮度分布或有无光泽，构成光的表面效果。

① 表面亮度：室内空间中光在各表面上的反射程度取决于表面与背景之间的亮度比。这种亮度比能为眼睛提供信息，有利于眼睛适应，使视觉功效与工作行为相互协调，并能降低室内眩光。为了获得良好的室内光环境，顶棚、墙面、门、窗、地面、工作面及工作对象等表面之间应力求获得最佳的亮度比。

② 表面光泽：在室内空间中光照射到表面时，在它的定向反射方向出射强烈的反射光，同时在其他方向因散射而出现少量光，由于反射光在空间分布而呈现出表面的外观性质，称为表面光泽。

（4）光的色彩效果：

① 光和色彩：光和色彩属于不可分开的领域，对室内光环境来说，光和色彩起着相辅相成的作用。光的反射比与色彩的明度直接相关，可见光的反射比越大，色彩的明度也越大。

② 色彩效果：在室内光环境中通过光的照射，各种材料的表面会呈现出色彩效果。为了获得明亮的光环境，一般高明度色彩用于室内上部以取得明亮效果，低明度色彩用于室内下部以取得稳定效果，因此在光环境中光除了获得知觉效果以外，还可获得诸如感情、联想等心理效果。

（三）光源及其类型

在我们生活的世界里光源分为天然光源（太阳光和建筑物的反射光）和人工光源（电光源——白炽灯和气体放电灯）。

1. 天然光源

天然的光环境是大自然中太阳创造的，太阳光由两部分组成，一部分是一束平行光，这部分光的方向随着季节及时间作规律的变化，称为直射阳光；另一部分是整个天空的扩散光。下面从太阳光的光波波长角度来分析直射阳光和扩散光，太阳辐射的光波波长范围在 $0.2 \sim 3 \mu m$ 之间。$0.20 \sim 0.38 \mu m$ 是紫外线，$0.38 \sim 0.78 \mu m$ 是可见光，$0.78 \sim 3 \mu m$ 是红外线。关于能量，紫外线在3%，可见光为44%，红外线最多占53%。太阳光的最大辐射强度分布在0.25μm附近的可见光部分，将不同波长的光所起的作用用图7-1表示。图中横坐标代表波长，纵坐标代表用波长归一的光强。①是从太阳到达大气层的光强，在这里分为两部分，阴影部分代表由水蒸气、二氧化碳、臭氧、尘埃和灰粒等引起的反射、散射、折射和吸收所导致的损失。这部分光被转变成为太阳光的扩散光，是天空具有的亮度。②是可以到达地球表面的光强。③是可见光的波长范围，从中可以看出，大部分到达地球表面的光分布在可见光的波长范围内。以后要研究的环境光学的主要部分是可见光（日光）对人类的影响。可见光的光谱比较均匀，见图7-2，因此人眼睛能感觉到的可见光是"白色"的，正是因为这个原因，在日光下观察物体才能看到它的天然颜色。

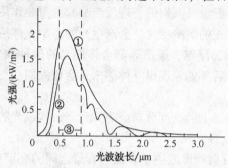

图7-1 太阳辐射光的强度

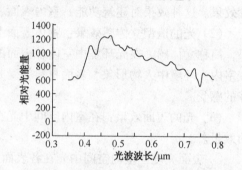

图7-2 日光光谱能量的相对分布

直射阳光由于强度高，变化快，容易产生眩光或者室内过热，因此在一些车间、计算机房、体育比赛场馆及一些展室中往往需要遮蔽阳光，这样在采光计算中就忽略了阳光的奉献。但是直射阳光也存在着很多优点，比如说：能促进人的新陈代谢，杀菌，因而能带来生气；给人增添情调、感受阳光明媚的大自然。所以在一些特定的场所，像学校、医院、住宅、幼儿园、度假村等建筑中对直射阳光有一定的要求，要有建筑中庭或者大厅。同时多变的直射光也可以表现建筑的艺术氛围、材料的质感，对渲染环境气氛都有很大的影响。

天空的散射光是比较稳定、柔和的，建筑的采光模式就是以此为依据的，因此在决定建筑的采光时要明确天空的亮度。天空的亮度是与天气情况息息相关的，同时也与季节的变化有关。当天空非常晴朗时亮度大约为8000cd/m²，略阴时约为4700cd/m²，浓雾天气约为6000cd/m²，全阴浓云天气约为800cd/m²。

天空的亮度与地面的照度直接相关，首先来看亮度在天空中的分布。亮度的分布随着天气的变化而异，同时与大气的透明度、太阳与地面的夹角有关。最亮的位置在太阳附近，随着距离的变远亮度减小。在与太阳位置成90°角处达到最低。在全阴天时，看不到太阳。这时天顶亮度最大，近地面亮度逐渐降低，它的变化规律近似为：

$$L_\theta = \frac{1 + 2\sin\theta}{3} \times L_z \qquad (7-1)$$

式中　L_θ——离地面 θ 角处的天空亮度；

　　　L_z——天顶亮度；

　　　θ——计算天空亮度处与地平面的夹角。

2. 人工光源

虽然天然光是人们在长期生活中习惯的光源，而且充分利用天然光还可以节约常规能源，但是目前人们对天然光的利用还受到时间及空间的限制，例如天黑以后以及距离采光口较远、天然光很难到达的地方，都需要人工光来补充。

1879 年爱迪生发明白炽灯，为创造现代人工光环境开辟了广阔的道路。一个世纪以来，电光源迅速普及和发展。现在不同规格的电光源已有数千种，这些成果对人类社会的物质生产，生活方式和精神文明的进步都产生了深远影响。

（1）电光源的种类。现代照明用的电光源主要分为两类，白炽灯和气体放电灯。白炽灯为热辐射光源。气体放电灯为冷光源。气体放电灯又可以按照它所含的气体压力分为低压气体放电灯和高压气体放电灯，近年来欧美国家习惯用灯的发光管壁负荷对气体放电灯进行分类：凡管壁负荷大于 $3W/cm^2$ 的称为高强度气体灯，简称 HID 灯，包括高压汞灯、金属卤化物灯，高压钠灯等。

目前我国建筑照明通用的各种等名称、代号及所属种类归纳如图 7-3。下面我们将主要的几种人工光源加以介绍。

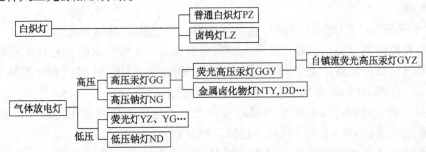

图 7-3 电光源的种类

① 白炽灯。灯丝为细钨丝线圈，为减少灯丝的蒸发，灯泡中充入诸如氩那样的气体。白炽灯的大小不等，小的可以像一粒麦粒，大的输入功率可以达到 5000W。

② 弧灯。弧灯是通常实验所选用的光源。两根钨丝电极密封在玻璃管或者石英管的两端，阴极周围为一定量的水银（汞）。当两个电极接上一电位差，再将管子倾斜，直至水银与两电极接触，一些水银开始蒸发；当管子回复到原来直立位置时，电子和水银正离子保持放电。当水银在低压时，水银原子发射一种只有黄、绿、蓝和紫色的特征光。用滤光器吸收黄光，并用黄玻璃滤光器吸收蓝光和紫光，所剩下的是很窄的波带所组成的强烈绿光，它的平均波长为 546nm。由于汞弧灯的绿光由极窄的波带组成，所以发出的光近似于单色光。

③ 碳弧灯。碳弧灯是最亮的光源，它是由两根长约 10~20cm、直径约 1cm 的碳棒组成。为了增进导电性能，可以在碳棒上覆一层铜，启动时，将碳棒接到 110V 或者 220V 的直流电源上，使两根碳棒短暂接触，然后拉开。这时正极碳棒上强烈的电子轰击使其端部形成极为炽热的陷口，其光源温度可达 4000℃ 左右。当碳棒逐渐烧蚀时，利用电动机或者钟表结构，保持碳棒间的确切间距。碳弧灯的工作电流大约为 50 安培到几百安培。

④ 钠弧灯。钠弧灯是一个平均波长 589.3nm 的很强的黄光光源。其灯管用特种玻璃制成，不会受钠的侵蚀，电极密封在管内。每一个电极是发射电子的灯丝，通过惰性气体来维持放电。当管内温度升高到某一数值时，钠蒸气压升高到足以使相当多的钠原子发射

出钠的特征黄光。钠灯经济耐用，可以作为路灯使用。由于钠灯所发出的几乎是单一的特征黄光，对眼睛没有色差，视敏度也比较高。

⑤ 激光器。激光器是一种可供广泛使用的光源。它是极强的窄光束，并可用透镜全部接收并聚焦到物体上，有很高的功率，以致可以用来切割钢材，进行焊接，并引起在物理学、化学、生物学和工程科学中至关重要的许多其他效应。在激光器内所发生的过程是产生一束射线，具备高强度，几乎完全平行、几乎是单色和在一给定横截面内各点上是空间相干的特点。

⑥ 荧光灯。荧光灯是由一根充有氩气和微量汞的玻璃管构成的，灯的两极用钨丝制成。在汞-氩混合气中放电时，汞原子和氩原子发射的可见光并不多。而是具有大量的紫外光，这些紫外光被涂在玻璃管内部的一层称为磷光剂的物质所吸收。磷光剂具有发射荧光的性质。当磷光剂受到短波长照射时，会发出可见光，不同性质的磷光剂可制成不同颜色的荧光灯，红光可由硼酸镉为磷光剂，绿光对应硅酸锌等，混合发出白光。

（2）电光源的主要性能指标

① 光通量。表征灯的发光能力，以流明表示，能否达到额定光通量是考核灯质量的首要评价标准。

② 发光效率。灯发出的光通量与它消耗的电功率之比，单位为流明/瓦（lm/W）。发光效率与电光源种类有关，也与光源发出的光通量有关。一般光源的发光效率随着光通量的增加而增长，如荧光高压汞灯50W时，光效为30lm/W；1000W时，光效为50lm/W。

③ 寿命。光源的寿命以小时计，通常有两种指标：

a. 有效寿命：这种指标多用于白炽灯及荧光灯，这里指灯在使用过程中，光通量衰减到某一额定数值（70%~80%）时所经过的点燃时数；

b. 平均寿命：这种指标多用于高强度放电灯，这是一组试验灯点燃到有50%的灯失效，所经历的时间，称为这批灯的平均寿命。

④ 平均亮度。灯的发光体的平均亮度用 cd/m^2 表示。光源在点燃时间内亮度的平均值，普通白炽灯发光体为灯丝，荧光灯为管壁。

⑤ 灯的色表。指灯光颜色给人的直观感觉，有冷暖与中间色之分，用相关色温来表示，其原理是热辐射光源的温度越高，光能越集中在波长短的光波上，波长短的光波给人冷的感觉，由此推广到气体放电灯。如暖色相关色温小于3300K，中间色色温3300~5300K，冷色的相关色温大于5300K。

⑥ 灯的启动及再启动的时间。有的光源在合上开关以后要过一段时间才能逐渐亮起来，如钠灯。另外有些光源熄灭后不能马上启动，要等光源冷却后才能再启动。

（四）光环境的度量及测量仪器

1. 照明单位

（1）照度（E），定义为光通量（F）与受照射面积（A）的比值，即

$$E = \frac{F}{A} \qquad (7-2)$$

若 F 的单位取 lm，受照射的面积（A）取为 m^2，则照射的单位取为 lx。

（2）明度（I），定义为 F 与入射光立体角 ω 的比值，即

$$I = \frac{F}{\omega} \qquad (7-3)$$

当立体角的单位取 1 个常用单位（1m 距离上所占面积为 $1m^2$）；光通量为 1lm 时，明度为 1cd。

（3）亮度（B），定义为一个面光源的面积为 S'，照在这个面积上的 I 与 S' 的比值，即

$$B = \frac{I}{S'} \tag{7-4}$$

当光源的明度的单位取 cd，光源的面积取 m^2 时，B 的单位为 nt。

（4）辐照（R），定义为单位面积上的散射光的强度，即

$$R = \frac{S}{F} \tag{7-5}$$

式中　S——散射光的发光表面（或反射光表面）的面积；

　　　F——光通量，lm，S 的单位取 m^2 时，R 的单位为亚熙提（asb）。

换算为照度的标准时公式为：

$$R = \rho E \tag{7-6}$$

式中　ρ——接受光照的表面（反射光的表面）的反射率，%；

　　　E——接受光照的照度（光照射于受照表面上的照度）。

2. 照度和明度的测量单位及定义

（1）流明（lm）光通量单位。一个均匀的具有强度为 1cd 的点光源，在一个单位立体角中所产生的光通量。

（2）勒（lx）照度单位即 $1lm/m^2$，就是在每平方米面积上光通量为 1lm 的照度（与光源的距离无关）。

（3）烛（cd）光的强度单位。在 1m 距离上，每平方米面积所测得的全部光通量为 1lm 的光强度。（1cd = 1 坎德拉）

（4）流明/英尺²（lm/ft^2）也是照度的单位，与 lx 的换算为：$1lm/ft^2 = 10.764lx$。

（5）烛功率，一个光源在一个指定的方向上光辐射的强度。

（6）尼忒（nt），亮度的单位，等于 cd/m^2，即光的强度为 1cd，照在一个平面上的光通量为 1lm 的光源的亮度。

（7）熙提（st），亮度单位，即 cd/cm^2。

（8）亚熙提（asb），辐照的单位，lm/m^2。一个均匀的漫散射光在单位面积上的强度。

（9）朗（L）辐照单位。一个均匀的漫散射光，强度为 $1lm/m^2$。

（10）英尺-朗（ft-L）亮度的单位，一个均匀的漫散射光，强度为 $1lm/ft^2$。

（11）楚兰德（Troland）视网膜照度单位，等于一个光子照射于视网膜上的照度。

3. 测量仪器

（1）照度计

光环境测量常用的物理测光仪器是光电照度计。最简单的照度计由硒光电池和微电流计构成硒光电池是把光能转换成电能的光电元件。光生电动势的大小与光电池受光表面光照度有一定的比例关系。如果接上外电路，就会有电流通过。以微安表指示出来，光电流的大小决定于入射光的强弱和回路中的电阻，如图 7-4 所示。

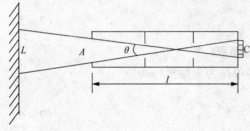

图 7-4　硒光电池照度计原理

1—金属底板；2—硒层；3—分界面；4—金属薄膜；5—集电环

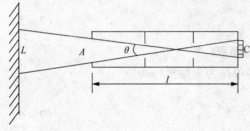

图 7-5　遮筒式亮度计构造原理

（2）亮度计

测量光环境亮度或光源亮度用的亮度计有两类，一类是遮筒式亮度计，测量面积较大，亮度较高的目标，其构造原理如图 7-5。

筒的内壁是无光泽的黑色饰面，筒内设有若干光阑遮蔽杂散反射光。在筒的一端有圆形窗口，面积 A，另一端设有光电池 C，通过窗口。光电池可以接受到亮度 L 的光源照射。若窗口的亮度为 L，则窗口的光强为 LA，它在光电池上产生的照度则为

$$E = \frac{LA}{l^2} \tag{7-7}$$

当被测目标较小或距离较远时，要采用另一类透镜式亮度计来测量其亮度。这类亮度计通常设有目视系统便于测量人员瞄准被测目标。

二、光污染

光污染是现代社会中伴随着新技术的发展而出现的环境问题。当光辐射过量时，就会对人们的生活、工作环境以及人体健康产生不利影响，称为光污染。

狭义的光污染指干扰光的有害影响，其定义是"已形成的良好的照明环境，由于逸散光而产生被损害的状况，又由于这种损害的状况而产生的有害影响"。逸散光指从照明器具发出的，使本不应是照射目的的物体被照射到的光。广义的光污染指由人工光源导致的违背人的生理与心理需求或有损于生理与心理健康的现象，包括眩光污染、射线污染、光泛滥、视单调、视屏蔽、频闪等。广义光污染包括了狭义光污染的内容。

光污染属于物理性污染，其特点是：光污染是局部的，随距离的增加而迅速减弱；在环境中不存在残余物，光源消失后污染即消失。

（一）光污染的来源

随着我国现代化城市建设的不断发展，特别是越来越多的城市大量兴建玻璃幕墙建筑和实施"灯亮工程"、"光彩工程"，使城市的光污染问题日益突出，主要表现在以下两个方面。

1. 现代建筑物形成的光污染

随着现代化城市的日益发展与繁荣，一种新的都市光污染正在威胁着人的健康。商场、公司、写字楼、饭店、宾馆、酒楼、发廊及舞厅等都采用大块的镜面玻璃、不锈钢板及铝合金门窗装饰。有的甚至从楼顶到底层全部用镜面玻璃装修，使人仿佛置身于镜子的

世界,方向难辨。在日照光线强烈的季节里,建筑物的镜面玻璃、釉面瓷砖、不锈钢、铝合金板、磨光花岗岩、大理石等装饰,使人眩晕。据科学测定,上述这些装饰材料的光反射系数都超过69%,甚至可达90%,比绿地、森林、深色或毛面砖石的外装饰建筑物的光反射系数大10倍左右,完全超过了人体所能承受的极限。

2. 夜景照明形成的光污染

日落之后,夜幕低垂,都市的繁华街道上的各种广告牌、霓虹灯、瀑布灯等都亮了起来,光彩夺目,使人置身于人工白昼之中。进入现代化的舞厅,人们为追求刺激效果,常常采用色光源、耀目光源、旋转光源等,令人眼花缭乱。

(二) 光污染的种类

国际上一般将光污染分成3类:白光污染、人工白昼污染和彩光污染。按光的波长,光污染又分为红外线污染、紫外线污染、激光污染及可见光污染等。

1. 白光污染

现代不少建筑物采用大块镜面或铝合金装饰门面,有的甚至整个建筑物都用这种镜面装潢。据测定,白色的粉刷面光反射系数为69%~80%,而镜面玻璃的光反射系数达82%~90%,大大超过了人体所能承受的范围。专家们研究发现,长时间在白光污染环境下工作和生活的人,眼角膜和虹膜都会受到程度不同的损害,引起视力的急剧下降,白内障的发病率高达40%~48%。同时还使人头痛心烦,甚至发生失眠、食欲下降、情绪低落、乏力等类似神经衰弱的症状。

2. 人工白昼污染

当夜幕降临后,酒店、商场的广告牌、霓虹灯使人眼花缭乱。一些建筑工地灯火通明,光直冲云霄,亮如白昼,人工白昼对人体的危害不可忽视。由于强光反射,可把附近的居室照得如同白昼,在这样的"不夜城"里,使人夜晚难以入睡,打乱了正常的生物节律,致使精神不振,白天上班工作效率低下,还时常会出现安全方面的事故。据国外的一项调查显示,有2/3的人认为人工白昼影响健康,84%的人认为影响睡眠,同时也使昆虫、鸟类的生殖遭受干扰,甚至昆虫和鸟类也可能被强光周围的高温烧死。

3. 彩光污染

彩光活动灯、荧光灯以及各种闪烁的彩色光源则构成了彩光污染,危害人体健康。据测定,黑光灯可产生波长为250~320nm的紫外线,其强度远远高于太阳中的紫外线,长期沐浴在这种黑光灯下,会加速皮肤老化,还会引起一系列神经系统症状,诸如头晕、头痛、恶心、食欲不振、乏力、失眠等。彩光污染不仅有损人体的生理机能,还会影响人的心理。长期处在彩光灯的照射下,也会不同程度引起倦怠无力、头晕、性欲减退、阳痿、月经不调、神经衰弱等身心方面的疾病。

4. 眩光污染

汽车夜间行驶时照明用的头灯、厂房中不合理的照明布置等都会造成眩光。某些工作场所,例如火车站和机场以及自动化企业的中央控制室,过多和过分复杂的信号灯系统也会造成工作人员视觉锐度的下降,从而影响工作效率。焊枪所产生的强光,若无适当的防护措施,也会伤害人的眼睛。长期在强光条件下工作的工人(如冶炼工、熔烧工、吹玻璃工等)也会由于强光而使眼睛受害。

5. 视觉污染

视觉污染是指城市环境中杂乱的视觉环境。例如城市街道两侧杂乱的电线、电话线，杂乱不堪的垃圾废物，乱七八糟的货摊和五颜六色的广告招牌等。

6. 激光污染

激光污染也是光污染的一种特殊形式。由于激光具有方向性好、能量集中、颜色纯等特点，而激光通过人眼晶状体的聚集作用后，到达眼底时的光强度可增大几百至几万倍，所以激光对人眼有较大的伤害作用。激光光谱的一部分属于紫外和红外范围，会伤害眼结膜、虹膜和晶状体。功率很大的激光能危害人体深层组织和神经系统。

7. 红外线污染

红外线近年来在军事、人造卫星以及工业、卫生、科研等方面的应用日益广泛，因此红外线污染问题也随之产生。红外线是一种热辐射，对人体可造成高温伤害。较强的红外线可造成皮肤伤害，其情况与烫伤相似，最初是灼痛，然后是造成烧伤。红外线对眼的伤害有几种不同情况：波长为 750～1300nm 的红外线对眼角膜的透过率较高，可造成眼底视网膜的伤害，尤其是 1100nm 附近的红外线，可使眼的前部介质（角膜、晶体等）不受损害而直接造成眼底视网膜烧伤；波长为 1900nm 以上的红外线，几乎全部被角膜吸收，会造成角膜烧伤（混浊、白斑）。波长大于 1400nm 的红外线的能量绝大部分被角膜和眼内液所吸收，透不到虹膜。只是 1300nm 以下的红外线才能透到虹膜，造成虹膜伤害。人眼如果长期暴露于红外线可能引起白内障。

8. 紫外线污染

紫外线最早应用于消毒以及某些工艺流程。近年来它的使用范围不断扩大，如用于人造卫星对地面的探测。紫外线的效应按其波长不同而有所不同：波长为 100～190nm 的真空紫外部分，可被空气和水吸收；波长为 190～300nm 的远紫外部分，大部分可被生物分子强烈吸收；波长为 300～330nm 的近紫外部分，可被某些生物分子吸收。紫外线对人体主要是伤害眼角膜和皮肤。造成角膜损伤的紫外线主要为 250～305nm 的部分，而其中波长为 288nm 的作用最强。角膜多次暴露于紫外线，并不增加对紫外线的耐受能力。紫外线对角膜的伤害作用表现为一种叫做畏光眼炎的极痛的角膜白斑伤害。除了剧痛外，还导致流泪、眼睑痉挛、眼结膜充血和睫状肌抽搐。

（三）光污染的危害

在上文中已阐述了各类光污染对人体健康的危害，下面将重点说明光污染对人的活动的影响和对动植物的影响。

1. 对人的影响

（1）对附近居民的影响：当商业、公益性广告或街道和体育场等处的照明设备的出射光线直接侵入附近居民的窗户时，就很可能对居民的正常生活产生负面的影响。这些影响包括：①照明设备产生的入射光线使居民的睡眠受到影响。②商业性照明产生闪烁的光线或停车场上进出车辆的灯光使房屋内的居民感到烦躁，影响正常的工作和生活。

（2）对行人的影响：当道路照明或广告照明设备安装不合理时，会对附近的行人产生眩光，导致降低或完全丧失正常的视觉功能，这一方面影响到行人对周围环境的认知，同时增加了发生犯罪或交通事故的危险性。具体的危害表现在：①安装的不合理的道路或广告照明灯具，其本身产生的眩光使行人感到不舒适，甚至降低视觉功能。②当灯具本身的亮度或灯具照射路面等处产生的高亮度反射面出现在行人的视野范围内时，行人将无法看清周围较暗的地方，使之成为犯罪分子的藏身之处，不利于行人及时发现并制止犯罪。

（3）对交通系统的影响：各种交通线路上的照明设备或附近的体育场和商业照明设备发出的光线都会对车辆的驾驶者产生影响，降低交通的安全性。主要表现在：①灯具或亮度对比很大的表面产生眩光，影响驾驶者的视觉功能，使驾驶者应对突发事件的反应滞后，使各种交通信号的可见度降低，从而更容易发生交通事故。②规则布置的灯具会对高速行驶的车辆的驾驶者产生闪烁，当闪烁的频率出现在一定的范围内时，会使驾驶者产生不舒适感，甚至产生催眠作用。在隧道等场所的照明中应尽量避免这种闪烁引起的视觉功能的降低。③光污染对轮船和航空也会有相同的不良影响，同时因为这两种交通方式在夜间对灯塔等灯光导航系统有更高的依赖性，不合适的照明设备会对驾驶人员产生误导。安装在道路或桥梁上的灯具发出的光线，经水面反射后也会对驾驶人员产生影响，使其无法看清道路，易于引发交通事故。

2. 对动植物的影响

（1）对植物的影响：种植在街道两侧的树木、绿篱或花卉会受到路灯的影响。当植物在夜间受到过多的人工光线照射时，其自然生命周期受到干扰，从而影响到植物的正常生长。如夜间人工光线的照明会使水稻的成熟期推迟，其生长状态比没有受到人工光线照射的水稻差；菠菜在夜间受到过多人工光线照射时，会过早结种，产量降低。

（2）对动物的影响：很多动物受到过多的人工光线照射时生活习性和新陈代谢都会受到影响，有时会因此引发一些异常行为，如马和羊等牲畜的繁殖具有明显的季节，当人工光线的照射使它们失去对季节的把握时，其生殖周期就会被破坏，无法正常繁殖；光污染改变了鸟类的生活习性，影响鸟的飞行方向；田地、森林或河流湖泊附近的人工照明光线会吸引更多的昆虫，从而危害到当地的自然环境和生态平衡；在捕鱼业中经常使用人工光来吸引鱼群，过量光线对鱼类和水生态环境也会造成影响。

第二节　光环境评价标准

光环境分为天然光环境和人工光环境，对于光环境的评价与质量标准也分别从这两个方面进行阐述。

一、天然光环境的评价

天然光强度高，变化快，不易控制，因而天然光环境的质量评价方法和评价标准有许多不同于人工照明的地方。

采光设计标准是评价天然光环境质量的准则，也是进行采光设计的主要依据。我国2001年发布了《建筑采光设计标准》（GB/T 50033—2001）。下面讨论有关天然光照明质量评价的主要内容。

（一）采光系数

在利用天然光照明的房间里，室内照度随室外照度即时变化。因此，在确定室内天然光照度水平时，须同室外照度联系起来考虑。通常以两者的比值，作为天然采光的数量指标，称为采光系数，符号为 C，以百分数表示。采光系数定义为室内某一点直接或间接接受天空漫射光所形成的照度与同一时间不受遮挡的该天空半球在室外水平面上产生的天空

漫射光照度之比，即

$$C = \frac{E_{n}}{E_{w}} \times 100\% \qquad (7-8)$$

式中　E_{n}——室内某点的天然光照度，lx；

　　　E_{w}——与 E_{n} 同一时间，室内无遮挡的天空在水平面上产生的照度，lx。

应当指出，两个照度值均不包括直射日光的作用。在晴天或多云天气，在不同方位上的天亮度有差别，因此，按照上述简化的采光系数概念计算的结果与实测采光系数值会有一定的偏差。

（二）采光系数标准

作为采光设计目标的采光系数标准值，是根据视觉工作的难度和室外的有效照度确定的。室外有效照度也称临界照度，是人为设定的一个照度值。当室外照度高于临界照度时，才考虑室内完全用天然光照明，以此规定最低限度的采光系数标准。

表7-1列出我国工业企业作业场所工作面上的采光系数标准值。这是一个最低限度的标准，是在天然光视觉试验及对现有建筑采光状况普查分析的基础上，综合考虑我国光气候特征及经济发展水平制订的。由于侧面采光房间的天然光照度随离开窗子的距离迅速降低，照度分布很不均匀，所以采光系数标准采用最低值 C_{min}；顶部采光室内的天然光照度能达到相当好的均匀度，因而取采光系数平均值 C_{av} 作为标准。此外，开窗位置和面积常受建筑条件的限制，所以采光标准的视觉工作分级较人工照明照度标准粗一些。

表7-1　视觉作业场所工作面上的采光系数标准值

采光等级	视觉作业分类		侧面采光		顶部采光	
	作业精确度	识别对象的最少尺寸 d/mm	室内天然光临界照度/lx	采光系数 C_{min}/%	室内天然光临界照度/lx	采光系数 C_{av}/%
I	特别精细	$d \leq 0.15$	250	5	350	7
II	很精细	$0.15 < d \leq 0.3$	150	3	225	4.5
III	精细	$0.3 < d \leq 1.0$	100	2	150	3
IV	一般	$1.0 < d \leq 5.0$	50	1	75	1.5
V	粗糙	$d > 5.0$	25	0.5	35	0.7

注：1. 表中所列采光系数标准值适用于我国III类光气候，采光系数标准值是根据室外临界照度为5000lx制订的；
2. 亮度对比小的II、III级视觉作业，其采光等级可提高一级使用。

二、人工光环境的评价

为了建立人对光环境的主观评价与客观的物理指标之间的对应关系，世界各国的科学工作者进行了大量的研究工作，通过大量视觉功效的心理物理实验，找出了评价光环境质量的客观标准，为制订光环境设计标准提供了依据。

下面讨论优良光环境的基本要素与评价方法。

（一）适当的照度水平

对办公室和车间等工作场所在各种照度条件下感到满意的人数百分比调查结果表明，随着照度的增加，满意人数百分比也增加，最大百分比约 1500~3000lx，照度超过此数值范围，满意人数反而减少。不同工作性质的场所对照度值的要求不同，适宜的照度应当是在某具体工作条件下，大多数人都感觉比较满意且保证工作效率和精度均较高的照度值。

照度过大，会使物体过亮，容易引起视觉疲劳和眼睛灵敏度的下降。如夏日在室外看书时，若亮度超过16sb，就会感到刺眼，不能长久坚持工作。

1. 照度标准

确定照度标准要综合考虑视觉功效、舒适感与经济、节能等因素。照度并非越高越好，提高照度水平对视觉功效只能改善到一定程度。无论从视觉功效还是从舒适感考虑选择的理想照度，最终都要受经济水平，特别是能源供应的限制。所以，实际应用的照度标准大都是折衷的标准。

在没有专门规定工作位置的情况下，通常以假想的水平工作面照度作为设计标准。对于站立的工作人员水平面距地0.90m；对于坐着的人是0.75m(或0.80m)。

任何照明装置的照度在使用过程中都会逐渐降低。所以，一般不以初始照度作为设计标准，而采取使用照度(Service illuminance)或维持照度(Maintenance illuminance)制订标准。使用照度是在一个维护周期内照度变化曲线的中间值，西欧一些国家采取使用照度标准；维持照度是在必须更换光源或在预期清洗灯具和清扫房间周期终止前，或者同时进行上述维护工作时所应保持的平均照度。通常维护照度不应低于使用照度的80%。美国、我国采用维持照度标准。

根据韦伯定律，主观感觉的等量变化大体是由光量的等比变化产生的。所以，在照度标准中以1.5左右的等比级数划分照度等级，而不采取等差级数。例如，国际照明委员会(CIE)建议的照度等级(单位为lx)为20、30、50、75、100、150、200、300、500、750、1000、1500、2000、3000、5000等等。

CIE为不同作业和活动都推荐了照度标准。并规定了每种作业的照度范围，以便设计师根据具体情况选择适当的数值。

2. 照度均匀度

对一般照明的评价还应当提出照度均匀度的要求。照度均匀度是表示给定平面上照度分布的量。照度均匀度可用工作面最小照度与平均照度之比表示。规定照度的平面(参考面)往往就是工作面，通常假定工作面是由室内墙面限定的距地面高0.70～0.80m高的水平面。一般照明是为照亮整个假定工作面而设的均匀照明，不考虑特殊局部的需要，参考面上的照度应该尽可能均匀，否则易引起视觉疲劳。照度均匀度不得低于0.7，CIE建议值为0.8。此外，CIE还建议工作房间内交通区域的平均照度一般不应小于工作区平均照度的1/3，相邻房间的平均照度相差不超过5倍。

3. 空间照度

在交通区、休息区、大多数的公共建筑，以及居室等生活用房，照明效果往往用人的容貌是否清晰和自然来评价。在这些场所，适当的垂直照明比水平面的照度更为重要。近年来已经提出两个表示空间照明水平的物理指标：平均球面照度与平均柱面照度。实践表明，后者有更大的实用性。

空间一点的平均柱面照度定义为：在该点的一个假想小圆柱体侧面上的平均照度、圆柱体的轴线与水平面相垂直，并且不计圆柱体两端面上接受的光量。实际上，它代表空间一点的垂直面平均照度，以符号 E_c 表示。

(二) 舒适的亮度比

人的视野很广，除工作对象外，周围环境同时进入眼睛，它们的亮度水平、亮度对比对视觉有重要影响，房间主要表面的平均亮度，形成房间明亮程度的总印象，亮度分布使人产生对室内的空间形象感受。为了舒适地观察，要突出工作对象的亮度，即主要表面亮度应合理分布，但是构成周围环境亮度与中心视野亮度相差过大会加重眼睛瞬时适应的负担，或产生眩光，降低视觉能力。

作业环境亮度应当低于作业本身亮度，但不能低于1/3，而周围视野（顶棚、墙、窗子）平均亮度，应尽可能不低于作业亮度的1/10。灯和白天的窗子亮度则应控制在作业亮度40倍以内。

要实现控制亮度的目的，需考虑照度与物体反射比两个因素。因为亮度是两者的乘积。为了减弱灯具同其周围顶棚之间的对比，特别是采用嵌入式暗装灯具，顶棚的反射比要在0.6以上，同时顶棚照度不宜低于作业照度1/10，以免顶棚显得太暗。

墙壁的反射比，最好在0.3~0.7之间，其照度达到作业照度的1/2为宜。照度水平高的房间要选低一点的反射比应在0.1~0.3之间。这一个数值是考虑了工作面以下的地面受家具遮挡影响以后提出来的。

非工作房间，例如装饰水准高的公共建筑大厅亮度分布，往往涉及建筑美学，渲染特定气氛，给人们遐想，突出空间或结构的形象，所以，不受上述参数的限制。这类环境亮度水平也应考虑视觉的舒适感，与前面所述亮度比有所不同。

（三）适宜的光色

光源色表的选择取决于光环境所要形成的气氛。不同光色可以给人不同的感觉。同一光色不同人的喜好也是不相同的。例如低色温的暖色灯光、接近日暮黄昏的情调，能使室内产生亲切轻松的气氛。而希望紧张、活跃，精神振奋地进行工作的房间，宜采用高色温的冷色光。

有些场合则需要良好的自然光色，以便于精确辨色，如医院、印染车间、商店等。

表7-2表示了每一类显色性能的使用范围。其中，显色指数是反映各种颜色的光波能量是否均匀的指标。

表7-2 灯的显色类别

显色类别	显色指数范围	色表	应用示例	
			优先原则	允许采用
I$_A$	$Ra \geqslant 90$	暖 中间 冷	颜色匹配 临床检验 绘画美术馆	
I$_B$	$80 \leqslant Ra \leqslant 90$	暖 中间	家庭、旅馆 餐馆、商店、办公室、学校、医院	
		中间 冷	印刷、油漆和纺织 工业，需要的工业操作	
II	$60 \leqslant Ra < 80$	暖 中间 冷	工业建筑	办公室、学校
III	$40 \leqslant Ra < 60$		显色要求低的工业	工业建筑
IV	$20 \leqslant Ra < 40$			显色要求低的工业

在选择显色指数时，还要考虑光效，有些高显色指数的灯光效不高（例如白炽灯）。光效很高的灯显色指数又很低（钠光灯），故一些场合采用混光照明，将光效低但显色性好、红光丰富的白炽灯同光效较高但光色偏蓝的荧光高压汞灯组合。或者将光效很高，显色性差的高压钠灯，同显色性不错，光效稍低的金属卤化物灯组合，可得到取长补短，相得益彰的效果。

（四）避免眩光干扰

眩光俗称"晃眼"，CIE 对眩光定义为：眩光是一种视觉条件。这种条件的形成是由于亮度分布不适当，或亮度变化的幅度太大，或空间、时间上存在着极端的对比以致引起不舒适或降低观察重要物体的能力，或同时产生这两种现象。

眩光按产生方式不同分为直接眩光（Direct glare）和反射眩光（Reflected glare）。前者是光线直接进入眼内而产生，后者是光线被物体表面反射后进入眼内而形成。反射眩光又分光幕反射、伸展反射、弥漫反射和混合反射。根据眩光对视觉的影响程度，可分为失能眩光和不舒适眩光。失能眩光的出现会导致视力下降，甚至丧失视力。不舒适眩光的存在使人感到不舒服，影响注意力的集中，时间长会增加视觉疲劳，但不会影响视力。对室内光环境来说，遇到的基本上都是不舒适眩光。只要将不舒适眩光控制在允许限度以内，失能眩光也就自然消除了。

眩光是评价光环境舒适性的一个重要指标。多年来，许多国家对不舒适眩光问题各自提出了实用的眩光评价方法。其中主要有英国的眩光指数法、美国的视觉舒适概率法、德国的亮度曲线法，以及澳大利亚标准协会的灯具亮度限制法等。CIE 总结各国的研究成果，推荐一个国际通用的眩光指数（CGI）公式，并获得各国赞同。

CIE 眩光公式以眩光指数 CGI 为定量评价不舒适眩光的尺度。三个单位整数是一个眩光等级。一个房间内照明装置的眩光指数计算规则是以观测者坐在房间中线上靠后墙的位置。平视时作为计算条件，即

$$CGI = 8\lg 2 \left[\frac{1 + \dfrac{E_d}{500}}{E_i + E_d} \sum \frac{L^2 W}{P^2} \right] \qquad (7-9)$$

式中 E_d——全部照明装置在观测者眼睛垂直面上的直射照度；

$\quad\quad E_i$——全部照明装置在观测者眼睛垂直面上的间接照度；

$\quad\quad W$——观测者眼睛同一个灯具构成的立体角；

$\quad\quad L$——此灯具在观测者眼睛方向上的亮度，cd/m^2；

$\quad\quad P$——考虑灯具与观测者视线相关位置的一个系数。

第三节 光污染控制技术

光污染按照光波波长分为可见光污染、红外线污染和紫外线污染三类，分别采用不同的防治技术。

一、可见光污染控制及防治

可见光污染中危害最大的是眩光污染。眩光污染是城市中光污染的最主要形式，是影

响照明质量最重要的因素之一。

眩光程度主要与灯具发光面大小、发光面亮度、背景亮度、房间尺寸、视看方向和位置等因素有关，还与眼睛的适应能力有关。所以眩光的限制应分别从光源、灯具、照明方式等方面进行。

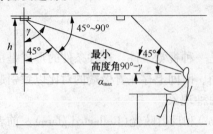

图 7-6 需要限制亮度的照明器发光区域

（一）直接眩光的限制

限制直接眩光主要是控制光源在 γ 角为 45°~90° 范围内的亮度（图 7-6）。一般有两种方法，一种是用透光材料减弱眩光；一种是用灯具的保护角加以控制。此两种方法可单独采用，也可同时使用。透光材料控制法如采用透明、半透明或不透明的格栅或棱镜将光源封闭起来，能控制可见亮度。用保护角可以控制光源的直射光，做到完全看不见光源，有时也可把灯安装在梁的背后或嵌入建筑物等。限制眩光通常将光源分成两大类，一类亮度在 $2 \times 10^4 \, \mathrm{cd/m^2}$ 以下，如荧光灯，可以用前述两种方法，但由于荧光灯亮度较低，在某些情况下允许明露使用；另一类亮度在 $2 \times 10^4 \, \mathrm{cd/m^2}$ 以上，如白炽灯和各种气体放电灯。当功率较小时，以上两种控制眩光方法均可使用，但对大功率光源几乎无例外地采用灯具保护角控制。此时不但要注意亮度，还应考虑观察者视觉的照度。保护角与灯具的光通量、安装高度有关。

控制直接眩光，除了可以通过限制灯具的亮度和表面面积，通过使灯具具有合适的安装位置和悬挂高度，保证必要的保护角外，还有增加眩光源的背景亮度或作业照度的方法。当周围环境较暗时，即使是低亮度的眩光，也会给人明显的感觉。增大背景亮度，眩光作用就会减小。但当眩光光源亮度很大时，增加背景亮度已不起作用了，它会成为新的眩光源。因此，为了减小灯具发光表面与邻近顶棚间的亮度差别，适当降低亮度对比度，建议顶棚表面应有较高的反射比，可采用间接照明，如倒伞形悬挂式灯具，使灯具有足够的上射光通量。经过一次反射后使室内亮度分布均匀。浅色饰面通过多次反射也能明显地提高房间上部表面的照度。

（二）反射眩光和光幕反射的限制

高亮度光源被光泽的镜面材料或半光泽表面反射，会产生干扰和不适。这种反射在作业范围以外的视野中出现时叫做反射眩光；在作业内部呈现时叫做光幕反射。反射光的亮度与光源亮度几乎一样，在观察物体方向或接近物体方向出现的光滑面包括顶棚、墙面、地板、桌面、机器或其他用具的表面。当视野内若干表面上都出现反射眩光时，就构成了眩光区。反射眩光常比直接眩光讨厌，因为它紧靠视线，眼睛无法避开它，而且往往减小工件的对比和对细部的分辨能力。一般情况下出现的反射眩光和特殊情况下出现的光幕反射，不仅与灯具的亮度和它们的布置有关，而且与灯具相对于工作区域的位置以及当时的照度水平有关，此外还取决于所用材料的表面特性。

防止反射眩光，首先，光源的亮度应比较低，且应与工作类型和周围环境相适应，使反射影像的亮度处于容许范围，可采用在视线方向反射光通量小的特殊配光灯具。其次，如果光源或灯具亮度不能降到理想的程度，可根据光的定向反射原理，妥善地布置灯具，即求出反射眩光区，将灯具布置在该区域以外。如果灯具的位置无法改变，可以采取变换工作面的位置，使反射角不处于视线内。但是，这种条件在实际上是难以实现的，特别是在有许多人的房间内。通常的办法是不把灯具布置在与观察者的视线相同的垂直平面内，力求使工作照明来自适宜的方向。再次，可增加光源的数量来提高照度，使得引起反射的光源在工作面上形成的照度，在总照度中所占的比例减少。最后，适当提高环境亮度，减少亮度对比同样是可行的。例如，在玻璃陈列柜中照度过低，明亮的灯具的反射影像就可能在玻璃上出现，衬上黑暗的柜面作背景，就更突出，影响观看效果。这时，用局部照明增加柜内照度，它的亮度接近或超过反射影像，就可弥补有害反射造成的损失。由于柜内空间小，提高照度较易办到。对反射眩光单靠照明解决有困难时，要精心设计物体的饰面使地板、家具或办公用品的表面材料无光泽。

光幕反射是目前被普遍忽视的一种眩光，它是在本来呈现漫反射的表面上又附加了镜面反射，以致眼睛无论如何都看不清物体的细节或整个部分。

光幕反射的形成取决于：反射物体的表面（即呈定向扩散反射，如光滑的纸、黑板及油漆表面）、光源面积（面积越大，它形成光锥的区域越大）、光源、反射面、观察者三者之间的相互位置以及光源亮度。为了减小光幕反射，不要在墙面上使用反光太强烈的材料；尽可能减少干扰区来的光，加强干扰区以外的光，以增加有效照明。干扰区是指顶棚上的一个区域，在此区域内光源发射的光线经由作业表面规则反射后均可能进入观察者视野内。因此，应尽量避开在此区域布置灯具，或者使作业区避开来自光源的规则反射。

眩光是衡量照明质量的主要特征，也是环境是否舒适的重要因素。应按照限制眩光的要求来选择灯具的型号和功率，考虑到它在空间的效果以及舒适感，使灯具有一定的保护角，并选择适当的安装位置和悬挂高度，限制其表面亮度。同时把光引向所需的方向，而在可能引起不舒适眩光的方向则减少光线，以期创造一个舒适的视觉环境。

二、红外线、紫外线污染控制及防治

红外线近年来在军事、人造卫星、工业、卫生及科研等方面应用较多，因此红外线污染问题也随之产生。红外线是一种热辐射，会在人体内产生热量，对人体可造成高温伤害，其症状与烫伤相似，最初是灼痛，然后是造成烧伤。还会对眼底视网膜、角膜、虹膜产生伤害。人的眼睛若长期暴露与红外线可引起白内障。

过量紫外线使人的免疫系统受到抑制，从而导致疾病发病率增加。紫外线对角膜、皮肤的伤害作用十分严重。此外，过量的紫外线还会伤害水中的浮游生物，使陆生物（如某些豆类）减产，加快塑料制品的分解速度，缩短其室外使用寿命。

对这两种类型的污染的控制措施有两方面：

（一）对有红外线和紫外线污染的场所采取必要的安全防护措施

应加强管理和制度建设，对紫外消毒设施要定期检查，发现灯罩破损要立即更换，并确保在无人状态下进行消毒，更要杜绝将紫外灯作为照明灯使用。对产生红外线的设备，也要定期检查和维护，严防误照。

（二）佩戴个人防护眼镜和面罩，加强个人防护措施

对于从事电焊、玻璃加工、冶炼等产生强烈眩光、红外线和紫外线的工作人员，应十分重视个人防护工作，可根据具体情况佩戴反射型、光化学反应型、反射-吸收型、爆炸型、吸收型、光电型和变色微晶玻璃型等不同类型的防护镜。

三、室内光污染的防治

目前在室内装修时，不少家庭在选用灯具和光源时往往忽视合理的采光需要，把灯光设计成五颜六色的，眩目刺眼。室内环境中的光污染已经严重威胁到人类的健康生活和工作效率。在注意室内空气质量的同时，要注意室内的光污染，营造一个绿色室内光环境。

（一）功能要求

室内灯光照明设计必须符合功能的要求，根据不同的空间、不同的场合、不同的对象选择不同的照明方式和灯具，并保证恰当的照度和亮度。例如，卧室要温馨，书房和厨房要明亮、实用等等。

（二）美观要求

人们可以通过灯光的明暗、隐现、抑扬、强弱等有节奏的控制，以及选用不同造型、材料、色彩、比例、尺度的灯具，充分发挥灯光的光辉和色彩的作用，为室内环境增添情趣。

（三）协调要求

在选择和设计灯饰和灯具时，一是要考虑灯饰与室内装修及家具风格的和谐配套；二是注意灯具与居室空间大小、总面积、室内高度等条件协调，合理选择灯具的尺寸、类型和数量；三是要注意色彩的协调，即冷色、暖色要视用途而定。

（四）科学要求

科学合理的室内灯光布置应该注意避免眩光，要合理分布光源。顶棚光照明亮，使人感到空间增大、明快开朗；顶棚光线暗淡，使人感到空间狭小、压抑。光线照射方向和强弱要合适，避免直射人的眼睛。

（五）经济要求

室内灯光照明为了满足人们视觉生理和审美心理的需要，并不一定以多为好，以强取胜，关键是科学合理，否则会造成能源浪费和经济上的损失。同时应该大力提倡使用节能和绿色灯源。

（六）安全要求

灯饰制作的材料多种多样，玻璃、陶瓷制品晶莹光洁，但质脆易碎；塑料灯具经济美观，但易老化；金属灯具光泽好且坚固，但易导电、漏电和短路。灯具的支架、底座等必须坚固。有些灯饰的金属元件、接线点、铜螺钉、塑料导线、开关，要及时更新。

四、光污染的综合防治对策

仅仅有防止各类光污染的技术还是远远不够的，治理光污染，这不单纯是建筑部门和环保部门的事情，更应该将之变成政府行为，只有得到国家和政府部门的足够支持和协助，我们才能够有理有据的防治光污染，才能更好地限制光污染的发生，解决光污染问题。大体来说，可以从以下几个方面着手。

（一）控制好污染源

（1）加强城市规划和管理。防治光污染应做到事前合理规划，事后加强管理。合理的城市规划和建筑设计可以有效地减少光污染。限建或少建带有玻璃幕墙的建筑并使其尽可能避开居住区，装饰高楼大厦的外墙、装修室内环境以及生产日用产品时应避免使用刺眼的颜色。已经建成的高层建筑尽可能减少玻璃幕墙的面积并避免太阳光反射光照到居住区，应选择反射系数较小的材料。加强城市绿化也可以减少光污染。对夜景照明，应加强生态设计，加强灯火管制。如区分生活区和商业区，关闭夜间电影院、广场、广告牌等的照明，减少过度照明，降低光污染和能量损失。在打造城市亮化工程或其他大型照明工程时，相关单位应加强规范和管理，尽可能地采用较为柔和的光源，并采用适当的防眩光措施，以实现最为自然的照明效果。

（2）提高灯光设施的质量，改善工厂照明条件等，以减少光污染的来源。各灯具生产企业和相关研究部门也应加强研发力度，研制出与具体环境配套的各种灯具，为社会提供最为理想的照明解决方案。这样既能从源头上控制光污染，减少光污染的来源，同时也可以提高灯光设施的科技含量和文化品位。

（3）对于光源，可以在地方标准中提出"灯光不可射入居民窗"、"夏季23时后彩灯熄灯"等具体规定，并明确城市不同部位的照明亮度标准，从而控制过亮光源、彩色光源。对汽车远光灯产生的眩光污染，应通过加强交通安全执法，特别是对夜间行车的检查，贯彻《道路交通安全法》对远光灯的使用"四大不准"的规定。对焊枪等产生强眩光工具的使用，应当加强城管执法，保证室内安全操作。

（4）对于反射材料，在建筑物和娱乐场所的周围应合理规划，进行绿化和减少反射系数大的装饰材料的使用。可以通过修订建材标准，加入预防光污染的内容，如明确建筑外墙涂料的反射系数要求、限制建筑物外墙使用玻璃幕墙或使用反射率低于10%的玻璃等，将那些可能造成光污染的建材拒之门外。同时，应当设立专门的光污染检测机构，为市民提供检测服务，发挥群众的力量，发现和处理各种光污染源；也便于市民以权威检测数据为依据提起诉讼，维护自己的合法权益。

（二）齐抓共管防止光污染

首先，企业、卫生、环保等部门一定要对光污染有一个清醒的认识，要注意控制光污染的源头，要加强预防性卫生监督，做到防患于未然；科研人员在科学技术上也要探索有利于减少光污染的方法；在设计方案上，合理选择光源；教育人们科学地合理使用灯光，注意调整亮度，不可滥用光源，不要再扩大光污染。

其次，对于个人来说要增强环保意识，注意个人保健，正常使用计算机、电视时，要注意保护眼睛，与光源保持一定的距离并适当休息，同时采取一定的防辐射措施。个人如果不能避免长期处于光污染的工作环境中，应该考虑防止光污染的问题，采用个人防护措施：戴防护镜、防护面罩和穿防护服等。在面对光污染威胁时，应该采取有效的防范措施，尽量将光污染的危害消除在萌芽状态，已出现症状的应定期去医院作检查，及时发现病情，以防为主、防治结合。

（三）加强控制光污染立法

光对环境的污染是实际存在的，但又缺少相应的污染标准与立法，因而不能形成较完整的环境质量要求与防范措施，防治光污染是一项社会系统工程，需要制定相应的光污染标准与法规，形成完整的环境质量要求与防范措施。卫生、环保和监察等相关部门应积极配合，把防治光污染当做一项社会系统工程来抓，做到防患于未然。

目前我国还没有专门防治光污染的法律法规，也没有相关部门负责解决灯光扰民的问题。国外一些国家已经有了针对光污染的一些法律条文，例如，日本各地相继出台防治光污染的条例，推广诸如安装向路面聚光的街灯，实施禁止探照灯向空中照射等各种防治光污染的措施。最早出台防止光污染条例的是冈山县，该县规定禁止使用探照灯向空中照射，违反者将受到处罚。德国采取种种有效措施来降低光污染程度。在许多城市已使用光线比较柔和的水银高压灯代替容易诱引昆虫的钠蒸气灯，对昆虫的诱引率降低了90%。新一代经过改进的钠蒸气灯降低了功率，采用了让人舒适的光色，对固定照明设计进行合理的遮盖，并将散射光的圆形灯改为不散光的平底灯，让灯光照向需要照射的地方，照向天空的光源都得到了纠正。为了避免昆虫和鸟类误撞灯体而死亡，发明了可调节光线强度的技术，并根据昆虫和鸟类活动的规律安装了警戒装置等。

根据报道，我国各地已经发生大量的光污染争议事件，但是苦于无法可依，很多争议只好通过行政手段来变通处理，或者根本无法解决。因此，控制光污染，必须立法先行。

参 考 文 献

[1] 中国石油和石化工程研究会. 炼油化工企业污染与防治[M]. 北京：中国石化出版社，2009.

[2] 中国石油化工集团公司安全环保局. 石油石化环境保护技术[M]. 北京：中国石化出版社，2006.

[3] 陈家庆. 石油石化工业环保技术概论[M]. 北京：中国石化出版社，2005.

[4] 杨永杰. 化工环境保护概论：第2版[M]. 北京：化学工业出版社，2006.

[5] 徐淑玲，尹芳华. 走进石化[M]. 北京：化学工业出版社，2008.

[6] 楚泽涵，任平. 碧水蓝天工程：石油环境保护[M]. 北京：石油工业出版社，2006.

[7] 帕诺夫(Панов，Г. Е.). 石油天然气工业企业的环境保护[M]. 裴德禄，译. 北京：石油工业出版社，1992.

[8] 吴芳云，周爱国. 环境保护和石油工业[M]. 北京：石油工业出版社，1999.

[9] 高艳玲，张继有. 物理污染控制[M]. 北京：中国建材工业出版社，2005.

[10] 杜翠凤，宋波，蒋仲安. 物理污染控制工程[M]. 北京：冶金工业出版社，2010.

[11] 孙颖，许云峰. 物理污染控制工程技术与实践[M]. 北京：化学工业出版社，2009.

[12] 张宝杰，乔英杰，赵志伟. 环境物理性污染控制[M]. 北京：化学工业出版社，2003.

[13] 李连山，杨建设. 环境物理性污染控制工程[M]. 武汉：华中科技大学出版社，2009.

[14] 陈亢利，钱先友，许浩瀚. 物理性污染与防治[M]. 北京：化学工业出版社，2006.

[15] 陈杰瑢. 物理性污染控制[M]. 北京：高等教育出版社，2007.

[16] 张林. 噪声及其控制[M]. 哈尔滨：哈尔滨工程大学出版社，2002.

[17] 李耀中，李东升. 噪声控制技术：第2版[M]. 北京：化学工业出版社，2008.

[18] 王佐民. 噪声与振动测量[M]. 北京：科学出版社，2009.

[19] 洪宗辉，潘仲麟. 环境噪声控制工程[M]. 北京：高等教育出版社，2002.

[20] 刘惠玲. 环境噪声控制[M]. 哈尔滨：哈尔滨工业大学出版社，2002.

[21] 顾强，王昌田. 噪声控制工程[M]. 北京：煤炭工业出版社，2002.

[22] 应怀樵. 现代振动与噪声技术[M]. 北京：航空工业出版社，2005.

[23] 张邦俊，翟国庆. 环境噪声学[M]. 杭州：浙江大学出版社，2001.

[24] 智乃刚，许亚芬. 噪声控制工程的设计与计算[M]. 北京：水利电力出版社，1994.

[25] 冯渴正，程亚. 环境噪声控制与减噪设备[M]. 长沙：湖南科学技术出版社，1981.

[26] 福田基一，奥田襄介. 噪声控制与消声设计[M]. 张成，译. 北京：国防工业出版社，1982.

[27] 黄其柏. 工程噪声控制学[M]. 武汉：华中理工大学出版社，1999.

[28] 高红武. 噪声控制工程[M]. 武汉：武汉理工大学出版社，2003.

[29] 周新祥. 噪声控制及应用实例[M]. 北京：海洋出版社，1999.

[30] 王文奇. 噪声控制技术及其应用[M]. 沈阳：辽宁科学技术出版社，1985.

[31] 赵良省. 噪声与振动控制技术[M]. 北京：化学工业出版社，2004.

[32] 吴成军. 工程振动与控制[M]. 西安：西安交通大学出版社，2008.

[33] 孙家麒，战嘉恺，虞仁兴. 振动危害和控制技术[M]. 石家庄：河北科学技术出版社，1991.

[34] 陈秀娟. 实用噪声与振动控制[M]. 北京：化学工业出版社，2002.

[35] 舒歌群，高文志，刘月辉. 动力机械振动与噪声[M]. 天津：天津大学出版社，2008.

[36] 朱石坚. 振动理论与隔振技术[M]. 北京：国防工业出版社，2006.

[37] 刘习军，贾启芬. 工程振动理论与测试技术[M]. 北京：高等教育出版社，2004.

[38] 王孚懋，任勇生，韩宝坤. 机械振动与噪声分析基础[M]. 北京：国防工业出版社，2006.

[39] 任兴民. 工程振动基础[M]. 北京：机械工业出版社，2006.

[40] 王爱民，张云新. 环保设备及应用[M]. 北京：化学工业出版社，2004.

[41] 李晓雷，俞德孚. 机械振动基础[M]. 北京：北京理工大学出版社，1996.

[42] 赵良省. 噪声与振动控制技术[M]. 北京：化学工业出版社，2004.

[43] 陈万金，陈燕俐，蔡捷. 辐射及其安全防护技术[M]. 北京：化学工业出版社，2006.

[44] 周星火. 铀矿通风与辐射安全[M]. 哈尔滨：哈尔滨工程大学出版社，2009.

[45] 王喜元. 建筑室内放射污染控制与检测[M]. 南京：东南大学出版社，2004.

[46] 国防科工委科技与质量司组织编写. 电离辐射计量[M]. 北京：原子能出版社，2002.

[47] 王宝贞. 放射性废水处理[M]. 北京：科学出版社，1979.

[48] 蔡福龙. 放射性污染与海洋生物[M]. 北京：海洋出版社，1983.

[49] C. H. 福克斯. 放射性废物[M]. 北京：原子能出版社，1981.

[50] 吴明红，包伯荣. 辐射技术在环境保护中的应用[M]. 北京：化学工业出版社，2002.

[51] 李芳. 固体中总 α、总 β 放射性监测方法研究[J]. 辐射防护，2007，27(4)：228－232.

[52] 罗上庚. 放射性废物管理论文集[M]. 北京：原子能出版社，2002.

[53] 蒋云. 城市放射性废物安全管理的探讨[J]. 中国辐射卫生，2007，16(1)：80－82.

[54] 周律，张孟青. 环境物理学[M]. 北京：中国环境出版社，2001.

[55] 刘文魁，庞东. 电磁辐射的污染及防护与治理[M]. 北京：科学出版社，2003.

[56] 赵玉峰. 电磁辐射的抑制技术[M]. 北京：中国铁道出版社，1990.

[57] 陈万金，陈燕俐，蔡捷. 辐射及其安全防护技术[M]. 北京：化学工业出版社，2006.

[58] 姜海涛，郭秀兰，吴成祥. 环境物理学基础[M]. 北京：中国展望出版社，2001.

[59] 张月芳，郝万军，张忠伦. 电磁辐射的防护[M]. 北京：冶金工业出版社，2010.

[60] 张德光. 电磁辐射污染及防护对策[J]. 环境科学技术，1990，3(1)：10－13.

[61] 蒋展鹏. 环境工程学基础：第2版[M]. 北京：高等教育出版社，2005.

[62] 周建明. 通信电磁辐射及其防护[M]. 北京：人民邮电出版社，2010.

[63] 王新. 环境工程学基础[M]. 北京：化学工业出版社，2011.

[64] 陈杰瑢. 环境工程技术手册[M]. 北京：科学出版社，2008.

[65] 赵玉峰，越冬平，于燕华. 现代环境中的电磁污染[M]. 北京：电子工业出版社，2003.

[66] 鞠美庭. 环境学基础[M]. 北京：化学工业出版社，2004.

[67] 刘加平. 城市环境物理[M]. 北京：中国建筑工业出版社，2011.

[68] 孙兴滨，闫立龙，张宝杰. 环境物理性污染控制[M]. 北京：化学工业出版社，2010.

[69] 郝吉明，马广大. 大气污染控制工程[M]. 北京：高等教育出版社，2002.

[70] 王凯雄，童裳伦. 环境监测[M]. 北京：化学工业出版社，2011.

[71] 张继有. 物理污染控制[M]. 北京：中国建材工业出版社，2005.

[72] 叶海，魏润柏. 热环境客观评价的一种简易方法[J]. 人类工效学，2004，10(3)：16－19.

[73] 张丙印，倪广恒. 城市水环境工程[M]. 北京：清华大学出版社，2005.

[74] 王英健. 环境保护概论[M]. 北京：中国劳动社会保障出版社，2010.

[75] 任连海. 环境物理性污染控制工程[M]. 北京：化学工业出版社，2008.

[76] 朱蓓丽. 环境工程概论：第2版[M]. 北京：科学出版社，2006.

[77] 李奇峰，肖辉，俞丽华. 关于光污染[J]. 照明工程学报，2003，14(2)：28－33.

[78] 王亚军. 光污染及其防治[J]. 安全与环境学报，2004，2：56－58.